果品质量安全学

聂继云　主编

中国质量标准出版传媒有限公司
中　国　标　准　出　版　社

北　京

图书在版编目(CIP)数据

果品质量安全学 / 聂继云主编. —北京：中国质量标准出版传媒有限公司，2020. 11
ISBN 978-7-5026-4731-5

Ⅰ. ①果… Ⅱ. ①聂… Ⅲ. ①果品加工—质量管理—安全管理 Ⅳ. ①TS255.7

中国版本图书馆 CIP 数据核字（2019）第 164526 号

中国质量标准出版传媒有限公司
中　国　标　准　出　版　社　出版发行
北京市朝阳区和平里西街甲 2 号（100029）
北京市西城区三里河北街 16 号（100045）
网址：www.spc.net.cn
总编室：(010)68533533　发行中心：(010)51780238
读者服务部：(010)68523946
中国标准出版社秦皇岛印刷厂印刷
各地新华书店经销
*
开本 710×1000　1/16　印张 24.25　字数 471 千字
2020 年 11 月第一版　2020 年 11 月第一次印刷
*
定价：**78.00** 元

主编简介

聂继云，青岛农业大学三级教授，果树学博士，博士生导师。辽宁省“百千万人才工程”百层次人选，国家苹果产业技术体系质量安全与营养品质评价岗位科学家，中国农业科学院科技创新工程“果品质量安全风险监测与评估团队”首席科学家，全国名特优新农产品（园艺产品）全程质量控制技术青岛中心主任，农业农村部果品质量安全风险评估实验室（兴城）主任，农业农村部果品及苗木质量监督检验测试中心（兴城）常务副主任，农业农村部农产品质量安全专家组成员，全国果品标准化技术委员会委员，农业农村部农产品营养标准专家委员会委员，《中国农学通报》副主编，《Journal of Integrative Agriculture》《中国农业科学》《园艺学报》《农产品质量与安全》等期刊编委。长期从事果品质量安全研究工作，发表论文 140 余篇，主编图书 17 部，制定国家/农业行业标准 40 余项，荣获中国农业科学院科学技术成果一等奖、新疆维吾尔自治区科技进步一等奖、全国商业科技进步一等奖、辽宁省科技成果三等奖等多种奖项。

编 委 会

主　　编　聂继云

副主编　金　芬　王　蒙

编　　者　（按姓氏音序排列）

董雅凤　郭晓军　贾东杰　蒋靖怡

金　芬　匡立学　李春梅　李　莉

毛雪飞　聂继云　沈友明　王刘庆

王　蒙　王　艳　朱玉龙

前　言

我国拥有世界上绝大多数的栽培果树，共有50余科近300种，板栗、甜橙、柑橘、金柑、橄榄、果松、核桃、白梨、砂梨、秋子梨、李、荔枝、龙眼、梅、猕猴桃、枇杷、山楂、柿、桃、香榧、杏、杨梅、银杏、樱桃、榛、枣等果树均原产于我国。果树在我国有着悠久的栽培历史，早在3000多年前就有文字记载。新中国成立以来，特别是改革开放以来，我国果树产业蓬勃发展，成为种植业中继粮食和蔬菜之后的第三大产业，在农业增效、农民增收和农村经济发展中发挥着越来越重要的作用。长期以来，我国一直居于世界第一大果品生产国和消费国地位，果品产量约占全球的1/4，苹果、柑橘、梨、桃、葡萄、枣、猕猴桃、柿、李等果品的产量均居世界首位，果品已成为国人膳食的重要组成部分。在满足国内消费需求的同时，我国的苹果、柑橘、梨、葡萄等果品还大量出口，成为大宗出口农产品。

我国果品种类丰富、供应充足，为满足巨大而又多样化的果品消费需求奠定了坚实基础。在我国，作为经济栽培的果品达数十种，常见的有板栗、菠萝、草莓、番木瓜、番石榴、柑橘、核桃、梨、李、荔枝、龙眼、芒果、猕猴桃、枇杷、苹果、葡萄、山楂、石榴、柿、树莓、桃、甜瓜、无花果、西番莲、西瓜、香蕉、杏、杨梅、杨桃、椰子、银杏、樱桃、越橘、枣、榛等。随着社会的进步和人民生活水平的提高，果品质量安全日益受到政府、生产者、经营者和消费者的关注和重视。特别是广大消费者，对果品的要求不断提高，既要吃得到（满足数量需求），还要吃得好（满足质量需求）。经过数十年的持续发展，目前我国果品供求基本平衡、丰年有余。由数量效益型向质量效益型转变，走安全、优质、营养之路成为我国果树产业发展的新趋势、新业态。

同果树种质资源、果树新品种选育、果树栽培生理、果树植物保护和果品贮藏保鲜一样，果品质量安全也是果树学的重要组成部分。上述前5个方向均为果树学的传统学科方向，果品质量安全则是果树学近期发展起来的新兴学科方向，也是农产品质量安全学的重要分支。随着我国果树产业和果树学科的发展，人们对果品质量安全学知识的需求日益增加，亟需一部全面反映果品质量安全的著作。为此，本人组织有关专家共同编写了《果品质量安全学》一书。本书涵盖果品质量安全的主要方面，包括果品品质、果品重金属污染、果品农药残留、果品真菌毒素污染和果品质量安全标准，5个方面各自成章。需要说明的是，虽然内生毒素、过敏原果品成分、致病微生物等亦属果品质量安全的范畴，但因少发或鲜见，研究也相对较少，暂未纳入本书。

本书由聂继云担任主编，负责第一章、第二章、第五章的撰写，并负责全书统稿；金芬和王蒙担任副主编，分别负责第三章和第四章的撰写。参加编写的人员还有董雅凤、郭晓军、贾东杰、蒋靖怡、匡立学、李春梅、李莉、毛雪飞、沈友明、王刘庆、王艳、朱玉龙。

本书在介绍经典理论的同时，亦注重介绍新成果、新技术和发展趋势；在介绍国内外研究成果的同时，亦注重与本国国情相结合；在兼顾系统性的同时，亦注重突出重点内容。本书既可作为大专院校的教学用书，也可作为果树科技工作者的参考用书。

本书受国家苹果产业技术体系（CARS－27）、中国农业科学院科技创新工程（CAAS－ASTIP）、国家农产品质量安全风险评估专项等项目资助。

因编者水平有限，书中难免存在疏漏，还望读者批评指正。

编者

2020年2月

目　　录

第一章　果品品质 …… 1

第一节　果品品质指标 …… 1
第二节　果品品质鉴评 …… 22
第三节　果品品质控制 …… 53

第二章　果品重金属污染 …… 73

第一节　重金属与人体健康 …… 73
第二节　果品重金属污染检测 …… 78
第三节　果品重金属污染风险评估 …… 96
第四节　果品重金属污染风险控制 …… 106

第三章　果品农药残留 …… 117

第一节　农药残留与人体健康 …… 117
第二节　果品农药残留检测 …… 122
第三节　果品农药残留风险评估 …… 138
第四节　果品农药残留风险控制 …… 147

第四章　果品真菌毒素污染 …… 152

第一节　真菌毒素与人体健康 …… 152
第二节　果品真菌毒素污染检测 …… 172
第三节　果品真菌毒素污染风险评估 …… 183
第四节　果品真菌毒素污染风险控制 …… 192

第五章　果品质量安全标准 …… 201

第一节　中国标准 …… 201

第二节　国际组织标准 …… 218
第三节　区域组织标准 …… 250
第四节　美国标准 …… 274

附表 …… 293

附表 1　果品种质资源品质特性指标 …… 293
附表 2　果品优异种质资源品质指标 …… 304
附表 3　中国水果产品标准涉及的品质指标 …… 317
附表 4　中国坚果产品标准涉及的品质指标 …… 328
附表 5　中国 22 种果品优势区域分布 …… 333
附表 6　中国元素检测方法标准的灵敏度和精密度 …… 340
附表 7　WHO 对果品类食物的分类 …… 343
附表 8　中国有关标准对肥料重金属含量的规定 …… 349
附表 9　ISO 果品及其制品综合标准 …… 352
附表 10　ISO 果品及其制品标准 …… 357
附表 11　111 种果品的英文通用名称及其植物学名称 …… 360
附表 12　59 种常以干果或果干销售的果品的英文通用名称及其植物学名称 …… 365

参考文献 …… 367

第一章　果品品质

果品品质由外观品质和内在品质构成，前者如大小、色泽、果形、洁净度、整齐度、机械损伤、病虫害等，后者如肉质、风味、香气、汁液、糖酸含量、营养成分等。对于有些树种和品种，还需考虑耐贮特性和加工特性。果品品质可细分为感官品质、理化品质、加工品质和贮藏品质。果品品质的评定主要有两种方式，即感官评价和分析检测，前者利用专家感官（视觉、嗅觉、味觉、触觉等）完成，后者则利用仪器设备完成。适地适栽、花果管理和果品贮运是果品品质控制的关键环节。

第一节　果品品质指标

在果品种质资源描述、果品种质资源评价和果品等级划分中，果品品质都是非常重要的组成部分。果品品质由相关的品质指标构成。不同树种之间构成果品品质的指标种类可能会存在差异，甚至差异很大。对于同一树种，种质资源描述、种质资源评价和果品产品标准的关注点各有侧重，因而所用品质指标往往不尽一致。例如，果品机械损伤和果面缺陷方面的指标通常只有果品产品标准才会涉及。对于色泽和形状指标，果品种质资源描述和评价的目的是确定属于哪种色泽、哪种果形，而果品产品标准则是确定是否具有该品种固有的色泽和形状。

一、果品种质资源描述

2005—2016 年，我国针对苹果等 31 种果品以及西瓜和甜瓜分别出版了种质资源描述规范和数据标准专著，提供了这些果品的品质特性指标及其分级标准。对于菠萝、番荔枝、芒果、椰子等 4 种果品，分别在《热带作物种质资源描述规范　菠萝》（NY/T 2813—2015）、《番荔枝　种质资源描述规范》（NY/T 1809—2009）、《芒果　种质资源描述规范》（NY/T 1808—2009）和《椰子　种质资源描述规范》（NY/T 1810—2009）中列出了其品质性状指标。本书将以这 37 种果品为对象，对果品种质资源描述所用品质指标进行简要分析。

(一)基本情况

不同种类果品的品质特性指标不尽一致，甚至存在很大差异，见附表1。从指标数来看，最少的仅有5项(澳洲坚果、核桃、野核桃)，最多的有48项(芒果)，平均为16.5项。其中，品质特性指标在20项以上的果品有6种，依次为芒果、枣、杏、苹果、山楂和猕猴桃；品质特性指标为15项~19项的果品有14种，依次为荔枝、榛、梨、枇杷、李、龙眼、菠萝、沙棘、桃、香蕉、扁桃、树莓、穗醋栗和越橘；品质特性指标为10项~14项的果品有9种，依次为草莓、柑橘、番荔枝、板栗、葡萄、果梅、柿、腰果和樱桃；品质特性指标为5项~9项的果品有8种，依次为银杏、枸杞、甜瓜、椰子、西瓜、澳洲坚果、核桃和野核桃，见图1。在这37种果品中，澳洲坚果、菠萝、草莓、番荔枝、柑橘、荔枝、葡萄、柿、桃、甜瓜、西瓜、樱桃、腰果、椰子等14种果品，其品质特性指标均为内在品质指标；余下的23种果品，其品质特性指标既有外观品质指标，也有内在品质指标，但多数果品的外观品质指标相对较少，大多占品质特性指标的1/4以下，仅核桃、野核桃、芒果、山楂、苹果、猕猴桃等6种果品的外观品质指标所占比例在2/5及以上，猕猴桃外观品质指标和内在品质指标项数一样多。

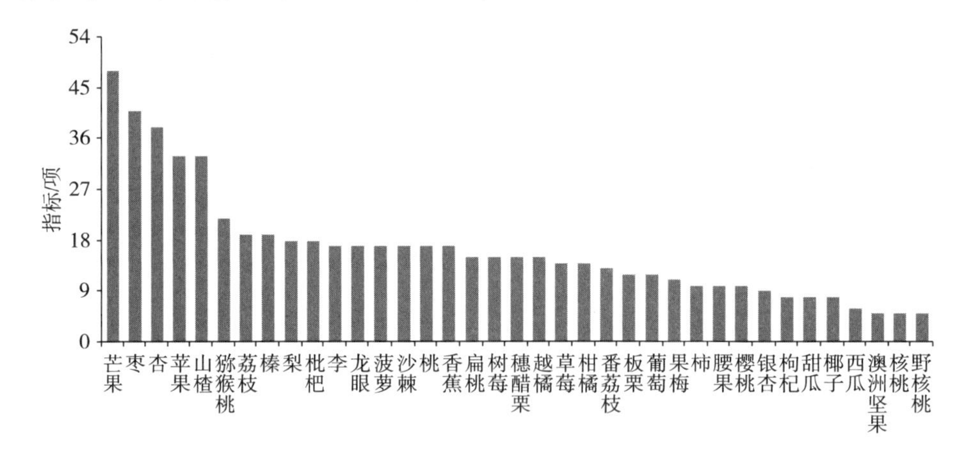

图1　37种果品种质资源描述品质特性指标数统计

果品的品质特性指标多为单一性指标，但也有一些是综合性指标，见表1。所谓综合性指标，是指需利用多项其他指标加以综合评价的指标。梨的外观综合评价、内质(即内在品质，下同)综合评价，李、桃、山楂、樱桃的鲜食品质，芒果的食用品质，苹果的果实外观综合评价、果肉内质综合评价，香蕉的品质评价，杏的果实外观、果实内质评价，枣的果实外观评价、口感综合评价，以及棒的果仁品质，均属综合性指标。其中，梨的外观综合评价需根据单果重等 4 项指标的总得分进行评价，其内质综合评价需根据果肉质地等 5 项指标的总得分进行评价。李的鲜食品质需根据肉质等 4 项指标的总得分进行评价。芒果的食用品质需根据香气、酸度、甜度和风味进行综合评价。桃的鲜食品质需根据肉质等 32 项指标综合确定。樱桃的鲜食品质需根据果形等 17 项指标的总得分进行评价。苹果的果实外观综合评价需根据大小等 5 项指标的总得分进行评价，其果肉内质综合评价需根据肉质等 4 项指标的总得分进行评价。杏的果实外观需根据果实大小等 4 项指标的总得分进行评价，其果实内质评价需根据肉质等 9 项指标的总得分进行评价。枣的果实外观评价需根据果实大小等 4 项指标的总得分进行评价，其口感综合评价需根据果肉质地等 5 项指标的总得分进行评价。榛的果仁品质需根据风味等 4 项指标进行综合评价。

表 1　9 种果品综合性品质指标及其评价依据

果品	指标	评价依据
梨	外观综合评价	单果重、形状、色泽、光洁度
	内质综合评价	果肉质地、果肉类型、风味、汁液、香气
李	鲜食品质	肉质、风味、汁液、香气
芒果	食用品质	香气、酸度、甜度、风味
桃	鲜食品质	肉质、风味、汁液、纤维含量、香气、可溶性固形物含量、果实类型、果形、果顶形状、单果重、果实纵径、果实横径、果实侧径、缝合线深浅、果实对称性、茸毛有无、茸毛密度、梗洼深度、梗洼宽度、果皮底色、盖色深浅、着色程度、着色类型、成熟度一致性、果皮剥离度、果肉颜色、红色素多少、近核处红色素多少、带皮硬度、去皮硬度、裂果率、核粘离性
樱桃	鲜食品质	果形、果顶形状、果实纵径、果实横径、单果重、缝合线、果皮色泽、着色程度、果肉颜色、果实硬度、风味、可溶性固形物含量、可溶性糖含量、可滴定酸含量、维生素 C 含量、类胡萝卜素含量、可食率
苹果	果实外观综合评价	大小、颜色、形状、果面光滑度、果锈
	果肉内质综合评价	肉质、风味、汁液、香气
杏	果实外观	果实大小、颜色、形状、整齐度
	果实内质评价	肉质、纤维、风味、汁液、香气、可溶性固形物含量、可溶性糖含量、可滴定酸含量、核粘离性
枣	果实外观评价	果实大小、形状、整齐度、颜色
	口感综合评价	果肉质地、粗细、汁液、风味、异味
榛	果仁品质	风味、光洁度、整齐度、饱满度

(二)感官指标

果品的感官品质主要包括色(色泽)、香(香气)、味(味道)、形(形状)、质(质感)5个方面。需要注意的是，不同种类的果品之间对于同一项品质指标可能会采用不同的指标名称，例如，风味和果实风味，肉质和果肉质地，果肉汁液和汁液，这也是果品品质指标名目繁多的主要原因之一。

1. 色泽

37种果品中，除澳洲坚果、柑橘、柿、桃、甜瓜、西瓜、樱桃、腰果、椰子等9种果品外，均有色泽指标，共计24项，见表2。水果的外部色泽指标一般为果实颜色或果皮颜色，芒果分青熟果果皮颜色和完熟果果皮颜色，香蕉为熟果皮色，枸杞为干果色泽，苹果和杏均细分为果实(皮)底色、果面盖色、着色程度、着色类型等4项指标，山楂还包括果点颜色，猕猴桃还包括果实被毛色泽。水果的内部色泽指标多为果肉颜色(果梅等19种果品均有该指标)，香蕉为熟果肉色，荔枝还包括果肉内膜褐色程度，草莓和葡萄还包括果汁颜色，猕猴桃还包括果心颜色和种子颜色。坚果的色泽指标包括坚果颜色、坚果颜色均匀度、果仁(种)皮颜色、核仁颜色、种核颜色均匀度。

表2　28种果品色泽指标统计

指标名称	适用果品	指标名称	适用果品
果实颜色	沙棘、树莓、穗醋栗、枣	果实被毛色泽	猕猴桃
果皮颜色	猕猴桃、山楂、越橘	果肉颜色	果梅等19种果品*
青熟果果皮颜色	芒果	熟果肉色	香蕉
完熟果果皮颜色	芒果	果肉内膜褐色程度	荔枝
熟果皮色	香蕉	果汁颜色	草莓、葡萄
干果色泽	枸杞	果心颜色	猕猴桃
果实底色	苹果	种子颜色	猕猴桃
果皮底色	杏	坚果颜色	榛
果面盖色	苹果、杏	坚果颜色均匀度	板栗、核桃、野核桃
着色程度	苹果、杏	果仁(种)皮颜色	榛
着色类型	苹果、杏	核仁颜色	扁桃
果点颜色	山楂	种核颜色均匀度	银杏

*包括果梅、菠萝、番荔枝、梨、李、荔枝、龙眼、芒果、猕猴桃、枇杷、苹果、葡萄、沙棘、山楂、树莓、穗醋栗、杏、越橘、枣。

2. 香气和味道

37 种果品中仅 21 种水果有香气指标，主要为香气、果实香气、果肉香气、香味或果肉香味，草莓、番荔枝、柑橘、梨、荔枝、苹果、桃、杏等 8 种果品采用香气，果梅、芒果、沙棘、树莓、穗醋栗、越橘等 6 种果品采用果实香气，李、龙眼和枇杷采用香味，葡萄和香蕉采用果肉香味，菠萝和甜瓜采用果肉香气，葡萄还包括果肉香味程度，芒果还包括松香味。实际上，香味和香气是同义词。37 种果品中仅澳洲坚果、榛和椰子没有味觉指标，味觉指标主要为风味，此外还包括酸味（甜瓜、西瓜）、涩味（梨、李、荔枝、葡萄）、苦味（柑橘、甜瓜）、麻味（柑橘）、异味（苹果、杏、枣、西瓜）、坚果熟食口味（板栗）、仁味（杏）、种仁口感（银杏），见表 3。需要说明的是，苹果的异味包括涩味、粉香味、酒味等；板栗的坚果熟食口味是指甜味和香气，杏的仁味和银杏的种仁口感都是指甜味和苦味。

表 3　34 种果品味觉指标统计

指标名称	适用果品	指标名称	适用果品
风味	草莓、番荔枝、梨、李、荔枝、龙眼、枇杷、苹果、桃、香蕉、杏、樱桃	苦味	柑橘、甜瓜
果实风味	芒果、猕猴桃、山楂、柿、树莓、穗醋栗、越橘、枣	麻味	柑橘
浆果风味	沙棘	涩味	梨、李、荔枝
鲜果风味	枸杞	果皮涩味	葡萄
果梨风味	腰果	种仁口感	银杏
果肉风味	菠萝、柑橘、甜瓜	异味	苹果、杏、枣
核仁风味	扁桃、果梅、核桃、野核桃	果肉异味	西瓜
仁味	杏	果肉酸味	甜瓜、西瓜
坚果熟食口味	板栗		

3. 形状

37 种果品中，除澳洲坚果、草莓、柑橘、枸杞、荔枝、桃、甜瓜、西瓜、腰果、樱桃等 10 种果品外，其余 27 种果品均有形状指标，共计 96 项，见表 4，可分为整体形状指标、局部形状指标、表面形状指标、内部形状指标、长宽厚薄指标等 5 类。整体形状指标反映果品的整体形状特性，共计 9 项，果实形状和果实整齐度均较为常见，分别涉及 9 种和 6 种果品，其余指标都只涉及 1 种 ~2 种果品。果实整齐度主要反映果实大小和形状的一致性，果梅、李和杏还涉及颜色和成熟度。局部形状指标反映果品的局部形状特性，共计 26 项，其中，果顶形状较为常见，涉及 4 种果品，其余指标都只涉及 1 种 ~2 种果品。表面形状指标反映果品表面的形状特性，共计 24 项，其中，果点大小、果面光滑度和果点密度均较为常见，分别涉及 5 种、3 种和 3 种果品，其余指标都只涉及 1 种 ~2 种果品。内部形状指标反映果品内部的形状特性，共计 17 项，其中，果心大小较为常见，涉及 3 种果品，其余指标都只涉及 1 种 ~2 种果品。长宽厚薄指标反映果品或其某一部位的长宽或厚薄特性，共计 20 项，其中，果皮厚度最为常见，涉及 9 种果品，其次是果肉厚度，其余指标都只涉及 1 种 ~3 种果品。

表 4　27 种果品形状指标统计

指标类别	指标名称	适用果品
整体形状	果实对称性	杏
	果实形状	芒果等 9 种果品[1)]
	果实整齐度	果梅等 6 种果品[2)]
	果形指数	芒果、苹果
	核果整齐度	扁桃
	坚果均匀度	核桃、野核桃
	坚果形状	榛
	坚果重均匀度	板栗
	种核均匀度	银杏
局部形状	萼片锯齿	山楂
	萼片茸毛	山楂
	萼片形状	山楂
	萼片状态	枣
	萼片着生状态	山楂
	萼片姿态	山楂
	萼筒形状	山楂
	缝合线	杏
	腹沟	芒果
	梗基特征	山楂
	梗洼	山楂、杏
	梗洼广度	枣
	梗洼深度	枣
	果顶	芒果
	果顶形状	猕猴桃、杏、枣、榛
	果梗着生方式	芒果
	果喙	芒果
	果喙形状	猕猴桃
	果基形状	榛

续表

指标类别	指标名称	适用果品
局部形状	果肩	芒果
	果肩形状	猕猴桃、枣
	果颈	芒果
	果洼	芒果
	果窝	芒果
	熟果脱把	香蕉
	柱头状态	枣
表面形状	萼洼锈量	苹果
	梗洼锈量	苹果
	果点	猕猴桃
	果点大小	猕猴桃等 5 种果品[3)]
	果点多少	山楂
	果点密度	苹果、杏、枣
	果点状况	猕猴桃
	果点状态	苹果
	果点着生状态	山楂
	果粉	芒果、苹果
	果面光滑度	梨、苹果、枣
	果面茸毛	杏、榛
	果皮光滑度	芒果
	果皮光泽	山楂
	果皮开裂	香蕉
	果实被毛	猕猴桃
	果实被毛类型	猕猴桃
	果实被毛密度	猕猴桃

指标类别	指标名称	适用果品
表面形状	蜡质	苹果
	棱起	苹果
	裂果	李
	裂果率	番荔枝
	梅花点	香蕉
	皮孔密度	芒果
内部形状	果仁饱满度	榛
	果肉中褐（黑）斑	柿
	果肉纤维数量	芒果
	果肉纤维长度	芒果
	果心大小	梨、猕猴桃、苹果
	果心截面形状	猕猴桃
	核壳有无	枣
	核面	杏
	核仁面	扁桃
	核形	杏、枣
	仁饱满度	杏
	心室数	山楂
	种核凹痕	山楂
	种仁饱满程度	枣
	种仁形状	芒果
	种子形状	猕猴桃
	胚类型	芒果

续表

指标类别	指标名称	适用果品	指标类别	指标名称	适用果品
长宽厚薄	果柄长度	枣	长宽厚薄	果实侧径	芒果
	果核表面特征	芒果		果实横径	芒果、山楂、枣
				果实纵径	芒果、山楂、枣
	果核侧径	芒果		果心直径	菠萝
	果核横径	芒果		核果横径	扁桃
	果核脉络形状	芒果		核果纵径	扁桃
				核壳厚度	扁桃、榛
	果核纵径	芒果		核仁横径	扁桃、芒果
	果皮厚度	菠萝等9种果品[4]		核仁纵径	扁桃、芒果
	果仁空心度	榛		纤维长度	椰子
	果肉厚度	菠萝、番荔枝、龙眼、枇杷		种仁占种壳的比例	芒果

[1] 包括芒果、苹果、沙棘、山楂、树莓、穗醋栗、杏、越橘、枣。[2] 包括果梅、李、龙眼、枇杷、杏、枣。[3] 包括猕猴桃、苹果、山楂、杏、枣。[4] 包括菠萝、番荔枝、枇杷、葡萄、沙棘、穗醋栗、香蕉、越橘、枣。

4. 质地

37种果品中，除澳洲坚果、板栗、扁桃、枸杞、核桃、野核桃、猕猴桃、腰果、银杏、樱桃、榛等11种果品外，其余26种果品均有质地指标，共有29项，见表5，主要分为果皮指标、果核指标、果肉指标等3类。果皮指标仅4项，分别为果皮剥离难易（李）、剥皮难易（枇杷、香蕉）、果皮与果肉的黏着度（芒果）和纤维张力（椰子）。果核指标仅2项，分别为核粘离性（杏）和离核难易（龙眼）。果肉指标共有23项，包括果肉粗细、果肉质地、肉质、质地、囊壁质地、果肉硬度、果肉类型、果肉透明度、果肉石细胞、果肉汁液、果汁多少、果汁含量、汁液、流汁情况、流汁程度、纤维、纤维含量、果肉纤维、化渣程度、果肉化渣程度、坚果熟食质地、种仁糯性、坚果熟食糯性，其中，果肉质地、肉质、汁液、果肉汁液等4项指标较为常见，特别是果肉质地和汁液，分别涉及20种和7种果品，而其他指标均仅涉及1种～3种果品。果肉质地、肉质和质地为同义词，果肉汁液、果汁含量和汁液多数情况下含义也完全相同。实际上，核桃和野核桃的核仁风味指标也与质地有关，比如，风味差的核仁表现为皱缩，硬，口感涩，有怪味；风味好的核仁表现为饱满，口感顺滑，吞咽时口内有浓郁的芳香气味。

表 5　26 种果品质地指标统计

指标名称	适用果品	指标名称	适用果品
剥皮难易	枇杷、香蕉	化渣程度	龙眼
果皮剥离难易	李	流汁程度	龙眼
果皮与果肉的黏着度	芒果	流汁情况	荔枝
纤维张力	椰子	囊壁质地	柑橘
果肉粗细	苹果、树莓、枣	肉质	李、荔枝、软柿、桃
果肉化渣程度	枇杷		
果肉类型	梨、杏	纤维	李、杏
果肉石细胞	枇杷	纤维含量	菠萝、桃
果肉透明度	龙眼	汁液	梨等 7 种果品[2)]
果肉纤维	西瓜	质地	硬柿
果肉硬度	枇杷	种仁糯性	银杏
果肉汁液	李、葡萄、杏、枣	坚果熟食糯性	板栗
果肉质地	菠萝等 20 种果品[1)]	坚果熟食质地	板栗
果汁多少	芒果	核粘离性	杏
果汁含量	菠萝、柑橘、果梅	离核难易	龙眼

[1)] 包括菠萝、草莓、番荔枝、柑橘、果梅、梨、龙眼、芒果、枇杷、苹果、葡萄、沙棘、山楂、树莓、穗醋栗、甜瓜、西瓜、香蕉、越橘、枣。[2)] 包括梨、荔枝、龙眼、枇杷、苹果、柿、桃。

（三）理化指标

37 种果品均有理化指标，累计 76 项，见表 6，这些指标主要可分为物理指标、营养成分指标、功能成分指标、风味指标等 4 类。物理指标主要包括重量①、硬度、水分等，累计 24 项，以硬度指标最为常见，草莓、果梅、梨、李、苹果、沙棘、山楂、树莓、穗醋栗、杏、腰果、越橘等 12 种果品均有该指标。营养成分指标累计 27 项，主要包括淀粉、可溶性糖（通常，果品中的可溶性固形物主要是可溶性糖）、蛋白质、脂肪等，以可溶性固形物含量和可溶性糖含量两项指标最为常见，分别涉及 28 种和 22 种果品。功能成分指标累计 12 项，包括黄酮甙、萜内酯、多糖、维生素 C、维生素 E、类胡萝卜素、花青素、花色素苷、果胶、月桂酸等，以维生素 C 含量指标最为常见，菠萝等 26 种果品均有该指标。风味指标累计 8 项，包括可溶性单宁含量、单宁含量、果梨汁收敛性、

① 本书中，“重量”实指“质量”，因引用标准不同，称谓不尽一致。

可滴定酸含量、果梨汁含酸量、果实含酸量、固酸比和糖酸比，以可滴定酸含量最为常见，菠萝等20种果品均有该指标。除上述4类71项指标外，还有可食率、含仁率、焦核率、种核数、种仁率等5项其他品质指标，其中，可食率较为常见，菠萝等12种果品均有该指标。

表6　37种果品理化指标统计

指标类别	指标名称	适用果品
物理	单果重	芒果、苹果、杏、枣
	果核质量	芒果
	果梨软硬度	腰果
	果肉水分	甜瓜
	果肉硬度	梨、苹果
	果肉重量	菠萝
	果实大小	山楂
	果实硬度	菠萝等9种果品[1]
	果皮重量	菠萝
	核干重	杏
	核果平均重	扁桃
	核仁平均重	扁桃
	核鲜重	杏
	核重	枣
	灰分含量	枸杞
	坚果含水量	板栗
	坚果重	榛
	仁干重	杏
	仁重	榛
	石细胞数量	梨
	硬度	李、杏
	种仁质量	芒果
	种子千粒重	猕猴桃
	种子重	龙眼
营养成分	粗蛋白质含量	澳洲坚果、椰子
	粗脂肪含量	澳洲坚果、椰干、鲜椰肉
	蛋白质含量	枸杞、榛
	淀粉含量	榛
	果梨汁可溶性固形物含量	腰果
	果梨汁可溶性糖含量	腰果
	果仁蛋白质含量	腰果
	坚果淀粉含量	板栗
	核仁蛋白质含量	核桃、野核桃
	核仁脂肪含量	核桃、野核桃
	还原糖含量	荔枝
	坚果蛋白质含量	板栗
	坚果可溶性糖含量	板栗
	近皮果肉可溶性固形物含量	西瓜

续表

指标类别	指标名称	适用果品
营养成分	可溶性固形物含量	草莓等 25 种果品[2]
	可溶性糖含量	澳洲坚果等 20 种果品[3]
	仁粗蛋白质含量	扁桃
	仁油脂含量	扁桃
	游离脂肪酸含量	椰子
	蔗糖含量	荔枝
	脂肪含量	榛
	中心果肉可溶性固形物含量	西瓜
	种仁蛋白质含量	银杏
	种仁淀粉含量	银杏
	种仁脂肪含量	银杏
	种子含油量	沙棘
	总糖含量	柑橘、枸杞、荔枝
功能成分	枸杞多糖含量	枸杞
	果胶含量	穗醋栗
	果梨汁维生素 C 含量	腰果
	果实维生素 C 含量	猕猴桃
	花青素含量	树莓
	花色素苷含量	越橘
	类胡萝卜素含量	沙棘、桃、樱桃
	维生素 C 含量	菠萝等 24 种果品[4]
	维生素 E 含量	沙棘、椰子、榛
	月桂酸（肉豆蔻油率）	椰子
	种仁萜内酯含量	银杏
	种仁总黄酮甙含量	银杏
风味	单宁含量	桃
	固酸比	柑橘、荔枝
	果梨汁含酸量	腰果
	果梨汁收敛性	腰果
	果实含酸量	果梅、猕猴桃
	可滴定酸含量	菠萝等 20 种果品[5]
	可溶性单宁含量	柿
	糖酸比	荔枝

续表

指标类别	指标名称	适用果品	指标类别	指标名称	适用果品
其他	含仁率	枣	其他	种核数	山楂
	焦核率	龙眼		种仁率	山楂
	可食率	菠萝等12种果品[6]			

[1]包括菠萝、草莓、果梅、芒果、沙棘、山楂、树莓、穗醋栗、越橘。[2]包括草莓、番荔枝、柑橘、果梅、梨、李、荔枝、龙眼、芒果、猕猴桃、枇杷、苹果、葡萄、沙棘、山楂、柿、树莓、穗醋栗、桃、甜瓜、香蕉、杏、樱桃、越橘、枣。[3]包括澳洲坚果、菠萝、草莓、番荔枝、梨、李、龙眼、芒果、枇杷、苹果、葡萄、沙棘、树莓、穗醋栗、桃、香蕉、杏、樱桃、越橘、枣。[4]包括菠萝、草莓、番荔枝、柑橘、枸杞、果梅、梨、李、荔枝、龙眼、芒果、枇杷、苹果、沙棘、山楂、柿、树莓、穗醋栗、桃、香蕉、杏、樱桃、越橘、枣。[5]包括菠萝、草莓、番荔枝、梨、李、荔枝、芒果、枇杷、苹果、葡萄、沙棘、山楂、树莓、穗醋栗、桃、香蕉、杏、樱桃、越橘、枣。[6]包括菠萝、番荔枝、柑橘、果梅、荔枝、龙眼、芒果、枇杷、山楂、香蕉、樱桃、枣。

(四)加工特性指标

澳洲坚果、板栗、扁桃、草莓、番荔枝、柑橘、荔枝、葡萄、沙棘、山楂、树莓、穗醋栗、桃、杏、腰果、樱桃、越橘、枣、榛等19种果品均有加工特性指标，累计17项。水果的加工特性指标主要是出汁率(柑橘、葡萄、沙棘、树莓、穗醋栗、桃、樱桃、越橘)，此外，还有汁液比例(番荔枝)、果梨果汁含量(腰果)、制汁品质(桃)、速冻失水率(草莓)、制罐性能(荔枝)、制罐品质(桃)、原料利用率(桃)、制干性能(荔枝)、制干率(枣)和加工性状(山楂)。与制罐品质一样，原料利用率也是一项反映桃制罐特性的品质指标。加工性状反映山楂适于不同加工的特性，包括制罐(糖水罐头)、制汁和加工其他产品。坚果的加工特性指标主要是出仁率(澳洲坚果、扁桃、杏、榛)，此外，还有坚果食用类型(板栗)、坚果熟食涩皮剥离难易程度(板栗)、破壳难易(扁桃)、一级果仁率(澳洲坚果)、空仁率(榛)和果仁出油率(腰果)。坚果食用类型反映板栗适于何种食用方式，包括炒栗和菜栗。

(五)贮藏特性指标

板栗、菠萝、草莓、梨、李、枇杷、苹果、沙棘、山楂、柿、树莓、穗醋栗、桃、甜瓜、香蕉、杏、樱桃、越橘、枣等19种果品均有贮藏特性指标，共有11项，包括坚果耐贮性(板栗)、耐贮性(菠萝、草莓、梨、李、苹果、甜瓜、杏)、鲜枣耐贮性(枣)、耐贮藏性(枇杷)、贮藏性(山楂、桃、樱桃)、果实贮藏期(沙棘、树莓、穗醋栗、越橘)、采后果实颜色保持时间(草莓)、采后果实光泽保持时间(草莓)、自然失水率(草莓)、硬果期(柿)和货架期(香蕉),以草莓的贮藏品质指标最多,达4项。

二、果品种质资源评价

(一)基本情况

我国已制定了草莓、柑橘、梨、李、龙眼、枇杷、苹果、葡萄、柿、桃、甜瓜、西瓜、杏等13种果品的优异种质资源评价规范农业行业标准,以及板栗、核桃、荔枝、猕猴桃、山楂等5种果品的种质资源鉴定评价技术规范农业行业标准。这些标准均针对各相关果品,规定了优异种质资源的技术要求、鉴定方法和判定原则。优异种质资源是优良种质资源和特异种质资源的总称。优良种质资源指主要经济性状表现好且具有重要价值的种质资源。特异种质资源指性状表现特殊、稀有的种质资源。上述18种果品中,梨、李、荔枝、龙眼、猕猴桃、枇杷、山楂、桃、杏等9种果品,其优良种质资源品质指标数均少于特异种质资源品质指标数;板栗、草莓、核桃、苹果、葡萄、柿、甜瓜、西瓜等8种果品,其优良种质资源品质指标数均多于特异种质资源品质指标数;柑橘优良种质资源和特异种质资源的品质指标数相同,均为9项,见表7。18种果品总共有195项品质指标,见附表2。优良种质资源和特异种质资源共同关注的品质指标相对较少,仅占总指标数的29.2%,葡萄、板栗、梨、柿、柑橘、苹果等果品尤其如此,甜瓜和西瓜的优良种质资源和特异种质资源无共同关注的品质指标,见表7。

表7　18种果品优异种质资源品质特性指标数统计

标准编号	适用果品	优良种质资源	特异种质资源	共同指标数
NY/T 2328—2013	板栗	8	1	1
NY/T 2020—2011	草莓	9	7	4
NY/T 2030—2011	柑橘	9	9	3
NY/T 2330—2013	核桃	10	4	4
NY/T 2032—2011	梨	6	9	2
NY/T 2027—2011	李	3	6	3
NY/T 2329—2013	荔枝	8	9	5
NY/T 2022—2011	龙眼	7	10	6

续表

标准编号	适用果品	优良种质资源	特异种质资源	共同指标数
NY/T 2324—2013	猕猴桃	10	11	7
NY/T 2021—2011	枇杷	6	8	6
NY/T 2029—2011	苹果	6	4	2
NY/T 2023—2011	葡萄	7	5	1
NY/T 2325—2013	山楂	8	11	5
NY/T 2024—2011	柿	8	7	2
NY/T 2026—2011	桃	3	10	3
NY/T 2388—2013	甜瓜	8	4	0
NY/T 2387—2013	西瓜	8	5	0
NY/T 2028—2011	杏	3	5	3

（二）优良种质资源评价

18 种果品的优良种质资源品质指标累计 73 种，见表 8，可分为感官指标、理化指标、加工特性指标、贮藏特性指标等 4 类，其中，感官指标又可分为色泽、香气、味觉、形态、质地等 5 类，理化指标又可分为物理、营养、功能成分等 3 类，以形态指标、质地指标、色泽指标、物理指标和营养指标居多，合计占 81%。从出现频次来看，73 种指标累计出现 124 次，以营养指标、物理指标、形态指标、质地指标、色泽指标和贮藏特性指标出现频次最多，为 11 次 ~25 次，合计占 88.7%。色泽指标是关于颜色（果实颜色、果面颜色、果肉颜色、种仁颜色）和光泽方面的指标，累计 11 种 13 项次。香气指标甚少涉及，累计仅 3 种 3 项次。味觉指标是关于果实、果肉和种仁风味的指标，累计仅 4 种 7 项次。需要说明的是，甜瓜的果肉风味也涉及香气，核桃的种仁风味也涉及香气和异味。形态指标主要是关于果实（含果面、果肉、果心）、种子（含大小、数量、密度）和种仁形态（含饱满度、整齐度）的指标，累计 15 种 19 项次。质地指标多与水果有关，主要是关于果实（含果肉）质地和汁液多少的指标，累计 14 种 18 项次。物理指标包括重量、可食率和厚度指标，累计 10 种 24 项次，以重量指标居多，且多为单个果实的重量指标，共有 14 种果品规定了该指标。营养指标是关于可溶性固形物、糖、酸、淀粉、蛋白质、脂肪等营养成分含量的指标，累计 9 种 25 项次，以可溶性固形物含量指标居多，共有 15 种果品规定了该指标。需要说明的是，可溶性固形物虽然不是果品的营养成分，但其含量水平能反映水果中可溶性营养成分特别是可溶性糖的含量高低。功能成分指标只有山楂涉及，分别为维生素 C

含量和总黄酮含量。加工特性指标只有柑橘（出汁率）和核桃（出仁率）涉及。贮藏特性指标累计 3 种 11 项次，共有 11 种果品涉及，主要反映果品的耐贮性。

表 8　18 种果品优良种质资源品质指标统计

指标类别	指标名称	适用果品
色泽	果面颜色	草莓
	果实颜色	柿
	果实剖面	西瓜
	果肉颜色	猕猴桃
	果肉内膜褐色	荔枝
	种仁皮色	核桃
	焦核率	荔枝、龙眼
	果面光泽	草莓
	坚果光泽	板栗
	全穗果粒成熟一致性	葡萄
	果实成熟一致性	甜瓜、西瓜
香气	香味	龙眼
	果实香气	草莓
	果肉香型	葡萄
味觉	风味	草莓、荔枝
	果实风味	猕猴桃、山楂、柿
	果肉风味	甜瓜
	种仁风味	核桃
形态	果实形状	猕猴桃
	果形指数	苹果
	果面状态	草莓
	果实纵沟	柿
形态	果实整齐度	猕猴桃
	全穗果粒大小整齐度	葡萄
	裂瓜率	甜瓜、西瓜
	缝合线紧密度	核桃
	果心大小	梨、猕猴桃
	果肉褐斑	柿
	果肉纤维	西瓜
	种仁饱满度	核桃
	种子密度	草莓
	种子数	枇杷
	种子数量	柑橘、猕猴桃、柿
质地	果梗与果粒分离难易	葡萄
	果面光滑度	柑橘、苹果
	涩皮剥离难易	板栗
	取仁难易度	核桃
	软柿质地	柿
	果肉质地	草莓、柑橘、龙眼、山楂
	肉质	荔枝
	囊壁质地	柑橘
	果肉粗细	苹果

续表

指标类别	指标名称	适用果品
质地	石细胞含量	梨
	汁液	梨
	汁液程度	龙眼
	汁液多少	苹果
	坚果熟食糯性	板栗
物理	单瓜质量	甜瓜、西瓜
	单果重	梨等9种果品[1)]
	坚果单果重	板栗、核桃
	单粒重	葡萄
	单穗重	葡萄
	一级、二级序果平均单果重	草莓
	可食率	柑橘等5种果品[2)]
	果皮厚度	西瓜
	核壳厚度	核桃
	果肉厚度	甜瓜
营养	果实中心可溶性固形物含量	甜瓜、西瓜
营养	可溶性固形物含量	草莓等13种果品[3)]
	可溶性糖含量	山楂
	坚果可溶性糖	板栗
	可滴定酸含量	柑橘、荔枝、猕猴桃、枇杷
	坚果淀粉	板栗
	坚果蛋白质	板栗
	种仁蛋白质	核桃
	种仁脂肪	核桃
功能成分	维生素C含量	山楂
	总黄酮含量	山楂
加工	出汁率	柑橘
	出仁率	核桃
贮藏	果实贮运性	甜瓜
	耐贮性	板栗等9种果品[4)]
	耐贮藏性	枇杷

[1)]包括梨、李、荔枝、龙眼、猕猴桃、苹果、山楂、桃、杏。[2)]包括柑橘、荔枝、龙眼、枇杷、山楂。[3)]包括草莓、柑橘、梨、李、荔枝、龙眼、猕猴桃、枇杷、苹果、葡萄、柿、桃、杏。[4)]包括板栗、柑橘、梨、李、猕猴桃、山楂、柿、桃、杏。

(三)特异种质资源评价

18种果品的特异种质资源品质指标累计56种，见表9，可分为感官指标、理化指标、加工特性指标、贮藏特性指标等4类，其中，感官指标又可分为色泽、香气、味觉、形态、质地等5类，理化指标又可分为物理、营养、功能成分等3类，以形态指标、色泽指标、物理指标和营养指标居多，合计占 75%。从出现频次来看，56 种指标累计出现 126 次，以色泽指标、营养指标、物理指标和形态指标出现频次最多，为 22 次 ~ 26 次，合计占 77.8%。色泽指标是关于果品颜色的指标(如果实颜色、果面颜色、果皮颜色、果肉颜色、果汁色泽、种皮颜色等)，累计 11 种 26 项次。香气指标甚少涉及，累计仅 3 种 6 项次。味觉指标也甚少涉及，累计仅 2 种 2 项次。形态指标主要是关于果实(含果柄、果面、果肉、果心)、种子(含大小、数量、密度、种胚)和种仁形态的指标，累计 17 种 22 项次。质地指标相对较少，累计仅 4 种 5 项次。物理指标包括重量、可食率、石细胞含量、果实硬度和果肉厚度，累计 8 种 24 项次，以重量指标居多，且多为单个果实的重量指标，共有 16 种果品规定了该指标。营养指标是关于可溶性固形物、糖、酸、蛋白质、脂肪、单宁等营养成分含量的指标，累计 6 种 26 项次，以可溶性固形物含量指标和可滴定酸含量指标居多，分别涉及 10 种和 11 种果品。功能成分指标只有 2 种，分别为维生素 C 含量和总黄酮含量，草莓等 5 种果品均规定了维生素 C 含量指标。加工特性指标只有猕猴桃的出汁率。贮藏特性指标累计 2 种 8 项次，均为耐贮性指标，共涉及 8 种果品。

表 9　18 种果品特异种质资源品质指标统计

指标类别	指标名称	适用果品
色泽	果实颜色	葡萄、柿
	果面颜色	草莓、柑橘、梨
	果面着色	桃
	果皮底色	西瓜
	果皮颜色	荔枝、猕猴桃、枇杷、龙眼
	果肉颜色	柑橘等 9 种果品[1)]
	果汁色泽	葡萄
	褐变度	梨
	种皮颜色	龙眼
	种仁皮色	核桃
	焦核率	荔枝、龙眼
香气	果实香气	山楂、桃
	香气	梨、李、杏
	香味	龙眼
味觉	果肉酸味	甜瓜
	核仁风味	桃
形态	果柄脱落性	甜瓜
	果实形状	草莓、龙眼、柿
	果形	荔枝、桃
	果形指数	柑橘、苹果
	果粒形状	葡萄
	萼片	柿
	果皮覆纹形状	西瓜
	果心大小	猕猴桃
	心皮	柿
	无核率	荔枝
	种仁率	山楂
	种子形状	甜瓜

续表

指标类别	指标名称	适用果品
形状	种子大小	猕猴桃
	种子密度	草莓
	种子数	枇杷
	种子数量	梨、猕猴桃
	胚类型	柑橘
质地	核面光滑度	桃
	果肉质地	龙眼、西瓜
	果核	杏
	种核特征	山楂
物理	单果重	柑橘等 13 种果品[2]
	坚果单果重	板栗、核桃
	一级、二级序果平均单果重	草莓
	种子千粒重	甜瓜、西瓜
	石细胞含量	梨
	果实硬度	山楂
	果肉厚度	枇杷
	可食率	荔枝、龙眼、枇杷

指标类别	指标名称	适用果品
营养	可溶性固形物含量	草莓等 10 种果品[3]
	可溶性糖含量	梨、山楂
	可滴定酸含量	草莓等 11 种果品[4]
	种仁脂肪	核桃
	种仁蛋白质	核桃
	可溶性单宁含量	柿
功能成分	维生素 C 含量	草莓等 5 种果品[5]
	总黄酮含量	山楂
加工特性	出汁率	猕猴桃
贮藏	耐贮藏性	枇杷
	耐贮性	柑橘等 7 种果品[6]

[1]包括柑橘、梨、李、龙眼、猕猴桃、山楂、苹果、桃、西瓜。[2]包括柑橘、梨、李、荔枝、龙眼、猕猴桃、苹果、山楂、枇杷、葡萄、柿、桃、杏。[3]包括草莓、柑橘、李、荔枝、龙眼、猕猴桃、枇杷、柿、桃、杏。[4]包括草莓、柑橘、梨、李、荔枝、猕猴桃、山楂、枇杷、葡萄、桃、杏。[5]包括草莓、柑橘、荔枝、猕猴桃、山楂。[6]包括柑橘、李、猕猴桃、苹果、山楂、桃、杏。

三、果品产品标准

（一）总体情况

目前，我国共制定有 152 项果品产品国家标准或行业标准，包括 91 项一般产品标准、31 项地理标志产品标准、27 项单一品种产品标准和 3 项加工用果品标准，后 3 类产品标准仅针对特定区域、特定品种或特定用途的果品，不具普遍意义。其中，31 项地理标志产品标准的规范对象分别为尤溪金柑、永春芦柑、黄岩蜜桔、南丰蜜桔、寻乌蜜桔、瓯柑、琼中绿橙、赣南脐橙、常山胡柚、库尔勒香梨、鞍山南果梨、昌平苹果、灵宝苹果、烟台苹果、吐鲁番葡萄、吐鲁番葡萄干、塘栖枇杷、哈密瓜、大兴西瓜、慈溪杨梅、丁岙杨梅、余姚杨梅、永福罗汉果、宁夏枸杞、黄骅冬枣、沾化冬枣、灵宝大枣、延川红枣、建瓯锥栗、露水河红松籽仁和泰兴白果；27 项单一品种产品标准的规范对象分别为椪柑、砂糖橘、鲜红江橙、锦橙、常山胡柚、垫江白柚、丰都红心柚、琯溪蜜柚、梁平柚、沙田柚、五布柚、香柚、玉环柚、巴梨、砀山酥梨、黄花梨、库尔勒香梨、莱阳梨、南果梨、鸭梨、无核白葡萄、水蜜桃、肥城桃、冬枣、梨枣、哈密大枣和板枣；3 项加工用果品标准的规范对象分别为加工用宽皮柑橘、加工用苹果和制汁甜橙。

下面仅就 91 项一般产品标准的品质指标加以分析论述。91 项标准包括 61 项水果产品标准（见附表 3），11 项干果产品标准（见表 10）和 20 项坚果产品标准（见附表 4）。需要说明的是，《柿子产品质量等级》（GB/T 20453—2006）覆盖了鲜柿（水果）和柿饼（干果）。

表 10　11 项干果产品标准涉及的品质指标统计

产品标准	品质指标
《槟榔干果》（NY/T 487—2002）	基本要求、同一类品种特征率、皱纹均匀率、色泽一致率、果实完整率、虫果率、病果率、畸形果率、果实均匀指数、果实含水率
《枸杞》（GB/T 18672—2014）	形状、杂质、色泽、滋味、气味、不完善粒、无使用价值颗粒、粒度、枸杞多糖、水分、总糖、蛋白质、脂肪、灰分、百粒重
《荔枝干》（NY/T 709—2003）	原料、千克粒、破壳率、果壳色泽、果肉色泽、外观、风味、杂质、果肉含水率、总糖、总酸
《罗汉果》（NY/T 694—2003）	基本要求、品质、品种特征、一致性、果皮、果肉、果心、斑痕、苦味、外力造成的凹处、烤焦现象、响果、苦果、横径、总糖、水浸出物、水分
《无核葡萄干》（NY/T 705—2003）	饱满度、品种固有风味、异味、质地、大小均匀性、色泽一致性、虫蛀果、主色调、杂质、劣质果率、水分
《柿子产品质量等级》（GB/T 20453—2006）	柿饼：基本要求、形状、单饼重、色泽、干湿、杂质、破损、柿霜、核、含水量、肉色、质地
《酸角果实》（LY/T 1741—2018）	色泽、滋味、气味、果型、组织形态、个体数、杂质、果肉率、水分、缺陷果率

续表

产品标准	品质指标
《免洗红枣》(GB/T 26150—2010)	原料要求、水分、总糖、饱满度、大小均匀性、千克粒、果肉厚薄、色泽、外来杂质、损伤和缺陷
《干制红枣》(GB/T 5835—2009)	果形、果实大小均匀度、肉质、色泽、身干、总糖含量、一般杂质、损伤和缺陷、含水率、千克粒
《干制红枣质量等级》(LY/T 1780—2018)	基本要求、果形、果实色泽、果个大小、缺陷果、杂质含量、总糖含量
《干果类果品流通规范》(SB/T 11027—2013)	商品质量基本要求、完整度、含水率、均匀度、碎片含量、杂质含量

(二)水果产品标准

61 项水果产品标准包括 8 项等级规格标准、10 项流通规范类标准和 43 项通常意义的产品标准。

8 项水果等级规格标准覆盖草莓、柑橘、荔枝、猕猴桃、枇杷、苹果、桃、樱桃等 8 种水果。等级规格标准是一类特殊的产品标准，没有内在品质和理化指标要求，适用于水果的等级规格划分。其品质指标一般包括基本要求、等级划分指标和规格划分指标。水果在满足基本要求的前提下划分等级。基本要求主要包括完好、新鲜、洁净、异常外部水分、异味、发育、成熟度、异物、腐烂、变质等方面的规定，还可能有机械伤(碰压伤、刺伤、划伤、擦伤)、病虫害(害虫、虫伤、病虫伤、病害、病疤)、质地(变软、萎蔫、皱缩)、低温伤害(冷害、冻伤、冻害)、果形(完整、裂果、畸形果)、果柄、日烧(也称日灼)等规定，猕猴桃还有采收期可溶性固形物最低含量要求。等级划分指标主要有果形、色泽和缺陷 3 个方面的指标，其中，缺陷主要指果形缺陷和果面缺陷，果面缺陷又包括着色缺陷、果锈、机械伤、斑疤等。规格划分指标多采用果实重量，有的标准也采用果实横径。

10 项水果流通规范类标准覆盖柑橘类果品、浆果类果品、荔果类果品、仁果类果品、火龙果、莲雾、香蕉、预包装鲜梨、预包装鲜苹果和预包装鲜食葡萄。这类标准也是一类特殊的产品标准，与等级规格标准一样，通常也没有内在品质和理化指标要求，适用于水果的流通。该类标准规定指标相对较少，通常包括商品质量基本要求、成熟度、新鲜度、完整度、均匀度等 5 项，有的标准还有果形、色泽、果面、果实大小、果径、单果重、果粒重、果穗重、千克粒、果心大小、果肉占比等指标。水果在满足商品质量基本要求的前提下划分等级。商品质量基本要求主要包括成熟度、色泽、果形、完整性、新鲜度、腐烂、异味(嗅)、风味、病虫害、机械损伤、不正常外来水分、洁净度、污染物限量、农药残留限量等方面的规定，有的标准还有畸形果、大小、硬度、质地、口感、香味、杂质、变质等方面的要求。

43 项通常意义的水果产品标准覆盖菠萝、草莓、番荔枝、番木瓜、番石榴、黄皮、柑橘(含宽皮柑橘、柠檬、脐橙)、红毛丹、蓝莓、梨、李、荔枝、莲雾、榴莲、龙眼、芒果、毛叶枣、猕猴桃、木菠萝、枇杷、苹果、桑葚、沙棘、山楂、山竹子、石榴、柿子、树莓、桃、西番莲、香蕉、杨梅、杨桃、杏、樱桃、鲜枣、哈密瓜、西瓜等近 40 种水果。这些标准的指标通常包括基本要求、等级要求指标、理化指标、规格指标等 4 个方面，有的标准只有其中 3 个方面的指标，《蓝莓》(GB/T 27658—2011)、《桑葚(桑果)》(GB/T 29572—2013)和《树莓》(GB/T 27657—2011)甚至只有其中 2 个方面的指标。对于基本要求，个别标准采用外观品质基本要求、品质基本要求或总体要求。等级要求指标累计近 150 种，出现频次高的依次是果形、色泽、碰压伤、日灼、雹伤、成熟度、虫伤、果面、裂果、病虫害、风味、磨伤。理化指标累计超过 20 种，出现频次高的依次是可溶性固形物、可食率、总酸量、固酸比。规格指标累计近 10 种，出现频次最高的是单果重，其次是果实横径。

(三)干果产品标准

11 项干果产品标准覆盖槟榔干果、枸杞、荔枝干、罗汉果、无核葡萄干、柿饼、酸角果实、干制红枣和以葡萄、杏、柿等新鲜水果加工制成的干果类果品。11 项标准中，《干果类果品流通规范》(SB/T 11027—2013)品质指标最少，仅 6 项，其余标准品质指标均较多，有 8 项 ~ 11 项。11 项标准中，各标准均有理化指标；7 项标准有规格指标；5 项标准设立了基本要求或商品质量基本要求，《酸角果实》(LY/T 1741—2018)设立的感官指标可视同基本要求；各标准中其余品质指标均归入等级要求指标。干果标准的理化指标通常为 1 项 ~3 项，但《枸杞》(GB/T 18672—2014)中理化指标多达 8 项。干果的理化指标主要是水分含量指标(如水分、含水量、含水率、果实含水率、果肉含水率，以水分居多)和糖含量指标(总糖或总糖含量，以总糖居多)，此外还有百粒重、蛋白质、枸杞多糖、果肉率、灰分、粒度、水浸出物、脂肪、总酸等。干果规格指标的名称主要是规格、横径、单饼重、个体数、每千克果个数或每千克果粒数。11 项干果标准的等级要求指标累计 64 种 76 项次，其中，色泽类指标、大小均匀性指标、果形类指标、味觉和嗅觉类指标、损伤和缺陷类指标、杂质类指标等出现频次相对较多。

(四)坚果产品标准

20 项坚果产品标准覆盖澳洲坚果、板栗、扁桃、核桃、山核桃、松籽、香榧籽、仁用杏杏仁、西伯利亚杏杏仁、银杏种核、榛子等 11 种坚果。坚果产品标准规定的品质指标分为基本要求、感官指标、理化指标和规格指标，严格地说，规格指标也属理化指标范畴。20 项标准中，各标准均有理化指标，18 项标准有规格指标，17 项标准有感官指标，8 项标准有基本要求。理化指标累计有 60 余种近 130 项次，平均每项标准 6.5 项，《银杏种核质量等级》(GB/T 20397—2006)最多，达 23 项。在这些指标中，出现频次最高的依次是水分含量、脂肪含量、杂质、蛋白质、出仁率、酸价、过氧化值、黄曲霉毒素 B_1、淀粉等，特别是水分含量指标，几乎每项标准都有。需要说明的是，黄曲霉毒素 B_1、酸价和过氧化值均为卫生指标。规格指标以重量指标居多(如单果重、平均果重、千克粒、百粒核重、平均粒重、平均单粒重、百核重、平均单仁重、平均仁质量)，其次是大小指标(如直径、坚果直径、果仁直径、果仁粒径、果实围径、横径、芽长等)，此外，还有果仁比、半仁、四分仁、碎仁、米仁等指标。坚果标准的感官指标相对较少，17 项标准累计 61 种 81 项次，平均每项标准 4.8 项，主要是对坚果和坚果仁在色泽(光泽)、味觉(嗅觉)、形状(形态)、缺陷等方面的规定。基本要求主要包括霉变、形状、色泽、发育和成熟、异味、杂质、洁净、虫害等方面的规定。

第二节　果品品质鉴评

果品长度指标包括顶芽长度(菠萝)、芽长(椰子果)、果柄长度、果实长度、果实直径(含横径、粒径)、果实围径、果皮厚度(脐橙)等。果品重量指标包括单果(粒、仁)重、千克粒、果实大小、百粒重等。这两类指标的鉴定均比较简单。果品长度指标一般采用直尺、卷尺、卡尺等量具进行测定，也可采用标准分级果板(如苹果和梨)。果品重量指标采用称重的方法进行测定。对于单粒重、单仁重、千克粒、百粒重等，通常的做法是，称取一定重量的果品，统计果品数量，折算成单粒/仁的重量、每千克或每百克果实的粒数。下面主要介绍果品感官指标、加工特性指标和贮藏特性指标的鉴定，理化指标和卫生指标的测定，以及品质指标的评价。

一、感官指标鉴定

（一）鉴定方法

果品感官指标主要采用看、嗅、尝、听等方法，利用视觉、嗅觉、味觉、听觉等感官加以鉴定。有些果品感官指标需要一种方法/感官即可鉴定。有些果品感官指标需要两种方法/感官结合才能加以鉴定，如鼻嗅与口尝结合。有些果品感官指标需通过感官结合量具进行鉴定，通常是目测结合尺子测量。果品形态（含畸形）、颜色、光泽、果粉、新鲜度、洁净度、成熟度、完整性、整齐度（含一致性、均匀度）、饱满度、裂果、机械伤（碰压伤、擦伤、刺伤、划伤、雹伤、表面压痕、撕裂伤）、冷害、冻害、病虫害、腐烂、斑痕（疤痕、锈斑、药斑、日灼）、外物污染、泥土、杂质、异物、外来/外部水分、表面缺陷、果实局部状况（果面、果柄、果梗、果枝、花萼、花托、纹路、肉柱）等外观指标一般采用目测法。所谓目测法，就是用眼睛观察，有时可能还要借助放大镜。果实内部的果肉色泽、病虫害（如菠萝黑心病）、剖面（如西瓜）、秕子（如西瓜）、种子（如西瓜）等指标采用剖切法进行鉴定，即剖开果实，观察内部情况。有的果品的色泽、果面缺陷（果形缺陷、色泽缺陷、表皮缺陷）、损伤（含机械伤）、病虫害、斑痕等指标，不仅涉及形态和色泽，还涉及长度或面积，需目测结合量具进行鉴定。某些果品的香味（如香榧籽）、气味（如澳洲坚果、核桃仁）、异味（如树莓、石榴、山竹子）、霉味（如澳洲坚果、腰果）等指标可采用鼻嗅的办法加以鉴定。许多果品的风味、异味、肉质、口感、滋味等指标，与嗅觉和味觉均有关系，需采取品尝结合鼻嗅的办法加以鉴定。有的果品感官指标鉴定方法比较特殊，需要用到听觉器官。例如，罗汉果响果的鉴定采取手持摇动、听声的办法。椰子果响水的鉴定方法是，摇动椰子果，仔细听果内发出的声音，果内有椰子水与果内壁碰撞发出的清脆声音，即为响水，否则为无响水。椰子果的空果鉴定方法是，若果重明显轻于与其大小相近的正常椰子果，摇动，果内无响水，则为空果。木菠萝成熟鉴定则是采取拍击果实，或用手指弹压或手拨果皮瘤峰，或利器刺果的方法。蓝莓、树莓等果品的新鲜度的鉴定方法也比较特殊，需采用目测结合鼻嗅的方法。

（二）质地和风味

离核难易、质地、汁液多少、石细胞多少、化渣程度、风味、香气、苦味、涩味等许多果品感官指标均可进行“A”－“非 A”检验，如板栗的坚果熟食口味、坚果熟食糯性、坚果熟食质地，草莓的果肉质地、香气、风味，柑橘的果肉质地、果汁含量、囊壁质地、香气、果肉风味、苦味、麻味，核桃的核仁风味，李的肉质、风味、涩味、香味，荔枝的肉质、汁液、风味、香气、涩味，龙眼的汁液、离核难易、果肉质地、化渣程度、风味、香味，猕猴桃的风味，枇杷的果肉化渣程度、果肉石细胞、果肉质地、汁液、风味、香味，山楂的果实风味、鲜食品质，柿的软柿肉质、果实风味、硬柿质地，香蕉的果肉质地、风味、果肉香味，杏的果肉类型、风味、香气，银杏的种仁口感、种仁糯性，枣的果肉质地、果肉粗细、果肉汁液、果实风味。其基本做法是，按照《感官分析　方法学　总论》(GB/T 10220—2012)进行评价员选择、样品采取与准备、感官评价误差控制。参照《感官分析方法　"A"－"非A"检验》(GB/T 12316—1990)，请一定数量的评价员(多数为10人～15人，少数为3人～5人)对每份样品进行品尝，通过与该指标各类型的对照品种进行比较，参照该指标各类型的描述，给出"与对照同"或"与对照不同"的回答。按照评价员的评判结果，汇总数据，并对样品和对照品种的差异显著性进行χ^2测验，如果某样品与对照品种1无差异，即可判断该样品属于该指标的类型1；如果某样品与对照品种1差异显著，则需与对照品种2进行比较，依此类推。需要注意的是，参与感官检验的人员必须感官正常并具有相当的鉴评经验。

除上述采用评价员的"A"－"非A"检验方法外，果品的质地指标还可采用以下方法加以鉴定：一是品尝并参照该指标各类型的描述确定。例如，果梅的果肉质地、核仁风味，桃的肉质，甜瓜的果肉质地，西瓜的果肉质地、果肉纤维。二是品尝并比对参照品种确定。例如，梨的果肉质地、果肉类型、汁液，李、杏的纤维，葡萄的果皮厚度、果皮涩味、果肉质地，桃的肉质、汁液多少、纤维含量。三是去皮、用手挤压，参照该指标各类型的描述确定。例如，果梅的果汁含量，李的果肉汁液，荔枝的流汁情况。四是去皮、目测，参照该指标各类型的描述确定。例如，龙眼的流汁程度。五是目测结合手触。例如，扁桃的核仁面，梨、枣的果面光滑度，猕猴桃的果实被毛类型、果实被毛密度，苹果的蜡质、果面光滑度，山楂的果点着生状态，柿子的果实汁液，杏的果肉汁液、核面。六是目测。例如，李的果皮剥离难易，龙眼的果肉透明度，苹果的棱起、果点大小、果点密度，沙棘、穗醋栗、越橘的果肉质地，山楂的果皮光泽，柿的果肉中褐(黑)斑，树莓的果肉粗细，杏的核粘离性。七是手触。例如，扁桃的破壳难易，板栗的坚果熟食涩皮剥离难易程度，枇杷的剥皮难易、果肉硬度，苹果的果点状态，香蕉的剥皮难易。枣的核壳有无鉴定方法比较特殊，具体做法是，用目测和咀嚼感觉的方法判断果实内核壳的状态，根据观测结果并参照该指标各类型的描述，确定核壳的有无。枣核壳有无的描述是无核（目测无核，用牙咬切时无阻力）、残存（目测有核，用牙咬切时稍有阻力）和有核（目测有核，用牙咬切时难以开裂）。

除上述采用评价员的“A”－“非 A”检验方法外，果品的风味指标还可采用以下方法加以鉴定：一是品尝。例如，梨的涩味、风味，树莓、穗醋栗、越橘的果实风味，甜瓜的果肉苦味、果肉酸味、果肉风味，西瓜的果肉酸味、果肉异味，杏的异味、仁味。二是品闻。例如，苹果的香气、异味，树莓、穗醋栗、越橘的果实香气。三是品闻并比对参照品种。例如，葡萄的果肉香味、果肉香味程度，桃、樱桃的风味。四是闻。例如，果梅、沙棘的果实香气，梨、桃的香气。

（三）色泽和形状

果品的色泽鉴定均采用目测法。通常与标准色卡比较，按照最大相似原则确定所属色泽类型。例如，沙棘、树莓、穗醋栗、枣等的果实颜色，猕猴桃、山楂、越橘等的果皮颜色，果梅、梨、荔枝、龙眼、猕猴桃、枇杷、苹果、沙棘、山楂、树莓、穗醋栗、杏、越橘、枣等的果肉颜色，李的果肉色泽，猕猴桃的果实被毛色泽、果心颜色、种子颜色，苹果的果实底色、果面盖色，山楂的果点颜色，香蕉的熟果皮色、熟果肉色，枸杞的干果色泽，扁桃的核仁颜色，榛子的坚果颜色、果仁皮颜色。也可参照该指标各类型的描述确定，例如，苹果的着色程度、着色类型，杏的着色程度，荔枝的果肉内膜褐色程度，板栗的坚果颜色均匀度，核桃的坚果颜色均匀度，银杏的种核颜色均匀度。还可比对参照品种确定，例如，葡萄的果汁颜色和果肉颜色。

果品的形状鉴定也都采用目测法。通常是参照模式图确定所属形状类型。例如，苹果（见图 2）、沙棘、山楂、树莓、穗醋栗、越橘、枣的果实形状，核桃的坚果形状，猕猴桃的果肩形状、果顶形状、果喙形状、果心横截面形状，苹果的果心大小，山楂的萼片姿态、萼筒形状，杏的果形、果顶形状、核形，枣的果肩形状、果顶形状、梗洼深度、梗洼广度、萼片状态、核形，榛子的坚果形状、果顶形状。也可参照该指标各类型的描述确定，例如，苹果的萼洼锈量、胴部锈量、梗洼锈量、果粉，果梅、李、龙眼、枇杷的果实整齐度，猕猴桃的果点状况，杏的仁饱满度，枣的种仁饱满程度。还可比对参照品种确定，例如，杏的果实整齐度、梗洼、果点大小、果点密度，枣的果点大小、果点密度。

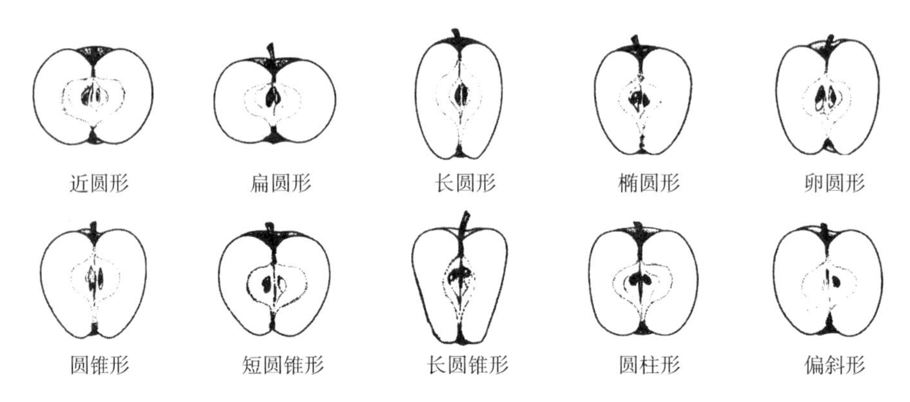

图2　苹果果实形状模式

（引自：王昆等，2005）

二、理化指标测定

（一）可食率

可食率也称可食部分，是指果实可食用部分的重量占果实重量的比率。可食率是菠萝、番木瓜、黄皮、柑橘、红毛丹、榴莲、龙眼、木菠萝、枇杷、山竹子、酸枣、香蕉等水果的一项品质指标，干果和坚果通常无该指标。可食率的测定方法是，取一定量的果实(菠萝应已除去顶芽，香蕉应已除去果柄，龙眼应已除去果梗)，称重，得到果实的重量(m_1)，取下果实中的不可食部分，称重，得到果实不可食部分的重量(m_2)，按式(1)计算可食率。水果的不可食部分包括果柄、果壳、果皮(皮不可食水果)、果轴(如木菠萝)、心皮(如枇杷)、果核、种子、刺(如菠萝)、萼筒(如枇杷)、花萼(如山竹)等。

$$X=\frac{m_1-m_2}{m_1}\times 100 \qquad (1)$$

式中：X——样品可食率,%；

m_1——果实重量，单位为克(g)；

m_2——果实不可食部分的重量，单位为克(g)。

（二）硬度

果实硬度是许多水果的品质指标，指果实受压时的抗力，单位一般为千克每平方厘米(kg/cm^2)。它与果肉细胞结构的紧密程度及果肉细胞壁中原果胶含量密切相关，受品种、生产地区和生长条件的影响。果实硬度有带皮硬度和去皮硬度之别，后者也称果肉硬度。有的水果只有带皮硬度指标，如草莓、沙棘、树莓、穗醋栗、樱桃、越橘等；有的水果只有去皮硬度指标，如菠萝、果梅、芒果、枇杷、腰果梨等；有的水果则带皮硬度和去皮硬度皆有，如梨、李、苹果、山楂、桃、杏等。果实硬度通常用果实硬度计测定，在果实阴阳两面的中间部位各测一次，取平均值。但有的水果测定部位比较特殊，例如，沙棘、树莓、穗醋栗、越橘等水果测量果实的果肩部，我国农业行业标准《鲜桃》(NY/T 586—2002)规定桃的果实硬度取同一果实胴体和果顶硬度的平均值。有的水果也会要求测定果实的阳面胴部(比如杏)。在进行种质资源评价时，绝大多数水果在成熟期果实采摘后即可进行果实硬度的测定，但软肉型梨需待果实自然后熟后进行测定。测定果实硬度时，果实硬度计(包括压头大小和量程范围)的选择应与所测水果的种类和成熟阶段相适应。所选压头的大小和所用量程应使读数在刻度的中间范围。通常，直径8mm的压头适用于桃、油桃、李子等较松软的水果，直径11mm的压头适用于苹果、梨等较硬实的水果。果实硬度计最好固定在刚性架子上，以使施压过程稳定、速度可控，且与果实的角度始终如一。在使用手持式硬度计时，应确保压力均匀。在测定去皮硬度时，应只削去薄薄的一层果皮，尽量少损及果肉，削皮的面积应略大于硬度计测头的面积。

(三)水分

水分是澳洲坚果(仁)、板栗、扁桃(仁)、核桃(仁)、山核桃、罗汉果、红松松籽、红松种仁、酸角果实、香榧籽、杏仁、腰果、榛子、枸杞、干制红枣、柿饼、葡萄干等坚果和干果的品质指标。果品中水分的测定主要有直接干燥法、蒸馏法、减压干燥法、卡尔·费休法，直接干燥法使用得最多。《食品安全国家标准　食品中水分的测定》(GB 5009.3—2016)提供了食品中水分的4种测定方法，即蒸馏法、卡尔·费休法、减压干燥法和直接干燥法。直接干燥法适用于101℃～105℃下样品中水分的测定，不适用于水分含量小于0.5g/100g的样品。其原理是，利用样品中水分的物理性质，在101.3kPa和101℃～105℃下，采用挥发方法测定样品干燥减失的重量，包括吸湿水、部分结晶水和该条件下能挥发的物质，再通过干燥前后的称量数值计算出样品的水分含量(注意，对于含前述挥发物质的样品，测定结果为粗略值)。减压干燥法适用于高温易分解的样品和水分较多的样品中水分的测定，不适用于水分含量小于0.5g/100g的样品。其原理是，利用样品中水分的物理性质，在压力达到40kPa～53kPa后加热至60℃±5℃，采用减压烘干方法去除试样中的水分，再通过烘干前后的称量数值计算出样品的水分含量。蒸馏法适用于含水较多又有较多挥发性成分的样品中水分的测定，不适于水分含量小于1g/100g的样品。其原理是，利用样品中水分的物理化学性质，用水分测定器将样品中的水分与甲苯或二甲苯共同蒸出，根据接收的水的体积计算出试样中水分的含量。卡尔·费休法适用于样品中微量水分的测定。其原理是，碘与水和二氧化硫能发生化学反应，在吡啶和甲醇共存时，1mol 碘只与 1mol 水作用。碘是作为滴定剂加入的，滴定剂中碘的浓度是已知的，根据消耗滴定剂的体积，计算消耗碘的量，从而计算出试样中水分的含量。

(四)可溶性固形物

水果中的可溶性固形物指水果汁液中所含的能溶于水的糖类、有机酸、维生素、蛋白质、果胶、矿物质等，通常以糖类为主(柠檬例外，其有机酸含量占可溶性固形物含量的70%)。多数水果的可溶性固形物含量与其可溶性糖含量成正比，是衡量水果品质的重要指标。由于测定方法简便、仪器价格低廉，该指标在菠萝、草莓、番木瓜、柑橘、哈密瓜、红毛丹、黄皮、梨、李、荔枝、莲雾、龙眼、木菠萝、枇杷、苹果、桑葚、沙棘、山竹子、石榴、树莓、西番莲、西瓜、鲜枣、杏、杨梅等许多水果的品质评价中广为采用。水果可溶性固形物含量的测定通常采用折射仪法，测定结果以蔗糖的质量百分数表示。该方法用折光仪或糖量计在20℃条件下进行，先用蒸馏水对仪器进行校准，将可溶性固形物含量读数调至0%。环境温度不在20℃时，测定结果需按表11统一校正为20℃值。我国制定有农业行业标准《水果和蔬菜可溶性固形物含量的测定　折射仪法》(NY/T 2637—2014)，可以采用。

表11　可溶性固形物含量温度校正表

(引自：聂继云，2009)

测定温度/℃	可溶性固形物含量读数/%									
	0	5	10	15	20	25	30	35	40	45
10	0.50	0.54	0.58	0.61	0.64	0.66	0.68	0.70	0.72	0.73
11	0.46	0.46	0.53	0.55	0.58	0.60	0.62	0.64	0.65	0.66
12	0.42	0.45	0.48	0.50	0.52	0.54	0.56	0.57	0.58	0.59
13	0.37	0.40	0.42	0.44	0.46	0.48	0.49	0.50	0.51	0.52
14	0.33	0.35	0.37	0.39	0.40	0.41	0.42	0.43	0.44	0.45
15	0.27	0.29	0.31	0.33	0.34	0.34	0.35	0.36	0.37	0.37
16	0.22	0.24	0.25	0.26	0.27	0.28	0.28	0.29	0.30	0.30
17	0.17	0.18	0.19	0.20	0.21	0.21	0.24	0.22	0.22	0.23
18	0.12	0.13	0.13	0.14	0.14	0.14	0.14	0.15	0.15	0.15

续表

测定温度/℃	可溶性固形物含量读数/%									
	0	5	10	15	20	25	30	35	40	45
19	0.06	0.06	0.06	0.07	0.07	0.07	0.07	0.08	0.08	0.08
21	0.06	0.07	0.07	0.07	0.07	0.08	0.08	0.08	0.08	0.08
22	0.13	0.13	0.14	0.14	0.15	0.15	0.15	0.15	0.15	0.16
23	0.19	0.20	0.21	0.22	0.22	0.23	0.23	0.23	0.23	0.24
24	0.26	0.27	0.28	0.29	0.30	0.30	0.31	0.31	0.31	0.31
25	0.33	0.35	0.36	0.37	0.38	0.38	0.39	0.40	0.40	0.40
26	0.40	0.42	0.43	0.44	0.45	0.46	0.47	0.48	0.48	0.48
27	0.48	0.50	0.52	0.53	0.54	0.55	0.55	0.56	0.56	0.56
28	0.56	0.57	0.60	0.61	0.62	0.63	0.63	0.64	0.64	0.64
29	0.64	0.66	0.68	0.69	0.71	0.72	0.72	0.73	0.73	0.73
30	0.72	0.74	0.77	0.78	0.79	0.80	0.80	0.81	0.81	0.81

注：测定温度低于20℃时，真实值等于读数减去校正值；测定温度高于20℃时，真实值等于读数加上校正值。

（五）淀粉和糖

淀粉含量是板栗、香榧籽、银杏种核、榛子等坚果的品质指标。《食品安全国家标准　食品中淀粉的测定》（GB 5009.9—2016）提供的酶水解法和酸水解法均适于果品中淀粉含量的测定。酶水解法的原理是，试样经去除脂肪和可溶性糖后，淀粉用淀粉酶水解成小分子糖，再用盐酸水解成单糖，最后按还原糖测定，并折算成淀粉含量，还原糖（以葡萄糖计）折算成淀粉的换算系数为0.9。酸水解法的原理是，试样经除去脂肪和可溶性糖类后，其中的淀粉用酸水解成具有还原性的单糖，然后按还原糖测定，并折算成淀粉，葡萄糖折算成淀粉的换算系数为0.9。

可溶性糖含量也称可溶性糖、总可溶性糖、总糖、总糖含量，指果品中可溶于水的糖组分的总含量。果品中的可溶性糖主要是葡萄糖、果糖和蔗糖，有的水果还含有木糖、山梨醇、甘露醇等。板栗、菠萝、番木瓜、干制红枣、枸杞、荔枝干、罗汉果、山楂、香蕉、椰青、银杏种核等果品的产品标准均有可溶性糖含量指标。果品中可溶性糖含量的测定普遍采用费林（也作斐林）试剂滴定法，测定结果以转化糖计，其原理是，在沸热条件下，用还原糖溶液滴定一定量的费林试剂，将费林试剂中的二价铜还原为一价铜，以亚甲基蓝为指示剂，稍过量的还原糖会立即使蓝色的氧化型亚甲基蓝还原为无色的还原型亚甲基蓝。国家标准《枸杞》(GB/T 18672—2014)和《蜜饯通则》(GB/T 10782—2006)均有费林试剂滴定法的具体操作步骤，可以采用。农业行业标准《水果及制品可溶性糖的测定　3,5－二硝基水杨酸比色法》(NY/T 2742—2015)提供了水果中可溶性糖含量测定的3,5－二硝基水杨酸比色法，亦可采用。

(六)酸和固酸比

可滴定酸含量也称可滴定酸度(菠萝、荔枝)、总酸量(草莓、柑橘、李、莲雾、枇杷、西番莲)、总酸含量(柠檬)、总酸(荔枝干、山楂)、酸度(山楂、石榴)。果品的酸味缘自其中存在的游离的氢离子。果品中的有机酸通常叫作果酸，以苹果酸、柠檬酸、酒石酸为主，此外，还有草酸、琥珀酸、挥发性酸等。这些酸多以游离态存在，所以测定果品中有机酸含量时，通常只测定可滴定酸的含量。果品中可滴定酸含量的测定方法主要有指示剂滴定法和电位滴定法，前者应用尤广，但该方法不适于浸出液颜色较深的试样。这两种方法均是利用酸碱中和原理，用碱液滴定试液中的酸。指示剂滴定法以酚酞为指示剂确定滴定终点。电位滴定法则是以溶液的电位发生“突跃”时为滴定终点。在根据碱液滴定体积计算样品的可滴定酸含量时要用到换算系数，不同果品所用换算系数不尽一致，见表12，这与该果品中哪种有机酸含量占优有关。对于柠檬酸占优的果品，有的也采用不含结晶水的柠檬酸的换算系数(0.064)。《食品中总酸的测定》(GB/T 12456—2008)有指示剂滴定法和电位滴定法的具体操作步骤，《柑桔鲜果检验方法》(GB/T 8210—2011)有指示剂滴定法的具体操作步骤，两项标准均可参考和采用。

表12　计算水果可滴定酸含量所用换算系数

有机酸	换算系数/(g/mmol)	适用水果
苹果酸	0.067	仁果类、核果类水果
结晶柠檬酸(一结晶水)	0.070	柑橘类、浆果类水果
酒石酸	0.075	葡萄

固酸比是可溶性固形物含量与可滴定酸含量的比值，是反映水果风味的一项指标，柑橘、李、枇杷等水果在评价风味时往往会采用该指标，计算公式见式(2)。有时人们也用糖酸比来评价水果的风味，其计算公式同式(2)，只要将可溶性固形物含量替换成可溶性糖含量即可。

$$X = \frac{S}{A} \tag{2}$$

式中：X——固酸比；

S——可溶性固形物含量,%;

A——可滴定酸含量,%。

除可滴定酸含量外，pH也可反映水果酸味强弱。桑椹(桑果)酸度(pH)一般要求为3.5~6.0，其测定采用pH计，方法是，随机抽取20个桑椹，挤出汁液，用2层纱布过滤，滤液收集于干净的小烧杯中，用pH计测定滤液的pH。椰青的椰子水对pH有要求，一般应为4.3~6.0，采用pH计进行测定，其方法是，测定前将椰子水和标准缓冲溶液调至同一温度，并将仪器温度补偿旋钮调到该温度上(如果仪器无温度校正系统，则只适合在20℃时进行测定)，在玻璃或塑料容器中加入样液，使其容量足够浸没电极，用pH计测定样液的pH。

(七)蛋白质

蛋白质含量是澳洲坚果、板栗、扁桃、核桃、红松种仁、香榧籽、腰果、椰子、银杏种核、榛子等坚果以及枸杞的品质指标，蛋白质含量有时也称蛋白质、粗蛋白质、粗蛋白质含量。蛋白质含量测定方法主要有凯氏定氮法、半微量凯氏法、分光光度法和燃烧法，以凯氏定氮法应用最广。《食品安全国家标准　食品中蛋白质的测定》(GB 5009.5—2016)提供了凯氏定氮法、分光光度法、燃烧法等3种蛋白含量测定方法。半微量凯氏法可参见《谷类、豆类作物种子粗蛋白质测定法(半微量凯氏法)》(NY/T 3—1982)。凯氏定氮法的原理是，样品中的蛋白质在催化加热条件下被分解，产生的氨与硫酸结合生成硫酸铵，碱化蒸馏使氨游离，用硼酸吸收后以硫酸或盐酸标准滴定溶液滴定，根据酸的消耗量计算氮含量，再乘以换算系数，见表13，即为蛋白质含量。分光光度法的原理是，样品中的蛋白质在催化加热条件下被分解，分解产生的氨与硫酸结合生成硫酸铵，在pH 4.8的乙酸钠-乙酸缓冲溶液中与乙酰丙酮和甲醛反应生成黄色的3,5-二乙酰-2,6-二甲基-1,4-二氢化吡啶化合物，在波长400nm下测定吸光度，与标准系列比较定量，结果乘以换算系数，见表13，即为蛋白质含量。燃烧法的原理是试样在900℃~1200℃高温下燃烧，燃烧过程中产生混合气体，其中的碳、硫等干扰气体和盐类被吸收管吸收，氮氧化物被全部还原成氮气，形成的氮气气流通过热导检测器(TCD)进行检测。

表13　果品中氮折算成蛋白质的换算系数

(引自：聂继云等，2017)

换算系数	适用果品	换算系数	适用果品
5.46	巴西坚果	5.30	核桃、榛子、椰果等
5.18	杏仁	6.25	其他果品

(八)脂肪

脂肪含量是澳洲坚果、板栗、扁桃、核桃、山核桃、野核桃、红松种仁、香榧籽、银杏种核、榛子等坚果以及枸杞、椰干和鲜椰肉的品质指标。脂肪含量有时也称脂肪、粗脂肪、含油率、油脂、油含量等。果品脂肪含量的测定主要有索氏抽提法、酸水解法、水解-提取法、油重法等方法，以前两种方法为主。索氏抽提法的原理是，利用脂肪易溶于有机溶剂的特性，试样直接用无水乙醚或石油醚等溶剂抽提后，蒸发除去溶剂，干燥，得到游离态脂肪的含量。酸水解法的原理是，用强酸使样品中的结合态脂肪游离出来，游离出来的脂肪易溶于有机溶剂，试样经盐酸水解后用无水乙醚或石油醚提取，除去溶剂即得游离态和结合态脂肪的总含量。水解-提取法的原理是，加入内标物的试样经水解-乙醚溶液提取其中的脂肪后，在碱性条件下皂化和甲酯化，生成脂肪酸甲酯，经毛细管柱气相色谱分析，内标法定量测定脂肪酸甲酯含量，依据各种脂肪酸甲酯含量和转换系数计算出总脂肪、饱和脂肪(酸)、单不饱和脂肪(酸)、多不饱和脂肪(酸)含量。果品脂肪含量测定可采用《食品安全国家标准　食品中脂肪的测定》(GB 5009.6—2016)、《食品安全国家标准　食品中脂肪酸的测定》(GB 5009.168—2016)和《谷类、油料作物种子粗脂肪测定方法》(NY/T 4—1982)提供的方法。GB 5009.6—2016 提供了 4 种食品中脂肪的测定方法，其中，索氏抽提法适于水果中游离态脂肪含量的测定，酸水解法适用于水果中游离态脂肪和结合态脂肪总含量的测定。GB 5009.168—2016 提供的水解-提取法适用于果品中脂肪酸含量的测定。NY/T 4—1982 提供的方法为油重法，适用于油料作物种子粗脂肪含量的测定。

(九)功能成分

果品中的功能成分主要是维生素。有的果品还含有其他营养功能成分，例如，草莓、树莓和越橘含花青素，沙棘、桃和樱桃含类胡萝卜素，柿、桃和腰果梨含单宁，枸杞含枸杞多糖，穗醋栗含果胶，沙棘、山楂和银杏种核含黄酮，菠萝含膳食纤维，银杏种核含萜内酯。

1. 维生素

果品中的维生素主要是维生素 C。维生素 C 又叫抗坏血酸，广泛存在于果品中，有 L(+)-抗坏血酸和 D(+)-抗坏血酸(也叫异抗坏血酸)之分，以前者为主。维生素 C 含量是菠萝、草莓、番荔枝、柑橘、枸杞、果梅、梨、李、荔枝、龙眼、芒果、猕猴桃、枇杷、苹果、沙棘、山楂、树莓、穗醋栗、桃、香蕉、杏、腰果梨、樱桃、银杏种核、越橘等果品的品质指标。水果的维生素 C 含量测定普遍采用 2,6-二氯靛酚滴定法，有的也会采用 2,4-二硝基苯肼法、高效液相色谱法、荧光分光光度法等其他方法。《食品安全国家标准　食品中抗坏血酸的测定》(GB 5009.86—2016)提供了水果维生素C含量测定的2,6-二氯靛酚滴定法(不适于深色样品。)、高效液相色谱法、荧光分光光度法等3种方法。2,6-二氯靛酚滴定法测定的是还原型维生素C，高效液相色谱法可测定L(+)-抗坏血酸含量、D(+)-抗坏血酸含量和L(+)-抗坏血酸总量[即L(+)-抗坏血酸和L(+)-脱氢抗坏血酸的总含量]，荧光分光光度法测定的是L(+)-抗坏血酸总量。2,6-二氯靛酚滴定法的原理是，2,6-二氯靛酚的颜色反应表现既取决于其氧化还原状态(氧化态为深蓝色，还原态变为无色)，也受其介质的酸度影响(在碱性溶液中呈深蓝色，在酸性介质中呈浅红色)，用蓝色的碱性2,6-二氯靛酚标准溶液对含维生素C的酸性浸出液进行氧化还原滴定，2,6-二氯靛酚被还原为无色，当到达滴定终点时，多余的2,6-二氯靛酚在酸性介质中表现为浅红色，由2,6-二氯靛酚用量计算样品中还原型抗坏血酸的含量。

除维生素C之外，有的果品还含有其他维生素，例如，银杏种核含有维生素A(又叫视黄醇)、维生素B_1(又叫硫胺素)、维生素B_2(又叫核黄素)和维生素E(又叫生育酚)，沙棘、椰子和榛子含有维生素E。测定维生素A和维生素E含量可采用反相高效液相色谱法，单独测定维生素E的含量可采用正相高效液相色谱法，参见《食品安全国家标准　食品中维生素A、D、E的测定》(GB 5009.82—2016)。维生素B_1和维生素B_2的测定均可采用高效液相色谱法或荧光分光光度法，参见《食品安全国家标准　食品中维生素B_1的测定》(GB 5009.84—2016)和《食品安全国家标准　食品中维生素B_2的测定》(GB 5009.85—2016)。

2. 天然色素

红色、黄色和橙色水果均富含类胡萝卜素。目前，已知的类胡萝卜素有560种以上，主要有α-胡萝卜素、β-胡萝卜素、叶黄素、玉米黄质、番茄红素、β-隐黄素等。水果中类胡萝卜素总含量的测定通常采用分光光度法，其原理是，通过溶剂萃取，分离提取类胡萝卜素，在特定波长(440±10)nm下测定吸光度，该吸光度与类胡萝卜素含量成线性关系，通过换算即可得知类胡萝卜素的含量。而水果中α-胡萝卜素、β-胡萝卜素和总胡萝卜素的测定则可采用液相色谱法，具体操作参见《食品安全国家标准　食品中胡萝卜素的测定》(GB 5009.83—2016)。其原理是，试样经皂化使胡萝卜素释放为游离态，用石油醚萃取、二氯甲烷定容后，采用反相色谱法分离，外标法定量。花青素是植物最主要的水溶性色素，食品中重要的花青素有6种(天竺葵色素、矢车菊色素、飞燕草色素、芍药色素、牵牛花色素和锦葵色素)，多以糖苷形式存在(与花青素成苷的糖主要有葡萄糖、半乳糖、阿拉伯糖、木糖、鼠李糖），植物中已发现了250种以上的花色苷。水果中花青素和花色素苷的测定均可采用分光光度法。

3. 单宁和黄酮

水果中单宁的测定一般采用分光光度法，具体操作参见农业行业标准《水果、蔬菜及其制品中单宁含量的测定　分光光度法》（NY/T 1600—2008）。其原理是，以没食子酸为主的单宁类化合物在碱性溶液中可将钨钼酸还原成蓝色化合物，该化合物在765nm处有最大吸收，其吸收值与单宁含量成正比，以没食子酸为标准物质，以标准曲线法定量。银杏种核中黄酮含量的测定采用液相色谱法，测定3个主要成分（槲皮素、山奈黄素和异鼠李黄素），结果以槲皮素计。沙棘总黄酮含量的测定可参照《中华人民共和国药典》（2005年版）。

4. 多糖和萜内酯

枸杞中枸杞多糖的测定采用分光光度法，具体操作参见国家标准《枸杞》（GB/T 18672—2014）。其原理是，用80%乙醇溶液提取以除去单糖、低聚糖、苷类、生物碱等干扰性成分，然后用水提取其中所含的多糖类成分。多糖类成分在硫酸作用下，先水解成单糖并迅速脱水生成糖醛衍生物，然后与苯酚缩合成有色化合物，用分光光度法于波长490nm处测定多糖含量。银杏种核中萜内酯的测定采用液相色谱法，外标法定性，内标法定量（内标物为苯甲酸），分别测定银杏内酯A、银杏内酯B、银杏内酯C和白果内酯，响应因子分别为1.12、1.16、1.26和1.11，具体操作参见国家标准《银杏种核质量等级》（GB/T 20397—2006）。

5. 果胶和膳食纤维

水果中果胶含量的测定采用分光光度法，具体操作参见农业行业标准《水果及其制品中果胶含量的测定　分光光度法》（NY/T 2016—2011）。其原理是，用无水乙醇沉淀试样中的果胶，果胶经水解后生成半乳糖醛酸，在硫酸中与咔唑试剂发生缩合反应，生成紫红色化合物，该化合物在525nm处有最大吸收，其吸收值与果胶含量成正比，以半乳糖醛酸为标准物质，标准曲线法定量。水果中膳食纤维（总膳食纤维、不溶性膳食纤维和可溶性膳食纤维）的测定可采用酶重量法，具体操作参见《食品安全国家标准　食品中膳食纤维的测定》（GB 5009.88—2014）。

三、卫生指标测定

（一）过氧化值

过氧化值是澳洲坚果仁、核桃仁、山核桃、红松种仁等坚果产品标准的规定指标。《食品安全国家标准　食品中过氧化值的测定》（GB 5009.227—

2016)提供的滴定法适用于坚果过氧化值的测定。其原理是，制备好的油脂试样在三氯甲烷和冰乙酸中溶解，其中的过氧化物与碘化钾反应生成碘，用硫代硫酸钠标准溶液滴定析出的碘，用过氧化物相当于碘的质量分数或1kg样品中活性氧的毫摩尔数表示过氧化值的量。

(二)酸价

酸价是澳洲坚果仁、核桃仁、山核桃、红松种仁等坚果产品标准的规定指标。《食品安全国家标准　食品中酸价的测定》(GB 5009.229—2016)提供的冷溶剂指示剂滴定法和冷溶剂自动电位滴定法均适用于坚果酸价的测定。冷溶剂指示剂滴定法的原理是，从样品中提取出油脂作为试样，用有机溶剂将油脂试样溶解成样品溶液，再用氢氧化钾或氢氧化钠标准滴定溶液中和滴定样品溶液中的游离脂肪酸，以指示剂相应的颜色变化来判定滴定终点，最后通过滴定终点消耗的标准滴定溶液的体积计算油脂试样的酸价。冷溶剂自动电位滴定法的原理是，从样品中提取出油脂作为试样，用有机溶剂将油脂试样溶解成样品溶液，再用氢氧化钾或氢氧化钠标准滴定溶液中和滴定样品溶液中的游离脂肪酸，同时测定滴定过程中样品溶液pH的变化并绘制相应的pH－滴定体积实时变化曲线及其一阶微分曲线，以游离脂肪酸发生中和反应所引起的"pH突跃"为依据判定滴定终点，最后通过滴定终点消耗的标准溶液的体积计算油脂试样的酸价。

(三)黄曲霉毒素B_1

黄曲霉毒素B_1是核桃仁、澳洲坚果果仁、杏仁等坚果产品标准的规定指标。《食品安全国家标准　食品中黄曲霉毒素B族和G族的测定》(GB 5009.22—2016)提供了同位素稀释液相色谱－串联质谱法、高效液相色谱－柱前衍生法、高效液相色谱－柱后衍生法、酶联免疫吸附筛查法、薄层色谱法等5种方法，这些方法均适用于坚果中黄曲霉毒素B_1的测定。同位素稀释液相色谱－串联质谱法的原理是，试样中的黄曲霉毒素B_1用乙腈－水溶液或甲醇－水溶液提取，提取液用含1% Triton X－100(或吐温－20)的磷酸盐缓冲溶液稀释后(必要时经黄曲霉毒素固相净化柱初步净化)，通过免疫亲和柱净化和富集，净化液浓缩、定容和过滤后经液相色谱分离，串联质谱检测，同位素内标法定量。高效液相色谱－柱前衍生法的原理是，试样中的黄曲霉毒素B_1用乙腈－水溶液或甲醇－水溶液提取，提取液经黄曲霉毒素固相净化柱净化去除脂肪、蛋白质、色素、碳水化合物等干扰物质，净化液用三氟乙酸柱前衍生，液相色谱分离，荧光检测器检测，外标法定量。高效液相色谱－柱后衍生法的原理是，试样中的黄曲霉毒素B_1用乙腈－水溶液或甲醇－

水溶液提取，提取液经免疫亲和柱净化和富集，净化液浓缩、定容和过滤后经液相色谱分离，柱后衍生（碘或溴试剂衍生、光化学衍生、电化学衍生等），经荧光检测器检测，外标法定量。酶联免疫吸附筛查法的原理是，试样中的黄曲霉毒素 B_1 用甲醇－水溶液提取，经均质、涡旋、离心（过滤）等处理获取上清液，被辣根过氧化物酶标记或固定在反应孔中的黄曲霉毒素 B_1 与试样上清液或标准品中的黄曲霉毒素 B_1 竞争性结合特异性抗体，在洗涤后加入相应显色剂显色，经无机酸终止反应，于450nm 或630nm 波长下检测，样品中的黄曲霉毒素 B_1 与吸光度在一定浓度范围内呈反比。薄层色谱法的原理是，样品经提取、浓缩、薄层分离后，黄曲霉毒素 B_1 在紫外光（波长365nm）下产生蓝紫色荧光，根据其在薄层上显示荧光的最低检出量来测定含量。

（四）氢氰酸

《银杏种核质量等级》（GB/T 20397—2006）规定，银杏种核氢氰酸含量应小于5μg/g。《食品安全国家标准　食品中氰化物的测定》（GB 5009.36—2016）提供了分光光度法、气相色谱法、定性法等3种方法，前两种方法均可供银杏种核氢氰酸含量测定参考。分光光度法的原理是，样品中的氰化物在酸性条件下蒸馏出的氰氢酸用氢氧化钠溶液吸收，在pH＝7.0的条件下，馏出液用氯胺T将氰化物转变为氯化氰，再与异烟酸－吡唑啉酮作用，生成蓝色染料，与标准系列比较定量。气相色谱法的原理是，在密闭容器和一定温度下，样品中的氰化物在酸性条件下用氯胺T将其衍生为氯化氰，氯化氰在气相和液相中达到平衡，将气相部分导入气相色谱仪进行分离，电子捕获检测器检测，以外标法定量。定性法的原理是，氰化物遇酸产生氢氰酸，氢氰酸与苦味酸钠作用，生成红色异氰酸紫酸钠。

四、加工特性指标鉴定

果品的加工特性指标主要包括水果的出汁率、坚果的出仁率。前者涉及菠萝、番荔枝、柑橘、荔枝、龙眼、猕猴桃、葡萄、沙棘、树莓、穗醋栗、桃、西番莲、腰果梨、樱桃、越橘等；后者涉及澳洲坚果、扁桃、核桃、野核桃、松籽、香榧籽、杏、腰果、银杏、榛子等。此外，还包括草莓速冻失水率、荔枝制罐性能和制干性能、涩柿脱涩时数、桃原料利用率、枣制干率等。

（一）出汁率

出汁率（柑橘、猕猴桃、葡萄、沙棘、树莓、穗醋栗、桃、樱桃、越橘）是评价水果制汁性能的指标，也叫果汁含量（宽皮柑橘、菠萝、腰果梨）、果汁率（柠檬、西番莲）、汁液比例（番荔枝、荔枝、龙眼）。其测定方法通常是，取一定量的成熟果实（例如，沙棘、树莓、穗醋栗、樱桃和越橘均为500g，葡萄为剪掉果柄的果粒200g～500g），用挤压过滤或压榨的方式提取汁液，以汁液重量占样果重量的百分率（%）计。注意，樱桃应去除果柄后提取汁液，但果柄计入果实重量；菠萝、番荔枝、荔枝、龙眼和猕猴桃均用果肉榨取果汁，以果汁重量占果肉重量的百分率计；猕猴桃应在果实后熟之后用新鲜果肉进行测定。柠檬果汁率的测定方法是，取样果10个～20个，洗净，拭干，称总果重，将样品果横切成两段，用榨汁器榨出果汁，经两层干净纱布过滤盛于烧杯中，将榨汁后的囊瓣从果皮扯下，取出种籽，然后放入洁净纱布中，将果汁全部压出，合并于烧杯中，称取果皮、种子和果渣（含囊瓣壁和汁胞壁）的重量，按式（3）计算果汁率。西番莲果汁率的测定方法是，取样果10个～20个，洗净，拭干，称总果重，用不锈钢水果刀切开，用不锈钢小勺从果皮上刮下囊瓣及种粒，置榨汁器中，榨出果汁，经2层干净纱布将果汁全部压出，过滤盛于烧杯中，称取果皮和果渣（含囊瓣壁、汁胞壁、种粒）的重量，按式（4）计算果汁率。

$$X = \frac{m - (m_1 + m_2 + m_3)}{m} \times 100 \tag{3}$$

式中：X——果汁率,%；

m——样果总重量，单位为克（g）；

m_1——样果中果皮重量，单位为克（g）；

m_2——样果中种子重量，单位为克（g）；

m_3——样果中果渣重量，单位为克（g）。

$$X = \frac{m - (m_1 + m_2)}{m} \times 100 \tag{4}$$

式中：X——果汁率,%；

m——样果总重量，单位为克（g）；

m_1——样果中果皮重量，单位为克（g）；

m_2——样果中果渣重量，单位为克（g）。

（二）出仁率

出仁率指果仁占坚果重的比率，也称果仁比，是澳洲坚果、扁桃、核桃、野核桃、松籽、香榧籽、杏、腰果、银杏、榛子等坚果的重要品质评价指标。出仁率的测定方法通常是，随机取一定量的坚果（例如，约100g澳洲坚果，10个或约200g扁桃核果，30个或约1kg核桃和野核桃坚果，约1kg松籽，约100g腰果，100粒香榧子，100粒银杏种核，100个或约1kg榛子），称重（m_1），分别去壳取仁，称取果仁重（m_2），按式（5）计算出仁率。注意，果仁应为非缺陷果仁；核桃和野核桃取仁时，应去除核仁间隔膜。

$$X = \frac{m_2}{m_1} \times 100 \tag{5}$$

式中：X——出仁率,%；

m_2——果仁重量，单位为克(g)；

m_1——坚果重量，单位为克(g)。

(三)其他指标

1. 草莓速冻失水率

测定方法为，随机取成熟度适宜、无污染的代表性果实 30 个，清洗干净，称重，装入塑料袋中，置温度 -20℃的冰箱中贮藏 48h，取出，放入常温中至完全解冻，将果实于双层医用纱布上静置 2h，称重，用鲜果重量与解冻后果实重量之差值除以鲜果重量，再乘以 100，得失水率。

2. 荔枝制罐性能

荔枝罐头是荔枝主要加工品之一。在荔枝果实成熟期，选取无病虫伤、达到鲜食成熟度的代表性果实，剥壳去核，选果，用清水洗净果肉，用 8113 素铁罐装罐，每罐装入果肉 270g，加(40℃以下)糖水至满口，果肉和糖水总重量控制在 567g 左右，糖水浓度根据果肉可溶性固形物含量和酸度配制，一般成品酸度为 0. 27%～0. 29%，可溶性固形物含量为 15%～18%。抽真空封口(封口时真空压力控制在 47995. 92Pa～50662. 36Pa)，100℃沸水杀菌 12min，冷却制成成品。观察糖水清晰度、色泽、形态、风味、质构等成品性状，确定成品级别，见表 14。根据成品级别确定荔枝的制罐适宜性：不适宜(成品级别为 3 级)；中度适宜(成品级别为 2 级)；适宜(成品级别为 0 级或 1 级)。

表 14　荔枝罐头成品分级标准

级别	性状
0 级	糖水清晰，肉色洁白晶莹，肉质爽脆，果形完整，无脱膜，洞口整齐，组织软硬适度，弹性好
1 级	糖水较清晰，肉色洁白，肉质爽脆，果形完整，脱膜少，洞口整齐，软硬适度，弹性较好
2 级	糖水较清晰，肉色易变微红，肉质柔软，果形不完整，内膜黄褐或淡褐，洞口稍整齐，弹性差
3 级	糖水浑浊，肉色微红，肉质柔软，果形不完整，内膜黄褐或淡褐，洞口不整齐，弹性差

3. 荔枝制干性能

荔枝干是荔枝传统加工产品。加工工艺为，原料挑选→去枝梗→初焙→回湿一复焙→回湿→复焙→冷却→挑选成品。选果大、肉厚、含糖量高的新鲜成熟荔枝，采后去除枝梗、叶片，剔除病虫果，剪出单果，在110℃下烘12h，停止加热，让果肉水分渗出(该过程俗称回湿)，回湿后第二次加热至100℃，再回湿，第三次加热时温度控制在95℃以下，避免焦糖化。烘至所需水分后冷却，冷却后挑选成品。观察果肉色泽、形态、风味、质构等成品性状，确定成品级别，见表15。根据成品级别确定荔枝的制干适宜性：不适宜(成品级别为3级或4级)；中度适宜(成品级别为2级)；适宜(成品级别为1级)；很适宜(成品级别为0级)。

表15　荔干成品分级标准

级别	性状
0级	果肉呈金黄色至褐黄色，果壳完整，无一破损，保持荔枝干固有风味
1级	果肉呈褐黄色，果壳基本完整，破损率≤10%，保持荔枝干固有风味
2级	果肉呈褐黄色，果壳基本完整，破损率≤20%，保持荔枝干固有风味
3级	果肉呈褐黄色至黑色，破损率≤30%，有焦糖苦味风味
4级	果肉呈黑色，破损率≤30%，有焦糖苦味风味，没有荔枝干原有风味

4. 柿脱涩时数

涩柿果硬果有涩味，需用人工方法进行脱涩才可食用。温水脱涩是一种常用的方法。将成熟涩柿果实放在(40±2)℃温水中浸泡，通过人工品尝或印迹法，检验是否脱涩，记录果实完全脱去涩味所需要的时间，单位为时(h)。

5. 桃原料利用率

原料利用率是桃制罐品质评价指标。在桃果实加工成熟期，取成熟果50kg，按照制罐加工程序，称重装罐净果肉，计算原料利用率，以%表示。桃原料利用率分为5级：极低(<40%)；低(40%~50%)；中(50%~60%)；高(60%~70%)；极高(≥70%)。

6. 枣制干率

枣制干率指完熟期果实自然晾干或人工烘干至明显失水(小枣类：含水量≤28%；大枣类：含水量≤25%)后的重量与鲜枣总重量的比值，以%表示。

五、贮藏特性指标鉴定

耐贮性也叫耐贮藏性、贮藏性，是板栗、草莓、柑橘、枸杞、梨、李、枇杷、山楂、桃、甜瓜、杏、樱桃、鲜枣等许多果品的种质资源贮藏品质评价指标。澳洲坚果、苹果、沙棘、树莓、穗醋栗、越橘等果品采用贮藏期为种质资源贮藏品质评价指标。猕猴桃的后熟时间和货架期、柿的硬果期、香蕉的货架期等指标与耐贮性类似，亦属种质资源贮藏品质评价指标。

(一)耐贮性

果品耐贮性鉴定的通常做法是，果品采摘后在规定条件下贮藏一段时间，观察果品品质及其变化情况，据此确定果品耐贮性的好坏抑或强弱。贮藏条件包括包装、温度、湿度、气体条件等，主要是温度。果品耐贮性通常分为3个等级，好、中、差，或强、中、弱。果品耐贮性分级标准因果品种类而异。

1. 板栗

选取无病虫伤、没有失水的代表性板栗坚果9kg(重复3次，每次重复3kg)，装入0.12mm厚塑料薄膜袋，在温度5℃、相对湿度90% ~95%和氧气3% ~5%、二氧化碳3% ~5%的气体成分条件下贮藏。期间定期测量氧气和二氧化碳浓度，氧气浓度低于3%、二氧化碳高于5%时，应打开袋口通风。贮藏100d后，观察坚果失水和腐烂情况，按式(6)计算损失率，根据损失率确定耐贮性，分别为：强(果实损失率 < 5%)；中(5% ≤ 果实损失率 <15%)；弱(果实损失率≥15%)。也可根据成熟坚果在0℃冷库贮存180d后果实损失率将耐贮性分为弱、中、强。

$$X = \frac{n_1 + n_2}{n} \times 100 \tag{6}$$

式中：X——果实损失率,%；

n_1——贮藏后失水坚果数；

n_2——贮藏后腐烂坚果数；

n——贮藏前完好坚果总数。

2. 草莓

选取有代表性的正常果45个(重复3次，每次重复15个)，装入塑料薄膜袋，在15℃下放置，5d后观察果实颜色、硬度和风味变化，据此确定贮藏性：好(颜色、硬度基本无变化)；中(颜色、硬度稍有变化，不影响其商品性)；差(颜色或硬度变化很大，影响其商品性)。

3. 柑橘

选取无病虫和损伤的代表性新鲜果实90kg(重复3次，每次重复30kg)，不经任何药物处理，置于(5 ±1)℃、相对湿度80% ~95%的阴凉、通风贮藏库内贮藏90d。在90d贮藏期内，每隔15d对果皮和果肉组织变化情况进行调查，根据果实腐烂率、失重、品质变化和感官鉴评，确定每个果实的耐贮性级值，见表16，用式(7)计算贮藏指数(PI)，根据贮藏指数确定耐贮性，分别为：差（PI≥50）；中（30≤PI<50）；优（PI<30）。也可参照农业行业标准《柑橘种质资源描述规范》（NY/T 2930—2016），果实在（5±1）℃、相对湿度80%～95%的条件下保存，依据贮藏指数确定贮藏性：优（PI<10）；较优（10≤PI<30）；中（30≤PI<50）；较差（50≤PI<70）；差（PI≥70）。

$$PI = \frac{\sum (A_i \times B_i)}{n \times 7} \times 100 \tag{7}$$

式中：PI——耐贮指数；

A_i——第 i 级果个数；

B_i——第 i 级对应级值（见表16）；

n——试验用果总数。

表16　柑橘果实耐贮性能分级

级序	级值	果实状况
1	0	果实新鲜，果实保持固有品质
2	1	果实仍新鲜，果皮有轻度失水
3	3	果实严重失水，果皮皱缩或干巴；或果实内质下降
4	5	果实干腐，果肉有异味；或果实完全枯水无食用价值
5	7	果实软腐或发霉

4. 梨

采摘成熟果实50kg，置于普通冷藏（0℃～3℃）条件下贮藏，每隔7d～14d观测果实品质（包括表面及色泽变化情况、果实风味、硬度、可溶性糖、可滴定酸、可溶性固形物、生理性病害、腐烂等）和货架期，在保证货架期5d～7d的前提下，从采摘至失去商品价值所经历的时间即为贮藏期（T），根据贮藏期确定贮藏性：弱（T<2个月）；中（2个月≤T<4个月）；强（T≥4个月）。

5. 李

果实成熟期选取代表性果实30个，在室温25℃条件下贮藏，每隔1d～2d观察一次。当有10%的果实变软或腐烂时，记录果实的贮藏天数（T），根据贮藏天数确定耐贮性：强（T>10d）、中（10d≥T>5d）、弱（T≤5d）。

6. 猕猴桃

记录正常成熟的果实在（0±1）℃、相对温度90%～95%条件下保持较好食用性状的贮藏天数（T），据此确定耐贮性：好（T>180d）；中（120d≤T≤180d）；差（T<120d）。

7. 枇杷

选取无病虫害和机械伤且发育正常的成熟果实100粒，用5个纸盒单层包装，室内常温下贮藏，自第三天开始调查，每3d检查一次，剔除坏果，记载90%以上果实保持新鲜状态和固有品质不发生明显劣变所经历的天数(T)，据此确定耐贮性：强($T \geq 10d$)；中($10d > T \geq 5d$)；弱($T < 5d$)。

8. 山楂

(1)常温贮藏性

采集生长发育正常的成熟果实1000枚，自然室温条件下放置，调查好果率大于90%的贮藏天数(T)，据此确定贮藏性：差($T < 60d$)；中($60d \leq T < 120d$)；好($T \geq 120d$)。

(2)低温贮藏性

采集生长发育正常的成熟果实，装入密闭塑料袋(自封袋)，在(3 ± 1.5)℃条件下存放，调查好果率大于90%的贮藏天数(T)，据此确定贮藏性：极弱($T < 60d$)；弱($60d \leq T < 120d$)；中($120d \leq T < 180d$)；强($180d \leq T < 240d$)；极强($T \geq 240d$)。

9. 桃

采摘30个食用成熟度果实(无病虫和损伤)，在25℃左右、相对湿度70%左右的环境下贮藏，每天对外观和风味品质进行感官鉴定，记录能够保持食用品质基本不变的最大天数(T)，据此确定耐贮性：强($T \geq 7d$)；中($4d \leq T < 7d$)；弱($T < 4d$)。

10. 甜瓜

果实成熟期取30株果实在室温(25℃)、干燥环境条件下存放，所贮甜瓜30%以上出现失水、褐变、腐烂和品质严重下降时记载贮藏天数(T)，据此确定贮藏性；强($T \geq 30d$)；中($7d \leq T < 30d$)；弱($T < 7d$)。

11. 杏

果实成熟期选取有代表性的果实100个，在室温条件下(20℃)贮藏，定期观察。当10%的果实变软、腐烂、失去商品价值时，记录果实的贮藏天数(T)，据此确定耐贮性：强($T \geq 7d$)；中($3d < T < 7d$)；弱($T \leq 3d$)。

12. 樱桃

采摘食用成熟期果实(无病虫和损伤，带果柄)1000个，用自封口塑料袋包装，每50个果实一袋，置于0℃～2℃的环境中，每5d观察一次，记录能够保持果实外观、果肉颜色和风味基本不变的天数(T)，据此确定耐贮性：强($T > 30d$)；中($15d \leq T \leq 30d$)；差($T < 15d$)。

13. 鲜枣

果实脆熟期采集半红果实(带果梗，无机械伤，轻采轻放)。入贮前先经预冷阶段，再装入打孔的保鲜塑膜袋内(每个塑料袋2kg左右鲜枣，设3次以上重复)，然后置于－1℃～0℃普通冷库中贮藏，观察枣果的褐变、霉烂状况，统计好果数量。好果标准为无褐变、霉烂，果梗微绿，无明显皱缩现象，枣果新鲜、酥脆、无酒精味。贮后30d左右开始调查统计好果率，当好果率降到90%时，记录已贮藏的天数。按式(8)计算好果率。根据好果率降到90%时的贮藏天数(T)确定耐贮性：不耐贮($T<60$d)；较耐贮(60d$\leqslant T<90$d)；耐贮($T\geqslant 90$d)。

$$X=\frac{m}{m_0}\times 100 \tag{8}$$

式中：X——好果率,%；

m——入库时鲜枣重量；

m_0——贮后鲜枣的好果重量。

也可参照农业行业标准《枣种质资源描述规范》(NY/T 2927—2016)，记录鲜枣采收后在普通冷库条件下可达90%好果率的贮藏天数(T)，据此确定耐贮性：耐贮($T\geqslant 60$d)；较耐贮(30d$<T<60$d)；不耐贮($T\leqslant 30$d)。

(二)贮藏期

果品的贮藏期因果品种类而异。

1. 澳洲坚果

随机采集60个发育正常的成熟果实，去皮后，带壳常温条件下贮藏，90%以上的果仁口感、风味和色泽基本正常所贮藏的天数。

2. 菠萝

选取5个基本成熟的果实，在恒温25℃条件下果实品质基本保持不变可存放的天数，结果以平均值表示，取整数。

3. 芒果

在采收期，随机抽取20个成熟度达到《芒果　贮藏导则》(GB/T 15034—2009)中收获要求的果实，常温条件下的贮藏时间。用于贮藏期试验的果实应在生理成熟阶段采摘，鲜食果应发育至外表橄榄绿或浅绿色，果肉浅黄色，果蒂基部凹或平，果柄流出的乳汁较稠、流速较慢，部分果肩部位出现隐黄(或鲜红)，酸度小于2.9%；加工用果应外表为绿色或橄榄绿，果肉白色，酸度大于2.9%。

4. 苹果

果实成熟后采摘树冠外围四周20个果实，从中选取10个典型果实，在室温条件下贮藏至失去果实鲜食品质的天数。

5. 沙棘、树莓、穗醋栗、越橘

果实成熟采摘后，取500g浆果，在自然条件下贮藏到失去固有风味、品质变质或15%以上浆果腐烂时的天数。

（三）其他指标

1. 猕猴桃的后熟时间和货架期

（1）果实后熟时间

果实采收后，随机选择发育正常的果实 30 个，放置在常温下，记录从放置开始到果实变软时所需的时间（T），据此确定后熟快慢：快（$T<4$d）；中（$4\text{d}\leqslant T<8$d）；慢（$8\text{d}\leqslant T<12$d）；很慢（$T\geqslant 12$d）。也可参考农业行业标准《猕猴桃种质资源描述规范》（NY/T 2933—2016），果实采收后，放置在 15℃左右温度下，记录从放置到果实变软所需的时间（T），据此确定后熟快慢：很慢（$T>15$d）；慢（$12\text{d}<T\leqslant 15$d）；中（$8\text{d}<T\leqslant 12$d）；快（$5\text{d}\leqslant T\leqslant 8$d）；很快（$T<5$d）。

（2）果实货架期

果实在后熟变软时，随机选择果实 30 个，采用观察记录方法，记录在常温条件下果实从变软到 10% 的果实腐烂时所需的时间（T），据此确定货架期长短：短（$T<5$d）；中（$5\text{d}<T\leqslant 10$d）；长（$T>10$d）。

2. 柿硬果期

柿采收后，除去病虫伤果，随机取 20 个大小相对一致的果实放在果盒内，标注采收日期，置于室温条件下，开始时每 3d 观察一次，直到出现软化果，记录果数及日期，去除软化果，此后每天观察一次，有软化果就记录果数及日期，并去除软化果，直至 20 个果实全部软化为止，记录最终日期及果数。根据日期算出相应的天数，根据不同天数与软化果数，用加权平均法算出最终硬果期天数，取整数。

3. 香蕉货架期

香蕉果实催熟后在 25℃左右、相对湿度 85%～95% 条件下存放，从果指中间黄两头青（或果肉开始转软）起计至出现“梅花点”（即炭疽病斑）或严重脱把、果实失去商品价值止所经历的天数。

六、品质指标评价

果品感官指标（包括色泽指标、形状指标、质地指标和风味指标）均为定性指标，其鉴定和评价紧密联系，鉴评根据或参照相关评价标准（诸如模式图、标准色卡、对照品种等）进行，给出的鉴评结果即已包含对果品感官指标的评价。而理化指标、卫生指标、加工特性指标、贮藏特性指标等均为量化指标，需先行测定，再依据相关评价标准对其进行评价。对于果品加工特性指标和果品贮藏特性指标的评价，前文已有阐述，此处不再重复。下面着重介绍理化指标和卫生指标的评价标准。

在种质资源评价方面，王力荣等(2005)提出了6项桃理化指标的评价标准，见表17。农业行业标准《苹果品质指标评价规范》(NY/T 2316—2013)提供了果实大小、果实硬度、可溶性固形物含量、可溶性糖含量、可滴定酸含量、维生素C含量等6项指标的评价标准。聂继云等(2012)、郑丽静等(2015)、Yan等(2018)通过大量苹果种质资源的研究提出了苹果主要理化指标的分级和评价标准。更多关于果品量化指标评价标准的信息可以从相关果品产品标准中查询和获取。初步统计，在我国现行的果品产品国家/行业标准中，有85项标准有果品品质量化指标(主要是理化指标，卫生指标仅有酸价、过氧化值和黄曲霉毒素 B_1)的评价标准，见表18，为相关果品有关指标的评价提供了重要依据和参考。这些指标共计近300项，其中，约60%提供的是分级评价标准，约40%提供的是该指标的最高或最低限值，或是该指标的限值范围。

表17　桃理化指标评价标准

(引自：王力荣等，2005)

指标名称	指标分级	评价标准/%	指标名称	指标分级	评价标准/(mg/kg)
可溶性固形物含量	极低	<8.0	维生素C含量	极低	<70.0
	低	8.0～10.0		低	70.0～90.0
	中	10.0～12.0		中	90.0～110.0
	高	12.0～14.0		高	110.0～130.0
	极高	≥14.0		极高	≥130.0
可溶性糖含量	极低	<6.0	类胡萝卜素含量	极低	<10.0
	低	6.0～8.0		低	10.0～15.0
	中	8.0～10.0		中	15.0～20.0
	高	10.0～12.0		高	20.0～25.0
	极高	≥12.0		极高	≥25.0
可滴定酸含量	极低	<0.30	单宁含量	极低	<500.0
	低	0.30～0.45		低	500.0～700.0
	中	0.45～0.60		中	700.0～900.0
	高	0.60～0.75		高	900.0～1100.0
	极高	≥0.75		极高	≥1100.0

表 18　85 项果品产品标准中有评价标准的品质量化指标统计

产品标准	量化指标
《澳洲坚果　带壳果》(NY/T 1521—2018)	直径、出仁率、果仁水分
《澳洲坚果　果仁》(NY/T 693—2003)	整仁率、果仁直径、含水量*、脂肪含量*、过氧化值*、酸价*、黄曲霉毒素 B_1*
《澳洲坚果果仁》(LY/T 1963—2018)	果仁粒径、含水量、过氧化值*、酸价*、黄曲霉毒素 B_1*、脂肪含量*
《板栗质量等级》(GB/T 22346—2008)	千克粒、糊化温度*、淀粉含量、含水量、可溶性糖
《板栗》(GH/T 1029—2002)	千克粒、水分含量*、粗蛋白*、粗脂肪*、淀粉*
《扁桃》(NY/T 867—2004)	千克粒、果仁比、蛋白质*、脂肪*、水分*
《扁桃仁》(GB/T 30761—2014)	整仁率、平均单仁重、含水量*
《槟榔干果》(NY/T 487—2002)	果实含水率
《菠萝》(NY/T 450—2001)	可食率、可溶性固形物、可滴定酸度*、可溶性总糖*、果实大小
《草莓》(NY/T 444—2001)	可溶性固形物、总酸量*、果实硬度*、单果重*
《草莓等级规格》(NY/T 1789—2009)	单果重
《番荔枝》(NY/T 950—2006)	单果重
《番木瓜》(NY/T 691—2018)	可食率、可溶性固形物、单果质量
《番石榴》(NY/T 518—2002)	果实大小
《枸杞》(GB/T 18672—2014)	粒度、百粒重、枸杞多糖、水分、总糖、蛋白质、脂肪、灰分
《哈密瓜》(GH/T 1184—2017)	大小、可溶性固形物
《核桃坚果质量等级》(GB/T 20398—2006)	平均果重、横径、出仁率、空壳果率、破损果率、黑斑果率、含水率、脂肪含量、蛋白质含量

续表

产品标准	量化指标
《核桃仁》(LY/T 1922—2010)	水分*、酸价*、过氧化值*、黄曲霉毒素 B_1*
《黄皮》(NY/T 692—2003)	可食率、可溶性固形物、单果重
《鲜柑橘》(GB/T 12947—2008)	可溶性固形物、总酸、固酸比、可食率、果实横径
《柑橘类果品流通规范》(SB/T 11028—2013)	可溶性固形物、总酸量、固酸比、可食率、果实大小
《柑橘等级规格》(NY/T 1190—2006)	果实横径
《宽皮柑橘》(NY/T 961—2006)	果实横径、果汁含量*、可溶性固形物*、固酸比*
《柠檬》(GB/T 29370—2012)	可溶性固形物、果汁总酸含量、果汁率、果实横径
《脐橙》(GB/T 21488—2008)	可溶性固形物、固酸比、可食率*、果实横径
《红毛丹》(NY/T 485—2002)	可溶性固形物*、可食率*、果实数
《鲜梨》(GB/T 10650—2008)	果实硬度*、可溶性固形物*
《预包装鲜梨流通规范》(SB/T 10891—2012)	单果重
《鲜李》(NY/T 839—2004)	可溶性固形物、总酸量、固酸比、单果重
《荔枝》(NY/T 515—2002)	可食率*、可溶性固形物*、可滴定酸度*、千克粒
《荔枝等级规格》(NY/T 1648—2015)	单果重
《荔果类果品流通规范》(SB/T 11101—2014)	千克粒
《荔枝干》(NY/T 709—2003)	果肉含水率*、总糖*、总酸*
《莲雾流通规范》(SB/T 10886—2012)	单果净重
《莲雾》(NY/T 1436—2007)	可溶性固形物*、总酸量*、单果重

续表

产品标准	量化指标
《榴莲》(NY/T 1437—2007)	可食率、单果重
《龙眼》(GB/T 31735—2015)	可食率*、可溶性固形物*、千克粒、果实横径
《龙眼》(NY/T 516—2002)	可溶性固形物*、可食率*、千克粒
《罗汉果》(NY/T 694—2003)	横径、总糖、水浸出物、水分*
《芒果》(NY/T 492—2002)	单果重
《毛叶枣》(NY/T 484—2018)	千克果数、可溶性固形物
《猕猴桃等级规格》(NY/T 1794—2009)	果实重量
《木菠萝》(NY/T 489—2002)	长度、横径、果肉、损害、可溶性固形物*、可食率*、单果重
《鲜枇杷果》(GB/T 13867—1992)	可溶性固形物*、总酸量*、固酸比*、可食部分、单果重
《农产品等级规格　枇杷》(NY/T 2304—2013)	单果重
《鲜苹果》(GB/T 10651—2008)	果实硬度*、可溶性固形物*、果实横径
《苹果等级规格》(NY/T 1793—2009)	横径
《预包装鲜苹果流通规范》(SB/T 10892—2012)	果径
《预包装鲜食葡萄流通规范》(SB/T 10894—2012)	果穗重量
《无核葡萄干》(NY/T 705—2003)	水分*
《仁果类果品流通规范》(SB/T 11100—2014)	果实大小
《桑椹(桑果)》(GB/T 29572—2013)	可溶性固形物、酸度*
《中国沙棘果实质量等级》(GB/T 23234—2009)	可溶性固形物、维生素 C*、总黄酮*、百果重*
《山核桃产品质量等级》(GB/T 24307—2009)	坚果直径、含油率*、含水率*、酸价*、过氧化值*

续表

产品标准	量化指标
《山楂》(GH/T 1159—2017)	总糖、总酸、维生素C、每千克果个数
《山竹子》(NY/T 1396—2007)	单果重、果实大小、可食率、可溶性固形物*
《石榴质量等级》(LY/T 2135—2018)	百粒重、可溶性固形物、酸度、单果重
《柿子产品质量等级》(GB/T 20453—2006)	单果重、单饼重、含水量、核
《红松松籽》(LY/T 1921—2018)	杂质和残伤率、出仁率、平均粒重、含水率*
《红松种仁》(GB/T 24306—2009)	百粒重*、粗蛋白质*、粗脂肪*、灰分*、水分*、酸价*、过氧化值*
《酸角果实》(LY/T 1741—2018)	个体数、杂质、果肉率、水分、缺陷果率
《鲜桃》(NY/T 586—2002)	可溶性固形物、果实硬度、果实质量
《桃等级规格》(NY/T 1792—2009)	单果重
《西番莲》(NY/T 491—2002)	可溶性固形物*、总酸量*、果汁率*、果实横径
《西瓜(含无子西瓜)》(NY/T 584—2002)	果皮厚度、果实中心可溶性固形物
《无籽西瓜分等分级》(GB/T 27659—2011)	果皮厚度、近皮部可溶性固形物、中心可溶性固形物
《香榧籽质量要求》(LY/T 1773—2008)	含水量*、单粒重*、出仁率*、蛋白质*、油脂*、淀粉*
《香蕉》(GB/T 9827—1988)	重量、梳数、长度、每千克只数、果实硬度*、可食部分*、果肉淀粉*、总可溶性糖*、含水量*、可滴定酸含量*
《青香蕉》(NY/T 517—2002)	果实规格
《鲜杏》(NY/T 696—2003)	单果重、可溶性固形物、总酸、固酸比

续表

产品标准	量化指标
《仁用杏杏仁质量等级》(GB/T 20452—2006)	平均仁质量、含水率、黄曲霉毒素 B_1
《西伯利亚杏杏仁质量等级》(LY/T 2340—2014)	平均单粒重、含水率、黄曲霉毒素 B_1 含量
《腰果》(NY/T 486—2002)	千克粒、果仁比、沉水率*、水分*
《杨梅质量等级》(LY/T 1747—2018)	可溶性固形物、可食率、单果重
《杨桃》(NY/T 488—2002)	单果重
《椰子果》(NY/T 490—2002)	芽长、果实围径
《椰子产品　椰青》(NY/T 1441—2007)	pH*、总糖*
《银杏种核质量等级》(GB/T 20397—2006)	千克粒数、百粒核重、种核具胚率、浮籽率、种核失重率、种核霉变率、种仁萎缩率、种仁绿色率、种仁光泽率、核形指数*、出仁率*、干物质*、淀粉*、蛋白质*、脂肪*、可溶性糖*、胡萝卜素*、维生素 A*、维生素 B_1*、维生素 B_2*、维生素 C*、维生素 E*、磷*、钾*、钙*、铁*、镁*、黄酮*、萜内酯*、氢氰酸*
《樱桃质量等级》(GB/T 26906—2011)	单果重
《农产品等级规格　樱桃》(NY/T 2302—2013)	果实横径
《鲜枣质量等级》(GB/T 22345—2008)	单果重、可溶性固形物
《干制红枣质量等级》(LY/T 1780—2018)	果个大小、总糖含量
《干制红枣》(GB/T 5835—2009)	千克粒、总糖含量、含水率
《免洗红枣》(GB/T 26150—2010)	千克粒、水分*、总糖*
《榛子坚果　平榛、平欧杂种榛》(LY/T 1650—2005)	坚果单果重、水分

*该指标给出的是范围或最低要求，未划分等级差异。

聂继云等(2012)对苹果理化品质评价指标进行了研究。测定的7项苹果理化指标(包括维生素C含量、果实硬度、可滴定酸含量、可溶性固形物含量、可溶性糖含量、固酸比和糖酸比)变异系数均较大。果实硬度、可滴定酸含量、可溶性固形物含量和可溶性糖含量均服从正态分布。固酸比、糖酸比和维生素C含量呈偏态分布。研究的152个品种中，7项果实理化指标均可划分为服从正态分布的5级，即，极低、低、中、高和极高，见表19。可溶性固形物含量与可溶性糖含量、固酸比与糖酸比、固酸比与可滴定酸含量、糖酸比与可滴定酸含量均呈极显著相关。可溶性固形物含量、可溶性糖含量、固酸比和糖酸比之间存在极显著的一元或三元线性回归关系，可用于各自的预测。7项苹果理化指标可简化为5项，即，质地指标——果实硬度，营养指标——可溶性糖含量，风味指标——可滴定酸含量和糖酸比，功能成分指标——维生素C含量。鉴于可溶性固形物含量测定简单易行，可溶性糖含量测定复杂耗时，而可溶性固形物含量又是苹果的重要品质指标，因此，用可溶性固形物含量和固酸比分别替代可溶性糖含量和糖酸比也是一种选择。

表19　7项理化指标的分级结果

(引自：聂继云等，2012)

指标	单位	级别				
		极低	低	中	高	极高
维生素C含量	mg/100g	<0.9	0.9~1.6	1.7~2.7	2.8~3.5	>3.5
果实硬度	kg/cm^2	<5.4	5.4~6.6	6.7~8.4	8.5~9.8	>9.9
可滴定酸含量	%	<0.25	0.25~0.44	0.45~0.64	0.65~0.84	>0.84
可溶性固形物含量	%	<8.4	8.4~9.2	9.3~10.6	10.7~11.5	>11.5
可溶性糖含量	%	<6.9	6.9~7.9	8.0~9.0	9.1~10.1	>10.1
固酸比		<11.3	11.3~15.5	15.6~21.6	21.7~25.9	>25.9
糖酸比		<9.8	9.8~13.2	13.3~17.9	18.0~21.4	>21.4

Yan等(2018)开展了苹果酸味评价指标及其分级标准研究。以106个苹果品种的果实为试材，检测了苹果酸含量(Mal)、草酸含量(Oxa)、柠檬酸含量(Cit)、乳酸含量(Lac)、琥珀酸含量(Suc)、富马酸含量(Fum)、总酸含量

(ToA)、可滴定酸含量(TiA)、酸度值(AcV)、pH 等 10 项酸味指标。10 项酸味指标的平均值分别为 5.80mg/g、0.162mg/g、0.083mg/g、0.035mg/g、0.015mg/g、0.009mg/g、6.10mg/g、0.47%、8.10 和 3.60，见图 3。在苹果果实所含 6 种有机酸中，以苹果酸为主，平均占有机酸总含量(即总酸)的 94.5%。上述 10 项苹果酸味指标中，苹果酸含量与总酸含量和酸度值之间，以及总酸含量与酸度值之间，均存在极显著的线性关系，而 pH 与苹果酸含量、可滴定酸含量、总酸含量和酸度值等 4 项指标之间，均存在对数函数关系。苹果酸含量、总酸含量、酸度值、可滴定酸含量和 pH 均可作为苹果的酸味评价指标，并建立了 5 项指标的分级标准，见表 20。

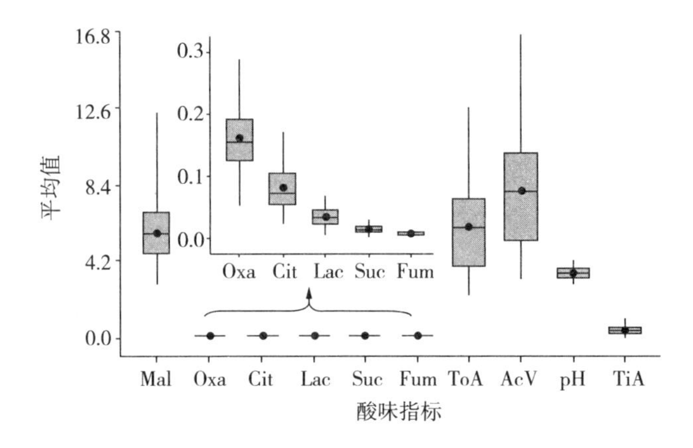

图 3　106 个品种苹果果实酸味指标的分布范围

(引自：Yan 等，2018)

表 20　5 项苹果酸味评价指标的分级标准

(引自：Yan 等，2018)

指标	级别				
	极低	低	中	高	极高
苹果酸/(mg/g)	<2.9	2.9~4.5	4.6~6.9	7.0~8.6	≥8.7
总酸/(mg/g)	<3.2	3.2~4.8	4.9~7.2	7.3~8.9	≥9.0
酸度值	<4.2	4.2~6.4	6.5~9.6	9.7~11.9	≥12.0
可滴定酸/%	<0.21	0.21~0.35	0.36~0.57	0.58~0.73	≥0.74
pH	<3.20	3.20~3.43	3.44~3.69	3.70~3.97	≥3.98

郑丽静等(2015)通过对 132 个苹果品种的研究，筛选出了苹果风味评价指标。该研究显示，苹果品种间 pH、可溶性固形物含量和可溶性糖含量差异较小，而可滴定酸含量、固酸比和糖酸比差异很大，可溶性固形物含量和可溶性糖含量均服从正态分布。pH 与可滴定酸含量、固酸比和糖酸比与可滴定

酸含量呈极显著负相关，固酸比和糖酸比与 pH、可溶性糖含量与可溶性固形物含量、糖酸比与固酸比呈极显著正相关。苹果风味评价指标取可滴定酸含量、可溶性固形物含量和固酸比(分别代表酸味指标、甜味指标和综合风味指标)为宜，用该3项指标可将苹果分为甜、酸甜、酸甜适度、甜酸和酸5类，见表21。

表21　苹果品种的风味分类

(引自：郑丽静等，2015)

可滴定酸含量/%		可溶性固形物含量/%		固酸比		风味
平均值	标准差	平均值	标准差	平均值	标准差	
0.13	0.03	13.4	1.4	112.8	23.6	甜
0.23	0.05	12.0	0.8	53.8	10.8	酸甜
0.53	0.13	13.7	0.8	27.5	6.9	酸甜适度
0.51	0.08	11.1	0.9	22.3	4.1	甜酸
0.78	0.15	11.6	0.8	15.4	3.2	酸

第三节　果品品质控制

坚持适地适栽原则，即只在生态环境条件适宜的地方发展果品生产，是实现果品高产、优质、高效的根本前提和重要保障。合理负载、疏花疏果、采取增色措施、科学采收等花果管理技术措施，对果园种植环节果品品质的控制起关键作用。果品包装、果品运输和果品贮藏事关果品采后品质。果园土肥水管理和病虫害防治是果品生产不可或缺的重要组成部分，严格意义上讲也属于果品品质控制的范畴，但因篇幅所限，且相关技术已有不少著作进行了专门论述，本书不再冗述。

一、适地适栽

果树生长状况与自然生态环境条件的适宜性密切相关。同一个树种的不同品种，其适宜栽植区也可能存在差异。例如，在'国光''富士'苹果发生严重冻害的地区，抗寒品种'寒富'却可以安然无恙。与果树生长、产量和品质形成有关的生态环境因素很多，主要是气温、降水量、光照和土壤立地条件，有时可能还涉及海拔高度，但海拔高度主要通过气温和光照产生影响。土壤立地条件主要包括土壤酸碱性、土质、含盐量、地下水位以及坡向、坡度等。下面主要针对苹果、柑橘、葡萄、桃、梨等5大树种予以论述。

（一）苹果

苹果适宜的生态环境特点：冬春无严寒，夏秋无酷暑，气温年较差较小，日较差较大；日照充足，短波光较多；降水较少但生长期降水充足，空气湿度较小；海拔高度适宜；山地坡度缓斜、向阳背风；土壤深厚肥沃，排水良好。主导苹果生长发育的生态因子有8个：全年的平均气温、≥10℃积温、极端最低气温、6—8(9)月的月平均气温、平均气温日较差、月平均相对湿度、月日照时数及光质(晚熟品种到9月份)，以及4—9月的降水量。其对苹果产量和品质形成起直接作用，影响大，难以人为大范围调控。尤其6—8(9)月，正值苹果新梢停长、花芽分化和果实发育成熟的关键时期，主导性生态因子的适宜度对当年和翌年产量和品质形成起着决定性影响。以上述8个因子为苹果区划生态指标，根据其数值和变幅，可将生态区划分为最适宜区、适宜区、次适宜区和可能种植区，见表22，其中，前两类生态区可大规模发展苹果商品生产。

张光伦等(1974—1994)基于上述区划方法，结合地形、土壤、生物等，将中国苹果产区划分为10个生态区。生态最适区为黄土高原区和川滇横断山脉区。生态适宜区为渤海湾区和华北平原区。黄土高原区主要包括东起太行山，西至青藏高原边缘山地，南至秦岭北麓和渭河以北，北至宁夏平原以南的黄土高原大部地区。川滇横断山脉区包括北起川西，南至滇东北，北纬26°~32°的横断山脉中段。渤海湾区包括辽南、辽西、燕山部分和山东半岛部分。华北平原区包括冀东和冀中南大部，鲁西北和鲁中南。除生态条件外，苹果对土壤立地条件也有较高的要求。苹果比较适于山地和坡地栽培，通常应选择南坡至西南坡建园，坡度不能超过25°，超过10°应修梯田。谷底和洼地易积聚冷气，不宜栽植苹果。苹果园要求地下水位在1m以下；土质疏松，通气性好；土层深厚，活土层在50cm以上，能达到80cm~100cm最好；土壤肥沃，有机质含量在1%以上；土壤pH 6.0~7.5；土壤总盐量在0.3%以下。

中国有适于苹果树生长发育的理想的地理、土壤和气候条件，苹果分布区域较为广泛，栽培品种和砧木类型丰富，见表23。中国传统苹果产区有7个：渤海湾产区(辽宁、山东、河北等省)，黄土高原产区(山西、甘肃、陕西、河南等省)，黄河故道产区(豫东、鲁西南、苏北、皖北)，秦岭北麓产区(渭河两岸、豫西、鄂西北)，西南冷凉高地产区(四川、云南、贵州等省)，东北寒地小苹果产区，新疆产区。近年来，随着中国苹果生产区域布局的调整，逐步形成了渤海湾和黄土高原两大优势产区。《全国优势农产品区域布局规划(2008—2015年)》提出重点建设这两个优势区。其中，渤海湾优势区位

表 22　苹果生态适宜性的主要气候指标

（引自：束怀瑞，1999）

生态适宜度	全年			6—8(9)月				4—9 月
	平均气温/℃	≥10℃积温/℃	极端最低气温/℃	月平均气温/℃	平均气温日较差/℃	月平均相对湿度/%	月日照时数及光质/h	降水量/mm
最适值	9.0(8.5)~12.5	2800~3600	< -20.0	17.5~22.0(16.0)	>10.0	<70(75)	>190 紫外光多	400~500
适宜值	8.0~9.0 或 12.5~13.5	2400~2800 或 3600~4300	< -25.0	16.0~17.5(>15.0)或 22.0~24.0(<20.0)	>8.0	<75(80)	>160 紫外光较多	<400 或 >700
次适值	6.5~8.0 或 13.5~16.5	1600~2400 或 4300~5100	< -28.0	13.5~16.0(>12.0)或 24.0~27.0(<21.0)	<8.0	<80(85)	>140	<200 或 >800
可适值	<6.5 或 >16.5	<1600 或 >5100	< -30.0	<13.5~16.0(>11.0)或 >27.0(<22.0)	<6.0	>80(85)	<120	<100 或 >1000

于胶东半岛、泰沂山区、辽南及辽西部分地区、燕山、太行山浅山丘陵区，着力发展鲜食品种。黄土高原优势区位于陕西渭北和陕北南部地区、山西晋南和晋中、河南三门峡地区、甘肃的陇东和陇南地区，着力发展鲜食品种，加快发展加工鲜食兼用品种。

表 23 中国苹果主要栽培品种与砧木

（引自：丛佩华，2015）

地区	主要栽培品种	实生砧木	矮化砧木
陕西	富士系、元帅系、嘎拉系、金冠、华冠、秦冠、千秋、乔纳金、秦阳等	楸子	M 系、SH 系
山东	富士系、元帅系、嘎拉系、金冠、乔纳金等	平邑甜茶、八棱海棠	M9、M26、SH 系、T337
河北	富士系、元帅系、嘎拉系、金冠、国光、红玉、印度等	山定子、海棠	M 系、SH 系
甘肃	富士系、元帅系、嘎拉系、金冠、秦冠、澳洲青苹等	楸子	M 系、SH 系
河南	富士系、元帅系、嘎拉系、秦冠、华冠、金冠、美八、华硕等	河南海棠、八棱海棠	M 系
山西	富士系、元帅系、嘎拉系、秦冠、华冠、金冠、乔纳金、国光等	山定子、湖北海棠、楸子	M 系、SH 系、GM256
辽宁	富士系、寒富、元帅系、嘎拉系、国光、金冠、乔纳金、华红等	山定子	GM256、辽砧 2 号、7734
新疆	富士系、元帅系、嘎拉系、金冠、寒富等	塞威氏海棠（新疆野苹果）	GM256、M 系、SH 系
云南	富士系、嘎拉系、金冠、华硕等	海棠	M 系、SH 系
四川	富士系、嘎拉系、金冠、华硕等	海棠	M 系、SH 系
黑龙江、吉林、内蒙古	金红、龙冠、龙丰、七月鲜等	山定子	GM256、辽砧 2 号、7734

(二)柑橘

中国柑橘栽培品种主要有宽皮柑橘、橙、柚、杂柑，其他包括枸橼、柠檬、黎檬、枳、金柑，主要栽培品种和砧木见表24。中国柑橘主要分布在亚热带地区，分为南亚热带地区、中亚热带地区和北亚热带地区3个气候带。南亚热带地区包括广东、福建和台湾三省大部分地区，以及云南的西双版纳、普洱、文山、红河州等地；年平均气温22℃左右，冷月平均气温10℃以上，最低温度一般在0℃以上(当寒流侵袭时可降至0℃以下，但持续时间极短)，≥10℃积温6500℃ ~8000℃；年降雨量1200mm ~2200mm；以生产甜橙、宽皮柑橘、柚为主。中亚热带地区包括浙江温州、湖南道县、江西赣州、广西桂林以南地区、米仓山和大巴山以南的四川盆地、湖北宜昌以西的长江峡谷地区，以及广东的韶关北部；年平均气温17℃ ~21℃，1月平均气温7℃ ~9℃，最低温度一般在 -3℃以上，≥10℃积温5500℃ ~6500℃；年降雨量1000mm以上，东南沿海可达2000mm；以生产宽皮柑橘、甜橙、柚为主，是我国最重要的柑橘产区。北亚热带地区包括浙江、湖北、江西、湖南等省的大部分地区，陕西、甘肃、河南、安徽、江苏南部部分地区和上海市的长兴岛；年平均气温15℃ ~17℃，1月平均气温5℃ ~7℃，最低温度一般为 -7℃ ~ -5℃，≥10℃的积温4500℃ ~5500℃；年降雨量1000mm ~1500mm；以生产宽皮柑橘为主。柑橘为短日照果树，喜漫射光，较耐阴，最适年日照时数为1200h ~1500h，最适光照强度为12000lx ~20000lx，光饱和点为35000lx ~40000lx，光补偿点为1000lx ~2000lx。柑橘土壤适应性广，pH 5 ~8.5的土壤均可生长，最适土壤条件包括有机质丰富、微酸性(pH 5.5 ~6.5)、土层深厚(1m以上)、土质疏松、排水良好。

表24　中国柑橘主要栽培品种与砧木

(引自：中国柑橘学会，2008)

地区	主要栽培品种	主要砧木
重庆	锦橙、先锋橙、脐橙、温州蜜柑、红橘、柚、椪柑、杂柑	枳、红橘、枳橙、酸柚
福建	温州蜜柑、雪柑、椪柑、红橘、柚	枳、红橘、酸柚
广东	砂糖橘、蕉柑、马水橘、春甜橘、年橘	酸橘、三湖红橘、红黎檬
广西	温州蜜柑、椪柑、沙田柚、暗柳橙、脐橙、夏橙、金柑	酸橘、黎檬
贵州	温州蜜柑、大红袍、椪柑	枳

续表

地区	主要栽培品种	主要砧木
海南	暗柳橙、红江橙、温州蜜柑	酸橘、红黎檬
湖北	锦橙、脐橙、桃叶橙、温州蜜柑、红橘	枳、红橘、枳橙、酸柚
湖南	温州蜜柑、椪柑、脐橙、冰糖橙、大红甜橙、柚	枳、酸柚
江苏	温州蜜柑、早红、本地早	枳、朱红橘
江西	温州蜜柑、脐橙、南丰蜜桔、朱红橘、金柑	枳
上海、安徽、陕西、甘肃、河南	温州蜜柑、朱红橘	枳
四川	锦橙、先锋橙、脐橙、温州蜜柑、红橘、柚、柠檬、椪柑、杂柑	枳、红橘、酸柚、香橙
台湾	椪柑、蕉柑、雪柑、柳橙、茂谷柑、柚	酸橘、红黎檬、枳、酸柚
西藏	皱皮柑、枸橼	枳
云南	温州蜜柑、椪柑、锦橙、柠檬、脐橙	枳
浙江	温州蜜柑、椪柑、本地早、柚、胡柚、金柑、杂柑	枳、狗头橙、本地早、酸柚

根据《全国优势农产品区域布局规划(2008—2015 年)》，中国着力建设“四区一基地”，即长江上中游柑橘优势区、赣南—湘南—桂北柑橘优势区、浙—闽—粤柑橘优势区、鄂西—湘西柑橘优势区和特色柑橘生产基地。长江上中游柑橘优势区位于湖北秭归以西、四川宜宾以东、以重庆三峡库区为核心的长江上中游沿江区域，着力发展鲜食加工兼用柑橘、橙汁原料柑橘和早、晚熟柑橘。赣南—湘南—桂北柑橘优势区位于江西赣州、湖南郴州、永州、邵阳和广西桂林、贺州等地，着力发展优质鲜食脐橙。浙—闽—粤柑橘优势区位于东南沿海地区，着力发展宽皮柑橘、柚类和杂柑类。鄂西—湘西柑橘优势区包括湖北西部和湖南西部，着力发展早熟、极早熟宽皮柑橘。特色柑橘生产基地包括南丰蜜橘基地、岭南晚熟宽皮橘基地、云南特早熟柑橘基地、丹江库区北缘柑橘基地和云南、四川柠檬基地，着力发展极早熟、早熟宽皮柑橘等特色品种。

(三)葡萄

葡萄适应性很强，红壤、黄壤、砂壤、黑钙土均可栽培，砂壤最好。土壤 pH 以中性为好，过高或过低均会引起植株生长缓慢、树势衰弱甚至死亡。地下水位以 2m ~ 3m 为宜。葡萄是喜光植物，需要充足光照，许多品种只有在阳光直射条件下才能着色良好。但夏季光照过强又会引起日烧，尤其是在大陆性气候、沙地和昼夜温差剧变的情况下。葡萄是喜温植物，萌芽至果实充分成熟所需 ≥10℃ 积温，极早熟品种为 2100℃ ~ 2500℃，早熟品种为 2500℃ ~2900℃，中熟品种为 2900℃ ~3300℃，晚熟品种为 3300℃ ~3700℃，极晚熟品种为 3700℃ 以上。葡萄是亚热带果树，在中国北部栽培，需埋土防寒，才能安全越冬。据《中国葡萄品种》(刘崇怀等，2014)，中国葡萄栽培有埋土防寒越冬区和非埋土防寒越冬区之分，大体以年绝对最低气温 -17℃ 线为界，此线以北地区需要埋土防寒。该等温线大体位于山东掖县、昌邑、寿光、济南，河南范县、鹤壁，山西晋城、垣曲、临猗，陕西大荔、淳化、宝鸡，直至甘肃天水和四川马尔康。葡萄比较耐旱，通常，在温和气候条件下，年降水量 600mm ~ 800mm 比较适合葡萄生长发育。优质葡萄成熟当月或前一个月的水热系数均小于 1.5。因此，葡萄采收前一个月的降水量不宜过多，最好不超过 50mm。水热系数即 K 值，按式(9)计算。为避免霜害(早春晚霜、秋季早霜)对葡萄的威胁，应正确选择熟期适宜的品种。一般，无霜期 125d ~ 150d 的地区早熟品种可正常成熟，无霜期 150d ~ 175d 的地区中熟品种可正常成熟，无霜期 175d 以上的地区多数晚熟品种能完全成熟，无霜期 125d 以下的地区不宜露地栽培葡萄。

$$K = \frac{A}{0.1 \times B} \tag{9}$$

式中：K——水热系数；

A——≥10℃时期的日平均气温之和；

B——同时期的降雨量之和。

我国葡萄产区主要有 8 个：一是西北干旱、半干旱产区，包括新疆、甘肃和宁夏，是优质葡萄和葡萄干产区，主栽品种多为欧亚种，其中新疆葡萄栽培面积占全国的 20% 以上。二是黄土高原产区，包括陕西、山西和甘肃东部，是优质葡萄产区，鲜食葡萄以欧美杂种为主，酿酒葡萄以欧亚种为主。三是黄河故道产区，栽培品种以欧美杂种为主。四是冀北产区，包括河北涿鹿、宣化、怀来以及北京的延庆等区县，是牛奶、龙眼、保尔加尔、红地球等品种的集中栽培区。五是渤海湾产区，包括河北的秦皇岛和唐山、天津、北京，以及胶东半岛的烟台、青岛等地区，是中国的重要酿酒葡萄和优质鲜食葡萄产区。六是华中、华东、华南产区，是新兴葡萄产区，以巨峰系品种和设施避雨栽培为主。七是西南产区，包括云南西北部的横断山区、东部和南部的云贵高原，以及广西，广西推广“三避”技术和一年两收，已成为特殊优势种植区。八是东北产区，包括长白山麓和东北平原，其中，辽宁鲜食葡萄产量居全国首位。

为充分利用资源比较优势，发展特色产业，引导特色农产品向最适宜区集中，《特色农产品区域布局规划(2013—2020 年)》对板栗、槟榔、菠萝、番木瓜、橄榄、核桃、梨、荔枝、龙眼、芒果、猕猴桃、枇杷、葡萄、石榴、柿子、桃、香榧、香蕉、杏、杨梅、腰果、椰子、樱桃、柚、枣等 25 种特色果品进行了区域布局规划，确定了优势区域，板栗等 22 种特色果品的优势区域分布见附表 5。该规划可作为相关特色果品产业发展和布局的重要依据。根据该规划，中国重点发展华北区、东北区、华东区、中南区、西南区、西北区等 6 大葡萄产区，共计 24 个地区 181 个优势县(市、区)，见表 25。

表 25　中国葡萄优势区域分布

地区	优势县(市、区)
安徽	庐阳区、包河区、庐江县、三山区、歙县、砀山县、萧县
北京	通州区、顺义区、昌平区、大兴区、平谷区、延庆县
福建	晋安区、梅列区、顺昌县、建瓯市、建阳市、福安市
甘肃	安宁区、红古区、麦积区、民勤县、高台县、敦煌市
广西	江南区、西乡塘区、柳江县、七星区、灵川县、兴安县、资源县、平果县
海南	三亚市、乐东黎族自治县
河北	桥东区、晋州市、鹿泉市、昌黎县、卢龙县、威县、定州市、宣化县、阳原县、怀来县、涿鹿县、广阳区、饶阳县
河南	管城回族区、中牟县、荥阳市、偃师市、长垣县、修武县、清丰县、灵宝市、民权县、宁陵县、商水县
黑龙江	松北区、香坊区、阿城区、双城市、五常市、大同区、孙吴县
湖北	江夏区、黄陂区、襄城区、樊城区、襄阳区、南漳县、谷城县、保康县、老河口市、枣阳市、宜城市、公安县、咸安区、曾都区
吉林	昌邑区、龙潭区、蛟河市、公主岭市、通化县、辉南县、柳河县、集安市、浑江区、抚松县、靖宇县、临江市、乾安县、安图县
江苏	江宁区、溧水县、锡山区、江阴市、宜兴市、张家港市、亭湖区、高邮市、句容市、高港区、泰兴市

续表

地区	优势县(市、区)
辽宁	瓦房店市、桓仁满族自治县、北镇市、鲅鱼圈区、盖州市
内蒙古	海勃湾区、喀喇沁旗
宁夏	西夏区、永宁县、贺兰县、同心县、青铜峡市
山东	平度市、沂源县、福山区、龙口市、莱阳市、蓬莱市、招远市、海阳市、临朐县、高密市、任城区、兖州市、临沭县
山西	清徐县、太谷县、稷山县、曲沃县
上海	嘉定区、金山区、奉贤区、崇明县
四川	龙泉驿区、双流县、米易县、涪城区、西昌市
天津	北辰区、武清区、滨海新区、静海县、蓟县
西藏	芒康县、林芝县
新疆	吐鲁番市、鄯善县、哈密市、昌吉市、呼图壁县、玛纳斯县、博乐市、焉耆回族自治县、新和县、阿图什市、石河子市、五家渠市、农二师、农四师、农五师、农六师、农八师、农十二师、农十三师、直属222团
云南	红塔区、永仁县、元谋县、文山县、丘北县、宾川县
浙江	余姚市、海宁市、长兴县、金东区、浦江县、温岭市

(四)桃

桃树建园应根据当地气候、地形、土壤、水源等条件，结合桃树适应性，特别是强喜光性和怕涝性，选择阳光充足、地势高、土层深厚、水源充足、排水良好的地块。要避开风口、阴坡和沟谷地。风口常发生冻花、冻伤幼果现象。桃树枝叶密集，果柄短，遇风常出现“叶磨果”，似果锈，使果实降低甚至失去商品价值。阴坡和谷地光照不足，容易遭冷空气袭击，出现霜害、冷害，果实产量低、品质差。桃树属浅根性果树，根系生长和呼吸旺盛，不耐涝，短期水淹就可能引起叶片发黄甚至整树死亡。因此，桃园要求土壤通气性好，地下水位不高于1m，要注意排水防涝，地下水位过高时应起垄做高畦。桃树耐盐碱能力差，在微酸性土壤上生长良好，pH超过8时会出现黄化现象，影响产量、品质和抗病性。桃树属于温带果树，冷凉温和的气候更适合其生长发育和果实品质形成。年平均气温以8℃～14℃比较适宜。冬季气温过低(低于-25℃～-23℃)可能使桃树遭受冻害，-18℃左右持续时间过长花芽也会受冻。果实发育期月平均气温应不低于18℃。果实膨大期的适宜气温为 25℃ ~30℃。果实成熟期昼夜温差大，空气干燥，有利于糖分的积累，中早熟品种成熟期的适宜温度一般在 28℃ ~30℃。桃树是喜光果树，一般年日照时数 1200h ~1800h，能满足桃树正常生长发育需要。最适于桃树生长的自然降水量为：生长期(4—9 月)600mm 以下，果实成熟期(6—9 月)250mm 以下。光照影响果实大小、可溶性固形物含量、糖酸比、果面颜色等果实品质。较高的空气湿度可以保护果面，减少紫外线伤害，使果实色泽鲜艳。

我国桃适宜栽培区的北界大体是由辽宁的丹东向西经锦州，河北承德、张家口，山西河曲，陕西神木、吴起，宁夏银川，甘肃兰州至四川乾宁、乡城一线；南界则是由浙江的温州向西经福建建阳，江西遂川，湖南新宁，广西全州，贵州独山、盘县，云南昆明直至云南西部的碧江一线。除此两线以内的广大地区外，甘肃的张掖、敦煌，新疆的喀什、叶城、墨玉、和田、玉田，西藏的林芝、米林、加查、朗县，也是桃的适宜栽培区。根据《特色农产品区域布局规划(2013—2020 年)》，当前中国重点发展 13 个特色桃产区，具体包括北京产区(平谷)、辽南产区(大连)、河北产区(乐亭、顺平)、山东产区(青岛、威海、蒙阴、肥城)、陕甘高原产区(咸阳、秦安)、苏浙沪区(徐州、无锡、奉化、奉贤)、豫北产区(安阳、新乡)、鄂西北产区(枣阳、孝感)、成都产区(龙泉驿)、皖北产区(砀山)、滇黔产区(昆明、贵阳)、桂北产区(桂林)、东南产区(南平、河源)，共计 17 个地区 61 个优势县(市、区)，见表 26。

表 26　中国桃优势区域分布

地区	优势县(市、区)
安徽	砀山县
北京	大兴区、平谷区
福建	古田县
甘肃	秦州区、麦积区、秦安县
广东	连平县
广西	灵川县、恭城瑶族自治县
河北	乐亭县、邯郸县、顺平县、固安县、深州市
湖北	枣阳市、东宝区、孝昌县、广水市
江苏	九里区、贾汪区、铜山县、新沂市、邳州市、武进区
辽宁	金州区、瓦房店市、普兰店市、宽甸满族自治县、东港市、金山区
山东	胶州市、沂源县、青州市、肥城市、环翠区、钢城区、蒙阴县
山西	夏县、永济市

续表

地区	优势县(市、区)
陕西	三原县
上海	奉贤区、惠山区
四川	龙泉驿区
云南	富民县、宜良县
浙江	桐庐县、淳安县、建德市、富阳市、奉化市、南湖区、嘉善县、长兴县、新昌县、诸暨市、嵊州市、金东区、莲都区、青田县、缙云县

(五)梨

考量梨生态适应性的环境要素主要有两个：气温和降水。梨树适应的年平均气温，白梨为 8.5℃ ~14℃，沙梨为 15℃ ~23℃，秋子梨为 8.6℃ ~13℃。梨树适应的年降水量，沙梨为 1000mm ~1800mm，白梨和西洋梨为 600mm ~900mm，秋子梨为 500mm ~700mm。梨树适应性强，在中国分布很广，但不同品种的梨对气温的要求不同。生长季节(4—10 月)平均气温和休眠期平均气温，秋子梨产区分别为 14.7℃ ~18℃和 -13.3℃ ~ -4.9℃，白梨和西洋梨产区分别为 18.1℃ ~22.2℃和 -3℃ ~3.5℃，沙梨产区分别为 15.8℃ ~26.9℃和5℃ ~17℃。梨树的需寒期一般为 <7.2℃时数 1400h，品种间差异很大，沙梨最短，有的沙梨品种甚至无明显的休眠期。梨树是喜光性果树，对光照要求较高，年日照时数一般需 1600h ~1700h。梨树喜水耐湿，需水量较多，沙梨需水量最多，西洋梨、秋子梨等较耐干旱。梨树在砂土、壤土、黏土中均可栽培，以砂壤土为好。梨树适于中性土壤，但要求不严，在 pH 5.8 ~8.5 的土壤中均生长良好。不同砧木的土壤适应力不同，沙梨、豆梨较耐酸性土壤，pH 5.4 时亦能正常生长；杜梨较耐碱性土壤，pH 8.3 ~8.5 时也能正常生长结果。梨较耐盐，一般在含盐量不超过 0.25% 的土壤上均能正常生长，但土壤含盐量超过 0.3% 时就会受害。杜梨比豆梨耐盐力强。总体而言，最适于梨树生长的条件：年平均气温 7℃ ~14℃，最冷月平均气温不低于 -10℃，极端最低气温不低于 -20℃，≥10℃有效积温不低于 4200℃，海拔 300m 左右，年日照时数 1400h ~1700h，年降水量 400mm ~800mm，无霜期 140d 以上，土层深厚、疏松肥沃、地下水位较低、排灌良好的砂壤土。

梨树在中国由南到北，从东到西，除海南省和港、澳地区外，均有栽培，是分布最广的果树，主要栽培品种和砧木见表 27。秋子梨主要分布在辽宁、吉林，白梨主要分布在黄河以北到长城一带，长江以南为砂梨的分布区，黄河、秦岭以南，长江、淮河以北是砂梨和白梨的混交带，西洋梨主要在胶东半岛栽培。河北是中国第一大梨主产省。经过长期的自然选择和生产发展，中国逐步形成了秋子梨、白梨、砂梨等的优势产区。根据《特色农产品区域布局规划(2013—2020 年)》，我国将重点建设塔里木盆地北缘(库尔勒香梨)、山东莱阳(莱阳茌梨)、冀中和鲁西北(鸭梨)、冀中(雪花梨)、鲁苏皖黄淮平原(砀山酥梨、丰水)、河南南部(中梨 1 号、黄冠)、吉林延边(苹果梨)、辽宁沿海(南果梨、锦丰梨)、甘肃河西走廊(苹果梨)、京郊(京白梨)、浙江中部(翠冠)、云南中南部(翠冠、满天红)等 12 个特色梨产区，共计 12 个地区 82 个优势县(市、区)，详见表 28。

表 27　中国梨主要栽培品种与砧木

(引自：曹玉芬，2014)

地区	主要栽培品种	主要砧木
安徽	砀山酥梨、黄冠、翠冠、徽州雪梨	杜梨
北京	鸭梨、黄金梨、丰水、雪花梨	杜梨
重庆	黄花、翠冠、中梨 1 号	杜梨、川梨
福建	翠冠、黄花、台农 2 号、新世纪	豆梨、杜梨
广东	翠冠、黄花、新世纪、洞冠梨	豆梨
广西	灌阳雪梨	豆梨
贵州	金秋梨、威宁大黄梨	豆梨
河北	鸭梨、雪花梨、黄冠、中梨 1 号	杜梨
河南	砀山酥梨、黄金梨、圆黄、翠冠、秋黄梨、中梨 1 号	杜梨、豆梨
黑龙江	苹果梨、金香水、龙园洋红、龙园洋梨、秋香	山梨
湖北	湘南、黄花、华梨 1 号、翠冠、圆黄	豆梨、杜梨
湖南	金秋梨、黄花、翠冠	豆梨、杜梨
吉林	苹果梨、南果梨、苹香梨	山梨
江苏	砀山酥梨、翠冠	杜梨
江西	翠冠、黄花、清香	豆梨、杜梨
辽宁	南果梨、苹果梨、秋白梨、锦丰、尖把梨、鸭梨、巴梨、花盖、早酥	山梨、杜梨
内蒙古	南果梨、苹果梨	山梨
山东	鸭梨、新高、茌梨、黄金梨、长把、巴梨	杜梨
山西	砀山酥梨、玉露香、红香酥、中梨 1 号、高平黄梨、晋蜜梨	杜梨

续表

地区	主要栽培品种	主要砧木
上海	翠冠、清香	杜梨、豆梨
四川	翠冠、苍溪梨、黄花、金花梨、黄金梨	杜梨、川梨
天津	鸭梨、雪花梨、黄冠	杜梨
浙江	翠冠、黄花、清香、翠玉	杜梨、豆梨

表 28　中国梨优势区域分布

地区	优势县（市、区）
安徽	砀山县、萧县
北京	房山区、顺义区、大兴区
甘肃	景泰县、凉州区、甘州区、静宁县
河北	赵县、辛集市、藁城市、晋州市、迁西县、玉田县、遵化市、魏县、宁晋县、曲阳县、雄县、定州市、东光县、肃宁县、南皮县、泊头市、任丘市、河间市、固安县、阜城县、深州市
河南	民权县、宁陵县、虞城县、永城市
湖北	枝江市、老河口市、京山县、钟祥市、公安县、崇阳县、利川市、宣恩县
吉林	梨树县、公主岭市、集安市、延吉市、图们市、珲春市、龙井市、和龙市
江苏	九里区、丰县、铜山县、睢宁县、大丰市
辽宁	苏家屯区、千山区、海城市、黑山县、辽阳县、绥中县、兴城市
山东	龙口市、莱阳市、冠县、阳信县
新疆	库尔勒市、轮台县、尉犁县、阿克苏市、温宿县、库车县、沙雅县、新和县、阿瓦提县、农一师、农二师
云南	安宁市、江川县、楚雄市、泸西县、祥云县

二、花果管理

（一）合理负载

果树过量负载会造成诸多不良后果：一是树体营养消耗过大，树势明显削弱；二是果实不能正常生长发育（果个偏小、着色不良、含糖量低、风味淡），严重影响果实品质；三是易引发大小年结果现象。应在兼顾果品产量和品质的前提下，实行合理负载。果树适宜负载量可采用干周法、干截面积定量法、叶果比法、枝果比法等方法，并结合当地具体情况确定。据汪景彦等(1993)的研究，苹果树干粗度可作为苹果确定留果量的指标，按式(10)计算。杨庆山等(1992)依据成龄苹果树干截面积提出的留果指标为，健壮树0.4kg/cm^2，中庸树0.25kg/cm^2～0.4kg/cm^2，弱势树0.2kg/cm^2。按叶果比、枝果比确定留果量是我国多年应用的保证树势、防止大小年和增进果实品质的方法。富士苹果叶果比以50∶1～60∶1为宜，枝果比以5∶1～6∶1为宜。温州蜜柑叶果比以20∶1～25∶1为宜，早生温州蜜柑叶果比以40∶1～50∶1为宜，甜橙叶果比以50∶1为宜。盛果期鸭梨的留果指标为：叶果比15∶1，枝果比10∶5～10∶7，每3个新梢留一果，果台间距20cm～25cm。苹果也可以顶芽为指标，健壮树每4个～5个顶芽留一果，中庸树每5个～6个顶芽留一果，弱势树每6个～7个顶芽留一果，叶果比以50∶1～60∶1为宜，果实间距20cm～25cm。葡萄的目标产量一般是，露地栽培以1000kg/亩～1500kg/亩(1亩≈666.7m^2)为宜，设施栽培以1500kg/亩～2000kg/亩为宜。

$$X = 0.2 \times C^2 \tag{10}$$

式中：X——单株留果数；

C——苹果树主干中部的周长，单位为厘米(cm)。

(二)疏花疏果

在花量过大、坐果过多、树体负载过重时，运用疏花疏果技术，控制坐果数量，使树体合理负栽，是调节果树大小年和提高果实品质的重要措施。疏花疏果的主要作用是使果树连年稳产、树体健壮，提高坐果率和果实品质。疏果不仅影响当年果实的品质，更重要的是决定次年结果的多少。疏花疏果有人工疏花疏果和化学疏花疏果两种方法，在我国普遍采用前者，后者只是在苹果、梨、桃等树种上开展了一些研究。疏花疏果以早疏为宜，可从花前复剪开始，以调节花芽量，开花后可进行疏花和疏幼果。疏果应于幼果第一次脱落后及早进行。Williams等(1974)认为，早疏果可以减少对光合产物和养分的竞争，增大留在树上的果实体积。疏花疏果必须严格依据负载量指标确定留果量，多采用果台间距为指标进行疏果和留果，在我国北方苹果、梨产区，果台间距多控制在20cm～25cm，1/3果台留双果，2/3果台留单果，大果形品种(如雪花梨、红富士苹果、元帅系苹果等)几乎全部留单果。留果时，苹果多留花序中心果，梨多留基部低序位果。疏果时，应及早疏除梢头果、弱枝果、小果、病虫果和畸形果。葡萄要进行花穗整形、疏穗和疏粒，从而保证果穗形状良好、大小适中，果粒营养供应充足、粒间发展空间适当。疏穗一般在坐果后越早进行越好。疏粒包括除去小穗梗和除去果粒两种方法，通常与疏穗一起进行。

(三)增色措施

改善果实色泽的途径主要有创造良好的树体条件、辅助授粉、果实套袋、摘叶、转果、树下铺反光膜等。果园的群体结构与光照条件密切相关。群体结构合理的果园，光照条件好，光能利用率高。根据品种特性和砧穗组合，通过合理密植、选择适宜树形和整形修剪，可实现群体覆盖率适中、树体通风透光。果园增施有机肥，提高土壤有机质含量有利于果实着色。过量施用氮肥会干扰花青素的形成，影响果实着色。因此，果实发育后期不宜追施以氮素为主的肥料。张玉星等(1994)的研究显示，苹果果实发育的中、后期增施钾肥，有利于提高果实花青素含量，增加果实着色面积和色泽度。果实发育的后期灌水或降雨过多会造成果实着色不良、品质降低，应控制灌水，保持土壤干燥，以利果实增糖着色。

果实套袋不仅能改善果实色泽和果面光洁度，还可减少果面污染和农药残留，预防病虫和鸟类危害，避免枝叶擦伤。果袋分纸袋和塑膜袋两类。纸袋最好采用全木浆纸，该类纸耐水性强，耐日晒，不易变形，能经得住风吹雨淋。纸袋分为单层纸袋和双层纸袋，所用纸张有表面颜色和涂蜡与否的差异。果实套袋时应根据树种和品种特性，选用材质和大小适宜的果袋。为减少套袋对果实品质的影响，应尽早除袋，较难着色的品种尤应如此。适当摘叶可提高果实的受光面积，增加果面对直射光的利用率，应主要摘除果实周围遮阴和贴果的1个~3个叶片。摘叶时期与果实着色期同步，摘叶过早不利果个增大，影响产量，降低树体贮藏营养水平。转果可改变果实自然着生的阴阳位置，增加阴面受光时间。铺反光膜的作用主要是改善树冠内膛和下部的光照条件，解决树冠下部果实和果实萼洼部位着色不良的问题，并可提高果实含糖量。

(四)果品采收

果实采收是果园管理的最后一个环节，采收不当不仅降低产量，而且影响果实耐贮性和果品品质，甚至影响来年的产量。采收过早，会造成产量低，品质差，耐贮性降低。采收过晚，会造成果实过熟，品质和耐贮性不好。根据用途的不同，果实成熟度可分为3种，即可采成熟度、食用成熟度和生理成熟度。处于可采成熟度的果实，大小已定，但尚未表现出本品种应有的风味和香气，肉质较硬，适用于贮运和加工。处于食用成熟度的果实，已经成熟，并表现出本品种应有的色香味，处于风味最佳时期(需后熟的水果除外)，适于当地销售、短期贮藏、短途运输(耐贮运品种除外)和加工成果汁、果酒、果酱等。处于生理成熟度的果实，水果类果实在生理上已充分成熟，果实肉质松绵，风味淡薄，营养价值大大降低，不宜食用和贮藏，多用作采种；对于食用种子的核桃、板栗等干果，种子粒大，种仁饱满，品质最佳，播种出苗率高。

判断果实成熟度的指标很多，主要有果实色泽、果实硬度、糖酸比例、果柄脱落难易、果实生长日数等，见表29。果实生长日数就是从盛花(西甜瓜为雌花开放)到果实成熟的天数。同一地块、同一品种，果实生长日数有一定范围，但气候条件和栽培管理的不同会带来差异。果实色泽是指果面底色和盖色的变化，易于观测，应用广泛。核果类和仁果类水果成熟时果柄与果枝间形成离层，稍加触动，即可脱落。梨、苹果等水果成熟时，种子颜色、淀粉含量等会发生明显变化。果实成熟过程中原果胶转变为可溶性果胶，果实硬度由小变大(可用手触压或用硬度计测定)。随着果实的成熟，糖分(可溶性固形物、可溶性糖)含量和糖酸比例(固酸比、糖酸比)会逐渐上升，酸含量会逐渐下降。需要注意的是，由于生产年份、生态环境、立地条件、管理水平等的不同，单独一项指标往往很难进行科学、准确判断，在生产实践中往往需要多个指标综合考虑。

表29 部分水果成熟度判定指标

(引自：王文辉等，2003)

指标类别	指标名称	适用水果
生长发育	果实生长日数	苹果、梨、甜瓜、西瓜等
外观形态	果实色泽	所有水果
	种子颜色	梨等
	果实大小	所有水果
	果面形态	葡萄(果粉、蜡质)、桃(绒毛)、甜瓜(纹路)、荔枝和龙眼(纹路、皮孔)等
	果实形状	芒果、枇杷、杨桃(饱满度)、香蕉(棱角)等
	果实比重	芒果、樱桃、西瓜等
	果柄脱离难易	苹果、梨等
	果实香气	部分甜瓜品种
理化指标	果实硬度	苹果、梨、桃、李、杏等
	淀粉含量	苹果、秋子梨、西洋梨等
	糖分含量	苹果、梨、葡萄、猕猴桃、樱桃、甜瓜、西瓜等
	糖酸比例	苹果、柑橘、石榴等
	果汁含量	柑橘等
	单宁含量	柿子等

果实采收方法有人工采收和机械采收两种方法，目前国内主要采用人工采收的方法。果实采收除了应做到适期采收外，还应避免采摘和转运对果实造成伤害。采果容器应内衬软物。采收时应防止机械伤害，如划伤、碰伤、擦伤、压伤等，也不能让果实跌落到地上。果柄与果枝易分离的仁果类、核果类水果，可用手采摘。仁果类水果应保留果柄。葡萄、柑橘等水果果柄与果枝结合比较牢固，可使用剪刀。果实采摘应按顺序进行。水果采收应先下后上、先外后内，以免碰落果实和对果实造成机械伤害。板栗、核桃等干果，可用木杆由内向外顺枝振落，然后捡拾。果实采摘过程中还应防止折断果枝，碰掉花芽和叶芽，否则会影响来年产量。果实应轻拿轻放。采果和转运过程中应尽量减少容器转换次数。果实转运过程中要防止挤、压、抛、碰、撞、摔。果实采摘后应尽快发运或入贮，需进行清洗、打蜡、分级、包装等采后处理的应尽快进行处理。

有许多因素会影响果实品质和贮藏性，需在果实采收时特别注意以下几点：一是用于贮藏，特别是长期贮藏的水果，采前7d～10d之内果园一般不应灌水。二是北方寒冷地区果实应在受冻前采摘完毕，比如，苹果应在气温降至－2℃前采收完。三是果实采收通常应避开雨天、露水未干、中午前后太阳直射和高温时段。四是熟期不一致的品种，应分期分批采收，先采成熟度高、着色好的果实，一段时间之后再采余下果实。五是对于田间露天临时堆放采下的果实，白天应覆盖遮盖物，防止太阳直射和果温过高，傍晚应撤去遮盖物，以便果实散热；寒冷地区要注意防冻，多雨地区要注意防雨。

三、果品贮运

（一）果品包装

果品包装分贮藏包装和销售包装两种。销售包装包括内包装和外包装。贮藏包装尤其要求抗压（便于安全操作和堆码），不易受潮变形。果品包装应采用能保护果品的方式，符合果品贮藏、运输、销售和保障安全的要求。果品包装容器以“科学、经济、轻便、牢固、美观、实用”为原则，应结实、洁净、平整、光滑、无毒、无害，避免对果品造成损伤，能经受来自上方容器的压力、贮运和装卸过程中的挤压和振动、预冷和贮运过程中的高湿。包装容器内所用材料应洁净、无毒、无害，不会对果品造成损伤。提供商品规格信息的材料及其使用的油墨和胶水应无毒、无害。粘在单个水果上的标签应保证去除时既不会留下胶水痕迹，也不会导致果皮缺陷。包装内不得有异物。每个包装的内容物应一致。包装中内容物的可见部分和最上层果品应能代表整个包装内果品。果品包装操作应文明、精细，避免因挤、压、抛、碰、撞、摔等而对果品造成伤害。最好在每个包装上以易读、牢固的方式在其外面的同一侧显示下述信息：生产者、包装者或销售者；采摘时间、包装日期；产品名称（如苹果）和品种名称（如金冠）；产地（种植地的名称）；商品规格（如净重、执行标准、等级、大小、果个数等）；注册商标和认证标志（如果有）；贮藏方式（如常温贮藏、冷藏、气调贮藏等）；包装容器规格。

（二）果品运输

果品采收、包装后应尽快从产地运到销售地或贮藏库，并做到快装、快运、快卸。果品不能与有毒、有害物质和其他农产品混装混运。堆码方式应既有利于减少运输过程中的振动，也有利于保持产品内部通风环境良好和车厢内部温度均匀，可采用“品”字形装车法、“井”字形装车法等留间隙的堆码法。运输工具应清洁、干燥、无毒、无污染、无异物、抗振、通风、防晒和防雨。果品运输过程中应保持适宜的温度、湿度和通气条件，尽量减少振动。通常，运输距离近、运输时间短时，运输温度可适当高些，反之应适当低些。低温流通对保持果品新鲜度、品质和降低运输中的腐烂损耗十分重要。易腐水果一般要求运输温度与贮藏适宜温度相同，或稍高于贮藏温度。有条件的可采用冷链运输果品，尤其是草莓、樱桃、桃、李、杏、荔枝等夏季和热带地区生产的易腐水果，以确保果品以令人满意的状态到达目的地。采用低温运输时，运输温度应根据果品种类和品种而定，见表30，草莓和樱桃运输时间原则上不要超过3d。采用先预冷，再用普通保温车或普通货车加盖保温材料的方式进行短途运输，也可达到良好运输效果。采用汽车、火车、轮船等工具运输时，货箱和果品温度易受外界温度影响，应采取必要的防热、防寒措施，卡车运输还需预防日晒、雨淋。水果运输过程中产生的振动，即运输振动，不仅对果实的外观品质、营养品质和风味品质均会造成不利影响，还会影响果实的呼吸速率和乙烯释放速率，破坏果实自身的抗氧化代谢平衡，加速具后熟特性的果实的后熟软化过程，冷链运输、选择运输时间短的方式和路线、改进水果运输的包装方式等均有助于减少运输振动对果实的伤害。湿度对果品运输影响相对较小。但长途运输或运输时间较长时，必须考虑湿度因素，既要防止果实失水，也要防止湿度过大，尤其要预防采用纸箱包装时纸箱吸水变形，伤及果实。对二氧化碳敏感的水果，还应注意包装的通风。

表 30　部分新鲜水果的低温运输推荐温度

（引自：王文辉等，2003）

水果	运输时间 2d ~ 3d		运输时间 5d ~ 6d	
	装果温度/℃	建议运输温度/℃	装果温度/℃	建议运输温度/℃
西洋梨	5	0 ~ 5	3	0 ~ 3
葡萄	8	0 ~ 8	6	0 ~ 6
桃、李	7	0 ~ 7	3	0 ~ 3
杏	3	0 ~ 3	2	0 ~ 2
草莓	3	-1 ~ 2	—	—
樱桃	4	0 ~ 4	—	—
板栗	20	0 ~ 20	20	0 ~ 20
香蕉（大蜜舍）	≥12	12 ~ 13	≥12	12 ~ 13
香蕉（Lacatan）	≥15	15 ~ 16	≥15	15 ~ 16
甜橙	10	2 ~ 10	10	4 ~ 10
柑、橘	8	2 ~ 8	8	2 ~ 8
柠檬	12 ~ 15	8 ~ 15	12 ~ 15	8 ~ 15
菠萝	≥10	10 ~ 11	≥10	10 ~ 11

（三）果品贮藏

呼吸与果品的成熟、品质变化、贮藏流通寿命密切相关。果品的典型呼吸模式一般分为跃变型和非跃变型，见表 31。呼吸跃变型果品在成熟过程中呼吸强度逐渐下降，在成熟前又急剧升高，达到一个小高峰后，再次下降。呼吸高峰的出现是果品成熟过程被启动，并最终走向衰老的标志。呼吸非跃变型果品无明显的呼吸高峰和乙烯释放高峰，成熟过程缓慢。对于呼吸跃变型果品，若用于贮藏，特别是用于长期贮藏，通常应在呼吸跃变前采收。一般而言，呼吸跃变型果品，尤其呼吸跃变强度较大的果品，常温下贮藏性相对较差，采用冷藏或气调贮藏则效果很好。对于呼吸非跃变型果品，用于贮藏或鲜食时，通常在充分成熟但又不过熟时采收为好。

果品贮藏的实质是人为创造一个适宜环境条件，使果品既能保持微弱的有氧呼吸方式，使呼吸消耗降至最低水平，又不致发生无氧呼吸而产生乙醇使果品败坏，从而最大限度地保持采后果品的营养品质和延长贮藏期限。

表 31　果品呼吸类型分类

（引自：Biale 等，1981）

呼吸类型	果品
跃变型	苹果、梨、桃、油桃、李、杏、柿子、猕猴桃、甜瓜、西瓜、无花果、鳄梨、刺果番荔枝、南美番荔枝、番石榴、番木瓜、费约果、红毛丹、榴莲、芒果、面包果、木菠萝、人心果、西番莲、香蕉
非跃变型	草莓、黑莓、葡萄、石榴、树莓、樱桃、枣、柑、柠檬、葡萄柚、枇杷、菠萝、橄榄、海枣、可可、荔枝、龙眼、蒲桃、腰果、杨桃

果品贮藏主要采用物理方法(如通风降温、机械制冷、调节环境气体成分等)，核心是降低贮藏环境的温度。根据降温方式不同，果品贮藏可分为自然降温贮藏和人工制冷贮藏两类。自然降温贮藏主要有简易贮藏、土窑洞贮藏、通风库贮藏等方式，适用于短期或中短期贮藏，气温较高的地区不适用。人工制冷贮藏主要包括机械冷藏和气调贮藏，前者多用于中长期贮藏，后者多用于长期贮藏。目前，规模化的果品贮藏多以人工制冷贮藏为主，又以机械冷藏居多。

在进行果品贮藏时，果品贮藏库应清洁、干燥、无污染，入贮前应进行库房消毒灭菌。果品不能与有毒有害物质、农业投入品和其他农产品混贮。果品采收后应尽快(利用夜间低温或冷库)预冷，消除果实田间热，使果温降至入贮温度。入贮时，应根据果品种类和包装箱类型，合理安排垛位、堆码方式、堆码高度、垛码排列方式，避免压挤造成伤耗。堆码走向和间隙应与库内空气环流一致。垛与垛之间、垛内包装箱之间、垛与四周、垛位与冷风机之间均应留有足够的空间和距离。果品贮藏期间应对贮藏条件(温度、湿度、气体成分)和果品质量进行定期监测，以免出现大的波动，影响贮藏效果和果实品质。

采前营养失调、采收时期不当等都可能对果实品质和贮藏性造成不利影响，需高度重视。果园过多施用化肥(尤其是氮肥)，土壤缺磷和钾，灌水过多等都会使果实品质下降，风味变淡，含糖量降低，贮藏中易发生生理性病害。例如，氮肥施用过多会导致果实钙素营养水平不足，容易衰老；苹果易发生虎皮病、苦痘病等生理性病害；梨易得黑星病。用于贮藏，尤其是长期贮藏的果实，采收过晚或过早，贮藏期间均有可能出现生理性病害。例如，苹果采收过早易发生虎皮病，采收过晚易发生水心病；软肉型梨采收过晚容易软化、衰老、腐烂；脆肉型梨采收过晚对二氧化碳敏感性增强，黑心、黑皮等生理病害发病率和果实腐烂率明显升高。

第二章　果品重金属污染

重金属指高密度金属，特别是密度≥5g/cm^{3}的金属，12 种重金属的密度见表 32。

表 32　部分重金属的密度

元素	密度/(g/cm^3)	元素	密度/(g/cm^3)
As	5.73	Mn	7.44
Cd	8.65	Ni	8.90
Co	8.90	Pb	11.34
Cr	7.19	Se	4.81
Cu	8.96	Sn	7.28、5.75、6.54*
Hg	13.55	Zn	7.14

* 分别为白锡、灰锡和脆锡的密度。

有生物毒性的镉(Cd)、铬(Cr)、汞(Hg)、钴(Co)、镍(Ni)、铅(Pb)、铜(Cu)、锡(Sn)、锌(Zn)等重金属元素以及类金属元素砷(As)和硒(Se)均会造成环境污染。铬、钴、锰(Mn)、镍、铜、锌等重金属元素虽然为机体生长和功能所必需，但超过一定限量水平就会对人体产生毒害作用。重金属元素能在人体不同部位累积，由于不能被生物降解并会持久存在，低浓度的重金属元素也会对人体健康产生不良影响。铜、镍、镉、铅等重金属元素的过量摄入还会导致人体中一些必需营养素的严重损耗。与果品重金属污染有关的元素主要是镉、铬、镍、铅、铜、锌等，此外还有汞、锰、砷等。

第一节　重金属与人体健康

重金属及其化合物在人体各部位的累积水平主要取决于其亲和力。例如，镉、铅等在大脑累积较多，镉、铅、砷、硒等在胃部累积较多，铬、铅、锡、硒等在肺部累积较多，镉、铅等在骨骼累积较多，锰、铅、锑(Sb)、钍(Th)、铀(U)等在淋巴结累积较多。人体内有毒物质的转化主要在肝脏和肾脏中进行，但只有健康的肝脏和肾脏才能完成转化过程。经过转化的毒物一般从肾脏排出，铅、汞、锰等重金属也可部分地经肠道通过粪便排出。肝脏含有特殊的结合蛋白，与污染物有强的亲和力，并有转化消解的酶，是人体中的解毒器官。例如，铅中毒后短时间内肝脏中的铅含量可比血液中高出30倍。重金属对人体的毒害作用主要表现为急性中毒、慢性中毒、致癌、致畸等。在通常暴露水平下，重金属很少会引发急性中毒，经饮水和食物链进入人体的重金属只会引起慢性中毒。在常见的重金属中，镉、铬、汞、铅、砷、铜等重金属均有致畸作用。

一、有害重金属元素

（一）镉元素

镉污染主要来自工业废水。镉通过饮食在人体内逐步累积致中毒。早期，患者在劳累后感到腰、手、足疼痛，继而出现咽部干燥、鼻炎、嗅觉衰退、腰背疼痛加剧，有的在牙根部出现黄色“镉环”，之后骨盆、脊柱、四肢关节均感剧烈刺痛。镉进入人体后，选择性地蓄积于肾、肝等脏器，肾脏是镉中毒“靶器官”，肾脏中蓄积的镉占人体镉蓄积量的1/3。镉影响肾功能，导致钙质排出增加、骨质软化、骨骼变性、易骨折、骨痛难忍。镉被人体吸收后，可与含羟基、氨基、硫基的蛋白质结合，形成镉蛋白，使许多酶系统受到抑制。镉对心血管、消化、神经、呼吸、泌尿等系统以及器官发育、生殖等均产生危害。例如，损伤肾小管，患者出现糖尿、蛋白尿、氨基酸尿；损害血管，导致组织缺血，引起多个系统损伤；干扰铜、钴、锌等微量元素代谢，阻碍肠道吸收铁，抑制血红蛋白合成和肺泡巨噬细胞氧化磷酰化代谢过程，引起肺、肾、肝损害；骨骼代谢受阻，引起骨质疏松、萎缩、变形等症状。日本富山县神通川流域居民发生的痛痛病（骨痛病）就是长期摄入镉污染稻米所致。镉也是人类致癌物，有较强的致癌作用。

（二）铬元素

自然界不存在游离的铬，常见的铬化合物有六价的铬酐、重铬酸钾、重铬酸钠、铬酸钾和铬酸钠，三价的三氧化二铬，以及二价的氧化铬。铬的化合物中，以六价铬毒性最强，三价铬次之。铬是土壤、地下水和沉积物中常见的重金属污染物，通常以三价铬（Cr^{3+}）和六价铬（Cr^{6+}）两种形式出现。环境铬污染主要来自工业废水、废气和废渣。Cr^{3+}是人体必需元素，维持糖代谢、脂肪代谢等正常的肌体功能都需要Cr^{3+}，Cr^{3+}与胰岛素的形成有关，Cr^{3+}缺乏常与糖尿病发生有密切关系。需要注意的是，Cr^{3+}的摄入也是有限制的，Cr^{3+}慢性暴露(即长期低剂量摄入)会对人体健康产生不利影响，造成肝脏、肾脏和肺毒害。Cr^{6+}有很强的生物毒性，能引发人体中毒，慢性中毒表现为恶心呕吐、腹痛腹泻。铬可通过消化道、呼吸道、皮肤和黏膜侵入人体，其对人体的毒害是全身性的。铬对皮肤具有刺激作用，能引起过敏性皮炎、湿疹。铬对呼吸道有刺激和腐蚀作用，能引起鼻炎、咽炎、支气管炎、鼻中隔糜烂甚至穿孔。

(三)汞元素

汞对消化、泌尿、神经等系统及眼睛等均能产生危害，影响器官发育。汞主要通过食物链传递在人体蓄积，蓄积最多的部位是骨髓、肾、肝、脑、肺、心脏等。汞可以单质(金属汞)或化合物两种形态存在。金属汞中毒常由汞蒸气引起。汞蒸气通过呼吸道进入肺泡，经血液循环运至全身。血液中的金属汞进入脑组织后，被氧化成汞离子，逐渐在脑组织中积累，达到一定量就会对脑组织造成损害。甲基汞在人体肠道内极易被吸收并分布到全身，大部分蓄积于肝和肾，分布于脑组织中的甲基汞约占15%，但脑组织受损害先于其他组织，主要损害部位为大脑皮层、小脑和末梢神经。慢性汞中毒的临床表现主要是神经系统症状，如头痛、头晕、肢体麻木和疼痛、肌体震颤、运动失调等。日本“水俣病”就是甲基汞慢性中毒的典型案例。

(四)铅元素

铅是一种高毒性和致癌金属，主要累积在人体的肾脏和神经、造血、消化、心血管、免疫等系统。铅急性中毒表现为急性肠胃炎、恶心、呕吐、便血、虚脱，慢性中毒则表现为头痛、晕眩、激动、烦躁、记忆力减退、失眠、铅毒性脑病、眼睑震颤、贫血、便秘、齿龈出现黑蓝色线条(铅线)、肌肉萎缩、瘫痪等。过量摄入铅会损害酶、心血管、消化、神经、骨骼、循环、内分泌、泌尿、免疫等系统，引发神经和肾脏损伤、头痛、腹痛、高血压、贫血、肺癌、胃癌、神经胶质瘤等慢性风险，并危及眼睛、肌肉、骨骼，影响器官发育、造血、生殖等。儿童最易受到铅毒性的影响。儿童接触高浓度的铅会导致行为紊乱、记忆力衰退、理解能力下降，长期的铅暴露可能导致贫血。铅对儿童发育和行为的危害比成人更严重。儿童的中枢神经处于发育过程中，对铅的危害尤为敏感。儿童脑组织发育不完善，铅作为强烈的亲神经毒物，容易在儿童脑部蓄积，轻微的铅负荷增高即能引起神经生理过程的不可逆损害。当血液铅水平超过0.6μg/mL时，儿童会出现智力发育障碍和行为异常。

（五）砷元素

砷在环境中大都以无机砷和烷基砷的形态存在。不同形态的砷，毒性相差很大。元素态砷（即单质砷）不溶于水，几乎没有毒性。三价砷化合物的毒性大于五价砷化合物，砷化氢和三氧化二砷毒性最大。三氧化二砷俗称砒霜，为剧毒物。长期摄入低剂量的砷化物，经过数年甚至数十年的蓄积才会出现症状，主要表现为末梢神经炎，四肢末梢有蚂蚁爬行感觉，继而出现四肢对称性感觉障碍，四肢疼痛，活动困难；皮肤有弥漫性灰黑色或深褐色色素沉着斑点，然后融为一片；手足皮肤角质化，赘状物增生；头发变脆脱落。砷对消化、神经、呼吸等系统及皮肤、肝脏等均能产生危害。砷在人体内有蓄积性，当摄入量超过排泄量时，会在肝、肾、肺、脾、子宫、胎盘、骨胳、肌肉等部位，特别是在毛发、指甲中蓄积，引起慢性砷中毒（症状表现为疲劳、乏力、心悸、惊厥等），引发皮肤色素沉着、过度角化、龟裂性溃疡及末梢神经炎、神经衰弱症、肢体血管痉挛以至坏疽等。砷还是人类致癌物，长期食用砷污染的食物可引发肺癌、皮肤癌及多种脏器肿瘤。短时间内摄入大量砷会造成急性砷中毒，表现为口腔有金属味，口、咽、食道有灼烧感，恶心，剧烈呕吐，腹泻，体温和血压下降。

（六）铜元素

铜是氧化还原金属，能在氧化态的二价铜（Cu^{2+}）和还原态的一价铜（Cu^{+}）之间循环。正常人体内的铜含量一般为70mg～100mg，数量虽少，但分布于全身各组织和器官，对人体健康至关重要。人体内的铜大多以结合态存在，少数以游离态存在，约50%存在于肌肉和骨骼中，20%存在于肝脏中，5%～10%存在于血液中，微量存在于含铜的酶中。铜是机体内铜蓝蛋白、细胞色素、细胞色素C氧化酶等蛋白质和酶的重要组成部分。许多关键的酶都需要铜的参与和活化。铜缺乏会导致正血球性贫血、血蛋白过少贫血症、白血球减少症和嗜中性白血球减少症。人体对铜的需求量与中毒量十分接近。细胞内铜的过度积累会引起生长增殖、癌症和神经系统疾病。在人体中，游离的铜会产生毒性，因其会产生超氧化物、过氧化氢、氢氧自由基等活性氧，而这些活性氧会损害蛋白质、脂质和DNA。

二、人体必需重金属元素

（一）锰元素

锰是维持人体正常生活的必需微量元素，对机体代谢和器官功能发挥着重要作用。锰是许多酶的激动剂，是肝脏中精氨酸酶、糖异生过程中丙酮酸羧化酶、大脑中谷氨酰胺酶等多种酶的辅助因子，是线粒体中谷胱甘肽过氧化物酶、超氧化物歧化酶等许多抗氧化物酶的重要组成成分。锰摄入过多对人体有害。人体对锰的过度暴露将导致永久性神经变性损伤，引起中枢神经系统损害，早期表现为神经衰弱症候群，晚期发生帕金森综合征。过量的锰会对肝脏、心血管、免疫系统等造成伤害，引发肺炎、肝硬化等疾病。锰还有潜在的致癌作用，研究表明，上消化道癌等食道癌高发可能与食物中高水平的锰、镍等潜在致癌重金属有关。

（二）镍元素

镍是人体的必需微量元素，但过量的镍对人体有害。镍及其化合物是常见的工业毒物，也是人类在职业和环境中广泛接触的一种金属元素。人体处于镍污染的环境中，可导致皮肤过敏症、肺纤维化、肾和心血管系统病症、呼吸道癌等。镍是一种潜在的致敏因子，镍及其化合物能引起皮肤变态反应——镍皮炎。金属镍粉和镍盐作用于呼吸道，能引发化学性支气管炎和支气管肺炎。摄入硫化镍和氯化镍能引起致命的心脏骤停。镍具有潜在的致癌作用，上消化道癌等食道癌高发可能与食物中过量的锰、镍等潜在致癌重金属有关，镍接触者患肺癌和鼻癌的危险性明显增高。镍的毒性和致癌性与其催化羧基、过氧化氢、氧气等物质产生自由基有关。镍化合物对动物的毒性主要来自于羰基镍，即 $Ni(CO)_4$。

（三）锌元素

锌是人体的必需微量元素。成人体内含锌约2g～3g。锌存在于所有组织中，血液中的锌3%～5%在白细胞中，其余在血浆中。人体内有300多种酶的生成都需要足够的锌。锌参与胰岛素和核酸的生物合成。锌能促进B族维生素的正常吸收与作用发挥。足量的锌对于正常的身体功能非常重要。一系列人体疾病都与缺锌有关，例如，性成熟延迟、神经发育滞迟、生长迟缓、侏儒症、早衰、神经性厌食症、免疫功能失调、伤口愈合不良、呼吸肌肉工作能力下降、腹泻、脱发、高血压、糖尿病、心肌梗塞、皮炎（肢端皮炎）、抑郁症、食道癌、肝硬化等。但锌过量也是有害的，可导致铁粒幼细胞性贫血，抑制铜和铁的吸收，引发锌中毒，造成胃癌等。

第二节　果品重金属污染检测

果品重金属含量测定是果品重金属污染监测与风险评估的基础。果品重金属含量的检测包括4个方面的内容，亦或4个阶段，即样品采集、试样制备、试样消解和分析测试。样品采集就是抽样、取样、混合、缩分的过程，应确保所采集样品具有充分的代表性。试样制备就是将采集的样品经粉碎或捣碎，制成均匀试样的过程，应保证试样充分混匀、具有良好的均一性。试样消解就是将试样中的重金属通过消化解离出来的过程，应保证消解完全、彻底。分析测试是重金属含量检测的最后阶段，要求方法灵敏、结果准确。

一、样品采集

(一)抽样

根据农业行业标准《绿色食品　产品抽样准则》(NY/T 896—2015)，按抽样地点的不同，水果抽样分为两种：一是生产基地抽样，二是仓储和流通领域抽样。为便于理解，现介绍两个概念：组批和批。组批指交付抽样检验的一个批或其一部分，或数个批组成的产品。批指相同生产条件下生产的同一品种或同一种类的产品。

1. 生产基地抽样

随机抽取同一基地、同一品种或同一种类、同一组批的产品。根据生产基地的地形、地势和果树的分布情况合理布局抽样点，每批内抽样点不应少于5点。视实际情况按对角线法、梅花点法、棋盘式法、蛇形法等方法抽取样品，每个抽样点面积不小于1m^2。

2. 仓储和流通领域抽样

随机抽取同一组批产品的贮藏库、货架或货堆。散装样品视情况以分层、分方向方式结合或只分层(上、中、下)或只分方向方式抽取；预包装产品在堆放空间的四角和中间布设采样点。散装产品抽样量宜不少于3kg，且不少于3个个体。预包装产品抽样量宜不少于6个单包装。

(二)取样

除非特殊情况，一般要求随机取样，即从每批货物的不同位置和不同层次进行随机取样。所取样品应具有代表性，即采集的样品应能充分代表该批货物的全部特征。每批货物要单独取样，如有损坏，应将损坏部分(箱、盒、袋等）剔除，损坏部分和未损坏部分的样品分别采集。每批货物的取样量，有包装的产品（箱、盒、袋等）参见表33，散装产品参见表34，且至少取5个抽检货物。在水果重量较大的情况下（大于2kg/个），每批货物至少抽取5个个体。

表33　包装产品每批货物的取样量

货物总量/件	抽检货物总量/件
≤100	5
101～300	7
301～500	9
501～1000	10
>1000	15（最低限度）

表34　散装产品每批货物的取样量

货物总量/kg（件）	抽检货物总量/kg（件）
≤200	10
201～500	20
501～1000	30
1001～5000	60
>5000	100（最低限度）

（三）混合和缩分

混合样品必须集合所有抽取的样品，并尽可能将样品混合均匀。缩分样品通过缩分混合样品获得。为避免受检样品的性状发生变化，取样之后应当尽快完成检测工作。实验室样品的取样量应满足检测需要，不宜过少。果品实验室样品最低取样量参见表35。

表35　部分果品的实验室样品取样量

果品	取样量
小型水果、核桃、榛子、扁桃、板栗	1kg
樱桃、黑樱桃、李子	2kg
杏、香蕉、木瓜、柑橘类水果、桃、苹果、梨、葡萄、鳄梨	3kg
西瓜、甜瓜、菠萝	5个

二、试样制备

制备过程中应注意不使试样受到污染。坚果、干制水果等含水量少的样品，取可食部分，经高速粉碎机粉碎均匀，过孔径 0.425mm 筛，装入洁净塑料瓶中，标明标记，室温下或按样品保存条件密封保存备用。新鲜水果用自来水和去离子水依次清洗，晾干或用干净纱布轻轻擦去其表面水分，取可食部分(西瓜等个体较大的水果按其生长轴十字纵剖 4 份，对角取 2 份)，切碎混匀，用四分法取样或直接放入组织捣碎机中制成匀浆，装入洁净塑料瓶中，标明标记，－18℃～－16℃冰箱中密封保存备用，也可在 4℃冰箱冷藏备用。匀浆时，少汁样品可加入一定比例的去离子水。

三、试样消解

果品中的无机元素常与果品中的有机质结合，成为难溶、难解离的化合物，而且果品中的有机物往往对果品中无机元素的测定有干扰。因此，测定这些无机元素时必须先破坏有机结合体，将被测组分释放出来，转变为适于测定的形式。目前，在果品重金属元素检测中使用最广泛的试样消解方法主要有干法消解、湿法消解、微波消解和压力罐消解。除干法消解外，在进行试样消解时都要求同时做试剂空白试验。果品元素检测可采用的试样消解方法参见表 36。

表 36　果品元素检测可采用的试样消解方法

(引自：聂继云等，2018)

元素	检测方法	消解方法
镉、铬、镍、铜	石墨炉原子吸收光谱法	干法消解、湿法消解、微波消解、压力罐消解
铅、铝	石墨炉原子吸收光谱法	湿法消解、微波消解、压力罐消解
锗	石墨炉原子吸收光谱法	湿法消解、微波消解
钾、钠、镁、锰、铁、铜、锌	火焰原子吸收光谱法	干法消解、湿法消解、微波消解、压力罐消解
铅	火焰原子吸收光谱法、二硫腙比色法	湿法消解
钾、钠	火焰原子发射光谱法	干法消解、湿法消解、微波消解、压力罐消解

续表

元素	检测方法	消解方法
锗	原子荧光光谱法	湿法消解
锑	氢化物原子荧光光谱法	湿法消解、微波消解、压力罐消解
硒	氢化物原子荧光光谱法	湿法消解、微波消解
总汞	原子荧光光谱法、冷原子吸收光谱法	微波消解、压力罐消解
总砷	氢化物发生原子荧光光谱法、银盐法	干法消解、湿法消解
无机锡	氢化物原子荧光光谱法、苯芴酮比色法	湿法消解
硒	荧光分光光度法	湿法消解
磷	钼蓝分光光度法、钒钼黄分光光度法	干法消解、湿法消解
锌	二硫腙比色法	干法消解、湿法消解
镧等 21 种元素[1)]	电感耦合等离子体发射光谱法	干法消解、湿法消解、微波消解、压力罐消解
磷等 10 种元素[2)]	电感耦合等离子体发射光谱法	干法消解、湿法消解、微波消解
砷、铅、汞、镉	电感耦合等离子体质谱法	压力罐消解
总砷等 43 种元素[3)]	电感耦合等离子体质谱法	微波消解、压力罐消解

[1)]镧、铈、镨、钕、钐、铝、硼、钡、钙、铜、铁、钾、镁、锰、钠、镍、磷、锶、钛、钒、锌。[2)]磷、钙、镁、铁、锰、铜、锌、钾、钠、硼。[3)]总砷、16 种稀土元素(钪、钇、镧、铈、镨、钕、钐、铕、钆、铽、镝、钬、铒、铥、镱、镥)和 26 种元素(硼、钠、镁、铝、钾、钙、钛、钒、铬、锰、铁、钴、镍、铜、锌、砷、硒、锶、钼、镉、锡、锑、钡、汞、铊、铅)。

(一)干法消解

干法消解也叫干法灰化，是将试样经高温分解后，使被测元素呈可溶状态的处理方法。此法操作简单、分解彻底，可消除有机物质对元素测定的影响，避免消耗大量试剂，但耗时长，且可能因挥发、沾留在容器壁、滞留在酸不溶性灰粒上等原因而引起待测元素的损失。汞、砷、硒等易挥发，其试样测定不能采用干法灰化。镉、铅、铁、锌等也有一定程度的挥发。当灰化温度超过500℃时，铝、铁等元素在灰化过程中可生成酸不溶性混合物。有些金属在500℃以上时会与容器反应，引起吸附效应。灰化前加入灰化助剂（如硝酸、氧化镁、硝酸镁等），可减少挥发和容器沾留损失。干法消解的流程通常为：称取试样于坩埚中→置电炉或电热板上缓慢加热，微火炭化至无烟→置于马弗炉中灰化→冷却至室温→溶解、定容。注意：若灰化不彻底，有黑色炭粒，应将坩埚冷却至室温，滴加少许硝酸或硝酸溶液润湿残渣，在电热板上小火蒸干后置马弗炉中继续灰化，直至试样成白色灰烬。

（二）湿法消解

湿法消解也叫湿式消解，在溶液中进行，加热温度较低，反应较为缓和，金属挥发损失比干法灰化小。但湿法消解也有其不足之处，主要是消解产生大量有毒气体，污染环境；试剂用量大，空白值高；需操作人员经常查看。另外，较之微波消解等密闭消解方法，湿法消解依然存在挥发损失问题，主要是汞、铁、硒等易挥发元素有较大损失。试样若含有机氯化合物，砷、锗等元素可形成挥发性氯化物而损失。当含有 HCl、H_2SO_4、$HClO_4$的消解液超过沸点时，铬、砷、锑、硒、锡、锗等元素会有不同程度的损失，需降低消解温度。湿法消解的流程通常为：称取试样→加消解液（浓硝酸、高氯酸、浓硫酸等氧化剂）→置电热炉或电热板上消解→若消化液呈棕褐色或棕黑色，再加消解液→消解至冒白烟，消化液呈无色透明或略带微黄色→冷却→转移、定容。测定某些元素时（如锰、砷、锑、锡、锗等），加入消解液后放置过夜再行消解，效果更好。注意：$HClO_4$是很强的氧化剂，在加热浓缩（沸点206℃）的情况下，会逐渐变色而爆炸，不适合单独用作消解液。

（三）微波消解

微波消解可视为湿法消解的一种。其利用微波加热封闭容器中的消解液和试样，使试样在高温高压条件下快速溶解，具有消解速度快（比加热板消化提高数倍到数百倍）、消解完全、试样和试剂用量少、不污染环境（酸蒸汽不逸出）、自动化程度高、重复性好（能按程序有效地控制消解全过程）等诸多优点，已得到广泛应用。由于消解在完全封闭的条件下进行，微波消解法还可防止汞、砷、硒等易挥化元素的损失，减少不必要的分析误差。微波消解的流程通常为：称取试样→加消解液（一般用硝酸，若测铅，还可加入一定体积的过氧化氢）→放置过夜→置微波消解仪中消解→自然冷却→置电热板上或超声水浴箱中赶酸。注意：进行微波消解时，要保证压力弹片、温度传感器和压力传感器安装正确，每个内衬罐都安装好外层压力套，泄压孔内装有防爆膜。反应结束后自动冷却到室温，容器内指示压力小于 345kPa 后，方可移动压力罐和泄压。在通风橱内缓慢打开泄压旋钮释放压力。

(四)压力罐消解

压力罐消解也叫高压消解、高压密闭消解，是重金属元素检测中普遍使用的一种密闭消解方法，亦可视为一种湿法消解。压力罐消解能有效减少挥发损失，试样和试剂使用量少。其流程通常为：称取试样于消解内罐中→加消解液(一般用硝酸)→盖好内盖，旋紧不锈钢外套，置恒温干燥箱中消解(消解温度一般为 140℃ ~160℃)→自然冷却→取出消解内罐，置电热板上赶酸(赶酸温度一般为 140℃ ~160℃，测砷试样时为 120℃)→自然冷却→转移、定容。测汞试样在电热板上或超声水浴中赶酸，赶酸温度为 80℃。测镉、锰、锑、总汞、总砷等试样，加消解液(硝酸)后需浸泡 1h 或过夜，镉试样浸泡后还需加过氧化氢溶液。

四、仪器分析技术

(一)常规检测技术

果品元素检测方法众多，仅我国相关检测方法国家标准提供的方法就不下 10 种，见表 37。原子吸收光谱法(atomic absorption spectrometry，AAS)是目前应用最广的方法，多数重金属元素均可采用该方法检测。根据原子化器的不同，原子吸收光谱法又可分为石墨炉原子吸收光谱法(graphite furnace atomic absorption spectrometry，GFAAS)和火焰原子吸收光谱法(flame atomic absorption spectrometry，FAAS)。电感耦合等离子体发射光谱法(inductively coupled plasma - optical emission spectrometry，ICP - OES)和电感耦合等离子体质谱法(inductively coupled plasma mass spectrometer，ICP - MS)可实现多种元素同时检测，线性范围宽、灵敏、快速、高效，已有较多应用，但因操作复杂、仪器昂贵、运行费用高，普及率尚不如原子吸收光谱法。ICP - OES 有时也称 ICP - AES。氢化物原子荧光光谱法(hydride generation atomic fluorescence spectrometry，HG - AFS)、荧光分光光度法、液相色谱 - 原子荧光光谱联用法、液相色谱 - 电感耦合等离子体质谱法、冷原子吸收光谱法、二硫腙比色法、银盐法等其他方法多为专一性方法，亦即每种方法仅适于一两项特定指标的检测。其中，二硫腙比色法和银盐法在实际检测中已甚少应用。原子荧光光谱法是砷、汞、硒等挥发性元素检测的适宜方法。对于有多种检测方法的重金属元素，各实验室可在综合考虑仪器设备、检测成本、灵敏度、精密度、检测效率等因素的基础上，选择合适的检测方法。我国现行有效的元素检测方法国家标准、行业标准的灵敏度和精密度列于附表6、表38、表39和表40，供读者参考。表38、表39摘自《食品安全国家标准　食品中多元素的测定》(GB 5009.268—2016)，各元素的测定精密度：含量>1mg/kg，10%；含量≤0.1mg/kg，20%；0.1mg/kg<含量≤1mg/kg，15%。表40摘自《食品安全国家标准　植物性食品中稀土元素的测定》(GB 5009.94—2012)，各元素的测定精密度：含量>10μg/kg，10%；含量≤10μg/kg，20%。

表37　果品元素检测方法

(引自：聂继云等，2018)

检测方法	检测元素
石墨炉原子吸收光谱法	镉、铬、铝、镍、铅、铜
火焰原子吸收光谱法	镁、锰、铅、铁、铜、锌
电感耦合等离子体发射光谱法	铝、镁、锰、镍、铁、铜、锌
电感耦合等离子体质谱法	镉、铬、汞、钴、铝、镁、锰、镍、铅、砷、铁、铜、硒、锌
氢化物原子荧光光谱法	硒、总砷、总汞、锑、锡、锗
荧光分光光度法	硒
液相色谱-原子荧光光谱联用法	甲基汞
液相色谱-电感耦合等离子体质谱法	无机砷
冷原子吸收光谱法	总汞
二硫腙比色法	铅、锌
银盐法	总砷

表38　16种元素ICP-AES检测的灵敏度

元素	称样量	定容体积 mL	微波消解法 mg/kg		压力罐消解法 mg/kg	
			检出限	定量限	检出限	定量限
铝	0.5g(固体)、2mL(液体)	50	0.5	2	0.2	0.5
硼	0.5g(固体)、2mL(液体)	50	0.2	0.5	0.05	0.2
钡	0.5g(固体)、2mL(液体)	50	0.1	0.3	0.03	0.1
钙	0.5g(固体)、2mL(液体)	50	5	20	2	5
铜	0.5g(固体)、2mL(液体)	50	0.2	0.5	0.05	0.2
铁	0.5g(固体)、2mL(液体)	50	1	3	0.3	1

续表

元素	称样量	定容体积 mL	微波消解法 mg/kg		压力罐消解法 mg/kg	
			检出限	定量限	检出限	定量限
钾	0. 5g(固体)、2mL(液体)	50	7	30	3	7
镁	0. 5g(固体)、2mL(液体)	50	5	20	2	5
锰	0. 5g(固体)、2mL(液体)	50	0. 1	0. 3	0. 03	0. 1
钠	0. 5g(固体)、2mL(液体)	50	3	10	1	3
镍	0. 5g(固体)、2mL(液体)	50	0. 5	2	0. 2	0. 5
磷	0. 5g(固体)、2mL(液体)	50	1	3	0. 3	1
锶	0. 5g(固体)、2mL(液体)	50	0. 2	0. 5	0. 05	0. 2
钛	0. 5g(固体)、2mL(液体)	50	0. 2	0. 5	0. 05	0. 2
钒	0. 5g(固体)、2mL(液体)	50	0. 2	0. 5	0. 05	0. 2
锌	0. 5g(固体)、2mL(液体)	50	0. 5	2	0. 2	0. 5

表 39　26 种元素 ICP - MS 检测的灵敏度

元素	称样量	定容体积 mL	微波消解法 mg/kg		压力罐消解法 mg/kg	
			检出限	定量限	检出限	定量限
硼	0. 5g(固体)、2mL(液体)	50	0. 1	0. 3	0. 03	0. 1
钠	0. 5g(固体)、2mL(液体)	50	1	3	0. 3	1
镁	0. 5g(固体)、2mL(液体)	50	1	3	0. 3	1
铝	0. 5g(固体)、2mL(液体)	50	0. 5	2	0. 2	0. 5
钾	0. 5g(固体)、2mL(液体)	50	1	3	0. 3	1
钙	0. 5g(固体)、2mL(液体)	50	1	3	0. 3	1
钛	0. 5g(固体)、2mL(液体)	50	0. 02	0. 05	0. 005	0. 02
钒	0. 5g(固体)、2mL(液体)	50	0. 002	0. 005	0. 0005	0. 002
铬	0. 5g(固体)、2mL(液体)	50	0. 05	0. 2	0. 02	0. 05
锰	0. 5g(固体)、2mL(液体)	50	0. 1	0. 3	0. 03	0. 1
铁	0. 5g(固体)、2mL(液体)	50	1	3	0. 3	1
钴	0. 5g(固体)、2mL(液体)	50	0. 001	0. 003	0. 0003	0. 001

续表

元素	称样量	定容体积 mL	微波消解法 mg/kg		压力罐消解法 mg/kg	
			检出限	定量限	检出限	定量限
镍	0.5g(固体)、2mL(液体)	50	0.2	0.5	0.05	0.2
铜	0.5g(固体)、2mL(液体)	50	0.05	0.2	0.02	0.05
锌	0.5g(固体)、2mL(液体)	50	0.5	2	0.2	0.5
砷	0.5g(固体)、2mL(液体)	50	0.002	0.005	0.0005	0.002
硒	0.5g(固体)、2mL(液体)	50	0.01	0.03	0.003	0.01
锶	0.5g(固体)、2mL(液体)	50	0.2	0.5	0.05	0.2
钼	0.5g(固体)、2mL(液体)	50	0.01	0.03	0.003	0.01
镉	0.5g(固体)、2mL(液体)	50	0.002	0.005	0.0005	0.002
锡	0.5g(固体)、2mL(液体)	50	0.01	0.03	0.003	0.01
锑	0.5g(固体)、2mL(液体)	50	0.01	0.03	0.003	0.01
钡	0.5g(固体)、2mL(液体)	50	0.02	0.5	0.05	0.2
汞	0.5g(固体)、2mL(液体)	50	0.001	0.003	0.0003	0.001
铊	0.5g(固体)、2mL(液体)	50	0.0001	0.0003	0.00003	0.0001
铅	0.5g(固体)、2mL(液体)	50	0.02	0.05	0.005	0.02

表40　16种稀土元素ICP－MS检测的灵敏度

元素	称样量 g	定容体积 mL	检出限 μg/kg	定量限 μg/kg
钪	0.5	10	0.6	2.1
钇	0.5	10	0.3	1.1
镧	0.5	10	0.4	1.4
铈	0.5	10	0.3	0.9
镨	0.5	10	0.2	0.7
钕	0.5	10	0.2	0.8
钐	0.5	10	0.2	0.5
铕	0.5	10	0.06	0.2

续表

元素	称样量 g	定容体积 mL	检出限 μg/kg	定量限 μg/kg
钆	0.5	10	0.1	0.5
铽	0.5	10	0.06	0.2
镝	0.5	10	0.08	0.3
钬	0.5	10	0.03	0.1
铒	0.5	10	0.06	0.2
铥	0.5	10	0.03	0.1
镱	0.5	10	0.06	0.2
镥	0.5	10	0.03	0.1

1. 原子吸收光谱法

原子吸收光谱法（AAS）是果品重金属元素含量检测的经典方法。其原理是，试样消解处理后，经火焰或石墨炉原子化，在该重金属元素的特定波长处测定吸光度，在一定浓度范围内该重金属元素的吸光度值与其含量成正比，与标准系列比较定量。根据所用原子化器的不同，原子吸收光谱法分为石墨炉原子吸收光谱法（GFAAS）和火焰原子吸收光谱法（FAAS）两种。与火焰原子吸收光谱法相比，石墨炉原子吸收光谱法所用试样量小（通常为10μL），并可测定黏稠试样和固体试样；原子化效率和检测灵敏度都高得多（这是因为火焰原子化过程中，试样会被火焰气体稀释），检出限可达10^{-12}g数量级，适于痕量分析。

（1）石墨炉原子吸收光谱法

采用石墨炉原子吸收光谱法测定重金属元素时，原子吸收光谱仪配置石墨炉原子化器和所测重金属元素的空心阴极灯。使用时需根据所用仪器型号将仪器调至最佳状态，主要是调节检测波长、光路位置、进样位置、狭缝宽度、空心阴极灯电流、干燥温度和时间、灰化温度和时间、原子化温度和时间等参数。镉、铬、铅等5种元素的石墨炉原子吸收光谱法检测仪器条件参见表41。其中，测定镉时，应用氘灯或塞曼效应进行背景校正；测定铅时，内气流量可设为0.3L/min，原子化时应停气。测定镍时可参见《食品安全国家标准　食品中镍的测定》（GB 5009.138—2017），检测波长为232.0nm，石墨炉升温程序参见表42。除空心阴极灯外，也可以无极放电灯、氙灯等为光源。短弧氙灯连续光源是近年来AAS仪器发展的热点。

表 41　5 种元素 GFAAS 检测仪器参考条件

（引自：聂继云等，2018）

元素	波长 nm	狭缝 nm	灯电流 mA	干燥温度 ℃	干燥时间 s	灰化温度 ℃	灰化时间 s	原子化温度 ℃	原子化时间 s
镉	228.8	0.2～1.0	2～10	105	20	400～700	20～40	1300～2300	3～5
铬	357.9	0.2	5～5	85～120	40～50	900	20～30	2700	4～5
铝	257.4	0.5	10～15	85～120	30	1000～1200	15～20	2750	4～5
铅	283.3	0.5	8～12	85～120	40～50	750	20～30	2300	4～5
铜	324.8	0.5	8～12	85～120	40～50	800	20～30	2350	4～5

表 42　镍 GFAAS 检测石墨炉推荐升温程序

步骤	程序	温度 ℃	升温时间 s	保持 s	氩气流量 L/min
1	干燥	85	5	10	0.3
		120	5	20	0.3
2	灰化	400	10	10	0.3
		1000	10	10	0.3
3	原子化	2700	1	3	停气
4	净化	2750	1	4	0.3

制作标准曲线时，应按由低到高的顺序取一定体积的标准曲线工作溶液注入石墨炉，测吸光度值。以标准曲线工作溶液的浓度为横坐标，相应的吸光度值为纵坐标，绘制标准曲线，并求出吸光度值与浓度的一元线性回归方程。通常，除零点外，标准系列溶液应不少于 5 个浓度梯度。如有自动进样装置，也可用程序稀释来配制标准系列。某些重金属元素检测时需要在注入标准溶液或试样溶液的同时注入一定体积的基体改进剂，以提高待测元素的稳定性，消除或减少基体干扰，如磷酸二氢铵－硝酸钯溶液（测镍、铅、铜等）或磷酸二氢铵溶液（测镉、铬等）。磷酸二氢铵－硝酸钯溶液中硝酸钯浓度一般为 0.2g/L，磷酸二氢铵浓度一般为 20g/L，硝酸浓度则可能因待测重金属元素不同而有所差异。最佳进样量可根据所用仪器确定，机体改进剂一般加 5μL；标准溶液可加 10μL（测铬、铝、镍、铜、铅）或 20μL（测镉）。空白溶液和试样溶液检测时，进样量和基体改进剂用量与标准溶液测定时一致。试样溶液浓度过高时，应适当稀释后再行测定。为保证测定准确度，一般要求两次平行测定结果的绝对差值不得超过算术平均值的 20%。

(2) 火焰原子吸收光谱法

采用火焰原子吸收光谱法测定重金属元素时，原子吸收光谱仪配火焰原子化器和所测重金属元素的空心阴极灯。使用时需根据所用仪器型号将仪器调至最佳状态，主要是调节光路位置、检测波长、狭缝宽度、空心阴极灯电流、燃烧头高度、空气流量、乙炔流量等参数。镁、铁、铜等6种元素的火焰原子吸收光谱法检测仪器条件参见表43。制作标准曲线时，应按由低到高的顺序将标准曲线工作溶液分别导入火焰原子化器，原子化后测其吸光度值，以标准曲线工作溶液的浓度为横坐标，相应的吸光度值为纵坐标，绘制标准曲线。在与测定标准曲线工作溶液相同的实验条件下，将空白溶液和试样溶液分别导入火焰原子化器，原子化后测其吸光度值，与标准系列比较定量。为保证测定准确度，一般要求两次平行测定结果的绝对差值不得超过算术平均值的10%。

表43　6种元素FAAS检测仪器参考条件

(引自：聂继云等，2018)

元素	波长 nm	狭缝 nm	灯电流 mA	燃烧头高度 mm	空气流量 L/min	乙炔流量 L/min
镁	285.2	0.2	5~15	—	—	—
锰	279.5	0.2	9	—	—	1
铅	283.3	0.5	8~12	6	8	—
铁	248.3	0.2	5~15	3	9	2
铜	324.8	0.5	8~12	6	9	2
锌	213.9	0.2	3~5	3	9	2

与其他重金属元素不同，测定铅时，在导入火焰原子化器之前，待测液需进行必要的处理，《食品安全国家标准　食品中铅的测定》(GB 5009.12—2017)的操作程序是：吸取一定体积的待测液(标准使用液、试样消化液或试剂空白溶液)于125mL分液漏斗中，补加水至60mL。加2mL柠檬酸铵溶液(250g/L)、3滴~5滴溴百里酚蓝水溶液(1g/L)，用氨水溶液(1+1)调pH至溶液由黄变蓝，加10mL硫酸铵溶液(300g/L)、10mL三水合二乙基二硫代氨基甲酸钠溶液(1g/L)，摇匀。放置5min左右，加入10mL 4-甲基-2-戊酮，剧烈振摇提取1min，静置分层后，弃去水层，将4-甲基-2-戊酮层放入10mL带塞刻度管中，即得上机用待测液。

2. 电感耦合等离子体发射光谱法

电感耦合等离子体发射光谱法(ICP-OES)以电感耦合等离子体为激发光

源，各元素的原子或离子在激发光作用下变成激发态，激发态原子或离子返回基态时发射出特征光谱，其信号强度与元素浓度成正比。ICP－OES具有诸多优点：(1)可以进行多元素的同时快速分析，检测元素可达70余种。(2)检出限低，分析灵敏度高，目前主流ICP－OES的灵敏度已高于FAAS。(3)基体效应较低，有多条谱线可供选择，易于建立定性和定量方法。(4)标准曲线的动态线性范围宽，可达4个~6个数量级。但该方法有以下缺点：(1)需要消耗大量的氩气，用于炬管冷却。(2)采用通用气动雾化器时，雾化效率偏低。(3)灵敏度低于石墨炉原子吸收光谱法、氢化物发生原子荧光光谱法和电感耦合等离子体质谱法，无法满足汞、砷、铅、镉等痕量元素的检测要求。用电感耦合等离子体发射光谱仪测定重金属时，应先优化仪器操作条件(如观测方式、射频源功率、等离子体气流量、辅助气流量、雾化气流量、分析泵速等)，使待测元素的灵敏度等指标达到分析要求，然后编辑测定方法，选择各待测元素合适的分析谱线。电感耦合等离子体发射光谱仪一般采用垂直观测方式，若具有双向观测方式，则可高浓度元素用垂直观测方式，余者用水平观测方式。为保证测定准确度，一般要求两次平行测定结果的绝对差值不得超过算术平均值的10%或20%。我国制定有可用于果品中相关元素检测的国家标准，例如，《食品安全国家标准　食品中多元素的测定》(GB 5009.268—2016)可用于铝、铜、铁、镁、锰、镍、钛、锌等8种元素的ICP－OES检测，其分析谱线参见表44。

表44　8种元素ICP－AES检测的推荐分析谱线

元素	分析谱线波长/nm	元素	分析谱线波长/nm
铝	396.15	锰	257.6/259.3
铜	324.75	镍	231.6
铁	239.5/259.9	钛	323.4
镁	279.079	锌	206.2/213.8

3. 电感耦合等离子体质谱法

电感耦合等离子体质谱法(ICP－MS)是一种以高温等离子体为离子源的元素分析方法，以元素特定质量数(质荷比，m/z)定性，外标法定量，待测元素质谱信号与内标元素质谱信号的强度比与待测元素的浓度成正比。ICP－MS能同时快速测定多种元素，具有灵敏度高、干扰少、分析速度快等特点。与ICP－OES相比，ICP－MS检出限低约3个数量级，一般低于10^{-12}g水平。由于全部元素同位素总和仅300余个，质谱比光谱简单得多，干扰明显减少，但须注意分子离子干扰。ICP－MS与石墨炉原子吸收光谱法(GFAAS)相比，尽管某些元素的检出限相当，但对易生成难熔化合物的铝、钼、钛、钨、稀土等元素，优势十分明显。ICP－MS 的多元素同时测定也优于 GFAAS 的单元素逐个测定。同位素比测定更是 ICP－MS 的特有功能。ICP－MS 与液相色谱联用还可用于无机砷等的元素形态分析。在进行 ICP－MS 检测时，对于分子离子带来的质谱干扰，可采用碰撞/反应池技术加以消除，对没有合适消除干扰模式的仪器，需采用干扰校正方程对测定结果进行校正，铅、镉、砷、钼、硒、钒等元素干扰校正方程见表 45。为保证测定准确度，一般要求两次平行测定结果的绝对差值不得超过算术平均值的10% ~20%。我国制定有可用于果品中相关元素 ICP－MS 检测的国家标准和行业标准，例如，《食品安全国家标准　食品中多元素的测定》(GB 5009.268—2016)可用于果品中镁、铝、钛等 18 种元素的 ICP－MS 测定，推荐选择的同位素和内标元素见表 46；《进出口食品中砷、汞、铅、镉的检测方法　电感耦合等离子体质谱(ICP－MS)法》(SN/T 0448—2011)可用于果品中砷、汞、铅和镉的 ICP－MS 测定。

表 45　6 种元素 ICP－MS 检测的干扰校正方程

元素	同位素	推荐的校正方程
钒	^{51}V	$[^{51}V] = [51] + 0.3524 \times [52] - 3.108 \times [53]$
砷	^{75}As	$[^{75}As] = [75] - 3.1278 \times [77] + 1.0177 \times [78]$
硒	^{78}Se	$[^{78}Se] = [78] - 0.1869 \times [76]$
钼	^{98}Mo	$[^{98}Mo] = [98] - 0.146 \times [99]$
镉	^{114}Cd	$[^{114}Cd] = [114] - 1.6285 \times [108] - 0.0149 \times [118]$
铅	^{208}Pb	$[^{208}Pb] = [206] + [207] + [208]$

注：[X]为质量数 X 处的质谱信号强度——离子每秒计数值(CPS)。对于同量异位素干扰，在能够通过仪器的碰撞/反应模式予以消除的情况下，除铅元素外，可不采用干扰校正方程。低含量铬元素的测定需采用碰撞/反应模式。

表 46　18 种元素 ICP－MS 检测推荐选择的同位素和内标元素

元素	m/z	内标元素
镁	24	$^{45}Sc/^{72}Ge$
铝	27	$^{45}Sc/^{72}Ge$
钛	48	$^{45}Sc/^{72}Ge$
铬	52/53	$^{45}Sc/^{72}Ge$
锰	55	$^{45}Sc/^{72}Ge$
铁	56/57	$^{45}Sc/^{72}Ge$
钴	59	$^{72}Ge/^{103}Rh/^{115}In$
镍	60	$^{72}Ge/^{103}Rh/^{115}In$

续表

元素	m/z	内标元素
铜	63/65	$^{72}Ge/^{103}Rh/^{115}In$
锌	66	$^{72}Ge/^{103}Rh/^{115}In$
砷	75	$^{72}Ge/^{103}Rh/^{115}In$
硒	78	$^{72}Ge/^{103}Rh/^{115}In$
钼	95	$^{103}Rh/^{115}In$
镉	111	$^{103}Rh/^{115}In$
锡	118	$^{103}Rh/^{115}In$
锑	123	$^{103}Rh/^{115}In$
汞	200/202	$^{185}Re/^{209}Bi$
铅	206/207/208	$^{185}Re/^{209}Bi$

(二)快速检测技术

重金属的常规仪器检测方法均采用液体进样方式，需要复杂、耗时的样品制备和消解处理(干灰化、湿法消解、微波消解、高压密闭罐消解、酸提取等)，容易造成样品污染或待测元素损失，也难以应用于果品及其制品中元素的现场快速检测。食品中重金属元素的快速、准确测定一直是光谱分析技术研究者和仪器设备生产商关注的热点问题。研究者已进行了多种尝试，如X射线荧光光谱、电热蒸发原子光谱、激光烧蚀技术、激光诱导击穿光谱、稀酸提取、离子印记技术、阳极溶出技术等。离子印记、阳极溶出等技术均需要液体介质作为反应体系，在抗干扰能力、分析灵敏度、测试稳定性等方面都还有一定缺陷，也未能减少样品前处理步骤。稀酸提取技术能极大地简化样品前处理，缩短分析时间(如用稀硝酸提取大米中的镉和铅元素)，但受样品基质类型和元素赋存状态的限制很大，难以广泛应用。X射线荧光光谱、激光烧蚀技术、激光诱导击穿光谱和电热蒸发技术均属固体进样分析技术，不仅能简化样品前处理，缩短分析时间，避免痕量元素在分析过程中的损失，还能减少有害化学试剂的使用，更加安全环保，但在分析灵敏度、样品代表性、基体干扰等方面还存在各自的问题。

1. X射线荧光光谱法

X射线荧光光谱法(X - ray fluorescence spectrometry，XRF)以原子在X射线激发下发射的X射线荧光(波长为0.01nm ~ 10nm)为信号进行元素的定性、定量检测。XRF仪主要由激发源、分光系统、检测器和记录系统组成。根据能量分辨的原理不同，XRF仪分为3种类型——波长色散型、能量色散型和非色散型，其中，常用的是波长色散型 XRF 仪(wavelength dispersive X - ray fluorescence spectrometer，WD - XRF)和能量色散型 XRF 仪(energy dispersive X - ray fluorescence spectrometer，ED - XRF)。波长色散型 XRF 仪具有能量分辨率好、灵敏度高等优点，但因功率大、光学系统复杂，难以小型化，而且样品还需要压片等处理。能量色散型 XRF 仪具有分析速度快、可使用小功率(<100W)X 射线光管、机械结构简单、进样方式多样、易于小型化和便携化的优点，缺点是能量分辨率差，难以检测轻元素。受限于灵敏度和稳定性，XRF 仪在痕量分析领域一直鲜有使用。近年来，通过对光源、进样装置、背景校正等的改进，能量色散型 XRF 仪对镉的检出限已降至 0.1mg/kg 左右，无须样品消解即可实现食品、土壤等样品中重金属的现场快速检测。我国还基于 ED - XRF 制定了粮食行业标准《粮油检验　稻谷中镉含量快速测定　X 射线荧光光谱法》(LS/T 6115—2016)。该标准提供了快速筛查和定量测定两种分析模式，果品及其制品(特别是干果、坚果)中镉的测定可以参考和借鉴。

2. 电热蒸发原子光谱法

电热蒸发(electrothermal vaporization，ETV)技术可充分利用 AAS、AFS、ICP - AES、ICP - MS 等成熟光谱仪器，在实现固体进样的同时，获得足够的分析灵敏度和稳定性，是一种极具潜力的固体进样分析技术，已应用于某些商品化的测汞仪、汞镉测定仪、原子吸收光谱仪。石墨、多孔碳等材料作为固/液试样的电热蒸发单元与 AAS、AFS、ICP - OES/MS 等串联，已广泛用于食用农产品的元素分析研究，是目前最主流的电热蒸发装置。高熔点金属钨、钼、铂、钽、铼等都是电热蒸发的可用材料。其中，钨具有良好的导电导热性和延展性，熔点高(3422℃)，化学惰性，可制成丝、舟、管、条、片等形状，是目前最常见的电热蒸发金属材料。

(1) 测汞仪法

在元素分析测试中，重金属汞的回收率和稳定性较难控制。汞为易挥发元素，汞单质常温下即可挥发，湿法消解、微波消解等均不可避免地处于高温环境，特别是赶酸环节，汞极易损失。汞还易吸附于容器壁表面。基于电热蒸发技术的测汞仪方法非常适合汞的快速、准确检测，可以实现非消解直接进样分析。其原理是(以金汞齐为例)，样品导入燃烧催化炉后，经干燥、热分解和催化反应，各种形态的汞被还原成汞原子，汞原子进入齐化管生成金汞齐，齐化管快速升温将金汞齐中的汞以蒸气形式释放出来，汞蒸气被载气带入冷原子吸收光谱仪，汞原子蒸气对 253.7 nm 特征谱线产生吸收，在一定浓度范围内，吸收强度与汞的浓度成正比，见图 4。除基于上述催化热解 - 金汞齐原理的商品化仪器设备外，还有不采用金汞齐技术，直接催化热解，再用塞曼背景校正原子吸收测定的仪器。

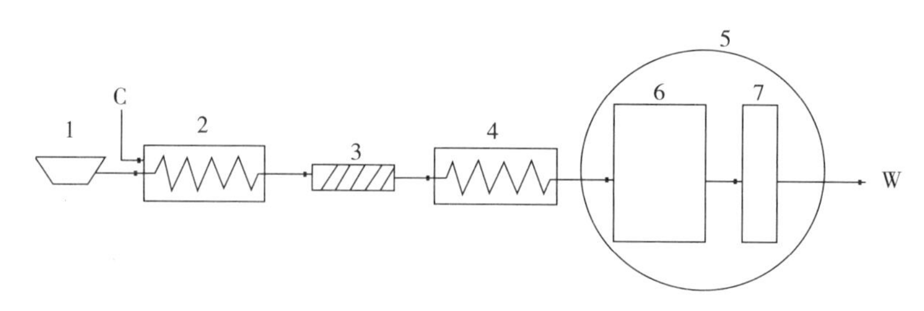

1—样品舟；2—燃烧催化炉；3—齐化管；4—解吸炉；5—冷原子吸收光谱仪；
6—低浓度检测池；7—高浓度检测池；C—载气；W—废气

图4　基于催化热解－金汞齐原理的测汞仪基本结构

测汞仪技术已被美国环境保护署(EPA)采纳为标准方法，应用于水、土壤、食品等样品的汞快速测定。我国也已开始将测汞仪技术标准化，制定了国家环境保护标准《土壤和沉积物　总汞的测定　催化热解－冷原子吸收分光光度法》(HJ 923—2017)。目前正在修订的《食品安全国家标准　食品中总汞及有机汞的测定》(GB 5009.17)也将纳入测汞仪方法。测汞仪技术对样品基体的通用性较强，土壤和食品的实验条件基本一致。以 HJ 923—2017 为例，测试程序如下：分别移取 100μL 标准系列溶液置于样品舟中，按照仪器参考条件(见表47)依次进行标准系列溶液的测定，记录吸光度值。以各标准系列溶液的汞含量为横坐标，对应的吸光度值为纵坐标，分别建立低浓度或高浓度标准曲线。称取 0.1g(精确到 0.0001g)样品于样品舟中，按照与标准曲线建立相同的仪器条件进行样品的测定(取样量可根据样品浓度适当调整，推荐取样量为 0.1g～0.5g)。测定结果小于 10.0μg/kg 时，结果保留 1 位小数；测定结果大于或等于 10.0μg/kg 时，结果保留 3 位有效数字。

表47　测汞仪参考条件

参数	参考值	参数	参考值	参数	参考值
干燥温度/℃	200	分解时间/s	140	汞齐化混合加热时间/s	12
干燥时间/s	10	催化温度/℃	600	载气流量/(mL/min)	100
分解温度/℃	700	汞齐化加热温度/℃	900	检测波长/nm	253.7

(2)测镉仪法

镉是当前农业环境和农产品中重金属监测和治理的重点污染物。常规的测镉方法无法实现现场快速检测，特别是在农产品购销环节。与催化热解－金汞齐技术类似，我国科学家刘霁欣发现了钨丝特异性捕获镉的现象，建立了基于电热蒸发－钨阱技术的测镉仪方法，该方法非常适合镉的快速、准确检测，可以实现非消解直接进样分析。其原理是，样品以进样舟为载体，完成在线干燥和灰化后，在氩氢混合载气条件下，在电热蒸发器中蒸发形成气溶胶；气溶胶中的镉在常温下被钨材料捕获，经载气吹扫与基体分离；加热钨材料，实现镉的二次释放，原子态镉在镉空心阴极灯的发射光激发下产生原子荧光，荧光强度与待测样品中镉的含量成正比。我国已将基于上述技术原理的测镉方法标准化，如粮食行业标准《粮油检验　稻米中镉的快速检测　固体进样原子荧光法》(LS/T 6125—2017)，其测试程序如下：准确称取 5 个镉含量由低到高的有证标准物质或参考物质(称样量范围为 3mg ~ 12mg)，置于仪器进样口，逐一进行测定，以镉质量为横坐标，荧光信号强度为纵坐标绘制标准曲线；准确称取 3mg ~ 12mg 样品，置于样品舟中，按仪器使用要求(见表 48)进行测定，得到荧光信号强度，查询标准曲线得到对应的镉质量；结果保留 2 位有效数字。

表 48　固体进样原子荧光光谱仪工作参数

<table>
<tr><th colspan="5">固体进样装置</th><th colspan="2">原子荧光</th></tr>
<tr><th>方法程序</th><th>时间
s</th><th>功率
W</th><th>信号
采集</th><th>气体流量
mL/min</th><th>参数</th><th>参数值</th></tr>
<tr><td>灰化</td><td>30</td><td>60</td><td>否</td><td>0</td><td>镉空心阴极灯</td><td>228.8nm</td></tr>
<tr><td>灰化</td><td>40</td><td>100</td><td>否</td><td>0</td><td>灯电流</td><td>10mA ~ 80mA</td></tr>
<tr><td>蒸发/捕获</td><td>15 ~ 30</td><td>70 ~ 100</td><td>否</td><td>800</td><td>光电倍增管负高压</td><td>-300V ~ -200V</td></tr>
<tr><td>蒸发/捕获</td><td>5</td><td>0</td><td>否</td><td>800</td><td rowspan="3">载气流量</td><td rowspan="3">600mL/min</td></tr>
<tr><td>蒸发/捕获</td><td>15</td><td>0</td><td>否</td><td>800</td></tr>
<tr><td>释放</td><td>1</td><td>30</td><td>是</td><td>800</td></tr>
<tr><td>冷却</td><td>5</td><td>0</td><td>是</td><td>800</td><td rowspan="4">屏蔽气流量</td><td rowspan="4">600mL/min</td></tr>
<tr><td>蒸发/清除</td><td>2 ~ 4</td><td>200 ~ 300</td><td>否</td><td>800</td></tr>
<tr><td>释放/清除</td><td>1</td><td>55</td><td>否</td><td>800</td></tr>
<tr><td>释放/清除</td><td>1</td><td>0</td><td>否</td><td>0</td></tr>
</table>

3. 激光烧蚀技术

激光烧蚀(laser ablation，LA)技术使用高功率脉冲激光灼烧样品，在极短的时间内完成样品的干燥、灰化和蒸发，甚至电离产生高温等离子体。但直接测定等离子体的激光烧蚀光谱技术痕量分析能力有限。激光烧蚀部件作为固体进样和蒸发单元与 ICP 串联为痕量元素分析提供了可能。激光烧蚀部件也可作为 FAAS、GFAAS、AFS 等的固体进样装置。LA - ICP 技术可应用于生物样品的元素测定，例如，向日葵叶中铅、锰、铜，姜根、绿茶中钒、铬、锰、铁、钴、镍、铜、锌、镉等的测定。激光烧蚀部件结构复杂、成本较高，但作为一种良好的固体进样技术，尤其是与ICP串联的多元素原位分析技术可以在果树生物组织材料的表面元素微区分析方面发挥特殊作用，在果树育种、栽培、营养品质、元素毒理等研究领域有较好的应用前景。

4. 激光诱导击穿光谱法

激光诱导击穿光谱法（laser induced breakdown spectrometry，LIBS）利用高能脉冲激光聚焦到待测样表面激发等离子体，通过观察等离子体中的原子发射光谱来实现样品中元素定性与定量分析。虽然都是使用激光作为激发光源，但与LA－ICP检测离子信号不同，LIBS主要检测光信号。与传统的光谱检测手段相比，LIBS技术操作简便，分析时间短，无须前处理，可对多种元素同时分析，甚至远程监测。但LIBS仪器分辨率有限，仅为“mg/kg”级，加上样品制备和微量样品均匀性的限制，目前LIBS主要用于样品常量元素分布的定性或半定量分析，如植物样品叶或根上的元素分布情况。作为微量进样技术，LIBS进行元素分析的样品均匀性要求较高，Gabriel等（2015）的研究表明，粒径小于100μm的植物样品才能满足LIBS分析要求。作为一种快速、无污染的多元素分析技术，LIBS在果品样品的常量元素分析、在线质量控制以及农业环境重金属检测方面具有广泛的应用前景。

第三节　果品重金属污染风险评估

重金属限量标准对保护消费者健康具有重要作用。重金属含量超标的果品即为不合格果品，对消费者是不安全的。污染物限量标准中涉及果品的重金属种类日益减少，已由过去的10余种减少到了目前的一两种（铅和镉），中国、国际食品法典委员会（CAC）和欧盟莫不如此。人体经消费果品摄入重金属带来的健康风险可通过重金属毒理学指导值、重金属含量、体重、果品摄入量等数据进行暴露评估，现已建立普遍认可的暴露评价模型/方法。其中，重金属毒理学指导值往往需要在动物实验获得的无可见不良作用剂量水平（no observed adverse effect level，NOAEL）基础上结合不确定因子加以确定。通常情况下，果品中重金属含量水平都比较低，人们通过消费果品摄入重金属的量不会对身体健康造成潜在风险。

一、果品重金属限量

（一）中国限量

我国非常重视食品中污染物限量标准的制修订，涉及果品的元素限量国家标准先后经历了 5 个发展阶段，见图 5。

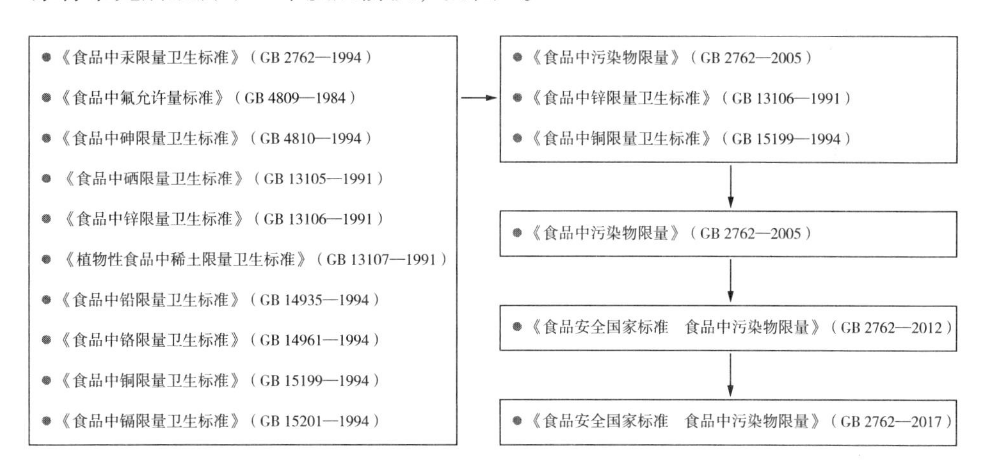

图 5　中国食品污染物限量标准变迁

《食品中污染物限量》（GB 2762—2005）发布之前，我国制定有 10 项涉及果品的元素限量国家标准，分别规定了果品中汞、氟、砷、硒、锌、稀土、铅、铬、铜、镉等 10 种（类）元素的限量，其中，稀土是元素周期表中第Ⅲ类副族元素钪、钇和镧系元素的总称。2005 年 10 月 1 日，《食品中污染物限量》（GB 2762—2005）开始实施，上述 10 项标准中，除 GB 13106—1991 和 GB 15199—1994 继续有效外，其余 8 项标准均被该标准代替。GB 2762—2005 规定了果品中汞、氟、砷、硒、稀土、铅、铬、镉等 8 种（类）元素的限量，对无机砷、硒、铅和镉的限量值进行了调整。2011 年 1 月 10 日，GB 13106—1991 和 GB 15199—1994 被废止。2013 年 6 月 1 日，《食品安全国家标准　食品中污染物限量》（GB 2762—2012）开始实施，代替 GB 2762—2005，该标准仅规定了水果中铅、镉和稀土的限量。2017 年 9 月 17 日，《食品安全国家标准　食品中污染物限量》（GB 2762—2017）开始实施，代替 GB 2762—2012，该标准仅规定了水果中铅和镉的限量，并增加了坚果及籽类中铅的限量，见表 49。表 49 中，新鲜水果包括未经加工的、经表面处理的、去皮或预切的、冷冻的水果；水果制品包括水果罐头、醋/油或盐渍水果、果酱（泥）、蜜饯凉果（包括果丹皮）、发酵的水果制品、煮熟的或油炸的水果、水果甜品、其他水果制品；果汁类及其饮料（如苹果汁、苹果醋、山楂汁、山楂醋等）包括果汁（浆）、浓缩果汁（浆）、果汁（肉）饮料（包括发酵产品）；坚果及籽类包括木本坚果、熟制坚果及籽类（带壳、脱壳、包衣）、坚果及籽类罐头、坚果及籽类的泥（酱）、其他坚果及籽类制品（如腌渍的果仁等）。

表 49 中国果品及其制品重金属限量

重金属	限量	产品
铅	0.1mg/kg	新鲜水果(浆果和其他小粒水果除外)
	0.2mg/kg	浆果和其他小粒水果
	1.0mg/kg	水果制品
	0.05mg/L	果汁类及其饮料[浓缩果汁(浆)除外]
	0.5mg/L	浓缩果汁(浆)
	1.0mg/kg	冷冻水果饮品
	0.2mg/kg	果酒(蒸馏酒除外)
	0.2mg/kg	坚果及籽类
镉	0.05mg/kg	新鲜水果
锡	150mg/kg	果汁(肉)饮料

(二)CAC 和 EU 限量

国际食品法典标准是世界贸易组织(World Trade Organisation, WTO)解决国际贸易争端时唯一的食品仲裁标准，其在维护食品贸易公平、保护公众健康方面具有重要作用。1995 年，国际食品法典委员会(Codex Alimentarius Commission, CAC)制定了《食品和饲料中污染物和毒素通用标准(Codex General Standard for Contaminants and Toxins in Food and Feed)》(CODEX STAN 193 - 1995)。迄今，该标准已修订 4 次，时间分别为 1997 年、2006 年、2008 年和 2009 年；已修正 7 次，时间分别为 2010 年、2012 年、2013 年、2014 年、2015 年、2016 年和 2017 年。根据最新版本，CODEX STAN 193 - 1995 规定了水果中铅的限量，其中，接骨木、酸果蔓和穗醋栗的限量均为 0.2mg/kg，其余均为 0.1mg/kg，见表 50。欧盟(European Union, EU)2006 年 12 月 19 日发布了条例 Commission Regulation(EC) No 1881/2006《设定食品中污染物最大限量(Setting maximum levels for certain contaminants in foodstuffs)》，代替 2001 年 3 月 8 日发布的条例 Commission Regulation(EC) No 466/2001《设定食品中污染物最大限量(Setting maximum levels for certain contaminants in foodstuffs)》。此后，欧盟又不断地对该条例进行修订。根据最新版本，Commission Regulation (EC) No 1881/2006 规定了水果中铅和镉的最大限量，见表 51，适用于水果清洗后分离得到的可食部分。

表 50　CAC 水果中铅限量

产品	限量/(mg/kg)	适用部位
浆果和其他小粒水果*	0.1	全果，去萼片和果梗
接骨木	0.2	全果，去萼片和果梗
酸果蔓	0.2	全果，去萼片和果梗
穗醋栗	0.2	带果梗
水果*	0.1	仁果类水果：全果，去果梗
		核果类水果、海枣和橄榄：全果，去果梗和果核，以无果梗的全果计
		菠萝：全果，去冠芽
		鳄梨、芒果和类似的有坚硬种子的水果：全果，去果核

* 酸果蔓、穗醋栗和接骨木除外。

表 51　EU 水果中铅和镉限量

重金属	限量/(mg/kg)	产品*
铅	0.1	水果(酸果蔓、穗醋栗、接骨木和草莓除外)
	0.2	酸果蔓
	0.2	穗醋栗
	0.2	接骨木
	0.2	草莓
镉	0.05	水果

* 适用于水果清洗后分离得到的可食部分。

二、重金属毒理学数据

(一)毒理学指导值参数

毒性效应评估的目的是通过动物试验建立剂量 - 效应关系曲线，确定无可见不良作用剂量水平(NOAEL)。NOAEL 是指在规定的暴露条件下，通过试验和观察，与同一物种、品系的正常(对照)机体比较，一种物质不引起机体形态、功能、生长、发育或寿命可检测到的改变的最高剂量或浓度，以“mg/(d · kg 体重)”表示。NOAEL 与不确定因子(uncertainty factor，UF)的比值即为人体暴露的安全水平，亦即毒理学指导值(toxicological guidance value)。人体暴露量的安全水平分为可接受水平(针对添加剂)或可耐受水平(针对污染物），并以时间为基础进行表述，如暂定每周耐受摄入量（provisional tolerable weekly intake，PTWI）、暂定每月耐受摄入量（provisional tolerable monthly intake，PTMI）、暂定最大每日耐受摄入量（provisional maximum tolerable daily intake，PMTDI）等。通常，PMTDI 适用于没有累积特性的污染物，PTWI 和 PTMI 适用于有累积特性的污染物。对于 NOAEL，不确定因子通常采用 100（即 10×10），其中，一个 10 表示人比动物敏感 10 倍，另一个 10 表示不同人群之间敏感度有 10 倍的范围。

（二）重金属毒理学指导值

联合国粮食及农业组织（FAO）/世界卫生组织（WHO）食品添加剂联合专家委员会（Joint FAO/WHO Expert Committee on Food Additives，JECFA）对铝、砷、镉、铜、铁、汞、铅、锡、锌等 9 种元素的毒性效应进行了评估，给出了各自的暂定每周耐受摄入量（PTWI）、暂定每月耐受摄入量（PTMI）或暂定最大每日耐受摄入量（PMTDI），见表 52。JECFA 在 2011 年评估认为，原来设定的无机砷和铅的 PTWI 均不能再被认为是保护健康的，应予以撤销。究其原因，无机砷的 PTWI（15μg/kg 体重）与其 0.5% 基准剂量低限值 $BMDL_{0.5}$ 在相同范围内；铅 PTWI（25μg/kg 体重）设定时，相关分析没有指出铅的主要影响的阈值，且仅基于铅膳食暴露，未考虑其他铅暴露源。

表 52　12 种元素的可耐受摄入量

元素	评估时间	指标	可耐受摄入量/（μg/kg 体重）
Al[1)]	2006	PTWI	1000
	2011	PTWI	2000
As[1)]	1988	PTWI	15
	2011	PTWI	取消
Cd[1)]	2005	PTWI	7
	2010，2013	PTMI	25
Cr[2)]	1998[3)]	RfD	1500（Cr^{3+}），3（Cr^{6+}）
Cu[1)]	1982	PMTDI	500
Fe[1)]	1983	PMTDI	800
Hg[1)]	1978	PTWI	5
	2011	PTWI	4
Mn[2)]	1995[3)]	RfD	140
Ni[4)]	2004	TDI	12

续表

元素	评估时间	指标	可耐受摄入量/(μg/kg 体重)
Pb[1)]	1999	PTWI	25
	2011	PTWI	取消
Sn[1)]	2006	PTWI	14000
Zn[1)]	1982	PMTDI	300 ~ 1000

[1)]引自 JECFA 更新至 2017 年 6 月的数据库。[2)]引自 EPA 的综合风险信息系统(IRIS)，均为每日可耐受摄入量。[3)]更新时间。[4)]引自 WHO《饮用水水质指南(Guidelines for drinking - water quality)》(第 4 版)。

根据 EPA 综合风险信息系统(Integrated Risk Information System, IRIS)，Cr^{3+}、Cr^{6+}和 Mn 的经口暴露参考剂量(reference dose, RfD)分别为 1500μg/(d · kg 体重)、3μg/(d · kg 体重)和 140μg/(d · kg 体重)。经口 RfD 用无可见不良作用剂量水平(NOAEL)、不确定系数(UF)和修正系数(modifying factor, MF)按式(11)计算。Cr^{3+}、Cr^{6+}和 Mn 的经口 RfD 及其计算参数见表 53。至于镍，根据 WHO《饮用水水质指南(Guidelines for drinking - water quality)》(第 4 版)，其每日耐受摄入量(tolerable daily intake, TDI)为 12μg/kg 体重(见表 52)，由水中镍指导值(0.07mg/L)、日饮水量(2L)、来自水的镍在镍 TDI 中所占比例(20%)和成年人体重(60kg)推算得到。

$$\mathrm{RfD} = \frac{\mathrm{NOAEL}}{\mathrm{UF} \times \mathrm{MF}} \tag{11}$$

式中：RfD——经口暴露参考剂量，单位为微克每天千克体重[μg/(d · kg 体重)]；

NOAEL——无可见不良作用剂量水平，单位为毫克每天千克体重[mg/(d · kg 体重)]；

UF——不确定系数；

MF——修正系数。

表 53　铬和锰经口 RfD 及其计算参数

元素	经口 RfD/[μg/(d · kg 体重)]	NOAEL/[mg/(d · kg 体重)]	UF	MF
Cr^{3+}	1500	1468	100	10
Cr^{6+}	3	2.5	300	3
Mn	140	0.14	1	1

在果品重金属膳食暴露风险评估中，应使用正确的可耐受摄入量值，否则将会影响风险评估结果的科学性、准确性和有效性。如前所述，Cr^{3+}和

Cr^{6+}之间RfD相差499倍，如果采用铬总含量和Cr^{3+}的RfD或Cr^{6+}的RfD进行风险评估，则会人为地放大或缩小风险。因此，建议分别测定Cr^{3+}和Cr^{6+}的含量，再用各自的RfD进行评估，最后以二者风险之和作为总的风险。一些重金属的可耐受摄入量已进行了修订，在进行重金属膳食暴露评估时，应采用最新修订值。镉的可耐受摄入量已于2010年由PTWI(7μg/kg体重)修订为PTMI(25μg/kg体重)，但其后的许多风险评估仍在使用前者。WHO于2011年设定镍的TDI为12μg/kg体重，然而此后的果品镍风险评估几乎都采用20μg/kg体重为其可耐受摄入量，这显然是不准确的。锌的PMTDI为300μg/kg体重~1000μg/kg体重，为一个范围，在果品风险评估实践中，既有采用低限值的，也有采用高限值的，鉴于锌的营养需要量与中毒水平之间有很大的幅度，采用高限似乎更为合适。铜的PMTDI为500μg/kg体重，而人们在果品风险评估中多采用40μg/kg体重，人为地将风险放大了10余倍。

三、果品重金属污染暴露评估

(一)重金属暴露途径

除职业暴露外，膳食摄入是人类重金属暴露的主要途径。与吸入和皮肤接触等其他暴露途径相比，通过食物消费的重金属暴露达90%以上。人类是生态系统的顶端消费者，其对重金属的暴露有多种途径(见图6)，“土壤—植物—人类”“土壤—植物—动物—人类”和“土壤—水—动物—人类”都是人体累积重金属的可能食物链途径。消费农产品和饮水是人类重金属膳食摄入的最普遍的途径，而果品是人类膳食的重要组成部分。需要注意的是，对成人和儿童的健康风险评估应分别进行。究其原因，人对暴露媒介(食物)的摄入会随年龄而变化，换言之，成人和儿童的膳食摄入不尽一致。另外，在进行儿童健康风险评估时，平均体重也应用儿童的平均体重，而非成人的平均体重，否则就会人为地降低风险水平。

(二)重金属摄入量估计

评估果品中重金属风险的精确性主要取决于暴露评估的精确性，即重金属的膳食摄入量估计。1976年以来，WHO实施了全球环境监测系统食品污染监测与评估计划(Global Environment Monitoring System—Food Contamination Monitoring and Assessment Programme，GEMS/Food)。食物被分为32类，前6类和第022类均为果品，分别为柑橘类水果、仁果类水果、核果类水果、浆果和其他小型水果、热带/亚热带皮可食水果、热带/亚热带皮不可食水果和

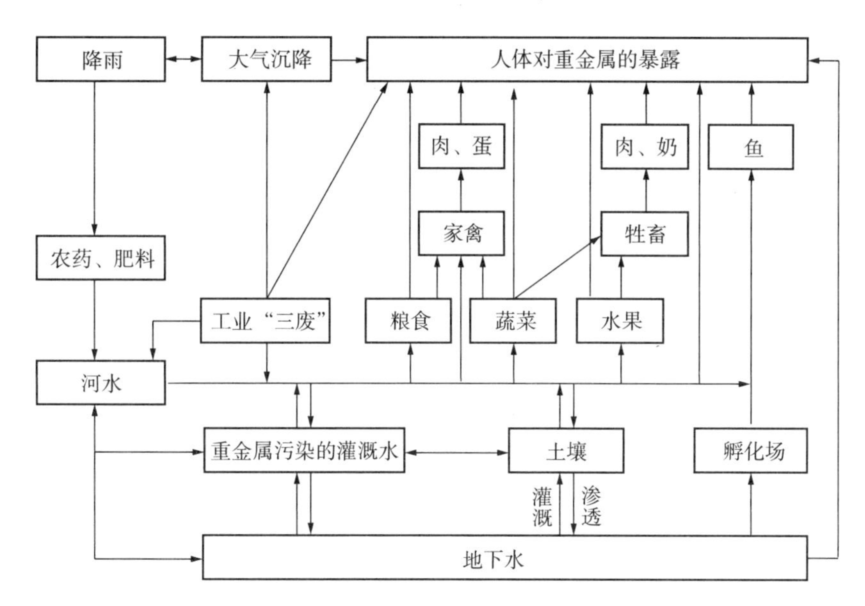

图 6　人类重金属暴露的可能食物链途径

（引自：Islam 等，2015。略有改动）

木本坚果，见附表 7。将 179 个国家和地区分为 17 个组（中国在第 9 组），另有 59 个国家和地区因缺乏消费数据而未被分组。在国际估计每日摄入量（international estimated daily intake，IEDI）计算模板中列出了上述 17 个组的居民每天每种食物的平均摄入量。在 GEMS/Food 污染物数据库（GEMS/Food Contaminants Database）中可以查询各种果品中特定污染物检测到的平均水平。这些数据在果品重金属污染暴露评估中可以使用。人体对某种果品中某种重金属的估计每日摄入量（estimated daily intake，EDI）可用式（12）计算。式中，E_f一般采用 365d/a；E_d一般采用平均寿命；T_e一般取 $E_f \times E_d$；C 既可采用平均值（进行点评估），也可采用 5th、25th、75th、95^{th}百分位点值等概率分布值（进行概率评估）。关于平均体重，国际上成人一般采用 60kg。

$$EDI = \frac{E_f \times E_d \times I_f \times C}{W_b \times T_e} \tag{12}$$

式中：EDI——估计每日摄入量，单位为微克每天千克体重[μg/（d · kg 体重）]；

E_f——暴露频率，单位为天每年（d/a）；

E_d——暴露周期，单位为年（a）；

I_f——该种果品每天的摄入量，单位为克每天（g/d）；

C——该种果品中该种重金属的含量，单位为微克每千克（μg/kg）；

W_b——平均体重，单位为千克（kg）；

T_e——平均暴露时间，单位为天（d）。

（三）重金属暴露风险

经果品消费带来的重金属摄入风险通常采用目标危害商法进行评估。该方法假定各重金属的吸收量均等于摄入量。按式（13）计算目标危害商（target hazard quotient，THQ），根据THQ大小确定某种果品中某种重金属有无风险及风险高低，THQ＜1表示不会对人体健康造成潜在风险，THQ≥1表示存在对人体健康的潜在风险，且THQ越大风险越高。对于无RfD数据的重金属，计算THQ时可用PTWI、PTMI、PMTDI或TDI代替RfD，但PTWI和PTMI的单位应换算成“μg/（d·kg体重）”。按式（14）计算基于不同重金属的累积目标危害商（combined target hazard quotient based on different heavy metals，MCTHQ），根据MCTHQ大小确定一种果品中多种重金属有无累积风险及累积风险高低，MCTHQ＜1表示不会对人体健康造成潜在的累积风险，MCTHQ≥1表示存在对人体健康的潜在累积风险，且MCTHQ越大累积风险越高。按式（15）计算基于不同果品的累积目标危害商（combined target hazard quotient based on different fruits，FCTHQ），根据FCTHQ大小确定消费多种果品时同一种重金属有无累积风险及累积风险高低，FCTHQ＜1表示不会对人体健康造成潜在的累积风险，FCTHQ≥1表示存在对人体健康的潜在累积风险，且FCTHQ越大累积风险越高。按式（16）计算总目标危害商（total target hazard quotient，TTHQ），根据TTHQ大小确定同时消费多种果品和摄入多种重金属对人体健康有无风险及风险高低，TTHQ＜1表示不会对人体健康造成潜在的风险，TTHQ≥1表示存在对人体健康的潜在风险，且TTHQ越大风险越高。

$$\mathrm{THQ} = \frac{E_{\mathrm{f}} \times E_{\mathrm{d}} \times I_{\mathrm{f}} \times C}{W_{\mathrm{b}} \times T_{\mathrm{e}} \times \mathrm{RfD}} \tag{13}$$

式中：THQ——目标危害商；

E_{f}——暴露频率，单位为天每年（d/a）；

E_{d}——暴露周期，单位为年（a）；

I_{f}——该种果品每天的摄入量，单位为克每天（g/d）；

C——该种果品中该种重金属的含量，单位为微克每千克（μg/kg）；

W_{b}——平均体重，单位为千克（kg）；

T_{e}——非致癌暴露时间，单位为天（d）；

RfD——经口参考剂量，单位为微克每天千克体重[μg/（d·kg体重）]。

$$\mathrm{MCTHQ}_i = \sum_{j=1}^{m} \mathrm{THQ}_{ij} \tag{14}$$

式中：MCTHQ_i——第i种果品中m种重金属的累积目标危害商；

THQ_{ij}——第i种果品中第j种重金属的目标危害商。

$$FCTHQ_j = \sum_{i=1}^{n} THQ_{ij} \tag{15}$$

式中：$FCTHQ_j$——n 种果品中第 j 种重金属的累积目标危害商；

THQ_{ij}——第 i 种果品中第 j 种重金属的目标危害商。

$$TTHQ = \sum_{i=1}^{n} \sum_{j=1}^{m} THQ_{ij} \tag{16}$$

式中：TTHQ——总目标危害商；

THQ_{ij}——第 i 种果品中第 j 种重金属的目标危害商。

关于果品重金属暴露风险评估已有较多研究和报道。Nie 等(2016)对中国主产区苹果、梨、桃、葡萄、枣等 5 种主要落叶水果中镉、铬、铅、镍等 4 种重金属进行了研究，在总共 775 份样品中，超标率仅为 0.4%(3 份样品铅含量超标)，THQ 和 FCTHQ 远小于 1，均在 0.05 以下，见图 7，反映了中国居民通过消费这 5 种水果摄入的 4 种重金属不会对人体健康造成潜在风险。

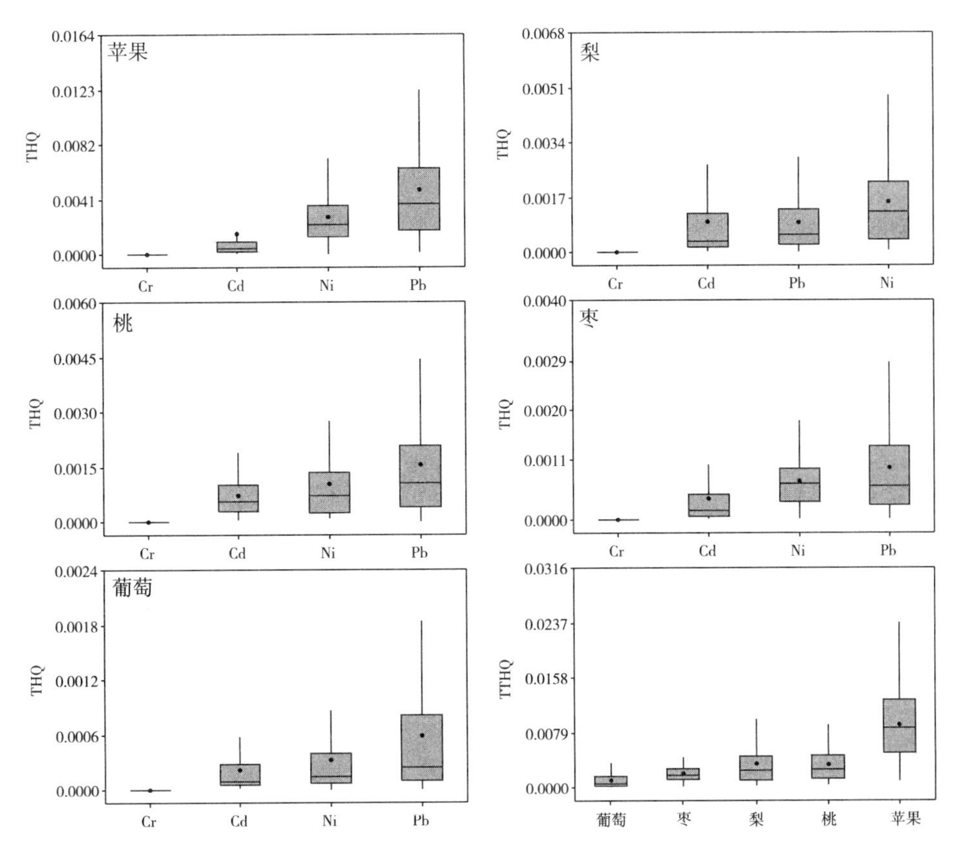

图 7　通过 5 种水果消费摄入的 4 种重金属对中国居民的健康风险

(引自：Nie 等，2016)

城市周边、工矿区和交通干线附近、富含重金属的土壤中生产的果品，某些重金属含量较高，可能对消费者健康造成不利影响，如果再将蔬菜、粮食等其他食物考虑进来，情况会更严重。孟加拉国达卡市被3条主要河流环绕，这些河流被用于处理工业废弃物。Islam等(2015)的研究显示，当地居民食用这3条河流及其邻近区域生产的水果、稻米、蔬菜和鱼，摄入重金属(包括铬、镍、铜、砷、镉和铅)有很高的健康风险，其FCTHQ均超过了1，分别达到1.6、8.2、3.4和3.0。

第四节　果品重金属污染风险控制

重金属污染对果园的危害包括对土壤的危害、对果树的危害和导致果实重金属含量异常(即对人的危害)。土壤中重金属元素的过度积累将使土壤结构和理化性能受到破坏。

重金属污染对果树的危害主要反映在以下3个方面：一是高浓度重金属对果树造成毒害。二是重金属影响果树对营养元素的正常吸收。一个最典型的例子就是，当土壤中镉、镍、铜等重金属元素过量时，果树对必需元素锌的吸收就会受到抑制，甚至导致缺锌，出现小叶病。三是果树体内过量的重金属元素将破坏某些生理代谢的内环境，引起蛋白质变性和酶活性降低(甚至完全失活)。

一、果园重金属污染来源

植物既能通过根系从受污染的土壤中吸收重金属，也能通过其暴露在受污染空气中的部位吸收沉降的重金属。所以，重金属从土壤到果树的转移、果树叶片吸收大气中排放的重金属、果实大气沉降暴露是果品重金属污染的主要途径。

果园重金属来源有两个方面：一是成土母质本身含有的重金属，二是人类生产、生活对大气、水体和土壤造成的重金属污染。大气沉降、污水灌溉、污泥施肥、多重金属环境(重金属废弃物堆积和来自金属矿的酸性废水污染)、果园农事操作(农药、肥料和农膜的使用)是人为地将重金属输入到果品中的5种可能途径。开矿、冶炼、工业生产等为点状污染源，肥料、农药、污水、污泥、有机肥、堆肥、农膜等则属非点状污染源。

主要重金属污染来源参见表54。

表54　主要重金属污染来源

元素	主要污染来源
镉	化肥杂质、污泥施肥、农用薄膜、采矿、冶炼、含镉废弃物堆积等
铬	化肥杂质、采矿、铬盐制造、冶炼、电镀、金属加工、制革、印染、颜料、医药、化工等
铅	化肥杂质、污泥施肥、农用薄膜、汽车尾气、燃煤、采矿、冶炼、蓄电池、含铅废弃物堆积等
砷	化肥杂质、农家肥、砷制剂、燃煤、采矿、冶炼、涂料、医药等
铜	农家肥、污泥施肥、铜制剂、电镀、采矿、冶炼、含铜废弃物堆积等
锌	农家肥、污泥施肥、锌制剂、电镀、电池、采矿、冶炼、含锌废弃物堆积等
汞	化肥杂质、污泥施肥、汞制剂、燃煤、颜料、采矿、冶炼、含汞废弃物堆积等

(一)土壤本底

土壤发育自成土母岩(质)，成土母岩(质)中的重金属会随着土壤的发育而进入土壤。因此，没有受到重金属污染的土壤自身也含有一定水平的重金属，即土壤的重金属本底。土壤的重金属含量水平与成土母岩(质)种类有密切关系。例如，在调查的8种土壤中，发育自蛇纹岩、橄榄岩、花岗岩和页岩的土壤铅含量最低，其次是发育自硅岩、花岗片麻岩和石英云母片岩的土壤，发育自砂岩的土壤铅含量最高。土壤中不同重金属之间含量水平存在差异，汞、镉、砷、铅的含量相对较低，而铬、锌和铜的含量相对较高。这7种重金属在全世界土壤中的常见含量水平如下：汞，0.01mg/kg～0.15mg/kg；镉，0.01mg/kg～0.7mg/kg；砷，1mg/kg～20mg/kg；铅，2mg/kg～200mg/kg(多为15mg/kg～25mg/kg)；铬，17mg/kg～300mg/kg；锌，10mg/kg～300mg/kg；铜，2mg/kg～300mg/kg。

(二)大气沉降

大气中的重金属主要来源于工业生产、汽车尾气和汽车轮胎磨损产生的含重金属的有害气体和粉尘，主要分布在工矿周围和公路两侧，经沉降进入土壤或降落到果树上。重金属沉降主要以工矿烟囱、废物堆和公路为中心，向四周及两侧扩散。公路两侧的重金属污染以铅、锌、镉、铬、钴、铜污染为主，以公路为轴，向两侧污染逐渐减弱。汽车尾气是铅污染的主要来源。添加了抗震抗爆剂烷基铅(如四乙基铅)的汽油燃烧后排出的汽车尾气中含有大量铅，公路沿线污染严重。

（三）农资使用

施用含有镉、汞、铅、砷、铜、锌等的农药和不合理施用化肥，都可能导致土壤重金属污染。在金属制剂农药中，铜制剂和锌制剂目前在果树生产中使用极广。锰、硒、锌常被作为微量元素肥在果园施用。在常见的肥料中，通常过磷酸盐中镉、汞、铅、砷、锌等重金属含量较高，磷肥次之，氮肥和钾肥中重金属含量较低，但氮肥中铅含量较高。磷肥中的镉主要来自磷灰矿，湿法生产磷肥可使磷矿石中 60% ~90% 的镉留在磷肥中。我国磷矿中镉含量较低，国产磷肥镉含量通常不会超过 1mg/kg。农用塑料薄膜生产中应用的热稳定剂含有镉、铅、锌，塑料中添加的颜料一般都是重金属（如，镉、铅、铜、锌等）的化合物。因此，大量使用塑料大棚和地膜均有可能造成土壤重金属污染。

（四）土杂肥施用

农用污泥、农用城镇垃圾和农用粉煤灰均属杂肥。农用污泥中含有大量的有机质和氮、磷、钾等营养元素，但也含有大量的重金属。污泥施肥可导致土壤中镉、汞、铬、铜、锌、镍、铅等含量增加，且施用越多，污染越严重。与农用污泥一样，在农业生产中，城镇垃圾和粉煤灰也常常被用作肥料。农用城镇垃圾中含有有机质、氮、磷、钾等有益成分，但也往往含有镉、铬、汞、铅、砷等重金属。农用粉煤灰往往含有镉、铬、钼、镍、铅、砷、铜、硒等重金属。一些养殖场将铜和锌用作猪和鸡的饲料添加剂，将砷制剂用作畜禽生长促进剂，导致厩肥和畜禽粪便中铜、锌、砷等重金属含量很高，大量施用这样的农家肥必然对果园造成重金属污染。

（五）污水灌溉

污水灌溉常指用经过一定处理的城市污水进行灌溉。城市污水包括生活污水、商业污水和工业废水。在一些地区，由于淡水资源匮乏，不得不采用污水灌溉。然而，并非所有用于灌溉的污水都达到了农田灌溉水水质标准。调查显示，一些地区由于污水灌溉所用污水重金属（如镉、汞等）超标而导致了严重的土壤重金属污染。随着城市工业化的迅速发展，大量工业废水涌入河道，城市污水含有的许多重金属离子随污水灌溉进入土壤。污水污灌造成的土壤重金属污染，往往是靠近污染源头和城市工业区污染严重，远离污染源头和城市工业区污染轻微或几乎不污染。

（六）废弃物堆放

含重金属废弃物堆放造成的污染常以废弃物堆为中心向四周扩散。废弃物堆附近的土壤，其重金属含量高于当地土壤背景值；随着与废弃物堆距离的加大，土壤重金属含量降低。废弃物种类不同，重金属污染种类和程度也不尽相同。例如，铬渣堆存区，镉、汞、铅为重度污染水平，锌为中度污染水平，铬、铜为轻度污染水平。

（七）矿山废水污染

在金属矿山开采、冶炼及重金属尾矿、冶炼废渣和矿渣堆放过程中，可被酸溶出含重金属离子的矿山酸性废水随矿山排水和降雨进入水环境或进入土壤，间接或直接造成土壤重金属污染。矿山酸性废水造成的重金属污染一般在矿山周围或河流下游，受污染河段自上而下，污染强度逐渐降低。

二、果园重金属污染控制

（一）选择环境质量合格的产地

果园应选择在远离工矿企业和交通干线的地方建立，尤其不能将果园建在污染源的下风口和污染水源的下游，以避免工业“三废”排放和交通运输给果园带来重金属污染。果园的土壤环境质量、灌溉水水质和环境空气质量应达到有关标准的要求。我国制定有强制性国家标准《土壤环境质量　农用地土壤污染风险管控标准（试行）》（GB 15618—2018）、《农田灌溉水质标准》（GB 5084—2005）和《环境空气质量标准》（GB 3095—2012），对果园土壤污染风险控制、灌溉水水质和环境空气质量都进行了明确规定，见表55、表56和表57，应将其作为果园园地选择和果园环境监测的重要依据。其中，土壤污染风险管控设立了11项污染风险筛选值和5项污染风险管制值，灌溉水水质设立了镉、铬、汞、铅、砷、铜、硒、锌等8种重金属的限量指标，环境空气质量设立了镉、六价铬、汞、铅、砷等5种重金属的限量指标。土壤污染风险筛选值中，前8项为必测项目；后3项为其他项目，由地方环境保护主管部门根据本地区土壤污染特点和环境管理需求进行选择。当污染物含量等于或低于风险筛选值时，土壤污染风险低，一般情况下可以忽略；当污染物含量高于风险筛选值时，可能存在土壤污染风险，应加强土壤环境监测和果品协同监测。对于镉、汞、砷、铅和铬，当含量高于风险筛选值、等于或低于风险管制值时，可能存在果品不符合质量安全标准等土壤污染风险，原则上应当采取农艺调控、替代种植等安全利用措施；当含量高于风险管制值时，果品不符合质量安全标准等土壤污染风险高，且难以通过安全利用措施降低果品不符合质量安全标准等土壤污染风险，原则上应当采取禁止种植果树、退耕还林等严格管控措施。

表 55　果园土壤污染风险控制项目标准[1)]

单位为毫克每千克

项目类别	序号	污染物项目	pH≤5.5	5.5 < pH≤6.5	6.5 < pH≤7.5	pH > 7.5
风险筛选值—基本项目	1	镉	0.3	0.3	0.3	0.6
	2	汞	1.3	1.8	2.4	3.4
	3	砷	40	40	30	25
	4	铅	70	90	120	170
	5	铬	150	150	200	250
	6	铜	50	50	100	100
	7	镍	60	70	100	190
	8	锌	200	200	250	300
风险筛选值—其他项目	1	六六六总量[2)]	0.10			
	2	滴滴涕总量[3)]	0.10			
	3	苯并(a)芘	0.55			
风险管制值	1	镉	1.5	2.0	3.0	4.0
	2	汞	2.0	2.5	4.0	6.0
	3	砷	200	150	120	100
	4	铅	400	500	700	1000
	5	铬	800	850	1000	1300

[1)]重金属和类金属砷均按元素总量计。[2)]α－六六六、β－六六六、γ－六六六、δ－六六六4种异构体的含量总和。[3)]p,p'－滴滴伊、p,p'－滴滴滴、o,p'－滴滴涕、p,p'－滴滴涕4种衍生物的含量总和。

根据GB 5084—2005，果园灌溉水质控制项目分为基本控制项目和选择性控制项目两类。其中，基本控制项目适用于以地表水、地下水和处理后的养殖业废水及农产品原料加工废水为水源的农田灌溉用水；选择性控制项目是基本控制项目的补充指标，由县级以上人民政府环境保护和农业行政主管部门根据本地区农业水源水质特点和环境、农产品管理的需要进行选择控制。当该标准不能满足当地环境保护或农业生产需要时，各省级人民政府可以补充该标准中未规定的项目或制定严于该标准的相关项目，作为地方补充标准。该标准设立的8种重金属的限量指标中，镉、铬、汞、铅和砷的限量指标为基本控制项目，铜、硒和锌的限量指标为选择性控制项目，见表56。

表 56　果园灌溉用水水质要求

<table>
<tr><th colspan="2">项目</th><th>果树</th><th>瓜类和草本水果</th></tr>
<tr><td rowspan="16">基本控制项目</td><td>五日生化需氧量 ≤</td><td>100mg/L</td><td>15mg/L</td></tr>
<tr><td>化学需氧量 ≤</td><td>200mg/L</td><td>60mg/L</td></tr>
<tr><td>悬浮物 ≤</td><td>100mg/L</td><td>15mg/L</td></tr>
<tr><td>阴离子表面活性剂 ≤</td><td>8mg/L</td><td>5mg/L</td></tr>
<tr><td>水温 ≤</td><td colspan="2">35℃</td></tr>
<tr><td>pH ≤</td><td colspan="2">5.5～8.5</td></tr>
<tr><td>全盐量 ≤</td><td colspan="2">1000mg/L(非盐碱土地区)，2000mg/L(盐碱土地区)</td></tr>
<tr><td>氯化物 ≤</td><td colspan="2">350mg/L</td></tr>
<tr><td>硫化物 ≤</td><td colspan="2">1mg/L</td></tr>
<tr><td>总汞 ≤</td><td colspan="2">0.001mg/L</td></tr>
<tr><td>镉 ≤</td><td colspan="2">0.01mg/L</td></tr>
<tr><td>总砷 ≤</td><td>0.1mg/L</td><td>0.05mg/L</td></tr>
<tr><td>铬(六价) ≤</td><td colspan="2">0.1mg/L</td></tr>
<tr><td>铅 ≤</td><td colspan="2">0.2mg/L</td></tr>
<tr><td>粪大肠菌群数 ≤</td><td>4000 个/L</td><td>1000 个/L</td></tr>
<tr><td>蛔虫卵数 ≤</td><td>2 个/L</td><td>1 个/L</td></tr>
<tr><td rowspan="11">选择性控制项目</td><td>铜 ≤</td><td colspan="2">1mg/L</td></tr>
<tr><td>锌 ≤</td><td colspan="2">2mg/L</td></tr>
<tr><td>硒 ≤</td><td colspan="2">0.02mg/L</td></tr>
<tr><td>氟化物 ≤</td><td colspan="2">2mg/L(一般地区)，3mg/L(高氟地区)</td></tr>
<tr><td>氰化物 ≤</td><td colspan="2">0.5mg/L</td></tr>
<tr><td>石油类 ≤</td><td colspan="2">10mg/L</td></tr>
<tr><td>挥发酚 ≤</td><td colspan="2">1mg/L</td></tr>
<tr><td>苯 ≤</td><td colspan="2">2.5mg/L</td></tr>
<tr><td>三氯乙醛 ≤</td><td colspan="2">0.5mg/L</td></tr>
<tr><td>丙烯醛 ≤</td><td colspan="2">0.5mg/L</td></tr>
<tr><td>硼 ≤</td><td colspan="2">1mg/L，2mg/L，3mg/L*</td></tr>
</table>

* 依次为对硼敏感作物(如柑橘)、对硼耐受性较强的作物和对硼耐受性强的作物。

根据 GB 3095—2012，环境空气质量控制项目分为基本项目、其他项目和参考项目 3 类，见表 57。其中，基本项目在全国范围内实施；其他项目由国务院环境保护主管部门或省级人民政府根据实际情况确定具体实施方式；参考项目为省级人民政府制定地方环境空气质量标准提供参考。该标准设立的 5 种重金属的限量指标中，铅的限量指标为其他项目，其余 4 种重金属的限量指标均为参考项目。随着无铅汽油(un－leaded petro，ULP)的推广使用，今后来自汽车尾气的铅污染将减少。我国早在 2000 年即已开始在全国范围内推广无铅汽油，并从 2006 年 12 月 6 日开始实行汽油无铅化，强制使用无铅汽油，要求车用汽油中不得人为加入含铅的添加剂，其铅含量应小于或等于 0.005g/L，从根本上解决了汽车尾气的铅污染问题。

表 57　果园环境空气污染物浓度限值[1)]

项目			浓度限值		
			年平均	24h 平均	1h 平均
基本项目	二氧化硫	≤	60μg/m³	150μg/m³	500μg/m³
	二氧化氮	≤	40μg/m³	80μg/m³	200μg/m³
	一氧化碳	≤	—	4mg/m³	10mg/m³
	臭氧	≤	—	160μg/m³ [2)]	200μg/m³
	颗粒物(粒径≤10μm)	≤	70μg/m³	150μg/m³	—
	颗粒物(粒径≤2.5μm)	≤	35μg/m³	75μg/m³	—
其他项目	总悬浮颗粒物(TSP)	≤	200μg/m³	300μg/m³	—
	氮氧化物(NO_x)	≤	50μg/m³	100μg/m³	250μg/m³
	铅	≤	0.5μg/m³	1μg/m³ [3)]	—
	苯并(a)芘	≤	0.001μg/m³	0.0025μg/m³	—
参考项目	镉	≤	0.005	—	—
	汞	≤	0.05	—	—
	砷	≤	0.006	—	—
	六价铬	≤	0.000025	—	—
	氟化物	≤	2μg/(dm²·d)[4)]	3μg/(dm²·d)[5)]	—

[1)] 均为标准状态下的浓度。[2)] 日最大 8h 平均值。[3)] 季平均值。[4)] 生长季平均值。[5)] 月平均值。

（二）合理使用肥料

不合格肥料的施用是造成果园重金属污染的一个重要原因。应加强肥料质量监管，严禁销售和使用重金属含量超标的肥料。对于果品生产者，应购买和使用登记或免予登记且质量合格的肥料产品。在我国，获得正式登记证和临时登记证的肥料，其有关信息可以从相关部门查证。我国制定了一系列国家标准、农业行业标准、轻工业行业标准和化工行业标准，对各种肥料中砷、镉、铅、铬、汞等重金属元素的含量加以限制，见附表8。这些标准对保护果园土壤环境，维护生态平衡，控制有害元素影响，提高果品质量安全水平，保障人体健康，促进果业健康发展，具有重要的现实意义，可用于肥料监管、购销和使用。

一些养殖场在饲料中添加了铜、锌、砷等重金属，造成厩肥和畜禽粪便重金属含量偏高。果园应避免施用这样的农家肥，以免对果园造成重金属污染。农用污泥等杂肥含有多种有害物质，不合理使用会对土壤、果树、地表水和地下水造成污染，导致有害物质尤其是重金属在土壤中累积。在果品生产中，除非其施用不会对果园造成污染，不要轻易施用。农用污泥是经过无害化处理达标后可用于耕地、园地、牧草地等的城镇污水处理厂的污泥产物。污泥产物农用时，根据其污染物的浓度分为A级和B级污泥产物。A级污泥产物允许在耕地、园地、牧草地使用。B级污泥产物允许在园地、牧草地、不种植食用农作物的耕地使用。根据《农用污泥污染物控制标准》（GB 4284—2018），农用污泥的污染物浓度限值应满足表58的要求；污泥产物农用时，其卫生学指标及限值应满足表59的要求，其理化指标及限值应满足表60的要求。污泥产物农用时，年用量累计不应超过7.5t/hm^2（以干基计），连续使用不得超过5年。

表58　污泥产物的污染物浓度限值

项目	污染物限值（以干基计）/（mg/kg）	
	A级污泥产物	B级污泥产物
总镉	<3	<15
总汞	<3	<15
总铅	<300	<1000
总铬	<500	<1000
总砷	<30	<75
总镍	<100	<200
总锌	<1200	<3000

续表

项目	污染物限值(以干基计)/(mg/kg)	
	A 级污泥产物	B 级污泥产物
总铜	<500	<1500
矿物油	<500	<3000
苯并(a)芘	<2	<3
多环芳烃	<5	<6

表 59　污泥产物的卫生学指标

控制项目	限值
蛔虫卵死亡率	≥95%
粪大肠菌群菌值	≥0.01

表 60　污泥产物的理化指标

控制项目	限值
含水率	≤60%
pH	5.5~8.5
粒径	≤10mm
有机质(以干基计)	≥20%

(三)控制农药农膜使用

金属制剂农药的使用势必引起土壤金属元素含量升高。金属制剂农药主要有汞制剂、铅制剂、砷制剂、铜制剂和锌制剂。目前，汞制剂、铅制剂和砷制剂已基本被淘汰，而铜制剂和锌制剂的使用仍然非常普遍。其中，铜制剂主要有波尔多液、碱式硫酸铜、氧化亚铜、硫·酮·多菌灵、氢氧化铜等，锌制剂主要有代森锰锌、代森锌、福美锌等。其中，波尔多液和代森锰锌是当前我国果树生产中使用最为普遍的杀菌剂。为防止金属制剂农药使用对果园造成重金属污染，在果树病害防治过程中，应科学合理地使用金属制剂农药，通过适时喷药、交替用药、合理混用等措施，尽量减少用药量和喷药次数，从而减少重金属对果园环境和果品质量安全的不利影响。另外，农用塑料薄膜因生产中使用热稳定剂等而含有重金属，果园使用塑料大棚和地膜后，应及时回收处理，以减轻对果园环境的污染。

(四)实行果实套袋和清洗

果实套袋不仅具有保护果面免受污染、促进着色、改善果面光洁度、减少裂果、保持果粉完整性等优点，还能明显降低果品中的农药残留量，已成为苹果、梨、葡萄、桃等许多果品安全生产的有效技术措施，见图8。果实套袋可对果实起到物理隔绝作用，避免了果实与农药、叶面肥和大气沉降的直接接触，也就切断了重金属通过这些途径对果品的污染。值得注意的是，果实套袋也会影响果品品质(外观、内质、耐贮性等)，需采取配套措施减轻或避免不利影响。以苹果为例，应尽早除袋，红色品种最好在除袋后采取摘叶转果、铺反光膜等措施促进果实着色。食用前进行清洗，能够清除因大气沉降而附着在果实表面的尘埃和重金属。Aldjain 等(2011)对采自沙特首都利雅得的海枣所做的研究显示，从海枣表皮上洗下的尘土含有较高水平的铅和镉，特别是其镉含量明显高于海枣果肉。

图8　苹果果实套袋

(引自：聂继云，2016)

(五)治理土壤重金属污染

果园土壤一旦被重金属污染就很难去除，再加上果树(除西瓜、甜瓜、草莓等少数水果外)均为多年生植物，使得被污土壤治理起来非常困难，而且费工费时。因此，果园土壤重金属污染的防治应坚持“预防为主”的方针，重在控制和消除污染源。对于已经污染的土壤，应采取有效措施，消除土壤中的污染物或者控制土壤中污染物的迁移转化方向。重金属污染的治理就是采取多种措施削弱重金属元素在土壤中的活性和生物毒性，主要有客土、排土、化学改良、生物改良、增施有机肥等措施。受污染的果园选用何种治理措施应根据污染种类、污染程度、土壤特性、气候条件、果树生产技术、经济水平等统筹考虑。

1. 客土、排土

重金属污染物大多富集在土壤表层或耕作层，可以采用排土(挖去污染土层)和客土(用无污染土壤覆盖被污染土壤)方法进行改良。需要注意的是，排出的污染土壤应妥善处理，防止二次污染和污染扩散。

2. 化学改良

利用化学试剂可促使土壤中的重金属元素转化为硫化物、氢氧化物、磷酸盐等难溶物，从而降低重金属元素的活性。重金属元素多为亲硫元素，施用适量硫化钠、石灰硫磺合剂等有利于重金属元素生成硫化物沉淀。在酸性、微酸性土壤中，施用石灰或碱性炉灰渣等，可提高土壤 pH，促进镉、铜、锌、汞等形成碳酸盐或氢氧化物沉淀。被砷污染的土壤施用 $Fe_2(SO_4)_3$、$MgCl_2$等，可形成 $FeAsO_4$、$Mg(NH_4)AsO_4$等难溶物。被汞、镉污染的土壤，则可施用碱性磷酸盐使其生成溶解度极低的磷酸汞和磷酸镉。

3. 生物改良

有些低等植物对某些重金属元素具有极强的富集能力，可以作为小面积污染土壤的净化剂。据报道，有些蕨类植物对锌、镉的富集浓度可达千分之几，苔藓对砷的富集浓度可达千分之一以上。

4. 增施有机肥

有机胶体对土壤中的重金属元素有一定的吸附能力。增施有机肥能增加土壤有机质含量，从而促进土壤对重金属元素的吸附，提高土壤的自净能力。

第三章　果品农药残留

果树病虫害多，发生频繁。以苹果为例，仅常见病虫害就有10余种，包括苹果斑点落叶病、苹果褐斑病、苹果炭疽病、苹果轮纹病、苹果树腐烂病、苹果干腐病、苹果霉心病等真菌病害，以及苹果全爪螨、山楂叶螨、桃小食心虫、金纹细蛾、苹小卷叶蛾、绣线菊蚜、苹果瘤蚜、苹果绵蚜等虫害(聂继云，2016)。果树病虫害的防治有物理防治、生物防治、农业防治、化学防治等多种方法，但以使用农药的化学防治为主。在果品生产过程中(包括采后防腐保鲜处理)，农药使用后难免会残存于果品表皮或进入果品内，其消解代谢剩余部分(包括农药的有毒代谢物)即形成残留。农药残留超过一定限量标准就会对果品消费者健康造成风险。

第一节　农药残留与人体健康

一、农药残留有关概念

我国《农药管理条例》给出了农药的定义。《食品安全国家标准　食品中农药最大残留限量》(GB 2763—2016)对残留物、最大残留限量、再残留限量、每日允许摄入量等4个术语进行了定义。

(一)农药

农药(pesticide)是指用于预防、控制危害农业、林业的病、虫、草、鼠和其他有害生物以及有目的地调节植物、昆虫生长的化学合成或者来源于生物、其他天然物质的一种物质或者几种物质的混合物及其制剂。

(二)残留物

残留物(residue definition)是指由于使用农药而在食品、农产品和动物饲料中出现的任何特定物质，包括被认为具有毒理学意义的农药衍生物，如农药转化物、代谢物、反应产物及杂质等。GB 2763—2016针对果品规定了最大残留限量的近230种农药中，接近23%的农药其残留物为该农药及其代谢产物之和或该农药的异构体之和，其余近77%的农药其残留物为该农药本身。例如，咪鲜胺的残留物为咪鲜胺及其含有2,4,6-三氯苯酚部分的代谢产物之和，以咪鲜胺表示；甲硫威的残留物为甲硫威、甲硫威砜和甲硫威亚砜之和，以甲硫威表示；滴滴涕的残留物为 p,p'-滴滴涕、o,p'-滴滴涕、p,p'-滴滴伊和 p,p'-滴滴滴之和。

（三）最大残留限量

最大残留限量（maximum residue limit，MRL）是指在食品或农产品内部或表面法定允许的农药最大浓度，以每千克食品或农产品中农药残留的毫克数表示（mg/kg）。目前，包括中国、美国、日本、欧盟、国际食品法典委员会（CAC）在内的许多国家和国际组织均制定了自己的农药残留限量标准，作为保护消费者健康和农产品质量安全监管的依据。GB 2763—2016 共规定了果品农药最大残留限量 1233 项（含 169 项临时限量和 55 项再残留限量），《食品安全国家标准　食品中百草枯等 43 种农药最大残留限量》（GB 2763.1—2018）增补了 37 项果品农药最大残留限量。截至 2016 年，CAC 已针对不同农药/商品组合规定了 4844 项 MRL；欧盟的农药数据库（EU Pesticides Database）覆盖农药达 624 种。不同国家和组织之间针对同一种果品规定的农药残留限量项目和限量值往往不尽一致，甚至差异很大。以苹果为例，CAC 规定了 97 项，美国规定了 143 项；CAC 有 28 项限量严于美国，而美国有 14 项限量严于 CAC。

（四）再残留限量

再残留限量（extraneous maximum residue limit，EMRL）是指一些持久性农药虽已禁用，但还长期存在环境中，从而再次在食品或农产品中形成残留，为控制这类农药残留物对食品和农产品的污染而规定其在食品和农产品中的残留限量，以每千克食品或农产品中农药残留的毫克数表示（mg/kg）。在 GB 2763—2016 中，艾氏剂、滴滴涕、狄氏剂、毒杀芬、六六六、氯丹、灭蚁灵、七氯和异狄氏剂的限量即为再残留限量。

（五）每日允许摄入量

每日允许摄入量（acceptable daily intake，ADI）是指人类终生每日摄入某物质，而不产生可检测到的危害健康的估计量，以每千克体重可摄入的量表示（mg/kg 体重）。从 FAO/WHO 农药残留联席会议（Joint FAO/WHO Meeting on Pesticide Residues，JMPR）数据库（JMPR Database）可查询到所有 JMPR 已评价过的农药的 ADI、急性参考剂量（acute reference dose，ARfD）、CAS 号（CAS Number，又称 CAS 登记号）等信息。GB 2763—2016 对规定限量的各种农药均提供了其 ADI 值。

二、农药的毒性

美国海洋生物学家蕾切尔·卡森(Rachel Carson)在其1962年出版的《寂静的春天(Silent Spring)》一书中描述了农药残留对环境的污染和对生态的破坏，在全球引起巨大反响。农药残留可能对鱼类、哺乳动物、蜜蜂等非靶标生物和人类造成危害，产生急性或慢性毒性。据WHO统计，全球每年因农药中毒而造成的死亡和慢性病约为100万例。虽然这些中毒案例大多数是由职业暴露(工业生产、农业施用)、自杀或误服误用引起的，但因其危害显著，已成为比较严重的社会问题。

(一)农药的毒性分级

WHO基于农药对大鼠的急性经口和经皮的半数致死量(median lethal dose，LD_{50})，将农药产品的毒性分为剧毒(Ia)、高毒(Ib)、中等毒(Ⅱ)、低毒(Ⅲ)等4个等级，见表61。

表61　WHO农药毒性分级

毒性级别	大鼠经口 LD_{50} mg/kg体重		大鼠经皮肤 LD_{50} mg/kg体重	
	固体	液体	固体	液体
剧毒(Ia)	<5	<20	<10	<40
高毒(Ib)	5~50	20~200	10~100	40~400
中等毒(Ⅱ)	50~500	200~2000	100~1000	400~4000
低毒(Ⅲ)	>500	>2000	>1000	>4000

《农药登记管理术语　第4部分：农药毒理》(NY/T 1667.4—2008)规定，农药产品毒性分为剧毒(Ia)、高毒(Ib)、中等毒(Ⅱ)、低毒(Ⅲ)、微毒(Ⅳ)等5个等级，见表62。例如，特丁硫磷和涕灭威为剧毒农药，甲胺磷、水胺硫磷、氧乐果、克百威等为高毒农药，敌敌畏、氰戊菊酯、吡虫啉等为中等毒农药，辛硫磷、噻嗪酮、敌百虫等为低毒农药，灭幼脲、氯虫酰胺等为微毒农药。

表62　中国农药毒性分级

毒性级别	经口 LD_{50} mg/kg体重	经皮肤 LD_{50} mg/kg体重	吸入 LD_{50} mg/kg体重
剧毒(Ia)	≤5	≤20	≤20
高毒(Ib)	5~50	20~200	20~200
中等毒(Ⅱ)	50~500	200~2000	200~2000
低毒(Ⅲ)	500~5000	2000~5000	2000~5000
微毒(Ⅳ)	>5000	>5000	>5000

（二）农药的急性毒性

农药的急性毒性是指生物体在短期内（＜24h）接触农药或给予一次染毒后引起严重损害甚至死亡的变化，以 LD_{50} 或半数致死浓度（median lethal concentration，LC_{50}）表示。LD_{50} 和 LC_{50} 可通过包括急性经口毒性、急性经皮毒性、急性吸入毒性、皮肤刺激性和腐蚀性、眼睛刺激性和腐蚀性、皮肤致敏性等动物试验测定。一种农药产品的 LD_{50} 或 LC_{50} 值越低，其急性毒性就越大。不同类型的农药由于作用机理不同，其对人体健康的急性毒性效应也有所不同。

1. 有机氯农药

有机氯农药化学性质稳定，不易分解，残留期长，易溶于脂肪，易在人体或动物脏器脂肪组织内蓄积。有机氯农药的中毒机理是由于有机氯代烃化合物的脱氯反应。当有机氯农药进入血液循环系统后，与活性氧作用，产生具有新的活性中心的不稳定氧化产物，而这些氧化产物分解很慢，强烈地作用于周围组织。有机氯农药急性中毒主要是对中枢神经系统的作用，常表现为震颤、抽搐、麻痹、虚弱并伴有刺激性呼吸。当人体摄入滴滴涕达 10mg/kg 体重时，即可出现中毒症状。

2. 有机磷农药

有机磷农药主要通过抑制害虫体内胆碱酯酶的活性来杀灭害虫。有机磷农药的中毒机理是造成人体内神经传导介质——乙酰胆碱大量聚积，而乙酰胆碱可使神经系统过度兴奋并很快转入抑制和衰竭，产生严重的神经功能紊乱和呼吸功能障碍。乙酰胆碱酯酶抑制率达到 16%～30% 时，人体会轻度中毒，出现头晕、头痛、恶心、呕吐、多汗、胸闷、视力模糊、无力、瞳孔缩小等症状；达到 50% 时，人体会中度中毒，出现肌纤维颤动、瞳孔明显缩小、轻度呼吸困难、流涎、腹痛、步态蹒跚等症状；超过 50% 时，人体会重度中毒，出现昏迷、肺水肿、呼吸麻痹、脑水肿等症状。敌敌畏、敌百虫、对硫磷、内吸磷等接触皮肤后可引起过敏性皮炎，并可出现水疱和脱皮，严重者出现皮肤化学性烧伤。

3. 氨基甲酸酯类农药

氨基甲酸酯类农药也是胆碱酯酶抑制剂，其毒性作用机理与有机磷类农药相似。氨基甲酸酯类农药可经呼吸道、消化道、皮肤吸收，急性中毒时可表现为流泪、肌肉颤动、瞳孔缩小等与有机磷农药中毒相似的症状。美国国家职业卫生研究所（National Institute of Occupational Health，NIOH）评估了田间喷洒灭多威的职业暴露毒性风险，发现作业工人的心电图、血清乳酸脱氢酶

(lactic dehydrogenase，LDH)水平、胆碱酯酶活性都有显著变化。

4. 拟除虫菊酯类农药

拟除虫菊酯类农药急性中毒可由皮肤吸收和呼吸道吸入引起。其毒性作用机理是通过影响神经轴突的传导而引起肌肉痉挛。轻度急性中毒症状包括头痛、头晕、乏力、恶心、呕吐，并伴有精神萎靡、口腔分泌物增多或肌束震颤。重度急性中毒会出现阵发性抽搐、重度意识障碍、肺水肿等。

5. 新烟碱类农药

新烟碱类农药也有较高的急性毒性。摄入和皮肤暴露吡虫啉会产生恶心、呕吐、头晕、混乱、焦虑、呼吸急促、多汗等急性中毒症状。噻虫啉对肝脏和甲状腺有损伤，会引起男性甲状腺肿瘤和女性子宫肿瘤，美国将其列为具有致癌性的农药。

(三)农药的慢性毒性

农药的慢性毒性是指生物体在正常生命期的大部分时间内多次接触农药引起的健康损害效应。农药对人体健康的慢性效应(也称长期效应)可能在几个月甚至几年之后才会出现，比急性效应更难确定。农药的慢性效应通常以最低观察效应浓度(lowest observed effect concentration，LOEC)和无观察效应浓度(no observed effect concentration，NOEC)来衡量，可通过慢性经口毒性、慢性经皮毒性、慢性吸入毒性等动物试验测定，主要包括神经毒性、致癌性、生殖发育毒性等。研究表明，人体长期职业暴露在多种农药中会导致神经功能的轻微恶化。长期与有机磷、有机氯和氨基甲酸酯类杀虫剂，六氯酚等杀菌剂，以及甲基溴、二硫化碳、磺酰氟等熏制剂接触，会引发慢性神经毒性。常见的慢性神经效应主要有嗜睡、疲劳、头痛、应激过度、头晕、肌肉震颤、抽搐无力、瘫痪、感觉异常、不协调、视觉障碍、中枢神经系统损害、紧张、帕金森综合症等。流行病学研究发现，暴露于有机氯农药的时间越长，神经系统越容易衰退。与普通人相比，暴露于有机氯的农民患帕金森病的风险明显升高。多年接触有机氯和有机磷杀虫剂的工人会发生慢性呼吸损害、持续性的肺纤维化、长期咳嗽和支气管炎。长期职业暴露农药的人，其后代发生先天性畸形，尤其是面部裂隙的风险会增加。在各类癌症中，与接触农药有关的癌症包括软组织肉瘤、淋巴瘤、非霍奇金淋巴瘤、白血病、肺癌、卵巢癌等。在长期接触大量农药的工人中，观察到了与造血系统有关的癌症。对于一般人群，还没有足够的数据显示癌症发病率与农药有关。

第二节　果品农药残留检测

农药残留不仅影响人体健康，也影响农产品贸易。各国政府都对农药残留问题高度重视，不仅农药残留限量标准日益严格，而且对农药残留的监测不断加强。果品农药残留呈现痕量、多残留等特点。果品农药残留监测是果品消费安全和果品顺利进出口的重要保障。农药残留检测技术为农药残留监测提供了必要的技术手段。近年来，果品农药残留检测技术得到迅速发展，出现了一大批针对不同类型果品、不同类别农药的多残留检测技术和快速检测技术，制定了一系列检测方法标准。

一、样品前处理技术

果品种类丰富，样品基质复杂，农药使用种类多，农药残留检测通常需先进行样品前处理，经提取、净化、浓缩等步骤将待测组分分离出来，再进行仪器测定。目前，果品农药残留检测广泛使用的样品前处理技术主要包括液液萃取、固相萃取、固相微萃取、QuEChERS 萃取等。超临界流体萃取、搅拌棒吸附萃取技术等新型前处理技术由于具有绿色、快速等特点，在果品农药残留检测中应用逐渐增多。

（一）液液萃取技术

液液萃取（liquid liquid extraction，LLE）是一种传统的分离提取技术。利用农药在两种非混相或部分混相液体中溶解度的不同，通过两相的充分接触，从而将农药从一相提取到另一相。常用的提取溶剂有二氯甲烷、丙酮、乙酸乙酯、甲醇、乙腈等。液液萃取操作过程相对繁琐，溶剂消耗量大，在对脂肪含量高的果品基质（如牛油果）进行前处理时，由于剧烈的振动，会发生乳化现象，造成回收率偏低。随着新的前处理技术的出现和发展，液液萃取技术在果品农药残留检测中的应用逐渐减少。

（二）固相萃取技术

固相萃取（solid phase extraction，SPE）是现代果品农药残留分析常用的一种前处理技术，也是目前我国标准方法中使用最多的一种前处理技术。其原理是将固－液萃取和液相色谱技术相结合，将吸附剂填装在柱芯型装置内，使不同化合物因极性、电荷、分子大小等的差异而分离开，从而实现对样品中不同组分的化学分离。固相萃取通常分为 4 个步骤，流程如图 9 所示：

(1)活化。首先，选用一种溶剂通过 SPE 小柱，润湿和活化填料，去除柱内可能的杂质，减少污染。然后，选择极性和 pH 与样品溶液相似或相同的溶剂通过小柱，以便使样品溶液与固相填料表面充分接触，提高萃取效率。(2)加样。将预处理好的样品溶液或提取液倒入 SPE 小柱，通过加压、抽真空或离心等方式，使样品溶液或提取液以适当的流速通过 SPE 小柱，从而将样品中目标物保留在柱中。(3)淋洗。选用适宜强度的溶剂作为淋洗液，将保留在固体填料上的杂质或干扰成分尽可能地淋洗下来，而将目标物保留在 SPE 小柱上。(4)收集。选用适宜强度的洗脱溶剂洗脱并收集保留在柱上的目标组分，从而实现目标物与杂质分离、样品净化。

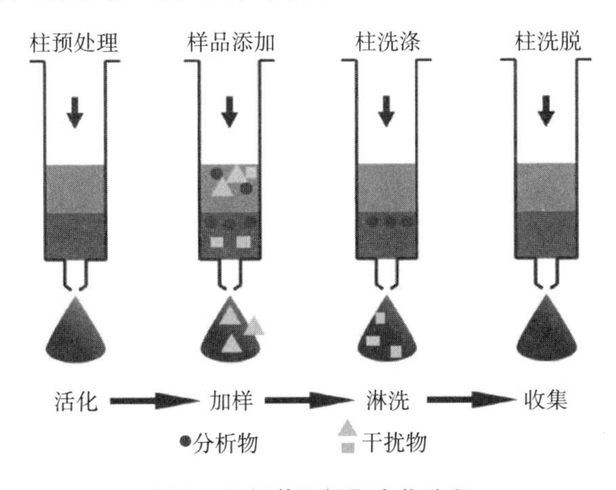

图 9　固相萃取提取净化流程

根据柱芯装置的不同，固相萃取产品可分为固相萃取小柱、微固相萃取柱和在线固相萃取净化柱。固相萃取小柱通常为注射器形，容量为 1mL ~ 35mL，吸附剂重 10mg ~ 6g，是目前食品安全分析最常用的产品类型，适合样品量中等的样品。微固相萃取载体为 96 孔板或 47/90mm 的平板，吸附剂重 2mg ~ 60mg，主要为微量样品，高灵敏分析设计，多用于药物代谢和药代动力学研究。在线固相萃取净化柱由切换阀和软件控制，无须人工操作。根据柱填料性质的不同，固相萃取可分为正相固相萃取、反相固相萃取、聚合物固相萃取、离子交换固相萃取等。正相固相萃取采用极性吸附剂，利用的是目标化合物的极性官能团与吸附剂表面的极性官能团之间的相互作用(包括氢键、π - π 键相互作用、偶极 - 偶极相互作用、偶极 - 诱导偶极相互作用等)，常用正相固相萃取吸附剂，包括硅胶、氧化铝、硅酸镁等。反相固相萃取采用非极性吸附剂，吸附剂与目标化合物间的作用力为非极性 - 非极性相互作用(即范德华力或色散力)，常用反相固相萃取吸附剂有十八烷基硅(C_{18})、苯基键合相、环丙烷基键合相等。离子交换固相萃取利用离子间高能量的相互作用，吸附剂主要为阴离子交换树脂和阳离子交换树脂。强阳离子交换树脂的交换基团为硫磺酸[－SO－3H＋]，弱阳离子交换树脂的交换基团为羧酸。强阴离子交换树脂的交换基团为第四胺[$-N^+(CH_3)_3$]，弱阴离子交换树脂的交换基团为第一、第二胺或氨烷基。大孔聚合物固相萃取主要有聚苯乙烯－二乙烯苯、聚二乙烯苯－*N*－乙烯基吡咯烷酮、石墨化碳(graphitized carbon black，GCB)等。不同填料混合的复合固相萃取也很常见，如 NH_2－GCB 复合柱和 PSA－GCB 复合固相萃取柱。近年来，分子印迹、介孔材料、聚合物、多壁碳纳米管等新型固相萃取吸附剂在果品农药残留检测技术研发中的应用也逐渐增多。

作为一种有效的样品富集和净化方法，固相萃取具有分析步骤相对简单、溶剂使用量小、回收率高等特点，是目前果品农药残留检测中最常用的前处理技术，见表63。我国很多农药残留检测方法国家标准和行业标准的样品前处理均采用了该技术。例如，《水果和蔬菜中450种农药及相关化学品残留量的测定　液相色谱－串联质谱法》(GB/T 20769—2008)，试样用乙腈匀浆提取，盐析离心，Sep－pakVac 固相萃取柱净化，用乙腈和甲苯(3:1，体积比)洗脱，液相色谱－串联质谱测定。再如《食品安全国家标准　食品中有机磷农药残留量的测定　气相色谱－质谱法》(GB 23200.93—2016)，试样用水－丙酮溶液均质提取，二氯甲烷液液分配，凝胶色谱柱净化，再经石墨化炭黑固相萃取柱净化，气相色谱－质谱检测。

表63　固相萃取在果品农药残留检测中的应用

检测目标物	提取剂	净化柱	参考文献
6种酰胺类农药	乙腈	弗罗里硅土固相萃取柱	马琳等(2015)
3种苯并咪唑类农药	甲醇	Oasis HLB 固相萃取柱	苏永恒等(2014)
15种酸性农药	甲酸－乙腈	管尖固相萃取柱[1)]	邱楠楠等(2017)
9种拟除虫菊酯类农药[2)]	丙酮－水	石墨化炭黑固相萃取柱	卢亚玲等(2015)
有机磷类农药	甲醇	分子印迹聚合物固相萃取柱	Li 等(2016)
乙螨唑	乙腈	木炭－硅藻土柱	Malhat 等(2013)

[1)] 以官能化聚苯乙烯/二乙烯苯(PEP)和亲水作用色谱(HILIC)为吸附填料。[2)] 用二氯甲烷萃取。

(三)固相微萃取技术

固相微萃取(solid phase microextraction，SPME)是20世纪80年代出现的

一种快速、简便、无溶剂的样品前处理技术。其原理是，以熔融石英光导纤维或其他材料为基体支持物，利用相似相容的特点，在其表面涂渍不同性质的高分子固定相薄层，利用待测物在基体和萃取相间的非均相平衡，通过直接或顶空方式，使待测组分扩散吸附到石英纤维表面的固定相涂层，对待测物进行提取和富集。待吸附平衡后，再与气相色谱(gas chromatography，GC)或液相色谱(liquid chromatography，LC)联用实现目标物的分离测定。固相微萃取通常包括两个过程：一是目标化合物在涂层材料与样品基质中的分配；二是目标物的解吸附。

固相微萃取的涂层可以是液体、固体，或两者的结合。目前，商品化的涂层材料一般分为非极性、中等极性和极性 3 种，见表 64，常用的涂层材料有聚二甲基硅氧烷(PDMS)、聚丙烯酸酯(PA)、苯酚(CW)、二乙烯基苯(DVB)、聚乙二醇(CAR)、模板树脂(TPR)、DVB/CAR/PDMS 等。在农药残留分析中，以 PDMS、PDMS/DVB 和 PA 涂层材料最为常见。近年来，石墨烯、离子液体、纳米管阵列等一些新型固相微萃取涂层材料被尝试用于果品农药残留检测。固相微萃取技术的萃取效率与固定相的材质、涂层的厚度、萃取模式等因素有关。固相微萃取固定相的选择，一般根据相似相容原理，极性大的化合物选择强极性的涂层，极性小的化合物选择弱极性的涂层。固定相涂层的厚度也是影响目标化合物萃取效率的重要因素，随着涂层厚度的增加，高沸点组分被吸附更多，但萃取速率会降低。固相微萃取涂层一般厚度为 7μm ~ 100μm。相对分子质量较低或挥发性的化合物，通常选用厚度为 100μm 的萃取头；相对分子质量较大或半挥发性的物质则采用厚度为 7μm 的萃取头。

表 64　常用固相微萃取涂层

涂层材料	规格/μm	用途
PDMS	100、30、7	低相对分子质量、挥发或半挥发的非极性化合物
PA	85	极性或半挥发性化合物
PDMS/DVB	65、60	极性和半挥发性化合物
CAR/PDMS	75、85	痕量挥发性化合物
CW/DVB	65、70	极性化合物
CW/TPR	50	表面活性剂
DVB/CAR/PDMS	50、30	C_3-C_{20}化合物

固相微萃取通常有 3 种萃取模式：直接法、顶空法和膜方法。直接法是指将石英纤维直接放在样品中，主要用于半挥发性物质的萃取。顶空法是将石英纤维插入样品上方，主要用于挥发性物质的顶空富集。膜方法是将石英

纤维放在经微波萃取和膜萃取处理过的样品中，主要用于难挥发性复杂组分的萃取。目前，固相微萃取大多与GC联用，萃取完成后，直接进样。当固相微萃取需要较长的平衡时间(超过1h)时，可采用磁力搅拌、超声、纤维振动旋转等方式以减少平衡时间。固相微萃取可用于果品及制品中有机氯、有机磷、三唑类等农药的残留检测，多采用直接或顶空进样模式，见表65。对于大多数有机磷农药，使用PDMS纤维的效果优于使用PA纤维。样品中添加盐和水能够增加PDMS和PA两种纤维涂层的提取效率。

表65　固相微萃取在果品及其制品农药残留检测中的应用

样品	农药残留	SPME涂层	进样方式	检测方法	参考文献
果汁饮料	32种农药	PDMS	直接	SPME - GC - MS	Robles - Molina 等(2011)
水果	15种农药	PDMS	顶空	SPME - GC - MS	钱宗耀等(2014)
库尔勒香梨	9种有机磷农药	PDMS	顶空	SPME - GC	王建梅等(2014)
水蜜桃	11种有机氯农药	PDMS	顶空	SPME - GC	陶昆等(2014)
葡萄和草莓	10种三唑类农药	PDMS	直接	DI - SPME - GC - ToFMS	Souza - Silva 等(2003)

(四)搅拌棒吸附萃取技术

搅拌棒吸附萃取(stir bar sorptive extraction，SBSE)是一种新型固相微萃取样品前处理技术，具有固定相体积大、萃取容量高、不需要外加搅拌子、可避免竞争性吸附等特点。该技术由Pawliszyn等于1999年提出，其原理与SPME相似，是将聚二甲基硅氧烷套在内封磁芯的玻璃管上作为萃取涂层，当萃取达到平衡时，分析物在聚二甲基硅氧烷(PDMS)和水相中的分配系数与分析物的辛醇-水分配系数相近。SBSE的萃取效率与目标物在聚合物涂层和样品基质间的分配系数以及聚合物涂层的厚度有关。与SPE相比，SBSE具有有机溶剂消耗低、回收率高的特点。与SPME相比，SBSE的灵敏度和准确性更优，但不能在气相色谱仪的注射口直接进样，目标物必须解吸附到合适的溶剂中，分析步骤较多，分析时间更长，且需热解吸装置。

SBSE在果品农药残留检测中的应用逐渐增多，已成功用于有机磷类、有机氯类、拟除虫菊酯类、氨基甲酸酯类等农药的检测。对于脂肪含量大于2%的果品和乙醇含量较高的水果加工品，均需对样品进行稀释测定。Ochiai等(2005)建立了桃、葡萄等基质中85种农药的SBSE方法，样品用甲醇提取后用水稀释(目的是减小有较高辛醇-水分配系数的农药的玻璃吸附)，用GC-MS测定。Campillo等(2010)建立了SBSE结合液相色谱-二极管阵列检测器的水果中甲氧丙烯酸酯类杀菌剂残留检测方法。

（五）QuEChERS 技术

QuEChERS 技术是目前应用最普遍的果品农药残留检测前处理技术。QuEChERS 是 quick（快速）、easy（简单）、cheap（经济）、effective（高效）、rugged（耐用）、safe（环保）等6个英文单词首字母的缩写。该技术由美国农业部 Anastassiades 等（2003）首次提出。美国公职分析家协会（Association of Official Analytical Chemists，AOAC）标准《Pesticide Residues in Foods by Acetonitrile Extraction and Partitioning with Magnesium Sulfate—Gas Chromatography/Mass Spectrometry and Liquid Chromatography/Tandem Mass Spectrometry（食品中农药残留的测定　乙腈提取和硫酸镁分离－气相色谱/质谱法和液相色谱/串联质谱法）》（AOAC Official Method 2007.01）、英国标准协会（BSI）标准《Foods of plant origin—Determination of pesticide residues using GC－MS and/or LC－MS/MS following acetonitrile extraction/partitioning and clean－up by dispersive SPE—QuEChERS－method（植物源性食品中农药残留的测定　乙腈提取和分散固相萃取净化（QuEChERS 方法）－气相色谱/质谱法和液相色谱/串联质谱法）》（BS EN 15662：2008）和中国农业行业标准《蔬菜、水果中51种农药多残留的测定　气相色谱－质谱法》（NY/T 1380—2007）等农药残留检测标准方法均采用了该技术，见表66。

表66　3种农药残留检测标准方法的 QuEChERS 技术流程

AOAC Official Method 2007.01	BS EN 15662：2008	NY/T 1380—2007
（1）称取15g均质样品放入50mL提取管中，加入15mL 1%冰醋酸－乙腈和100μL内标溶液，剧烈振荡1min。 （2）加入6g无水硫酸镁，1.5g乙酸钠，剧烈振荡1min后4000r/min离心5min。 （3）取1mL上清液，加入含有50mg PSA和150mg无水硫酸镁的净化管中，振荡30s后4000r/min离心5min，上清液过膜后待测	（1）称取10g均质样品放入50mL带盖离心管中，加入10mL乙腈和100μL内标溶液，剧烈振荡1min。 （2）加入4g无水硫酸镁、1g氯化钠、0.5g柠檬酸氢二钠、1g柠檬酸钠，剧烈振荡1min，4000r/min离心5min。 （3）取1mL上清液加入含有25mg PSA和150mg无水硫酸镁的净化管中，剧烈振荡30s，4000r/min离心5min	（1）称取15g均质样品装入50mL带盖离心管中，加入15mL 1%乙酸乙腈溶液，剧烈振荡1min。 （2）加入6g硫酸镁和1.5g醋酸钠，剧烈振荡1min，5000r/min离心1min。 （3）取2mL上清液加入含有0.1g PSA、0.1g C_{18}和0.3g无水硫酸镁的净化管中，剧烈振荡1min，5000r/min离心1min。 （4）移取1mL上清液到1mL容量瓶，氮吹至小于0.8mL，准确加入100μL内标溶液和100μL保护剂，用乙腈定容至1mL

QuEChERS 技术的原理是，以乙腈为提取剂，涡旋提取均质样品，加入氯化钠、无水硫酸镁和分散固相萃取吸附剂进行盐析分相和脱水净化，通过涡旋混合和离心，实现高含水量样品中农药残留的高效提取。QuEChERS 技术主要包括 2 个步骤，即样品提取和分散固相萃取。最初，该技术仅应用于含水量高于 75% 的水果和蔬菜样品中农药多残留的提取和净化。其流程为，在离心管中准确称取 10g 样品，加入 10mL 乙腈、4g 无水硫酸镁和 1g 氯化钠，涡旋混匀后离心 5min，取 1mL 上清液加入到含有 25mg PSA 和 150mg 无水硫酸镁的离心管中，涡旋 30s，离心 1min，取上清液进行测定。PSA 为乙二胺 - *N* - 丙基硅烷和硅胶键合所得硅胶基质吸附剂，功能基团为 *N* - 丙基乙二胺。PSA 有 2 个氨基，pKa 值分别为 10. 1 和 10. 9，具有弱的阴离子交换能力，有利于吸附样品基质中的有机酸、糖和色素。

随着对缓冲体系和分散固相萃取吸附材料的优化，QuEChERS 技术的应用范围日益广泛，已不限于蔬菜和水果。在提取体系优化方面，针对中性或碱性条件下不稳定的农药(如百菌清、敌菌丹、甲苯氟磺胺、克菌丹、灭菌丹、抑菌灵等)和酸性条件下不稳定的农药(如吡蚜酮等)会发生降解的现象，可通过样品提取过程中加入缓冲盐，使提取体系成弱酸性(pH 维持在 5 左右)，来降低农药降解率，提高回收率。例如，AOAC Official Method 2007. 01 采用的醋酸盐缓冲体系，BS EN 15662：2008 采用的柠檬酸盐缓冲体系。QuEChERS 技术所用分散固相萃取吸附剂主要有 PSA、C_{18}和 GCB，见表 67。对于芒果等色素含量高的水果样品，加入石墨化碳(GCB)能够有效去除色素(如叶绿素和类胡萝卜素)。但平面型分子农药(如百菌清、噻菌灵和嘧菌环胺)的回收率受石墨化碳黑加入量影响较大。原因在于，GCB 表面呈现平面六边形结构，对平面分子或含有平面芳香环的化合物具有强烈的吸附作用。对于脂肪含量较高和带有蜡的水果样品，除 PSA 外，通常还应加入一定量的 C_{18}分散固相萃取剂。C_{18}为十八烷基硅烷和硅胶键合所得的硅胶基质吸附剂，主要通过非极性相互作用吸附萃取液中的非极性物质，如脂类和固醇类。根据脂肪含量的多少，调节 C_{18}和 PSA 的用量可以达到较好的去脂效果。

表 67　QuEChERS 技术在果品农药残留检测中的应用

样品	农药残留	提取剂	净化吸附剂	参考文献
牛油果	136 种农药	乙腈 - 醋酸缓冲体系	PSA 和 C_{18}	Chamkasem 等(2013)
柑橘	115 种农药	1% 乙酸的乙腈溶液	PSA	Ozgur 等(2015)
李子	呋虫胺及其 3 种代谢物	甲醇	PSA 和 GCB	Rahman 等(2018)

续表

样品	农药残留	提取剂	净化吸附剂	参考文献
7 种水果	15 种三唑类农药	乙腈	PSA 和 C_{18}	李海飞等(2015)
水果	5 种有机磷和氨基甲酸酯农药	乙腈	PSA	董祥芝等(2015)
水果	53 种农药	乙腈	PSA 和 GCB	聂鲲等(2016)
柑橘、葡萄等水果	5 种植物生长调节剂	乙腈	C_{18}	史晓梅等(2012)
水果	31 种有机磷农药	乙腈	C_{18}	徐国锋等(2016)
4 种水果	5 种植物生长调节剂	二氯甲烷	PSA 和 C_{18}	薛荣旋等(2017)
苹果	24 种农药	1% 乙酸的乙腈溶液	PSA 和 GCB	刘胜男等(2017)
黄皮	30 种农药	乙腈	PSA	蒋庆科等(2016)
草莓	21 种杀菌剂	乙腈	PSA 和 GCB	侯雪等(2017)
杨桃	37 种农药	1% 乙酸乙腈溶液	PSA 和 C_{18}	李萍萍等(2017)
柑橘	吡唑醚菌酯、甲基硫菌灵、多菌灵	乙腈	PSA	李福琴等(2017)
柑橘	毒死蜱、吡虫啉和残杀威	乙腈	PSA	孙志高等(2017)
7 种水果	氯吡脲	0. 1% 乙酸的乙腈溶液	PSA 和 C_{18}	胡江涛等(2017)
水果	16 种农药	乙腈	PSA	吴岩等(2015)

随着材料学的发展，除 PSA、C_{18} 和 GCB 外，一些新型材料(如多壁碳纳米管、氧化锆、大孔聚合物等)也被用于果品农药残留检测的样品前处理。氧化锆对油脂和脂肪酸去除能力优于传统的 C_{18} 和 PSA，可作为分散固相萃取净化材料用于杏仁和牛油果的乙腈提取液净化(Moreno - González 等，2014)。多壁碳纳米管是一种管状的碳分子，管上每个碳原子采取 sp2 杂化，以碳 - 碳 σ 键结合起来，形成由六边形组成的蜂窝状结构作为碳纳米管的骨架，管的外径一般为几纳米到几十纳米，管的内径更小。多壁碳纳米管净化材料在葡萄、柑橘等水果 30 种农药残留分析中，在去除色素和基质效应方面均优于 PSA 吸附剂(Zhao 等，2012)。研究人员也在对石墨烯和功能化大孔聚合物在农产品农药残留检测的 QuEChERS 提取净化中的应用进行了探索。

（六）超临界流体萃取技术

超临界流体萃取（supercritical fluid extraction，SFE）技术用超临界流体作为萃取剂，代替液液萃取中的有机溶剂来萃取样品中的目标化合物。所谓超临界流体是指处于临界温度和临界压力以上的高密度流体，兼有液体和气体的优点，有很强的溶解能力和良好的流动及传递性能。超临界流体的密度会随压力和温度的微小变化而发生显著变化，溶质在超临界流体中的溶解度随超临界流体密度的增大而增大。二氧化碳（CO_2）、甲醇、乙烯、丙烷、乙烷、苯等许多物质都可作为超临界流体萃取剂。目前，最常用的超临界流体为超临界 CO_2，临界压力较低（7.38MPa），临界温度接近室温（31.1℃），传质速率较高，无毒无味，没有二次污染。

Capriel 等（1986）首次将 SFE 用于农药残留检测。SFE 在农药残留分析中有良好的发展前景。采用该技术提取水果样品中的农药残留，通常无须进一步净化，可直接进行气相色谱－质谱或液相色谱－质谱的测定。需要注意的是，水果样品大多含水量较高，而样品基质中的水会影响超临界流体的萃取效率。因此，对于含水量高的样品，需在超临界萃取前进行干燥处理。改性剂、萃取压力和萃取温度是影响超临界流体萃取效率的主要因素。超临界 CO_2分子极性较小，与液态戊烷相近，是一种非极性萃取剂，对非极性农药或弱极性农药（如有机磷、有机氯等）提取效率高，但对极性较大的农药提取效率低，需加入一定比例的改性剂（如甲醇、丙酮、异丙醇等）以提高提取效率，见表 68。例如，加入 10% 甲醇可显著提高极性农药乙酰甲胺磷和甲胺磷的回收率，加入丙酮能改善挥发性农药敌敌畏的回收率。萃取压力对 SFE 的提取效率也有影响。溶解度大的农药在较低萃取压力下即能提取出来，而溶解度小的农药则需更高的萃取压力。萃取温度的变化能改变超临界流体的密度和目标物的蒸气压。在低温区，随着萃取温度的升高，超临界流体密度减小、萃取溶解能力降低。在高温区，超临界流体虽然密度进一步减小，但因目标物蒸气压迅速增大，萃取溶解能力反而有所上升。

表 68　不同类型农药的超临界流体选择

农药极性分类	农药举例	宜选用的超临界流体
强非极性农药	拟除虫菊酯类农药	二氧化碳，添加无机盐、离子对试剂
非极性农药	有机氯类农药	二氧化碳
中等极性农药	有机磷类农药、三嗪类农药	二氧化碳，添加其他溶剂
极性、强极性农药	乙酰甲胺磷、氧乐果、啶虫脒	二氧化碳，添加无机盐、离子对试剂

二、仪器分析技术

(一)气相色谱技术

气相色谱法(gas chromatography，GC)是利用气体作流动相的一种色谱分离技术，流动相通常为氦气、氢气、氩气、氮气等。汽化的样品被载气(流动相)带入色谱柱中，柱中固定相与试样中各组分分子作用力不同，各组分从色谱柱中流出时间不同，从而实现不同化合物的分离。气相色谱技术在农药残留检测中应用最广、技术最成熟，具有灵敏度高、分离效果好、选择性强、分析速度快、应用范围广等特点。气相色谱主要用于易挥发、热稳定性较好的化合物的分离分析。原则上，沸点在500℃以下、相对分子质量在400以下的农药均可采用气相色谱技术进行分析，而沸点较高或热不稳定的农药，则需先进行衍生化处理，增加其挥发性。气相色谱的分离通过程序升温在色谱柱中进行，不同目标化合物可以选择不同的气相色谱柱，见表69。

表69　不同气相色谱柱的应用范围

固定相组成	极性	商品型号	温度/℃	应用范围
二甲基聚硅氧烷	非极性	HP－1	60～350	杀虫剂、多氯联苯类、酚类、硫化物类等
二苯基(5%)－二甲基聚硅氧烷(95%)	非极性	HP－5	60～350	农药、脂肪酸、生物碱、半挥发性化合物等
二苯基(35%)－二甲基聚硅氧烷(65%)	中极性	HP－35	40～320	杀虫剂、胺类等
二苯基(50%)－二甲基聚硅氧烷(50%)	中极性	HP－50	40～300	杀虫剂、甾类、乙二醇类等
INNO相键合聚乙二醇	极性	HP－INNOWax	40～270	醇类、游离酸类、芳烃类等
TPA改性聚乙二醇	极性	HP－FFAP	60～250	酸、醇、醛、酮等
分布于苯基聚合物中全甲基(β)环糊精	中等极性	HP-beta-cyclodextrin	30～250	手性化合物、挥发性旋光异构体
氰丙基苯(14%)－二甲硅烷共聚物(86%)	中等极性	HP PAS1701	20－300	杀虫剂、除草剂、多氯联苯类
二丙基苯(5%)－二甲基聚硅氧烷共聚物(95%)	中等极性	HP PAS 5	60～350	杀虫剂、除草剂、多氯联苯类

农药残留检测常用的气相色谱检测器有电子捕获检测器(electron capture detector, ECD)、氮磷检测器(nitrogen and phosphorous detector, NPD)、火焰光度检测器(flame photometric detector, FPD)和氢火焰离子化检测器(flame ionization detector, FID)。为达到良好的灵敏度和分离效果，应根据目标农药种类选择合适的检测器，见表70。气相色谱技术在农药单残留分析和农药残留分类分析中有很强的优势。目前，我国很多农药残留检测标准方法均采用了气相色谱法(聂继云，2017a)。在农药多残留检测中，气相色谱法不能直接给出定性结果，必须用已知物或已知数据与相应的色谱峰进行对比，当目标分析物有干扰时，有可能因干扰物保留时间相近而作出错误的判断。因此，在农药多残留检测中，气相色谱技术逐渐被气相色谱-质谱联用技术所取代。

表70　农药残留气相色谱法检测常用检测器

检测器	主要特点	应用范围
电子捕获检测器(ECD)	对具有电负性的物质(如含卤素化合物)有响应，是一种具有高选择性和高灵敏度的离子化检测器	有机氯农药、拟除虫菊酯类农药、除草剂等
氮磷检测器(NPD)	用于痕量氮、磷化合物的检测	有机磷农药和氨基甲酸酯类农药等
火焰光度检测器(FPD)	利用火焰中化学发光作用发展起来的一种高灵敏度、高选择性检测器	含硫和含磷的化合物，如有机磷、氨基甲酸酯等农药等
氢火焰离子化检测器(FID)	对几乎所有的有机物均有响应，对烃类灵敏度高且响应与碳原子数成正比	有机磷农药等
电化学检测器(ED)	选择性检测器，灵敏度高，选择性好	离子型化合物等

(二)气相色谱-质谱联用技术

质谱(mass spectrometry, MS)是一种通过电场和磁场将化合物电离为气态离子，按质荷比大小分离后进行检测的技术。《质谱在农药残留定性、确认和定量分析中的应用指南(Guidelines on the use of mass spectrometry (MS) for identification, confirmation and quantitative determination of residues)》(CAC/GL 56-2005)指出，质谱数据可以给出残留物验证最明确的证明，如果有适当的质谱仪器，应选择质谱作为确证技术。气相色谱-质谱联用技术(gas chromatography mass spectrometry，GC - MS）将气相色谱的高效分离性能和质谱的准确定性相结合，通过化合物在色谱上的保留时间和在特定电压下的特征碎片离子解决复杂体系中化合物的准确定性与定量问题。气相色谱 - 质谱联用技术能够同时分离不同种类的上百种农药残留，分析速度快，抗干扰能力强，已成为当前最主要的农药多残留检测技术之一。GC - MS 一般有两种工作模式：全扫描模式（SCAN）和选择离子监测模式（selective ion monitoring，SIM）。在 SCAN 模式下，可通过保留时间和质谱图实现对化合物的双重准确定性。在 SIM 模式下，可通过选择特征离子对目标化合物进行定量，降低基质效应和其他杂质的干扰，提高检测灵敏度。

在果品农药残留的气相色谱 - 质谱分析中，基质效应的存在会影响定量分析结果的准确性和重复性。水果中含有大量有机酸、糖类、色素等不易挥发的物质。这些物质的存在会影响目标农药的离子化，引起基质增强或基质减弱效应。对基质效应敏感的农药通常是具有极性或能形成强氢键作用的酸性或碱性化合物，带有磷酸基（—P ═O）、羟基、氨基、咪唑基、苯并咪唑基、氨基甲酸酯基（—O—CO—NH—）、脲基（—NH—CO—NH—）等，如二嗪磷、甲胺磷、久效磷、克菌丹、乐果、联苯菊酯、马拉硫磷、杀螟硫磷、氧乐果、乙酰甲胺磷、抑菌灵等。这些农药中，含多个 —P ═O 键的农药其基质效应比含单个 —P ═O 键的农药明显，含 —P ═O 基团的农药基质效应比含 —P ═S 基团的农药明显。目前，消除或补偿基质效应的方法有很多，主要有多重净化法、进样技术优化法、基质匹配标准校正法、掩蔽试剂法等，见表 71。

表 71　基质效应的消除与补偿方法

补偿方法	主要特点	主要缺点
多重净化方法	使用 SPE 串联、凝胶色谱等多种净化方式组合净化样品，在一定程度上减小基质效应	可能影响部分农药的回收率，对消除基质效应作用较小
进样技术优化法	使用脉冲不分流技术、程序升温气化不分流技术、大体积进样技术等，减少或避免样品成分与进样口或衬管的接触，从而减小基质效应	加快对柱头或柱子的污染速度
标准加入法	在样品提取液中，加入已知量的分析物，通过绘制标准曲线，计算目标物浓度	步骤繁琐，不适合多残留和大量样品测定
内标法	加入目标化合物的同位素内标或氘代内标	内标缺乏，加大了分析过程的难度，不太适合多残留同时检测

续表

补偿方法	主要特点	主要缺点
基质匹配标准校正法	采用空白样品提取液配制标准校正液，使标样中的基质环境与样品中的相同	步骤繁琐，空白样品不易寻找，基质匹配标准溶液不宜长期存放
掩蔽试剂法	进样前，在样品中加入多羟基基团的化合物作为分析保护剂，保护目标化合物不被进样口附近活性位点吸附，从而改善峰形，提高灵敏度	保护试剂的基质适用性有限
统计校正法	对溶剂标样和基质标样标准曲线的效率和结局进行方差检验，建立统计校正模型，避免使用基质匹配标样	需要在相同系统环境和操作条件下使用

近年来，我国在果品农药残留的气相色谱－质谱方法研究方面也取得了长足的进展，发布了10余项气相色谱－质谱联用方法标准(聂继云，2017a)，其中，《食品安全国家标准　植物源性食品中208种农药及其代谢物残留量的测定　气相色谱－质谱联用法》(GB 23200. 113—2018)是我国首个针对农药多残留分析的气相色谱－串联质谱法(gas chromatography－tandem mass spectrometry，GC－MS/MS)的国家标准。与传统的GC方法或GC－MS方法相比，该方法在检测通量、选择性和灵敏度方面均有很大提高(多数农药定量限低至0. 01mg/kg)。GC－MS/MS采用多反应监测模式(multi reaction monitoring，MRM)，通过监测特征的母离子及其在二级质谱下产生的特征子离子，大幅降低或消除了基质干扰，相较SIM模式，能为目标化合物提供更专属的选择性和更高的灵敏度。以GC－MS/MS为主的农药多残留方法将逐渐替代GC－MS。

(三)液相色谱技术

液相色谱(liquid chromatography，LC)是利用液体作为流动相的一种色谱分离技术。其原理是，通过溶质在固定相和流动相之间的连续多次交换过程，根据溶质在两相间分配系数、亲和力、吸附力和分子大小的不同引起排阻作用的差别，使得不同溶质得以分离。液相色谱法适合难挥发、受热易分解或热不稳定、相对分子质量大、不同极性的化合物，也是果品农药残留检测最常用的技术手段之一，与气相色谱技术相辅相成，互为补充。液相色谱的分离通过泵入不同极性的溶剂在色谱柱中进行，根据目标化合物在流动相与色谱柱固定相的分布不同引起的迁移速度不同来实现化合物的分离。液相色谱技术在色谱设备和色谱柱技术上都已取得显著进步，在色谱柱技术上，固定相颗粒逐渐减小，经历了从大直径玻璃色谱柱到高效液相色谱柱，再到超高效液相色谱柱的不同发展阶段，分离度、分离速度和灵敏度都有了显著的提高。高效液相色谱(high performance liquid chromatography，HPLC)所用柱色谱采用颗粒极细(3.5μm～5μm)的高效固定相。超高效液相色谱(ultra performance liquid chromatography，UPLC)采用更小颗粒(1.7μm～1.8μm)的色谱填料，在更高压力(55.16MPa)的条件下仍能精准输送流动相，从而获得更高的色谱分离性能。针对不同目标化合物的结构特点和极性，可以选择不同的液相色谱柱，见表72。常见的液相色谱分离模式为反相色谱分离、正相色谱分离、离子交换色谱分离、配位体交换分离等。在选定色谱柱后，通过改变流动相的组成和pH，实现农药的分离。

表72　常用液相色谱柱的类型

类型	特点	应用范围
反相色谱柱	十八烷基键合硅胶(ODS)色谱柱	使用最为广泛的液相色谱柱
	其他键合硅胶色谱柱(苯基、氰丙基、C_8、C_4、C_3等)	代谢产物等分析
	聚合物基色谱柱	使用寿命长，再现性好，碱性条件下可用
正相色谱柱	硅胶色谱柱、丙氨基键合色谱硅胶柱	糖类分析
	正相聚合物色谱柱(HILIC色谱柱)	除草剂、消毒剂等分析
离子交换色谱柱	强/弱阴离子交换，强/弱阳离子交换	蛋白质、核酸等生化分析
配位体交换色谱柱	键合金属离子的硅胶柱	糖类分析
离子排阻色谱柱	利用阴离子的排斥力分离	有机酸分析

液相色谱仪有不同的检测器，农药残留检测常用的检测器有紫外检测器(ultra violet detector，UVD)、光电二极管阵列检测器(photo diode array detector，PDAD)、荧光检测器(fluorescence detector，FLD)、示差折光检测器(refractive index detector，RID)、电导检测器(conductivity detector，CD)、电化学检测器(electro chemical detector，ECD)等。为达到良好的灵敏度和分离效果，应根据目标农药种类选择合适的检测器，见表73。UVD是最常用的检测器，通过测定不含样品的流动相和含样品的流动相的紫外强度的变化来进行样品

的检测。UVD 主要测定结构中含有发色基团的农药，但很多农药（如矮壮素、缩节胺等）其结构中不含发色基团，缺乏对紫外光的吸收，无法用 UVD 测定，这在一定程度上限制了液相色谱在农药多残留检测中的应用。与 UVD 相比，PDAD 包含多种光源，能实现不同波长的多个紫外吸收的同时测定，不需要重复试验来确定最合适的波长，是一种非常方便的检测器。RID 测定的是光的折射率变化，与 UVD 相比，灵敏度较低，这也是 RID 没有 UVD 应用广泛的主要原因。但 RID 能测定不含紫外吸收的样品（如糖、无机离子等），且峰的大小与化合物的含量有关。FLD 的检测原理是样品被紫外光激发后发射出比激发光波长更大的荧光，检测灵敏度仅次于 UVD。在我国，采用液相色谱技术测定果品农药残留是农药残留检测方法标准体系的重要组成部分，但因检测器限制，液相色谱法技术多用于农药单残留的检测分析（聂继云，2017b）。

表 73　农药残留检测常用液相色谱检测器

检测器	特点	应用范围
UVD	常用波长 195nm ~ 370nm，可见光波长 400nm ~ 700nm。灵敏度高、线性范围宽、噪声低，可用于梯度洗脱	应用范围最广，适合结构中含有发色基团的农药，如有机磷等农药
PDAD	能够实现不同波长的多个紫外吸收的同时测定	同 UVD
FLD	灵敏度最高（较 UVD 高 2 个数量级），选择性好，但线性范围不如 UVD	适于能产生荧光的农药残留的检测
RID	浓度型通用检测器，灵敏度低，对温度敏感，不能用于梯度洗脱	应用范围广，通用型检测器，但灵敏度低于 UVD，在糖类分析中应用广泛
ECD	选择性检测器，灵敏度高，选择性好	适用于离子型化合物
CD	利用电导率的变化进行检测	适用于离子色谱

（四）液相色谱 - 质谱技术

液相色谱 - 质谱（liquid chromatography - mass，LC - MS）技术将高效液相色谱的物理分离能力和质谱的质量分析能力结合起来。与液相色谱法相比，液相色谱 - 质谱法检测速度快，净化步骤少，假阳性结果概率低。LC - MS 与 GC - MS 互为补充，所检化合物覆盖范围更广，适于不挥发性化合物、极性化合物、热不稳定化合物的分析测定。液相色谱 - 质谱法是目前农药多残留检测最常用的检测手段，可实现上百种农药的同时检测。根据不同的检测目的和灵敏度要求，可选择不同的质谱检测器，如单四极杆分析器(single quadrupole analyzer)、三重四极杆分析器(triple quadrupole analyzer)、离子阱分析器(ion trap analyzer)、飞行时间质谱分析器(time of flight mass spectrometry, TOF)、四极杆飞行时间质谱分析器(quadrupole time of flight, Q - TOF)、傅里叶变换离子回旋共振质谱仪(FT - ICRMS)等，其分离原理、特点和应用范围见表74。随着质谱技术的发展，液相色谱 - 质谱技术逐渐从传统的靶向定量检测向非靶向筛查技术领域发展。在农药残留定量检测方面，串联四级杆质谱由于灵敏度高、稳定性好等特点，仍然是我国研发农药多残留同步检测方法的最重要技术手段，并被我国 GB 23200 系列农药残留检测方法标准采用(聂继云，2017b)。

表74　农药残留检测常用质谱检测器

检测器	分离原理	主要特点	应用范围
四级杆	在4根平行杆中叠加射频和直流电压，使得离子在电场下以恒定振幅振荡，从而达到分离的目的	质荷比轨道稳定性好，但分辨率低，适合靶向分析	农药残留的靶向检测
三重四级杆	将一个四级杆加到另一个四级杆上，通常将目标化合物与其他分子(氩气)进行碰撞，母离子裂解为特征子离子	质荷比轨道稳定性好，但分辨率低，适合靶向分析	农药残留的靶向检测，定性能力和灵敏度较单四级杆高
3D 离子阱	由一对环电极和两个双曲面端电极形成离子阱，将离子通过电磁场限定在有限空间，通过改变射频电压或直流电压达到质荷比分离	质荷比(共振频率)分辨率高，质量范围大，不能用于中性丢失和前体离子的比较	农药残留的靶向检测
线性离子阱	由两组双曲线形极杆和两端的两个极板组成，通过改变三组交变电压，实现不同质荷比的分离和测定	灵敏度较传统的3D离子阱高10倍以上，不具MRM、中性丢失等特征基团筛选功能	农药残留的非定向筛查
轨道离子阱	由于静电力作用，离子围绕中心电极做圆周运动	质荷比(共振频率)分辨率高，质量精度高，适合非靶向分析	农药残留的非定向筛查
TOF	通过脉冲加速一组离子到达检测器，利用不同质荷比的离子到达速度和时间的差异来检测	扫描速度快，分子量测定范围大	农药残留的非定向筛查

三重四级杆串联质谱 MRM 模式是农药多残留检测中应用最为广泛、最有效的方法，但该方法有其局限性，只能对目标农药进行检测，必须使用标样进行定性和定量，不能进行未知物的筛查。为解决这些问题，高分辨质谱(high resolution mass spectrometry，HRMS)越来越多地应用到农药残留筛查和检测中。目前最常用的高分辨质谱仪为 TOF 和静电轨道阱质谱(orbitrap)，其维护相对简单，质量分辨率较高，线性范围较宽，受到广泛关注，见表 75。高分辨质谱的发展为大量农药代谢物和降解产物的筛查提供了快速、可靠和有效的手段，也将推动农药残留行为研究和限量标准的发展。

表 75　果品中农药残留非靶向筛查液相色谱 - 质谱法

检测对象	参考文献
采用 QTOF 筛查蔬菜和水果中 400 种农药残留	Grimalt 等(2010)
采用 QTOF 筛查蔬菜和水果中 451 种农药残留	Wang 等(2014)
使用 TOF 建立农药数据库，定性筛查水果中 210 种农药残留	彭兴等(2014)
采用 UPLC/QTOF - MS 分析热带水果中 50 种农药残留	Yang 等(2018)

第三节　果品农药残留风险评估

果品农药残留风险评估主要是对果品种植、收获、贮藏、运输、销售、消费等环节存在的农药残留风险进行评估。广义的果品农药残留风险评估也涵盖果品农药残留产生、代谢、累积、转化等研究。果品农药残留风险评估是农产品质量安全风险评估的重要组成部分，也是果品质量安全管理的国际通行做法，其评估结果既可为果品安全监管提供科学依据，又可用于指导果品生产和引导果品消费。

一、农药残留风险评估概况

农药残留风险评估通常包括 4 个步骤：一是危害识别，即获得化合物的毒性数据、理化性质等信息；二是剂量效应评估，该环节对暴露水平与不良反应发生率之间的关系进行评估，是毒理学评估的核心；三是暴露评估，是指对暴露的浓度水平和周期的评估；四是风险特征描述，结合前三个阶段获得的信息来评估暴露于某一农药的不利影响的发生率和严重程度。风险是毒性和暴露的函数，毒性高并不一定等于高风险，高暴露量也并不等于高风险，只有综合考虑毒性和暴露量两个因素才能对农药的风险有一个正确的评价。

(一)国外农药残留风险评估

国外果品质量安全风险评估起步较早，对农药残留膳食摄入风险已经开展了很多研究，也相对比较成熟。美国是较早开展果品农药残留风险评估的国家。美国农药风险评估主要由美国环境保护署(Environmental Protection Agency，EPA)负责，在农药登记时就已对农药做了风险评估，并且引入“风险杯”概念，较早开展了聚集和累积两方面的评估。欧盟食品安全局(European Food Safety Authority，EFSA)是欧盟开展风险评估的主体。欧盟将食品安全风险评估分为两个步骤：第一步是由 EFSA 进行评估，第二步是由立法机构进行风险管理。欧盟开发了农药残留风险评估模型(Pesticide Residue Intake Model，PRIMo)评估农药膳食摄入的风险。该模型基于欧盟成员国提供的国家层面上的食品消费数据和单位权重，并根据国际通行的风险评估方法，评估短期暴露风险和长期暴露风险。该模型最初由 EFSA 开发用于评估临时限量，最新版本是第三版(自 2018 年 2 月开始使用)。

美国、巴西、韩国、欧盟等均已实施了果品农药残留风险评估计划，美国和加纳等国家还开展了进口果品农药残留风险评估研究。国外关于果品农药残留风险评估的研究多有报道，以急性膳食摄入风险、慢性膳食摄入风险和累积风险评估为主。Caldas 等(2006)对巴西苹果、橙子、香蕉、草莓等水果的氨基甲酸酯类和有机磷类农药残留进行了分析，结果表明检出的农药残留对居民的急性膳食暴露风险较低。Boon 等(2009)基于捷克、丹麦、意大利、瑞典、荷兰等 5 个欧洲国家的膳食消费和农药残留数据库研究了苹果、梨、草莓、葡萄等水果的克菌丹和甲苯氟磺胺急性膳食暴露风险。Jeong 等(2012)和 Lee 等(2012)分别对韩国鲜五味子和香橙中毒死蜱、丙硫磷、伏杀磷等 7 种农药进行了监测和风险评估，结果表明上述农药的残留量不会给公众带来慢性膳食摄入风险。Claeys 等(2011)基于苹果、柠檬、葡萄、香蕉等水果的农药残留检测数据，对比利时居民农药慢性膳食暴露风险进行了探讨，结果表明风险较低。Jardim 等(2014)对石榴、柿子、桃等水果进行了农药残留累积性暴露评估，表明其对巴西消费者健康存在一定风险。

(二)国内农药残留风险评估

国内果品质量安全风险评估起步较晚，开始于 20 世纪 90 年代末，主要参考和借鉴国外的风险评估技术和研究方法。不同国家的膳食结构和食物生产方式不尽相同，使得食物消费量以及农药残留的水平、膳食暴露量和暴露途径均存在较大差异。为此，我国开展了自己的农药监测计划与膳食暴露评估，并以此为基础，结合健康指导值，建立了农药残留限量国家标准。

2006 年，我国成为国际食品法典农药残留委员会主席国，设立了农药残留委员会秘书处，标志着农药残留膳食摄入风险评估工作在我国的正式启动。2015 年，农业部颁布了《食品中农药残留风险评估指南》(农业部公告 第 2308 号)，旨在规范食品中农药残留限量标准制定的程序和技术要求，确保农药残留标准制定的科学性。该指南指出，食品(包括食用农产品)农药残留风险评估是指通过分析农药毒理学和残留化学试验结果，根据消费者膳食结构对因膳食摄入农药残留产生健康风险的可能性及程度进行科学评价。

国内果品农药残留系统性风险评估报道相对较少。赵宇翔(2009)对上海市市售核果类、仁果类、柑橘类、热带及亚热带水果共 510 个样品的毒死蜱残留进行了风险评估，结果表明，其毒死蜱残留风险水平可以接受。王冬群等(2012)对 2008—2010 年送检的葡萄、杨梅、梨、草莓、桃、橘子和枇杷中敌敌畏、甲胺磷、乙酰甲胺磷、甲拌磷等 13 种有机磷农药残留进行了风险评估，结果表明水果中检出的农药残留量均未超标，且这 13 种农药都不是该市水果质量安全的主要因素。Chen 等(2011)对厦门市果蔬中联苯菊酯、百菌清、乙酰甲胺磷、氯氰菊酯等 22 种农药残留进行了风险评估，结果表明该地区果蔬中农药检出率较高，但不会对居民健康产生严重威胁。刘艳萍(2014)针对我国居民膳食摄入结构对香蕉中戊唑醇、丙环唑、苯醚甲环唑、氟环唑等 4 种农药残留进行了长期膳食摄入风险评估和理论膳食摄入风险评估，结果表明这 4 种农药膳食摄入风险均较低。聂继云等(2014)对苹果中氧乐果、联苯菊酯、毒死蜱等 26 种常用农药的残留进行了风险评估，结果表明苹果中这 26 种农药的急性和慢性膳食摄入风险均较低。

二、果品农药残留暴露评估

(一)慢性暴露评估

慢性膳食暴露需持续很长的时间。因此，慢性膳食暴露评估是将目标化学物膳食暴露的平均值与慢性健康指导值(如每日允许摄入量 ADI、暂定每周耐受摄入量 PTWI 等)进行比较，需要利用长期食物消费量的平均值。果品农药残留慢性膳食暴露风险是慢性或长期接触毒性与农药残留每日允许摄入量的函数，是对果品农药残留对消费者健康产生潜在的慢性风险的描述与评估。果品农药残留慢性膳食摄入风险(% ADI)按式(17)计算。当% ADI≤100% 时，表示慢性风险可以接受；当% ADI > 100% 时，表示有不可接受的慢性风险,% ADI 越大，风险越大。

$$\% \mathrm{ADI}=\frac{\mathrm{STMR}\times F}{\mathrm{bw}\times \mathrm{ADI}}\times 100 \tag{17}$$

式中:% ADI——果品中农药的慢性膳食摄入风险,% ;

STMR——果品中农药残留规范试验中值，单位为毫克每千克(mg/kg)；
F——果品每日平均消费量，单位为千克每天(kg/d)；
bw——人体平均体重，单位为千克(kg)；
ADI——每日允许摄入量，单位为毫克每天千克体重[mg/(d·kg体重)]。

该方法目前已在水果上有应用。张志恒等(2012)运用该方法对水果中氯吡脲残留的膳食摄入慢性风险进行了评估，结果表明我国各类人群的水果氯吡脲残留慢性膳食摄入风险均较低。聂继云等(2014)运用该方法对我国苹果农药残留进行了风险评估，共检出26种农药残留，其慢性膳食摄入风险%ADI均远低于100%，为0~1.07%，平均为0.13%。叶孟亮等(2016)对我国苹果乙撑硫脲残留的研究表明，各年龄组人群的乙撑硫脲慢性膳食摄入风险%ADI为0.35%~13.12%，但是儿童、青年的慢性膳食摄入风险明显高于其他年龄组人群，需重点关注。李安等(2016)针对我国北方地区生产的枣果开展了农药残留膳食暴露风险评估，检测的105种农药中37种农药有检出，其慢性膳食暴露风险%ADI为0~0.21%。

(二)急性暴露评估

1994年，JMPR提出了急性参考剂量(ARfD)的概念。ARfD被定义为食品或饮用水中某种物质在24h或更短时间内被吸收后不致引起目前已知的任何可观察到的健康损害的剂量，主要用于评估外来化学物短时间急性暴露造成的健康损害。JMPR开发了一种关于杀虫剂的ARfD设置指南，该指南已在期刊上发表。WHO对ARfD设置的指导建立在JMPR和国家监管部门制定的现有指导原则基础上，提供了关于选择和评估ARfD的适当毒理学终点的全面指南。毒理学终点包括血液毒性、免疫毒性、神经毒性、肝脏和肾脏毒性、内分泌效应和发育效应。

果品农药残留急性膳食暴露风险是急性或短期接触毒性与农药残留急性参考剂量的函数，包括急性毒性参考剂量、急性膳食摄入评定和急性膳食风险描述3个部分。果品农药残留的短期膳食摄入量(ESTI)按式(18)、式(19)或式(20)计算，对应于果品单个重量小于25g、果品单个重量大于25g且可食部分的单个重量小于大部分膳食者消耗量、果品单个重量大于25g且可食部分的单个重量大于或等于大部分膳食者消耗量等3种情况。果品农药残留急性膳食摄入风险(%ARfD)按式(21)计算。当%ARfD≤100%时，表示急性风险可以接受；当%ARfD>100%时，表示有不可接受的急性风险，%ARfD越大，风险越大。

$$\mathrm{ESTI} = \frac{\mathrm{LP} \times \mathrm{HR}}{\mathrm{bw}} \tag{18}$$

$$\mathrm{ESTI}=\frac{U_e\times \mathrm{HR}\times v+(\mathrm{LP}-U_e)\times \mathrm{HR}}{\mathrm{bw}} \quad (19)$$

$$\mathrm{ESTI}=\frac{U_e\times \mathrm{HR}\times v}{\mathrm{bw}} \quad (20)$$

$$\%\mathrm{ARfD}=\frac{\mathrm{ESTI}}{\mathrm{ARfD}}\times 100 \quad (21)$$

式中：ESTI——果品农药残留的短期膳食摄入量，单位为毫克每天千克体重[mg/(d·kg 体重)]；

LP——果品大部分膳食者(97.5 百分位点值)消耗量，单位为千克每天(kg/d)；

HR——最高残留量，单位为毫克每千克(mg/kg)；

bw——人体平均体重，单位为千克(kg)；

U_e——单个果品可食部分重量，单位为千克(kg)；

v——果品个体之间变异因子；

%ARfD——果品农药残留急性膳食摄入风险,%；

ARfD——急性参考剂量，单位为毫克每天千克体重[mg/(d·kg 体重)]。

该方法已在水果农药残留急性膳食暴露风险评估中应用。在国外，Caldas 等(2006)将其用于苹果、橙子、香蕉、葡萄等水果中有机磷农药、氨基甲酸酯类农药的急性膳食暴露风险评估，结果表明检出的农药残留对居民的急性膳食暴露风险较低。Lozowicka(2015)运用该评估方法对波兰 2005—2013 年苹果中 182 种农药进行了残留分析及急性膳食风险评估研究，结果表明急性风险较高，尤其是儿童的风险显著高于成人。国内亦有相关报道。张志恒等(2012)运用该评估方法对水果氯吡脲残留进行了急性膳食暴露风险评估，结果表明风险很低。聂继云等(2014)的风险评估结果显示，中国主产区苹果的农药残留急性风险都很低,%ARfD 为 0.18%~22.41%，平均为 4.12%。叶孟亮等(2016)对我国苹果乙撑硫脲残留急性膳食暴露风险进行了评估，表明%ARfD 为 0.22%~3.94%，远低于 100%，风险很低；儿童和青年的急性膳食摄入风险明显高于其他年龄组人群，需重点关注。李安等(2016)针对我国北方地区生产的枣果的研究表明，检出的 37 种农药，其急性膳食暴露风险%ARfD 为 0~6.01%，均远低于 100%。

(三)累积暴露评估

果品农药残留累积暴露风险评估是指将理化结构、毒性模式和作用机制相同或类似的农药建成具有共同毒性效应累积评估组，然后按照一定方法对居民的果品膳食暴露风险进行联合评估(Boobis 等，2008)。已报道的果品农药残留累积风险评估方法主要有危害指数(hazard index，HI)法、累积风险指数(cumulative risk index，CRI)法、参考点指数(reference point index，RPI)法、暴露边缘(margin of exposure，MOE)法、相对效能因子(relative potency factor，RPF)法，其中，HI和CRI互为倒数，RPI和MOE互为倒数。

1. 农药联合作用机制

对不同农药联合作用机制进行研究是累积风险评估的基础。农药联合作用机制主要有4种方式：剂量相加，效应相加，协同作用和拮抗作用。剂量相加作用通常发生在结构类似的农药之间，这类农药通过相同的作用机制引起健康效应时，其效应会发生剂量相加作用。效应相加是指对于作用机制不同但可引起相同的健康效应的农药，当每种农药达到引起健康效应的暴露水平时，其毒性效应会发生相加。协同作用是指不同农药间的联合毒性效应大于单独作用的毒性效应的总和。拮抗作用是指联合毒性效应小于单独作用的毒性效应的总和。在进行累积暴露评估时，如未考虑到拮抗作用，则会使暴露估计结果偏于保守。由于现有证据不能支持农药在低于各自无可见不良作用剂量水平(no observed adverse effect level，NOAEL)时会表现出明显的协同作用，目前的累积评估方法通常是以剂量相加或效应相加为主。

2. 危害指数法

危害指数(HI)是具有相同作用机制的各种农药暴露的危害系数(HQ)之和，按式(22)计算。当HI<1时，表示在累积性风险评估中该组农药的暴露风险可以接受；反之，则不可接受。果品中每种农药的危害系数等于暴露量除以相对参考值(RV)，暴露量按式(23)计算。

$$\mathrm{HI} = \sum_{i=1}^{n} \mathrm{HQ}_i = \sum_{i=1}^{n} \frac{E_i}{\mathrm{AL}_i} \tag{22}$$

$$E_i = \frac{P_i \times V}{\mathrm{bw}} \tag{23}$$

式中：HI——危害指数，无单位指数；

HQ_i——果品中第i种农药残留暴露的危害系数，无单位指数；

E_i——果品中第i种农药的暴露水平，单位为毫克每天千克体重[mg/(d·kg体重)]；

AL_i——第i种农药的可接受水平，一般用ADI或ARfD代替，单位为毫克每天千克体重[mg/(d·kg体重)]；

P_i——第i种农药在果品中的残留浓度，单位为毫克每千克(mg/kg)；

V——果品的消耗量，单位为千克每天(kg/d)；

bw——人体平均体重，单位为千克(kg)。

Dewalque等(2014)运用该方法对比利时居民邻苯二甲酸盐类农药的摄入量进行了累积性暴露风险评估，结果表明儿童暴露量普遍比成人高，儿童和成人的 HI 值分别为 0.55 和 0.29，在不考虑其他暴露途径情况下，所检出的 3 种农药累积暴露风险可接受。由于 HI 的概念比较容易理解，并且毒性阈值比较容易获取，因此该方法在果品农药残留累积风险评估上应用较为方便，且易于推广。

3. 暴露边缘法

为减小不确定性因素对累积风险评价的影响，计算 RPI 前，先将复合暴露中各种农药的暴露量(E_i)除以相对参考点值(RP_i)，再乘以不确定因子 UF，按式(24)计算。相对参考点值与暴露量的比值即为 MOE。因此，RPI 与 MOE 互为倒数。当 MOE >1 时，累积性风险评估中该组农药的健康风险可以接受；反之，则不可接受。

$$RPI = \sum_{i=1}^{n} \frac{E_i}{RP_i} \times UF \tag{24}$$

式中：RPI——参考指数，无单位指数；

E_i——果品中第 i 种农药的暴露水平，单位为毫克每天千克体重[mg/(d·kg 体重)]；

RP_i——第 i 种农药的相对参考点值(如 ED10、BMD10、NOAEL 等)，单位为毫克每天千克体重[mg/(d·kg 体重)]；

UF——混合物不确定因子系数，无单位因子。

Luo 等(2009)运用 MOE 法对美国加利福尼亚州圣华金河谷北部农产品中毒死蜱、乙硫磷、乐果等 13 种农药残留的累积暴露风险进行了评估，结果表明儿童的暴露风险是成人的 2 倍。通过参照美国《食品质量保护法案(Food Quality Protection Act，FQPA)》，MOE 法已成为 EPA 进行总体暴露和累积暴露风险评估最常用的方法。MOE 法综合考虑的信息量大，能较好地量化评估结果的不确定性，值得在农药的遗传毒性致癌物风险评估中推广应用。

4. 相对效能因子法

RPF 法是在确定具有相同毒性机制的一组待评价的化学品后，选择一种与待评价组具有共同毒性机制的化学品作为“指示化学品”，待评价的各化学品的浓度通过相应的 RPF 分别换算为指示化学品的当量浓度后累加，得到指示化学品的累积当量浓度，然后按照单种化学品暴露评估步骤来评价该组化学品的累积暴露效应。该方法对指示化学品的选择要求较严格，具有一定的主观性，通常选择待评价化学品中研究比较透彻且有足够数据支撑的一种化学品，也可选择不在待评价范围内，但为该类有共同作用机制的化学品中具有代表性的某种典型化学品。该方法主要用于有机磷类、拟除虫菊酯类和 N-氨基甲酸甲酯类农药的累积风险评估。表 76 列出有机磷类、拟除虫菊酯类、N-氨基甲酸甲酯类和氯乙酰胺类农药的 RPF 及相应的指示化学品，均引自 EPA。Jensen 等(2013)运用该方法对丹麦果蔬中氟环唑、咪鲜胺、腐霉利、戊唑醇等 4 种扰乱内分泌系统类农药对育龄妇女和普通人群的累积性急性膳食暴露风险进行了评估研究。虽然 RPF 考虑了不同农药的效能和浓度，对暴露的估计较准确，但过程更加复杂，要求各化学物都要有可用的毒性和暴露数据。因此，RPF 法评估结果依赖于指示化学品的选择和毒理学资料的质量，指示化学物数据的不确定性将显著影响风险评估结果的不确定性。注意：当各化学品间存在着明显的协同作用时，不能采用该方法进行评估。

表 76　不同种类农药的 RPF 及相应的指示化学品

农药		RPF	农药		RPF
有机磷类	甲胺磷(指示化学品)	1	有机磷类	杀扑磷	0.32
	百治磷	1.91		司替罗磷	0.001
	倍硫磷	0.33		速灭磷	0.76
	苯线磷	0.04		特丁硫磷	0.85
	丙线磷	0.06		脱叶磷	0.02
	丙溴磷	0.004		亚胺硫磷	0.02
	敌百虫	0.003		氧化乐果	0.93
	敌敌畏	0.03		乙拌磷	1.26
	地散磷	0.003		乙酰甲胺磷	0.08
	丁基嘧啶磷	0.22	拟除虫菊酯类	溴氰菊酯(指示化学品)	1
	毒死蜱	0.06		苯氰菊酯	0.15
	二嗪磷	0.01		苄呋菊脂	0.05
	二溴磷	0.08		苄氯菊酯	0.09
	砜吸磷甲基	0.86		丙烯菊酯	0.11
	伏杀硫磷	0.01		除虫菊酯	0.02
	谷硫磷	0.1		氟胺氰菊酯	1
	甲拌磷	0.39		氟氯氰菊酯	1.15
	甲基毒死蜱	0.005		高效氯氟氰菊酯	1.63
	甲基对硫磷	0.12		高效氰戊菊酯	0.36
	甲基嘧啶磷	0.04		甲氰菊酯	0.5
	乐果	0.32		联苯菊酯	1.01
	氯氧磷	0.13		氯氰菊酯	0.19
	马拉硫磷	0.0003		炔丙菊酯	0.1
	噻唑磷	0.07		炔咪菊酯	0.02

续表

农药		RPF	农药		RPF
N－氨基甲酸甲酯类	杀线威(指示化学品)	1	N－氨基甲酸甲酯类	杀螨脒	2.18
	残杀威	0.11		涕灭威	4
	甲硫威	0.18		涕灭威砜	3.44
	抗蚜威	0.02		涕灭威亚砜	3.68
	克百威和羟基克百威	2.4		西维因	0.15
	硫双威	0.89	氯乙酰胺类	甲草胺(指示化学品)	1
	灭多威	0.67		乙草胺	0.05

三、果品农药残留风险排序

聂继云等(2014)借鉴英国兽药残留委员会兽药残留风险排序矩阵建立了苹果样品和残留农药的风险排序方法，可为其他果品农药残留风险排序提供有益借鉴和参考。该方法用毒性指标代替药性指标，膳食比例(苹果占居民总膳食的百分率,%)以及农药毒效(即ADI值)、使用频率、高暴露人群、残留水平等5项指标均采用原赋值标准，各指标的赋值标准见表77。毒性采用急性经口毒性，根据经口半数致死量(LD_{50})分为剧毒、高毒、中毒和低毒4类。农药使用频率(FOD)按式(25)计算。样品中各农药的残留风险得分(S)用式(26)计算。各农药的残留风险得分以该农药在所有样品中的残留风险得分的平均值计，该值越高，残留风险越大。苹果样品的农药残留风险用风险指数排序，该指数越大，风险越大。风险指数(risk index，RI)按式(27)计算。

$$\mathrm{FOD} = T/P \times 100 \tag{25}$$

$$S = (A + B) \times (C + D + E + F) \tag{26}$$

$$\mathrm{RI} = \sum_{i=1}^{n} S - \mathrm{TS}_0 \tag{27}$$

式中：T——果实发育过程中使用该农药的次数；

P——果实发育日数(苹果从开花到果实成熟所经历的时间)，单位为天(d)；

A——毒性得分；

B——毒效得分；

C——苹果膳食比例得分；

D——农药使用频率得分；

E——高暴露人群得分；

F——残留水平得分；

n——检出的农药，单位为种；

TS_0——n 种农药均未检出的样品的残留风险得分，用式(26)算出 n 种农药各自的残留风险得分后求和得到。

表 77　苹果农药残留风险排序指标得分赋值标准

指标	指标值	得分	指标值	得分	指标值	得分	指标值	得分
毒性	低毒	2	中毒	3	高毒	4	剧毒	5
毒效 mg/kg	$>1\times10^{-2}$	0	1×10^{-4} ~ 1×10^{-2}	1	1×10^{-6} ~ 1×10^{-4}	2	$<1\times10^{-6}$	3
膳食比例 %	<2.5	0	2.5 ~ 20	1	20 ~ 50	2	50 ~ 100	3
使用频率 %	<2.5	0	2.5 ~ 20	1	20 ~ 50	2	50 ~ 100	3
高暴露人群	无	0	不太可能	1	很可能	2	有或无相关数据	3
残留水平 mg/kg	未检出	1	<1MRL	2	≥1MRL	3	≥10MRL	4

第四节　果品农药残留风险控制

果品农药残留不仅直接影响人体健康，也是制约果品国际贸易的主要因素。为控制果品农药残留风险，应在保证病虫害防治效果的前提下，采取必要的技术措施尽可能地减少果品中的农药残留种类和降低果品中的农药残留水平。为此，一要重视病虫草害的非化学防治技术，二要科学合理地使用化学农药。

一、重视非化学防治技术

(一)农业防治

一是优先选用抗病虫品种。抗病虫品种病虫害发生轻，可减少农药使用。以苹果为例，MM 系砧木抗苹果绵蚜，金冠、新乔纳金、津轻、王林和新红星抗苹果轮纹病，红玉很少发生斑点落叶病。二是合理规划与栽植。定植密度应兼顾产量、通风透光、便于管理等因素，不与有共同病虫害的果树混栽。例如，苹果若与梨、桃等果树混栽，梨小食心虫、桃蛀螟等发生较重。三是加强肥水管理。肥水管理与果树病虫害发生关系密切。增施有机肥、少施氮肥可提高树体的营养水平和对病害的抵抗力，抑制刺吸性害虫的发生和为害。四是合理整形修剪。夏剪时应注意改善树体通风透光条件，以减少病害蔓延发生。冬剪时注意剪除枝条上越冬的卵、幼虫、茧等，减轻翌年危害。五是果实套袋。果实套袋阻断了病虫传播到果实上的渠道，因而能有效防止或减少病虫害在果实上的发生与危害。套袋还可改善果面光洁度，对鸟害和冰雹也有防护作用。六是行间生草。果园行间生草不仅有利于土壤微生物活动、土壤养分供应和提高果品品质，还有利于果树病虫害防控。例如，行间生草可增加土壤覆盖，对于葡萄霜霉病、白腐病等侵染循环与土壤有关的病害，能干扰其侵染循环。行间生草还能为昆虫提供庇护场所，有利于害虫天敌的生存。

（二）物理防治

一是清洁果园。秋末冬初彻底清扫落叶、病果和杂草，摘除僵果，集中烧毁或深埋，消灭在其中越冬的病虫。冬剪时剪除有病虫的枝条。早春，刮除果树老粗皮、翘皮和裂缝，集中深埋或烧毁，消灭在其中越冬的害虫，但要注意保护其天敌。例如，苹果树靠近地面主干上的翘皮内害虫天敌数量较多，应少刮或不刮。夏季和生长季节，及时摘除、清理病虫果，集中深埋销毁。二是利用害虫的越冬习性。利用害虫（如二斑叶螨、山楂叶螨、梨小食心虫、梨星毛虫等）在树皮裂缝中越冬的习性，在树干上束草、破布、废报纸等，诱集害虫越冬，在来年害虫出蛰前集中消灭。三是利用害虫的趋光性和趋化性。鳞翅目的蛾类、同翅目的蝉类、鞘翅目的金龟子等均有较强的趋光性。果园可设置黑光灯或杀虫灯进行诱杀。醋蝇、金龟子、卷叶蛾、梨小食心虫等对糖醋液有明显的趋性，可配糖醋液诱杀。四是架设防鸟网、防雹网。果园架设防鸟网可防止鸟类进入、为害。在雹灾频发地区，果园架设防雹网可防止冰雹对树体和果实的伤害。五是采用其他方法，如色板诱蚜、银灰色薄膜避蚜、使用粘虫板、树干涂白等。树干涂白可防日烧、冻裂，延迟萌芽和开花期，并兼治枝干病虫害。

（三）生物防治

一是利用寄生性和捕食性害虫天敌。利用农田或果园生态系中的害虫天敌，或者释放害虫天敌，可防治某些果树虫害。例如，用金小蜂、赤眼蜂等寄生性天敌防治葡萄害虫，释放捕食性蓟马防治葡萄蓟马，果园养鸡防治害虫等。二是使用生物源农药。例如，用浏阳霉素乳油防治苹果害螨，用苏云金杆菌、Bt 乳剂、青虫菌 6 号防治桃小食心虫，用灭幼脲 1 号和灭幼脲 3 号防治葡萄虎蛾、星毛虫、斜纹夜蛾等鳞翅目害虫，用多氧霉素防治苹果斑点落叶病和褐斑病，用农抗 120 防治果树腐烂病。三是利用拮抗微生物。拮抗微生物是指分泌抗菌素的微生物，主要是放线菌，其次是真菌和细菌。利用拮抗微生物可防治某些葡萄病害。例如，用哈氏木霉(*Trichoclerma harzianum*)孢子悬浮液防治灰霉病，用武夷菌素防治葡萄上的真菌病害，用芽孢杆菌防治葡萄灰霉病、白粉病等。四是利用昆虫激素。利用性外激素对桃小食心虫、金纹细蛾、苹果蠹蛾、梨小食心虫等害虫进行发生期监测、捕杀和干扰交配。利用脱皮激素、保幼激素干扰鳞翅目害虫脱皮过程。

二、科学使用化学农药

化学防治就是用化学农药防治病虫害。化学防治是目前果树生产中病虫害防治的主要措施，但化学防治必须科学、合理，否则既会影响防治效果，也可能影响到果实和环境安全。为确保防治效果、减少残留和环境污染，化学农药的使用应做到选药正确、用药适时规范。为增加药效、防止病虫害对农药产生抗性，不要连续单一使用同一种农药，提倡不同类型农药的交替使用和合理混用。

(一)正确选药

一是所选用的农药应为已登记的农药，优先选用高效、低毒、低残留农药，严禁使用剧毒、高毒、高残留农药和禁用农药。对于外销果品，应按照销售目的市场的要求进行生产，不能使用当地禁用的农药。二是尽可能选择专性杀虫杀菌剂，少使用广谱性农药，尽可能选择病虫杀灭率高且对天敌相对安全的农药种类，以免杀灭天敌和非靶标生物，破坏生态平衡。三是根据病虫种类和为害方式选择农药种类。防治咀嚼式口器害虫应选择胃毒作用的药剂，防治刺吸式害虫应选择内吸性强的药剂。

2002 年以来，我国有关部委先后发布了一系列农药使用和登记方面的公告。根据聂继云(2018)的梳理，这些公告共禁止了 58 种(类)农药在果树上使用，包括艾氏剂、八氯二丙醚、百草枯水剂、苯线磷、除草醚、滴滴涕、敌枯双、狄氏剂、地虫硫磷、丁硫克百威、毒杀芬、毒鼠硅、毒鼠强、对硫磷、二溴氯丙烷、二溴乙烷、福美胂、福美甲胂、氟虫腈、氟乙酸钠、氟乙酰胺、甘氟、汞制剂、甲胺磷、甲拌磷、甲基对硫磷、甲基硫环磷、甲基异柳磷、久效磷、克百威、乐果、磷胺、磷化钙、磷化铝、磷化镁、磷化锌、硫丹、硫环磷、硫线磷、六六六、氯化苦(仅能用于土壤熏蒸)、氯唑磷、灭多威、灭线磷、内吸磷、铅类、三氯杀螨醇、杀虫脒、砷类、杀扑磷、水胺硫磷、特丁硫磷、涕灭威、溴甲烷(仅用于检疫熏蒸处理)、氧乐果、乙酰甲胺磷、蝇毒磷和治螟磷。

(二)适时用药

一是根据病虫预测预报和消长规律适时喷药，病虫危害在经济阈值以下时尽量不喷药。二是在病害发生前使用广谱保护剂，使果树的茎、叶、果表面建立起保护膜，防止病菌侵入。三是在病害发生后，病菌已侵入植株体内时，应改用内吸性杀菌剂或内吸性和保护性杀菌剂配合或混合使用，使其迅速传导、内吸到植株体内，杀死或抑制病菌，减轻危害。四是要在卵期、孵化盛期或低龄幼虫时施药，抓住发生初期，做到“治早、治小、治了”。五是应抓住关键期，这样效果好、事半功倍，而且农药用量大减。例如，防治葡萄炭疽病的关键期在落花前后和初夏，防治葡萄霜霉病的关键期在雨季，而防治葡萄白腐病的关键期是分生孢子大量传播时。

(三)规范用药

一是使用合格的农药产品。二是按农药标签规定的使用范围、使用方法和剂量、使用技术要求和注意事项、安全间隔期等用药，不随意扩大使用范围，不随意提高用药浓度，不随意增加使用次数，以免增加病虫抗药性和农药残留风险。三是根据施药部位，准确用药，均匀周到。喷出的药液应尽量成雾状，重点部位应适当细喷，注意喷叶背面，应无漏喷现象。四是尽可能选择果树安全阶段用药，以免发生药害。五是果品采后防腐保鲜尽可能采用物理方法，比如冷藏、气调贮藏、冷链运输等。如使用化学防腐保鲜剂，在使用方法、使用浓度、安全间隔期等方面均应符合规范要求。

(四)合理混用

农药合理混用可提高防治效果，扩大防治对象，延缓病虫抗性，延长农药品种使用年限，降低防治成本。但农药混用技术性非常强，不能随意混合使用，如混合使用，应做到以下 6 点：一是严格按照农药说明书使用；二是混用的农药品种应有不同的作用方式和兼治不同的防治对象；三是农药品种类型一般不超过三种，已是混配制剂的农药(比如甲霜灵 · 锰锌)一般不主张再进行混用；四是先做混用试验，确定无异常现象和药害后才能在田间应用；五是执行正确的混用方法；六是现配现用。

（五）交替使用

农药的轮换、交替使用有两方面的考虑：一是阻止或减缓病虫抗药性的产生。需要注意的是，彼此有交互抗性的农药不能交替使用。例如，甲霜灵与恶霜灵之间、乙霉威与异菌脲之间均有交互抗性，因此，使用甲霜灵后不能再使用恶霜灵，使用乙霉威后不能再使用异菌脲，反之亦然。二是轮换用药可有效减少某一种化学农药的残留。因为长期频繁使用某一种农药极易导致高残留，甚至残留超标。

第四章　果品真菌毒素污染

果品在生长、采收、贮运、销售等过程中，极易受到各种病原菌的侵染而发生腐烂，以致造成巨大的经济损失。在适宜条件下，病原菌会在果品腐烂部位产生并积累大量真菌毒素，对消费者健康造成潜在的威胁，如致癌、致畸、致突变等。长期以来，对于发生腐烂的果品，在食用过程中会将腐烂部位去除，果品真菌毒素污染并未引起足够重视。然而，真菌毒素会从果品的腐烂部分向其周围的健康组织迁移，而且冲洗、过滤、杀菌等工艺均难以将其清除干净。

第一节　真菌毒素与人体健康

青霉(*Penicillium* spp.)、曲霉(*Aspergillus* spp.)和交链孢(*Alternaria* spp.)是导致果品腐烂变质的重要病原菌，其产生的次生代谢产物真菌毒素会危害人类健康，因而受到广泛关注。目前，果品及其制品中检出频率较高的真菌毒素包括展青霉素(patulin，PAT)、赭曲霉毒素(ochratoxins，OTs)、交链孢毒素(*Alternaria* toxins)和黄曲霉毒素(aflatoxins)，见表78。此外，还有镰刀菌毒素(*Fusarium* toxins)、伏马菌素(fumonisins)、环匹阿尼酸(cyclopiazonic acid)、杂色曲霉素(sterigmatocystin)、橘霉素(citrinin)和青霉酸(penicillic acid)。真菌毒素对人体健康有严重的伤害，会对人体产生长期的不良影响，尤其是免疫机能伤害和潜在致癌性。大量的动物毒性和毒理实验表明，污染果品的主要真菌毒素对人体均有很强的毒性作用。真菌毒素的毒性与暴露水平，摄入者的年龄、健康状况、饮食营养状态，以及环境因素等均有关系。

表78　污染果品的主要真菌毒素

中文名称	英文名称/缩写	分子式	相对分子质量	化学结构
展青霉素	patulin/PAT	$C_7H_6O_4$	154.12	
赭曲霉毒素A	ochratoxin A/OTA	$C_{20}H_{18}ClNO_6$	403.81	

续表

中文名称	英文名称/缩写	分子式	相对分子质量	化学结构
交链孢酚	alternariol/AOH	$C_{14}H_{10}O_5$	258.23	
交链孢酚单甲醚	alternariol monomethyl ether/AME	$C_{15}H_{12}O_5$	272.25	
细交链孢菌酮酸	tenuazonic acid/TeA	$C_{10}H_{15}NO_3$	197.23	
黄曲霉毒素 B_1	aflatoxin B_1/AFB_1	$C_{17}H_{12}O_6$	312.27	

一、展青霉素

（一）理化性质

展青霉素（patulin，PAT），又称棒曲霉素，是一种聚酮类化合物。固体为无色针状晶体，熔点为110.5℃～112.0℃，最大紫外吸收波长为276nm。展青霉素对光较敏感，易溶于水、乙醇、丙酮、乙酸乙酯、三氯甲烷等极性有机溶剂，微溶于乙醚和苯，不溶于石油醚。展青霉素在三氯甲烷、苯、二氯甲烷等溶剂中能长期稳定存在，在水和甲醇中则会逐渐分解。展青霉素在酸性条件下较稳定，碱性条件下不稳定。

（二）生物毒性

1. 急性毒性和亚急性毒性

PAT的急性中毒症状包括痉挛、抽搐、呼吸困难、肺出血和水肿，以及胃肠溃疡、充血和水肿。在啮齿动物大鼠、小鼠中，PAT的口服半致死剂量（LD_{50}）为（32～55）mg/kg体重，见表79。PAT对巯基具有很强的亲和力。急性毒性、致突变和致畸研究表明，PAT和半胱氨酸结合的加合物与其无修饰状态相比，毒性明显下降。即使将饲喂老鼠的加合物剂量提高至 150 mg/kg 体重，也未表现急性毒性。采用静脉、腹腔或皮下注射，PAT 的毒性会提高。因此，伤口应避免与 PAT 污染的食物接触，以免 PAT 随血液循环进入体内，造成直接危害。大鼠亚急性毒性研究发现，PAT 能够导致体重下降、胃肠道变化和肾功能异常。持续性饲喂 PAT 能够导致神经毒性，如震颤、抽搐。

表 79　几种动物的展青霉素 LD_{50}

动物	LD_{50}/(mg/kg 体重)		
	口服	皮下注射	腹腔注射
叙利亚地鼠	31.5	23.0	10.0
Swiss ICR 小鼠	48.0	10.0	7.5
Sparague - Dawley 大鼠	55.0	11.0	10.0
断奶大鼠	110		5.9
初生大鼠	6.8		
小鸡	170		

2. 肝肾毒性

摄入 PAT 会诱发机体氧化应激反应、肝肾病变等中毒症状，严重危害机体健康。PAT 能抑制肾细胞 HEK - 293 增殖，导致细胞凋亡、氧化损伤等。究其原因，主要是 PAT 作用于细胞内的溶酶体，损伤溶酶体膜，进而导致 DNA 链断裂等一系列毒性反应。由此推测，溶酶体可能是 PAT 细胞毒性的靶细胞器。

3. 基因毒性、致癌与致畸作用

PAT 被国际癌症研究机构(International Agency for Research on Cancer, IARC)列为第 3 类物质，即现有证据尚不能就其对人类的致癌性进行分类。首次报道 PAT 致癌性是在 1962 年，Dickens 等发现，大白鼠皮下注射 PAT 后注射部位会诱发肿瘤。随后，Umeda、Ciegler 等相继发现了 PAT 的致畸性和致突变性。PAT 的毒性作用机制主要是，通过共价键结合到细胞的亲核物质上，特别是结合到蛋白质和谷胱甘肽的巯基上，从而发挥毒性，破坏染色体并致突变。在谷胱甘肽浓度低的细胞中，PAT 致突变作用明显；而外源性抗氧化剂谷胱甘肽和维生素 E 则发挥着 PAT 防护剂的作用。研究还发现，PAT 诱导人体肝癌 HepG2 细胞、C3H 小鼠乳腺癌 FM3A 细胞、中国仓鼠 V79 肺成纤维细胞和小鼠淋巴瘤 L5178Y 细胞的染色体畸变和基因突变。PAT 对鸡胚有明显的致畸作用，出壳后的小鸡表现出外张爪、颅裂、喙畸形、突眼等症状。

4. 细胞毒性

PAT的细胞毒性模式是通过C-6和C-2不饱和杂环内酯与蛋白质、酶和其他细胞成分的巯基相互作用，破坏细胞功能。PAT对大鼠肺纤维细胞和人宫颈癌细胞(HeLa细胞)有细胞毒性。在高浓度PAT处理的中国仓鼠V79肺成纤维细胞中观察到了DNA链断裂、DNA氧化性修饰和DNA-DNA铰链，证明在细胞系统中PAT直接与DNA反应。PAT诱导细胞遗传损伤的机制是，交联的姐妹染色单体在有丝分裂期没有很好地分离，被拉到相反的两极，形成后期桥，后期桥在胞质分裂期转变为核质桥；DNA损伤引起的细胞周期紊乱导致中心体扩增，产生多极纺锤体；阴性着丝粒微核通过核质桥断裂产生或在铰链DNA修复和复制过程中产生，而阳性着丝粒微核则可能是有丝分裂紊乱的结果。PAT能抑制动植物细胞有丝分裂，有时伴有染色体紊乱现象。作为一种染色体断裂剂，PAT在哺乳动物细胞中发挥作用。

5. 对生殖系统的危害

PAT能影响生殖细胞的产生，进而影响动物繁殖。5周龄~6周龄雄性老鼠饲喂PAT 60d或90d后发现，老鼠精子形态发生了变化，精子尾部出现异常弯曲、盘绕、粘附等现象；老鼠附睾和前列腺也发生了组织病变。研究还发现，PAT有很强的胚胎毒性，引起胚胎发育异常，导致缺陷胚胎出现频率增加。异常包括生长发育迟缓、中脑和前脑发育不良、下颌突增生和/或水泡。

6. 免疫毒性

PAT能改变人体的免疫响应，降低人类巨噬细胞和T淋巴细胞分泌干扰素和白介素等细胞因子。用浓度500ng/mL的PAT处理能降低胸腺瘤细胞系白细胞介素2和5的产生，但细胞因子的降低不是由于PAT的细胞毒性作用，而是由于PAT造成的细胞内还原型谷胱甘肽的消耗。小鼠口服试验也发现，PAT能导致多种免疫细胞的数量变化，例如，外周血白细胞和淋巴细胞下降，细胞毒性T淋巴细胞(一种特异T细胞)增加，脾脏免疫球蛋白(Ig)$^{+}$、CD^{3+}、CD^{4+}/CD^{8-}和CD^{4-}/CD^{8+}淋巴球百分比的变化。

(三)生物合成

PAT属于聚酮途径代谢物，主要由青霉属(*Penicillium* spp.)、曲霉属(*Aspergillus* spp.)、拟青霉属(*Paecilomyces* spp.)和丝衣霉属(*Byssochlamys* spp.)中的部分真菌产生。PAT的生物合成途径(图10)包括10步由酶催化的反应过程：由1分子的乙酰辅酶A(Acetyl-CoA)和3分子的丙二酰辅酶A(malonyl-CoA)经6-甲基水杨酸合成酶(6-MSA synthetase)催化生成6-甲基水杨酸(6-methylsalicylic acid，6-MSA)；6-甲基水杨酸通过脱羧酶的作用转化成间－甲酚（m－cresol）；间－甲酚随后被间－甲酚－2－羟基化酶（m－cresol 2－hydroxylase）转化成间－羟基苯醇（m－hydroxy benzyl alcohol）；间－羟基苯醇通过间－羟基苯醇羧化酶作用转化为龙胆霉醇（gentisyl alcohol）；龙胆霉醇进一步反应生产龙胆醛（gentisaldehyde）；龙胆醛转化为异环氧菌素（isoepoxydon）；异环氧菌素经依赖 NADPH 的异环氧菌素脱氢酶（isoepoxydon dehydrogenase）催化形成叶点霉素（phyllostine），随后转化成新展青霉素（neopatulin）；通过 NADPH 还原作用，新展青霉素转化成 E－ascladiol；E－ascladiol 可被氧化成展青霉素或直接转化为相应的异构体 Z－ascladiol。

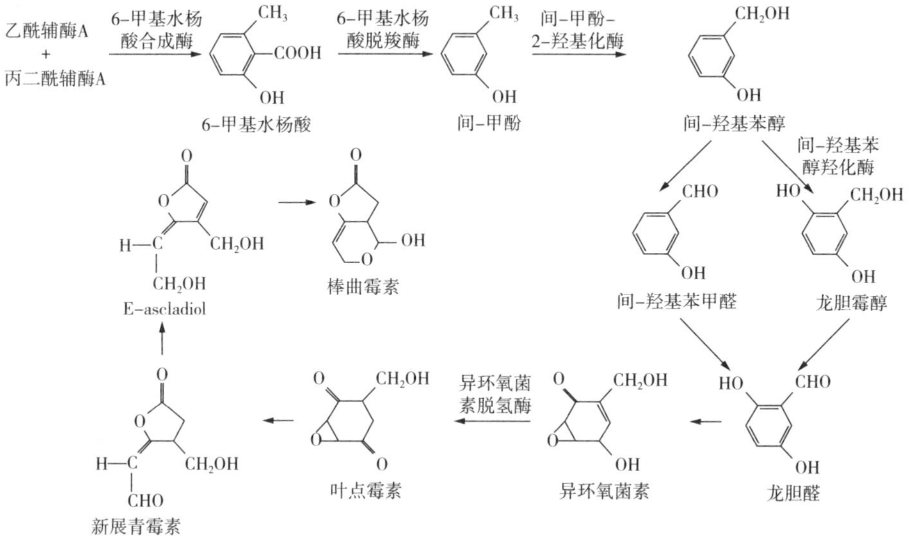

图 10 PAT 的生物合成途径

（引自：薛华丽等，2018）

对扩展青霉（*P. expansum*）和灰黄青霉（*P. griseofulvumi*）的研究表明，PAT 生物合成的编码基因可能是由 15 个基因（*PatA*～*PatO*）构成的全长约 41kb 的基因簇，其中，*PatL* 推测为转录因子编码基因，*PatM*、*PatC* 和 *PatA* 为转运蛋白编码基因，*PatB*、*PatD*、*PatE*、*PatG*、*PatH*、*PatI*、*PatK*、*PatN* 和 *PatO* 为催化酶编码基因，*PatF* 和 *PatJ* 的功能未知。基因功能相关研究表明，*PatK*、*PatL* 和 *PatN* 是展青霉素合成的关键基因，基因簇中其他基因在 PAT 合成中的作用还有待进一步研究。

扩展青霉（*P. expansum*）是引起果品腐烂并产生 PAT 的主要致病菌。扩展青霉侵染后在不同果品上累积 PAT 的程度不同，例如在梨上的产毒量就高于在苹果上的产毒量。扩展青霉在同一种果树不同品种果实上的 PAT 累积量也存在差异。将扩展青霉接种到不同品种的苹果上，‘Golden Supreme’的 PAT

累积显著高于‘恩派’（Salomão 等，2009），这可能与不同果实中糖、酸、蛋白质等的组成和含量存在差异有关。碳源和氮源对扩展青霉合成 PAT 有显著影响。在麦芽糖、葡萄糖、果糖、蔗糖等作为碳源的培养基中 PAT 合成量较高，而乳糖、苹果酸、纤维素等碳源均不利于 PAT 的产生。有机复合氮源比无机氮源更有利于 PAT 产生，铵盐最不利于 PAT 的合成。温度、pH 和水分活度（water activity，A_w）也能影响 PAT 的合成。在较宽的温度范围（4℃～30℃）内扩展青霉可产生 PAT，但高温（30℃）和低温（4℃）均不利于 PAT 的累积。苹果果实接种扩展青霉后分别置于 4℃和 20℃下贮藏，果实均表现明显病害症状且病部组织大量累积 PAT。随着病害的加重，20℃贮藏的苹果病斑周围健康组织也检出 50μg/kg 以上的高含量 PAT，但 4℃低温贮藏苹果健康组织的 PAT 含量低于 50μg/kg。PAT 生物合成需要较高的 A_w 且 PAT 在低 pH 环境中最稳定，而许多新鲜果品水分含量较高且 pH 呈酸性，所以大多数新鲜果品都是 PAT 产生的理想环境。

（四）对果品的污染

目前，在苹果、梨、草莓、蓝莓、樱桃等果品中都有 PAT 检出，但新鲜果品很少受到 PAT 污染，而霉菌侵染的果品中腐烂部位 PAT 含量最高，可达 1000μg/kg 以上，整果平均含量可达 21μg/kg～746μg/kg。由于目前加工工艺的限制，当使用发病腐烂的果实作为原材料进行果汁等制品的生产时，PAT 会随着生产加工过程进入加工终产品中。此外，加工过程中工序的延误或半成品的暂时滞留，都会造成 PAT 产生菌的再次生长与产毒，从而造成二次污染。目前，果汁、果酒等果品制品均已报道有 PAT 检出，见表 80，且在杏干和果汁中存在 PAT 与交链孢毒素同时污染的现象，这主要是由于扩展青霉和交链孢菌可同时侵染果实，引发果实的青霉病和黑斑病，进而导致果品制品的污染。

表 80　果品及其制品中 PAT 污染情况

国家	产品	阳性样/样品总数	检出率/%	检出值*
中国	苹果汁	1941/1987	97.7	最大值：78.0
	干果	1/220	0.5	30.6
阿根廷	果品制品	11/51	21.6	7.0～221.0
	果汁和果酒	1997/5958	33.5	3.0～19622.0
意大利	苹果汁	47/135	34.8	1.6～55.4
捷克	果品及其制品	39/135	28.9	最大值：415.2
葡萄牙	苹果汁	18/37	48.6	3.2～47.7

续表

国家	产品	阳性样/样品总数	检出率/%	检出值*
韩国	苹果汁	3/24	12.5	2.8～8.9
	橙汁	2/24	8.3	9.9～30.9
	葡萄汁	4/24	16.7	5.2～14.5
西班牙	苹果汁	21/47	44.7	1.0～36.5
	苹果泥	6/46	13.0	2.0～50.3
	苹果制品	184/484	38.0	0.7～118.7
罗马尼亚	苹果汁	50/50	100	<0.7～101.9
突尼斯	苹果制品	30/85	35.0	0.0～167.0
比利时	苹果汁	32/49	65.3	<10.0～904.4

* 果汁、果酒单位为“μg/L”；其他产品单位为“μg/kg”。

二、赭曲霉毒素A

（一）理化性质

赭曲霉毒素(ochratoxin)是由多种病原真菌产生的一类有毒的次生代谢产物，其主要的结构类似物有赭曲霉毒素A(OTA)、赭曲霉毒素B(OTB)、赭曲霉毒素C(OTC)、甲酯化的OTA、甲酯化或乙酯化的OTB，其中，赭曲霉毒素A毒性最大，对果品污染最严重。赭曲霉毒素A熔点为169℃，弱酸性，解离常数pKa为7.1，无色晶体状化合物，微溶于水，易溶于极性有机溶剂和碳酸氢钠溶液，在极性有机溶剂中较稳定，冷藏条件下赭曲霉毒素A的乙醇溶液可稳定1年以上。在苯-冰乙酸(99:1，体积比)溶液中赭曲霉毒素A最大吸收峰波长为333nm，最大发射波长为465nm。赭曲霉毒素A在长波紫外光下显示绿色或黄绿色荧光，在碱性条件下则为蓝色荧光，且赭曲霉毒素A含量与荧光强度呈正比。

（二）生物毒性

1. 急性毒性和亚急性毒性

赭曲霉毒素A(ochratoxin A，OTA)有较强的急性毒性，其症状主要是多种脏器多位点出血、脾脏纤维蛋白血栓、肝和淋巴坏死、肠炎等。OTA对动物的亚急性毒性主要表现为肾脏组织性病变、强烈的氧化应激引起的活性氧过量产生、血浆指标异常等。不同动物的OTA经口LD_{50}有明显差异，而且OTA在体内的残留时间也因动物机体代谢的不同而存在显著差异，见表81。

表 81　几种动物的 OTA 经口 LD_{50}

动物	LD_{50}/(mg/kg 体重)	半衰期	动物	LD_{50}/(mg/kg 体重)	半衰期
雏鸭	0.5	—	小鼠	40 ~ 58	48h
猪	1 ~ 6	(72 ~ 120)h	猴	—	21d
大鼠	20 ~ 30	(55 ~ 120)h	狗	0.2	—

2. 肝肾毒性

OTA 主要毒害动物的肾脏和肝脏，肾脏是首要靶器官。OTA 对几乎所有非反刍类哺乳动物都具有潜在肾毒性。在欧洲的丹麦、匈牙利等地，OTA 是导致丹麦猪肾病流行的一个重要因素，人类的巴尔干地方性肾病和突尼斯地方性慢性间质性肾病均与 OTA 有关。除肝肾毒性外。OTA 还有多种其他毒性，如基因毒性、致癌性、致畸性、神经毒性、对免疫系统的危害等。OTA 的致毒机理可能是：(1)抑制苯丙氨酸 - tRNA 合成酶活性，进而抑制蛋白质的合成；(2)引起线粒体功能异常，进而抑制细胞的能量代谢；(3)引起氧化胁迫，这是致癌性、基因毒性、细胞毒性等 OTA 毒性的重要原因。OTA 致死的主要原因是肝、肾的坏死性病变。显微观察发现，用 OTA 污染的饲料饲喂肉鸡，肉鸡肝细胞膜增厚、线粒体肿胀溶解、内质网相对减少，甚至出现细胞溶解现象。

3. 基因毒性、致癌与致畸作用

OTA 具有较强的基因毒性和致癌作用。1993 年，IARC 将其列为 2B 类致癌物。OTA 与 DNA 形成 OTA - DNA 共价加合物，引发肝脏、肾脏和脾脏细胞的 DNA 损伤，使 DNA 链断裂，可能是 OTA 基因毒性的直接原因。小鼠饲喂试验表明，OTA 具有基因毒性，能够诱发肝肿瘤、肾肿瘤甚至肝癌等。以灌胃方式给大鼠服用 OTA，能引发肾细胞腺瘤和腺癌，发病率与 OTA 含量正相关。OTA 的致癌性可能是其诱导细胞凋亡、抑制相关蛋白质合成、诱导产生氧化应激损伤等所致。新近又发现了一种 OTA 致癌新机制，转录因子 Nrf2 本身能够抵御毒性物质对细胞的损伤，但 OTA 诱导基因改变肾组织中 Nrf2 的转录水平，导致细胞防御机能的减弱，使肾产生长期氧化应激反应。OTA 还能引起仓鼠、大鼠、小鼠和鸡胚畸形，引发妊娠期鼠中枢神经系统畸形。

4. 免疫毒性

OTA 是一种免疫抑制剂，可影响细胞和体液免疫，能抑制免疫反应，使淋巴细胞减少，能使关键免疫器官——胸腺退化。OTA 能造成淋巴组织坏死，还能抑制外周淋巴细胞的增殖，阻止白细胞介素 2 及其受体的表达。

（三）生物合成

OTA 由二氢异香豆素衍生物（7 - 羧 - 5 - 氯 - 8 - 羟 - 3，4 - 二氢 - R - 甲基异香豆素）和 L - 苯丙氨酸通过酰胺键连接而成。早在 1979 年，Huff 和 Hamilton 就根据 OTA 的化学结构对其生物合成途径进行了预测：乙酰 - CoA →蜂蜜曲菌素→OTβ→OTα→OTC→OTA。Harris 和 Mantle（2001）通过同位素示踪试验预测了两条 OTA 生物合成途径：OTβ→OTα→OTA 和 OTβ→OTB→OTA。Gallo 等（2012，2016）通过敲除 *nrps* 基因和 *Halo* 基因以及次生代谢物分析，预测了炭黑曲霉中 OTA 的生物合成途径：苯丙氨酸 + OTβ→OTB→OTA→OTα，OTα 可能是 OTA 合成后的衍生物。Wang 等（2018）基于前人的研究，通过比较基因组学、分子生物学和次生代谢化学分析技术，发现了 OTA 生物合成基因簇，并成功解析了 OTA 的合成途径，见图 11。OTA 生物合成基因簇均包括聚酮合酶（PKS）基因 OtaA、非核糖体多肽合成酶（NRPS）基因 OtaB、P450 氧化酶基因 OtaC、卤化酶基因 OtaD 等 4 个 OTA 合成核心基因和 1 个 bZIP转录因子基因 OtaR1（位于 OtaC 和 OtaD 基因之间），另有 FAD 依赖的氧化还原酶基因 OtaE 也可能参与 OTA 毒素的合成。OTA 生物合成途径为：乙酰 CoA（acetyl CoA）和丙二酰 CoA（malony CoA）由 OtaA（PKS）催化合成 7 - 甲基蜂蜜曲菌素（7 - MM），7 - MM 上的甲基由 OtaC/OtaE 氧化为羧基合成 OTβ，OTβ 与苯丙氨酸经 OtaB（NRPS）催化发生酰胺缩合反应合成 OTB，OTB 由 OtaD（卤化酶）催化加氯合成 OTA。

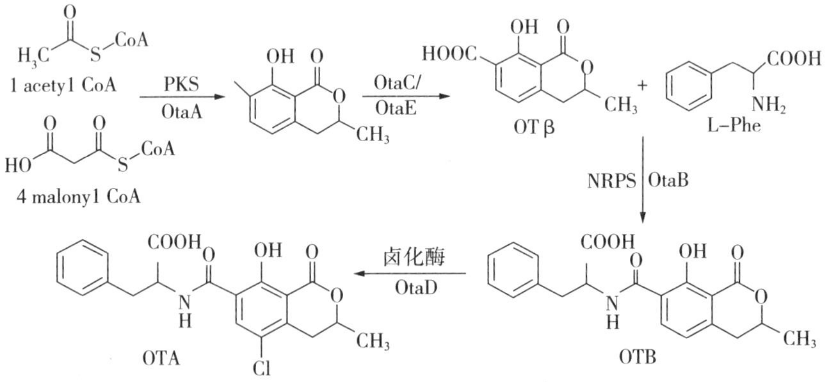

图 11　OTA 的生物合成途径

（引自：Wang 等，2018）

对 OTA 合成基因的研究多集中于参与 OTA 生物合成的聚酮合酶（polyketide synthase，PKS）和非核糖体多肽合成酶（non - ribosomal peptide synthetase，NRPS）。二氢异香豆素部分的生物合成是通过多步聚酮反应合成，PKS是毒素生物合成的关键。2003年至今，在OTA产毒菌赭曲霉（*A. ochraceus*）、炭黑曲霉（*A. carbonarius*）、黑曲霉（*A. niger*）、*A. westerdijkiae*、疣孢青霉（*P. verrucosum*）、*P. nordicum* 的研究中，利用基因敲除手段均探寻到了参与OTA合成的PKS基因，也确认了NRPS基因参与OTA生物合成。差异表达分析预测P450氧化酶基因和卤化酶基因也可能参与OTA生物合成。

OTA产生菌有很多种，以疣孢青霉（*P. verrucosum*）、赭曲霉（*A. ochraceus*）和炭黑曲霉（*A. carbonarius*）为主，其中，炭黑曲霉以侵染果品为主，是新鲜葡萄、葡萄干和葡萄酒等制品中产赭曲霉毒素的主要致病菌。炭黑曲霉适宜在30℃左右的温度下生长，且温度和水分活度对其产毒影响较为显著。在日均气温17.2℃～22.8℃下种植的葡萄，当温度低于15℃时，真菌生长明显受抑制，赭曲霉毒素A合成也得到有效控制。红色和蓝色波段的光照可有效抑制OTA合成，相较于无光照，OTA产率下降了近40%。

通常情况下，炭黑曲霉不会引起正常果品腐烂变质，但当果品因物理、化学或生物因素致使外表受损时，该菌则会侵入果实内部生长繁殖并产生毒素，成熟葡萄更易被炭黑曲霉侵染而产生OTA，尤其是在葡萄收获前的20d内以及过熟的葡萄上。因此，对葡萄从成熟期直至收获、运输的整个产业链均应予以重视。加工工艺对葡萄制品OTA含量也会产生影响。日晒干燥制成的葡萄干比其他方式干制的葡萄干更容易感染OTA，可能的原因是前者由于干燥时间太长（2个月～6个月）而易滋生霉菌，导致OTA产生。同理，在阴凉干燥条件下酿造的葡萄酒，其OTA含量明显高于干热条件下酿造的葡萄酒。

（四）对果品的污染

目前，果品中以干果、葡萄及其制品OTA污染率最高，特别是葡萄及其制品值得关注，见表82。这主要是由于葡萄在生长过程中容易受曲霉属真菌的感染，进而导致葡萄制品受真菌毒素的污染。曲霉属菌不仅累积OTA，还会在适宜条件下产生OTB、OTC等其他类型的赭曲霉毒素。已有报道在葡萄干样品中同时检出OTA和OTB。近年来，中国出口欧盟的食品（主要是谷物、干果和香辛料）OTA超标事件时有发生，造成巨大经济损失。根据欧盟食品和饲料快速预警系统（Rapid Alert System for Food and Feed，RASFF），2007年以来中国出口欧盟的葡萄干因污染OTA被通报2次，其中，OTA含量分别高达19.23μg/kg和20.7μg/kg，超过了欧盟限量标准10μg/kg。

表 82　果品及其制品中 OTA 污染情况

（引自：王刘庆等，2018）

国家	产品	阳性样/抽样数	检出率/%	检出值*
中国	葡萄干	11/57	19.3	0.2 ~ 8.8
	干果	37/125	29.6	0.4 ~ 212.6
阿根廷	果汁和果酒	22/1401	1.6	0.2 ~ 3.6
美国	干果	53/486	10.9	0.3 ~ 15.3
	坚果	4/179	2.2	1.9 ~ 890.0
希腊	葡萄干	26/26	100	最大值：47.2
西班牙	葡萄酒	95/96	99.0	<0.1 ~ 455.0
爱尔兰	杏干	1/30	3.3	2.8
	梅干	3/15	20.0	0.2 ~ 2.6
意大利	干栗子	14/14	100	0.5 ~ 65.8
	栗粉	37/37	100	1.0 ~ 50.4
土耳其	葡萄干	4/50	8.0	0.2 ~ 2.6
	葡萄汁	2/10	20.0	0.9 ~ 1.9
	干果	18/98	18.4	0.9 ~ 24.4
阿根廷	葡萄干	9/15	60.0	0.3 ~ 20.3
	葡萄酒	4/47	8.5	0.02 ~ 4.8

* 果汁、果酒单位为"μg/L"；其他产品单位为"μg/kg"。

三、交链孢毒素

（一）理化性质

交链孢毒素（*Alternaria* toxins）主要是由交链孢属真菌产生的一系列有毒的次生代谢产物。交链孢菌能在低温下生长繁殖，是造成贮运过程中果品腐败变质的重要原因。目前已发现的交链孢毒素有 70 余种，其中 10 种对动物和植物具有毒性作用。根据化学结构和理化性质，交链孢毒素分为 4 类：（1）二苯并吡喃酮类，主要包括交链孢酚（alternariol，AOH）、交链孢酚单甲醚（alternariol monomethyl ether，AME）和交链孢烯（altenuene，ALT）。AOH 和 AME 为无色针状结晶，熔点分别为 350℃ 和 267℃，易溶于二甲基亚砜、甲醇、乙腈等有机试剂。ALT 是无色棱柱状结晶，熔点 190℃ ~ 191℃，易溶于二甲基亚砜、甲醇、乙腈等有机试剂。紫外光照射下，三种毒素均发出蓝紫色荧光。(2)特特拉姆酸(四价酸)类，主要是细交链孢菌酮酸(tenuazonic acid，TeA)。TeA呈褐色黏稠油状，沸点117℃，pKa为3.5，微溶于水而易溶于多种有机溶剂，如丙酮、三氯甲烷、乙醇、甲醇等。TeA为强螯合剂，可与钙、镁、铜、铁、镍等金属螯合。TeA结构不太稳定，存在酮－烯醇互变异构现象。(3)二嵌萘苯(戊醌)类，包括交链孢毒素Ⅰ(altertoxin Ⅰ，ATX－Ⅰ)、交链孢毒素Ⅱ(altertoxin－Ⅱ，ATX－Ⅱ)和交链孢毒素Ⅲ(altertoxin Ⅲ，ATX－Ⅲ)。(4)腾毒素(tentoxin，TEN)。目前，果品中污染比较广泛且检出较高的交链孢毒素主要是AOH、AME、TeA和TEN。

(二)生物毒性

1. 急性毒性和亚急性毒性

交链孢酚(AOH)、交链孢酚单甲醚(AME)和交链孢烯(ALT)的急性毒性较弱。亚急性毒性研究发现，AME只有高达200mg/kg体重时，才对仓鼠表现出显著的毒性效应。细交链孢菌酮酸(TeA)能引起哺乳类动物头晕、呕吐，出现心率过快、消化系统内出血、运动障碍甚至死亡，其急性毒性要强于上述3种交链孢毒素。TeA能引起哺乳动物急性中毒，雄性小鼠和雌性小鼠的LD_{50}分别为125mg/kg体重～225mg/kg体重和81mg/kg体重～115mg/kg体重。TeA与其他交链孢毒素共存时会表现协同效应。AOH、AME和ALT通常情况下对大鼠和雏鸡无急性毒性作用，而加入TeA后，会引起动物急性中毒，且中毒剂量远远低于单独添加TeA所需剂量。

2. 基因毒性、致癌与致畸作用

AOH可引起DNA损伤，有明确的致突变性，其致突变性与剂量密切相关。AME对鼠伤寒沙门氏菌TA98的诱变性较弱，对大肠杆菌ND－160的诱变性很强，推测AME可能对不同的基因位点或不同的DNA序列有选择性诱变作用。交链孢毒素Ⅰ(ATX－Ⅰ)、交链孢毒素Ⅱ(ATX－Ⅱ)和交链孢毒素Ⅲ(ATX－Ⅲ)对鼠伤寒沙门氏菌TA98、TA100和TA1537均有很强的诱变性和致突变作用，ATX－Ⅲ被认为是最有诱变性的交链孢毒素。

AOH和AME有潜在致癌性，能诱发鼠鳞状上皮细胞癌。在微摩尔浓度下，AOH和AME能显著引起人类癌细胞(HT29和A431)DNA链断裂。AOH因有双酚环结构而表现出一定的雌激素作用，能引起细胞雌激素分泌异常，进而抑制细胞增殖从而引发遗传毒性效应，这可能与AOH具致癌性有关。AOH和AME的致癌机理与癌基因的激活和抑癌基因的变异有密切关系，特别是能导致DNA聚合酶β(人体内主要的碱基切除修复聚合酶)发生突变，并可导致蛋白结构发生变化而使DNA聚合酶β的基因修复功能发生异常。AOH的致癌作用与其浓度水平有关，较高浓度的AOH才会引起细胞DNA聚合酶β

基因发生突变。TeA 的毒性作用主要是抑制蛋白质的生物合成。持续暴露于 TeA 有可能诱发食管癌，小鼠持续饲喂 TeA 后出现了比较典型的癌变前兆，即食管黏膜上皮细胞中的部分细胞细胞核固缩，染色质增大并呈颗粒状。

交链孢毒素还有致畸性。孕期小鼠注射 AOH 和 AME 后 9d ~ 12d，胎儿畸形率显著升高；单独加大剂量注射 AOH 后 13d ~ 16d，胎儿畸形率明显上升，而单独注射 AME 无此效果。对于人工培养的哺乳动物细胞，ATX - Ⅱ比 AOH 更易引起致畸效果，其致畸能力远高于 AOH。

3. 细胞毒性

AOH、AME 和 ALT 都对 HeLa 细胞具有毒性作用，且 AOH 和 AME 具有协同作用。AOH 和 AME 能够抑制 DNA 拓扑异构酶，影响细胞的复制、转录等，进而引起细胞损伤。AOH 能通过影响基因表达降低猪子宫内膜细胞的增殖。AOH 还能通过干扰细胞生命活动来抑制中国仓鼠 V97 细胞系的细胞增殖。ALT 能够抑制 NIH/3T3 细胞增殖，阻滞细胞于 G2/M 期，但其毒性弱于 AOH。TeA 处理小鼠 3T3 成纤维细胞、中国仓鼠肺纤维细胞和人类肝细胞（L - O2细胞）三种细胞系，可导致细胞增殖速率和总蛋白含量的降低。ATX - Ⅰ和 ATX - Ⅱ均对 HeLa 细胞有毒性效应，在 7 种交链孢毒素（AOH、AME、ALT、TeA、ATX - Ⅰ、ATX - Ⅱ和 ATX - Ⅲ）中，ATX - Ⅱ毒性最强。

（三）生物合成

AOH、AME 及其他二苯并吡喃酮衍生物均属聚酮化合物（polyketide），生物合成过程均会产生含有多个酮基的中间产物，PKS 是催化该中间产物合成的关键酶。AOH 的生物合成途径是，1 个乙酰辅酶 A 和 6 个丙二酰 ACP 在酮基合成酶（KS）和酰基转移酶（AT）的作用下，通过头尾醛醇缩合反应使聚酮得以延长，最终在硫酯酶作用下碳链释放形成 AOH，见图 12。AOH 是大多数二苯并吡喃酮衍生物的形成前体，AOH 与 S - 腺苷甲氨硫酸反应生成 AME。

TeA 的生物合成途径（图 13）与 AOH、AME 不同。对稻瘟病菌（*Magnaporthe oryzae*）的研究发现，TeA 可通过一种独特的 NRPS 和 PKS 的杂合酶——TeA 合成酶（TAS1）催化生成，而且 PKS 是合成 TeA 的必需功能区域。进一步对 TAS1 进行同源搜索和进化分析，结果表明，互隔交链孢中有与 TAS1 具有类似功能的同源蛋白，氨基酸相似性在 50% 以上，该蛋白共有 C - A - PCP - KS 的保守域。异亮氨酸和乙酰乙酰辅酶 A 是 TeA 合成的前体物质，最终通过 TAS1 的 KS 结构域完成环化反应生成 TeA。NADPH 作为一种重要的辅助因子参与异亮氨酸的代谢合成。由此表明，能量代谢和氨基酸代谢共同参与了 TeA 合成底物的供给。

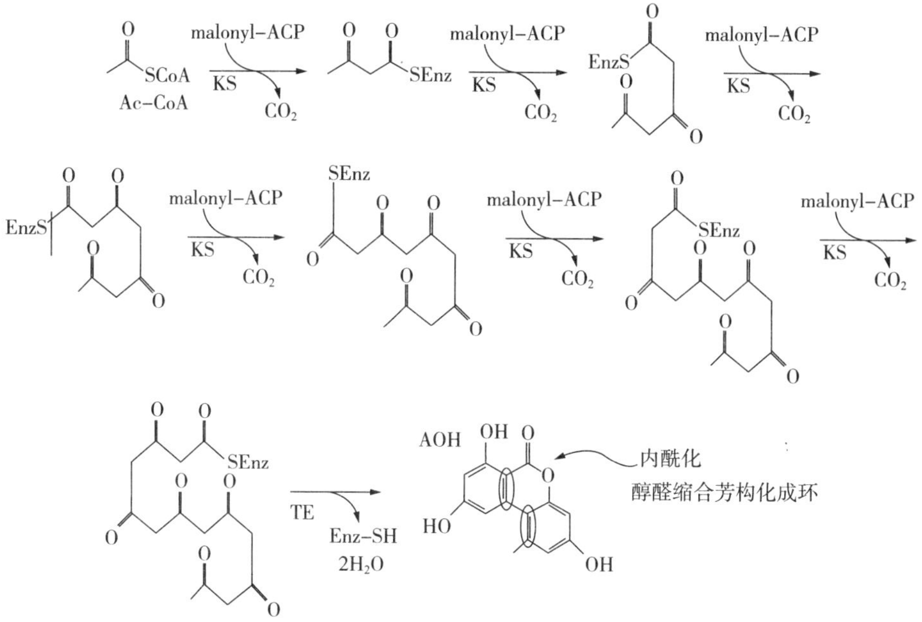

图 12　AOH 的生物合成途径

（引自：薛华丽等，2018）

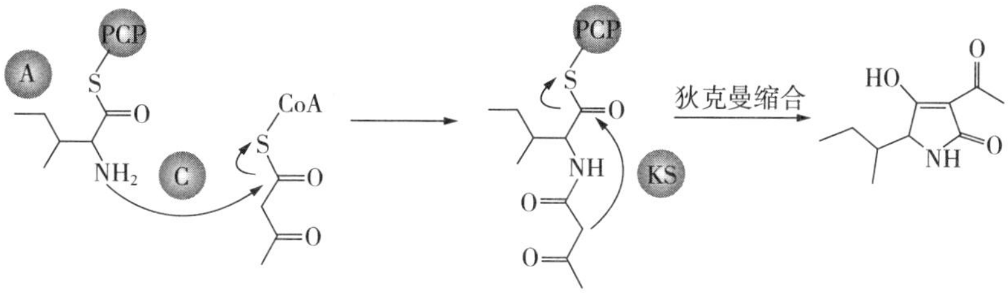

图 13　TeA 的生物合成途径

（引自：薛华丽等，2018）

不同交链孢菌的产毒能力存在差异，互隔交链孢(*A. alternata*)是侵染果品并产生毒素的主要致病菌。温度是影响互隔交链孢生长和产毒的重要因素。25℃贮藏的苹果产生 AOH 和 AME 的互隔交链孢分别为 47% 和 41%，同时产生这两种毒素的交链孢菌为 38%。2℃贮藏的苹果，产生 AOH 和 AME 的菌株比例有所减小，分别为 17% 和 6%，同时产生两种毒素的菌株比例为 6%。酸性环境比碱性环境更利于交链孢毒素的合成。AOH 和 AME 产生还受到碳源和氮源的影响。易吸收、转化利用的氮源(无机氮源、氨基酸等)似乎比易吸收、转化利用的碳源(葡萄糖、果糖、蔗糖等)对 AOH 和 AME 产生的影响更大一些，而易吸收、转化利用的碳源和氮源对 TeA 合成的影响相对较小。

(四)对果品的污染

水果及其制品容易污染交链孢毒素。AOH、AME 和 TeA 在各类水果及其制品中的检出率均较高，是污染水果及其制品的主要交链孢毒素。3 种毒素在果汁、果酒等果品制品中均有检出，见表 83，其中，TeA 是检出率最高的交链孢毒素。干果中交链孢毒素的污染要比果汁等制品严重。有些坚果中的 AOH 和 AME 污染水平甚至超过了 100μg/kg。TeA 在无花果干等干果中污染较重，已报道的污染最严重的果品为枸杞，其最大检出值在5000μg/kg以上。不仅如此，2 种或 3 种交链孢毒素可同时污染果品制品，如在葡萄干样品中，12.5%(7/57)的样品同时检出 2 种交链孢毒素，而 3.5%(2/57)的样品同时检出 3 种交链孢毒素。此外，也有报道显示，交链孢毒素可与展青霉素、赭曲霉毒素或黄曲霉毒素同时污染同一种果品或其制品。

表 83　果品及其制品中主要交链孢毒素污染情况

国家	种类	抽样数	AOH		AME		TeA	
			检出率/%	检出值*	检出率/%	检出值*	检出率/%	检出值*
阿根廷	葡萄酒	109	9.2	<3.3 ~ 18	3.7	<0.2 ~ 225		
加拿大	红葡萄酒	24	83.3	0.03 ~ 19.4	83.3	0.01 ~ 0.23		
	葡萄汁	14	21.4	0.03 ~ 0.46	28.6	0.01 ~ 39.5		
中国	柑橘汁	36	0	0	11.1	0.11 ~ 0.2	25	1.2 ~ 4.3
	葡萄酒	12	91.7	<0.03 ~ 0.7	91.7	<0.03 ~ 0.06	8.3	0.31
	苹果汁	15	53.3	0.1 ~ 7.9	46.7	0.03 ~ 0.88	60	1.8 ~ 49.6
	干果	340	4.4	0.9 ~ 90.9	11.5	0.2 ~ 30.1	42.7	6.9 ~ 5665.3
	坚果	133	13.5	<2.0 ~ 143	17.3	0.9 ~ 110.5		
德国	果汁	110	41.8	0.1 ~ 16.0	20.9	<0.03 ~ 4.9	62.9	1.1 ~ 250
	葡萄酒	36	77.8	0.1 ~ 7.7	52.8	<0.03 ~ 1.5	88.0	1.6 ~ 60.0
意大利	苹果汁	10	0	0	0	0	20	24.3 ~ 45.3
荷兰	鲜苹果	11	9.1	29	0	<1.0	0	<5.0
	无花果干	19	5.3	<2.0 ~ 8.7	0	<1.0	100	25 ~ 2345
	葡萄酒	5	20.0	11	0	<1.0	60.0	<5.0 ~ 46
西班牙	浆果汁	32	34.0	2.5 ~ 85.1	31.0	266.7 ~ 308.3		

* 果汁、果酒单位为“μg/L”；其他产品单位为“μg/kg”。

四、黄曲霉毒素

(一)理化性质

黄曲霉毒素(aflatoxins，AFs)是由香豆素和二氢呋喃环基本结构衍生的一组结构类似的化合物。目前已经鉴定出的黄曲霉毒素有10余种，主要有黄曲霉毒素B_1、B_2、G_1、G_2(AFB_1、AFB_2、AFG_1、AFG_2)等，AFB_1污染农产品最为普遍而且毒性最强。黄曲霉毒素是无色、无味、无臭晶体，熔点200℃～300℃，易溶于甲醇、乙醇、丙酮、三氯甲烷、乙腈和二甲基甲酰胺，不溶于正己烷、石油醚和乙醚，微溶于水。由于结构上含有大环共轨体系，黄曲霉毒素稳定性非常强，极耐高温，是目前已知最稳定的一类真菌毒素，例如，温度达到268℃～269℃时AFB_1才分解。在365nm紫外光照射下，AFB_1和AFB_2可发出蓝光，AFG_1和AFG_2可发出绿光。

(二)生物毒性

1. 急性毒性和亚急性毒性

黄曲霉毒素属于急性毒性物质，能引起急性中毒性肝炎。几种常见黄曲霉毒素的毒性顺序为$AFB_1 > AFG_1 > AFB_2 > AFG_2$。$AFB_1$的急性中毒症状主要有肝脏、消化道等器官受损、急性中毒性肝炎、呼吸困难，严重时出现机体水肿、昏迷甚至死亡，但出现急性中毒症状的病例比较少见。AFB_1还能引起结肠收缩幅度和频率增加，造成急性胃肠道病变。AFB_1亚急性毒性主要表现为肝硬化、胆管增生、消化道功能紊乱等。动物对AFB_1的敏感性与其种类、年龄、性别、营养状况等因素有关，但AFB_1对动物的经口LD_{50}均非常低，见表84，表明AFB_1具有极强的急性中毒特性。

表84　动物的AFB_1经口LD_{50}

动物	LD_{50}/(mg/kg 体重)	动物	LD_{50}/(mg/kg 体重)
小白鼠	9.0	大鼠(雄：100g)	17.9
大鼠(雌：21d)	7.4	大鼠(雄：21d)	5.5
仓鼠	10.2	豚鼠	1.4～2.0
鸭	0.37	兔	0.3～0.5
火鸡	0.5～1.0	鸡(幼龄)	6.5～16.5
狗(不满1岁)	0.5～1.0	猫	0.55
猪(幼龄：6kg～7kg)	0.62	犊牛	0.5～1.0
马、猴	2.0	绵羊	2.0

2. 肝肾毒性

黄曲霉毒素肝中毒症状包括发热、乏力、厌食、腹痛、呕吐、肝炎等。AFB_1是一种高效肝毒、致肝癌的真菌毒素，肝脏是其首要的靶器官。用AFB_1饲喂肉仔鸡会导致其肝细胞脂肪颗粒呈弥散状。AFB_1还会引起家禽肝内、胆管内的细胞增殖及其周围炎症细胞异嗜性渗出。AFB_1对肾细胞、骨髓细胞、人胚胎肝细胞等也具有很强的毒性。

3. 基因毒性、致癌与致畸作用

1993年，AFB_1被IARC归为Ⅰ类致癌物。动物试验表明，长期低剂量暴露于黄曲霉毒素污染会导致肝癌。在污染果品的真菌毒素中，AFB_1致癌性最强，其致癌性主要是由于AFB_1被肝脏药物代谢酶活化成活性代谢产物，继而破坏DNA结构，影响DNA功能。目前认为，AFB_1通过细胞色素氧化酶P450（CYP3A4）代谢产生活性代谢产物8,9－外环氧AFB_1。该活性产物能与DNA发生亲核反应，形成AFB_1－DNA加合物，导致DNA结构改变，进而促进或导致癌变。AFB_1还可引起抑癌基因p53突变并激活癌基因ras。OTA和AFB_1对人肝癌细胞HepG2的联合毒性效应研究发现，两者同时存在时细胞毒性增加，而OTA却能减少AFB_1所导致的DNA损伤，可能的原因是OTA与AFB_1竞争相同的CYP酶使得更多的活性氧产生而引起更强的细胞毒性，同时减少了AFB_1诱导的DNA加合物的产生，从而降低了AFB_1所引起的DNA损伤。

4. 对生殖系统的危害

黄曲霉毒素会损害生殖系统，包括影响性成熟、卵泡的生长和成熟、激素水平、妊娠和胎儿生长发育。研究发现，精子检测出现高水平黄曲霉毒素的不育男性中有一半男性的精子表现出精子数量、形态和活力异常。

5. 免疫毒性

AFB_1有较强的免疫抑制毒性，主要通过作用于机体的细胞免疫系统诱发炎症反应。脾脏是AFB_1作用于免疫系统的主要靶器官，可与DNA、RNA结合并抑制其合成，导致脾脏淋巴细胞凋亡，引发免疫器官发育不良和萎缩，进而使机体免疫功能降低。AFB_1对动物的非特异性免疫抑制效应主要表现为降低血液中单核细胞的运动性，降低吞噬细胞的吞噬功能，影响炎症细胞因子的表达。黄曲霉毒素暴露试验发现，AFB_1能上调猪脾脏中促炎细胞因子γ－干扰素和肿瘤坏死因子－α（TNF－α）的表达，导致炎症反应，引起组织细胞损伤。AFB_1对体液免疫的影响较小，且动物种属间差异大。

（三）生物合成

黄曲霉毒素的生物合成研究有一个标志性发现，即诺素罗瑞尼克酸（norsolorinic acid，NOR）色素积累。NOR是发现最早的具有稳定化学结构的合成前体，该发现对研究黄曲霉毒素生物合成具有里程碑式的意义。黄曲霉毒素的生物合成途径如图14所示，其合成基因簇约75kb，位于黄曲霉基因组3号染色体上，距离端粒约有80kb的距离，有多达30个潜在基因与黄曲霉毒素的生物合成有关。黄曲霉毒素合成基因簇上基因的表达，除*aflJ*外均受到*aflR*基因的调控，*aflR*编码黄曲霉毒素合成调控的特异性转录因子，*aflR*通过结合于黄曲霉毒素合成基因的启动子区域来激活合成基因的表达。

黄曲霉毒素的合成始于由*aflA*和*aflB*编码酶催化以丙二酸单酰CoA为底物的碳链延长，形成6－C酰链。6－C酰链由*aflC*编码的非还原聚酮合酶延伸成20－C的长链，长链经环化最终合成第一个稳定的中间代谢物NOR。在NOR合成过程中，20－C聚酮长链环化后，经氧化依次形成蒽酮、蒽醌和NOR，此过程是自发进行还是由酶催化尚未可知。NOR由*aflD*编码的短链醇脱氢酶催化形成1,3,6,8－四羟基－2－(1－羟基己基)－蒽醌(averantin，AVN)。*aflG*编码单加氧酶在辅酶NADPH存在的条件下催化averantin羟基化，合成(1S，5S)－和(1R，5R)－hydroxyaverantin(HAVN)。另一由*aflH*编码的短链醇脱氢酶氧化hydroxyaverantin为5－oxoaverantin(OAVN)，而后在环化酶作用下分子内缩醛化形成奥佛尼红素(averufin，AVF)。*aflI*编码的单加氧酶催化averufin先羟基化为hydroxyversicolorone，再经拜耳－维利格(Baeyer－Villiger)氧化重排反应形成versiconal hemiacetal acetate(VHA)，而后经酯酶等多种酶的催化，形成versiconal(VAL)，接着经*aflK*编码的环化酶催化，合成杂色曲菌素B(versicolorin B，VERB)，此中间代谢物构成黄曲霉毒素的骨架结构。杂色曲菌素B由*aflL*编码酶去饱和，形成杂色曲菌素A(versicolorin A，VERA)。杂色曲菌素B和杂色曲菌素A在不止一种酶的作用下分别被催化合成二氢去甲基杂色曲霉素(dihydrodemethylsterigmatocystin，DHDMST)和去甲基杂色曲霉素(demethylsterigmatocystin，DMST)。*aflO*编码的*O*－甲基转移酶分别催化上述两种中间代谢物为二氢杂色曲霉素(dihydrosterigmatocystin，DHST)和杂色曲霉素(sterigmatocystin，ST)。此步为构巢曲霉合成杂色曲霉素的最后一步反应。*aflP*是黄曲霉毒素合成的第二个*O*－甲基转移酶基因，转移另一甲基于上述底物上，合成的*O*－甲基杂色曲霉素(*O*－methylsterigmatocystin，OMST)和二氢－*O*－甲基杂色曲霉素(dihydro－*O*－methylsterigmatocystin，DHOMST)是黄曲霉毒素合成过程中最后一个稳定的中间代谢物。*aflQ*编码的P450单加氧酶催化*O*－甲基杂色曲霉素合成AFB_1，催化二氢－*O*－甲基杂色曲霉素合成AFB_2，亦或分别转化为AFG_1和AFG_2。*aflF*编码的NAD^+或$NADP^+$依赖的醇脱氢酶和*aflZ*编码的FMN结合域还原酶可能参与G类黄曲霉毒素的合成。

黄曲霉毒素是主要由黄曲霉(*A. flavus*)和寄生曲霉(*A. parasiticus*)产生的毒

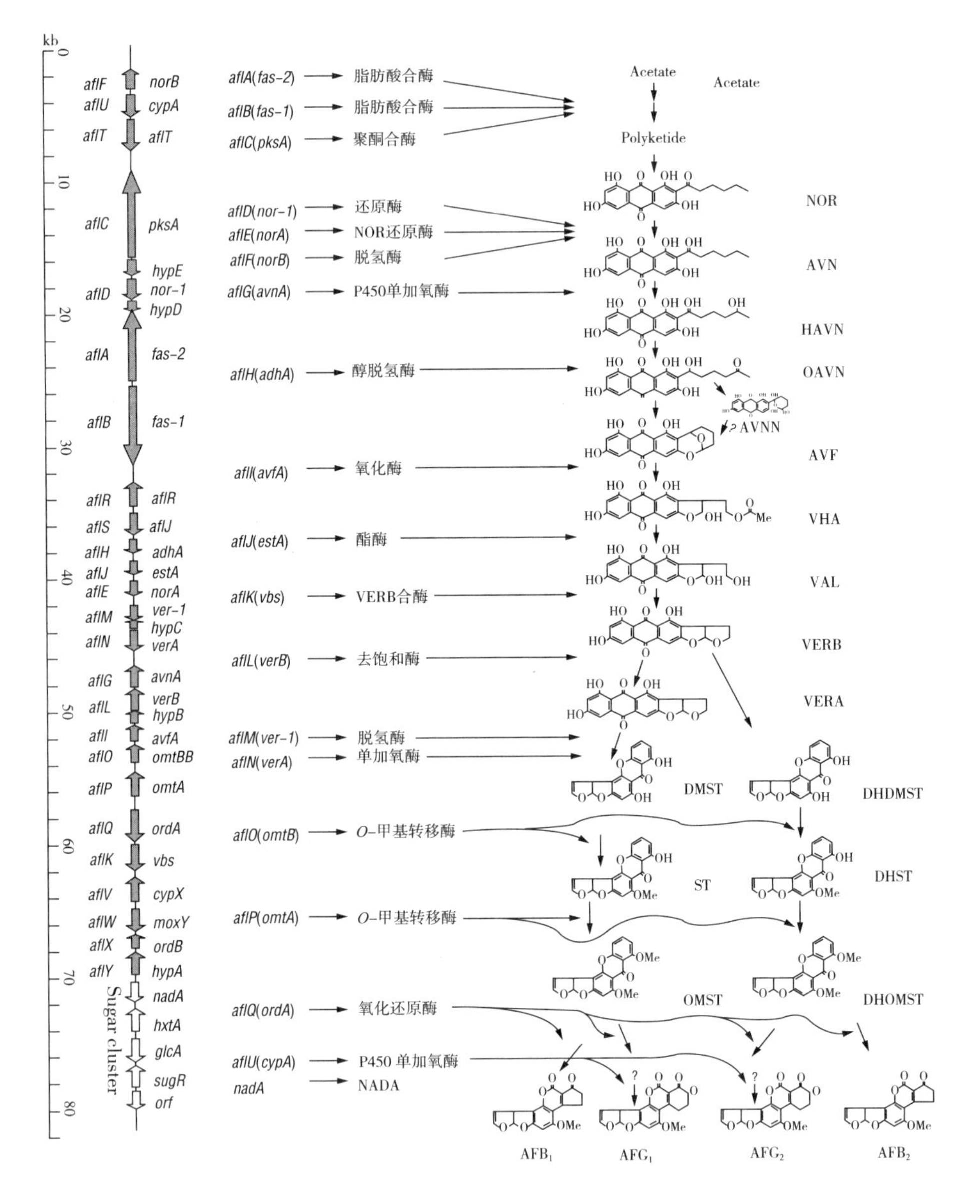

图 14　黄曲霉毒素的生物合成途径

（引自：Cleveland 等，2009）

性极强的真菌毒素。黄曲霉毒素的生物合成受光线、温度、水分活度、pH、氮源、碳源、重金属等环境条件的影响，温度影响最大，其次是 pH、氮源和碳源。黄曲霉菌的最佳产毒温度为 25℃ ~30℃，随着温度的升高，产毒量降低，当温度达到 37℃时，则完全不产生毒素。水分活度是影响黄曲霉生长的重要因素，水分活度越高越有利于霉菌生长和毒素合成，水分活度低于 0.9 时黄曲霉不能生长。黄曲霉毒素生物合成发生在酸性介质中，在碱性介质中被抑制。AFB_1合成的最佳 pH 为 3.4 ~ 5.5。黄曲霉毒素在 pH 9.0 ~ 10.0 的碱性溶液中会迅速分解。因此，低温、通风、干燥和碱性环境可有效抑制黄曲霉毒素的产生。

(四)对果品的污染

花生、玉米等农产品最易受黄曲霉毒素污染。近年来，坚果、新鲜水果及其干制品中也陆续有黄曲霉毒素检出的报道，特别是在干果和坚果中较常见。由表 85 中果品及其制品黄曲霉毒素污染情况可以看出，干果和坚果中黄曲霉毒素污染比较普遍，总体上检出率集中在 20% ~ 30% 左右，污染水平比较低，然而摩洛哥有些干果和坚果的污染程度极高，甚至在 1000μg/kg 以上。曲霉属侵染果品，不仅产生黄曲霉毒素，还可累积赭曲霉毒素，目前已有报道在葡萄干、杏干和栗子中同时检出上述两种毒素。另据 RASFF 系统通报，2007 年中国出口欧盟的苦杏仁粉中检测出了 AFB_1，含量达 22.2μg/kg。

表 85　果品及其制品中黄曲霉毒素污染情况

（引自：王刘庆等，2018）

国家	种类	数量	AFB_1		$AFB_1 + AFB_2 + AFG_1 + AFG_2$	
			检出率 %	检出值 μg/kg	检出率 %	检出值 μg/kg
希腊	葡萄干	26	23.1	均值：1.4		
爱尔兰	杏干	30	23.3	0.2 ~ 5.3		
	梅干	15	13.3	0.2 ~ 1.2		
	开心果	8203	23.4	<0.07 ~ 369.1	23.5	<0.2 ~ 390.5
意大利	干板栗	14	21.4	<0.1 ~ 5.25		
	栗粉	37	62.2	<0.1 ~ 67.9		
土耳其	干果	98	7.1	0.2 ~ 4.3		
	开心果	120	49.2	0.1 ~ 4.1	49.2	0.1 ~ 7.7
巴基斯坦	干果、坚果	307	43.0	0.2 ~ 14.5	43.0	0.2 ~ 21.3
	枣	96	39.6	平均值：2.13	39.6	最大值：26.6
	枣制品	57	31.6	平均值：2.29	31.6	最大值：16.7
摩洛哥	葡萄干	20	20.0	最大值：13.9	20.0	最大值：13.9
	无花果干	20	5.0	最大值：0.3	30.0	最大值：32.9
	核桃	20	30.0	最大值：2500	30.0	最大值：4320
	开心果	20	45.0	最大值：1430	45.0	最大值：1450

第二节　果品真菌毒素污染检测

真菌毒素是继农药残留、重金属污染后，影响果品质量安全的又一类关键风险因子。准确、高效、快速、稳定的真菌毒素检测技术是保证果品安全生产、安全监管和安全消费的重要手段。现从样品前处理技术和仪器分析技术两个方面对果品真菌毒素污染检测技术加以介绍。

一、样品前处理技术

果品种类多，样品基质组成复杂，通常需通过提取、净化、浓缩等步骤将真菌毒素分离出来后再进行仪器测定。目前，在果品真菌毒素检测中使用最广泛的前处理技术主要有液液萃取（LLE）、固相萃取（SPE）、QuEChERs等。由于LLE需使用大量有机溶剂，不能实现自动化，易造成环境污染，毒素回收率不高，已逐渐被替代。

（一）固相萃取（SPE）技术

传统的SPE技术主要利用吸附剂保留被测物质，通过活化、上样、清洗、洗脱4个步骤对目标化合物进行分离和富集，广泛应用于真菌毒素的检测。但吸附剂本身的性质差异，吸附剂对靶标的专一性保留能力低等因素容易造成重现性不理想。常用的SPE小柱有C_{18}、HLB、氨丙基等。SPE技术也可选择性吸附干扰杂质，而让被测物质流出。目前商品化的多功能净化柱（MFC）即基于此原理，以极性、非极性、离子交换等几类基团组成填充剂，无须活化、淋洗和洗脱操作，直接上样，实现了一步净化。与传统的SPE技术相比，用MFC净化更加简便高效、节约成本、省时，但MFC没有富集作用。

作为一种有效的样品富集和净化方法，SPE具有简便快速、安全高效、溶剂用量少、回收率高等特点，仍是果品真菌毒素检测中最常用的前处理技术之一（聂继云等，2018）。《食品安全国家标准　食品中展青霉素的测定》（GB 5009.185—2016）提供了两种过柱方式：一是传统SPE，试样用果胶酶解后用乙酸乙酯提取，旋蒸、乙酸复溶后，经*N*－乙烯吡咯烷酮－二乙烯基苯共聚物基质$-CH_2N(CH_3)_2C_4H_{9+}$为填料的混合型阴离子交换柱净化，用甲醇洗脱PAT，液相色谱测定；二是用乙腈提取，经传统SPE净化后用液相色谱测定。在《出口水果蔬菜中链格孢菌毒素的测定　液相色谱－质谱/质谱法》（SN/T 4259—2015）中，试样用水－乙腈溶液振荡提取，NaCl盐析，经HLB串联氨基固相萃取柱净化，用甲酸－甲醇－乙酸乙酯（0.5∶50∶50，体积比）洗脱，乙腈复溶后，用液相色谱-质谱检测。

（二）免疫亲和技术

真菌毒素免疫亲和净化柱（IAC）是一种特殊的固相萃取柱，其以免疫结合反应原理为基础，利用抗体与真菌毒素分子具有高度亲和性和专一性的特点，实现待测样品净化和富集。IAC既可针对单一真菌毒素（如AFB_1、OTA等），也可同时处理多种毒素，为多种毒素的同时净化富集创造了条件。IAC柱具有特异性，排除了样品中大多数的干扰杂质，提高了检测灵敏度，是目前国内外比较常用的真菌毒素检测前处理方法，并广泛用于真菌毒素检测方法标准。《食品安全国家标准　食品中黄曲霉毒素B族和G族的测定》（GB 5009.22—2016）、《食品安全国家标准　食品中赭曲霉毒素A的测定》（GB 5009.96—2016）和《出口葡萄酒中赭由霉毒素A的测定　液相色谱-质谱/质谱法》（SN/T 4675.10—2016）均推荐IAC前处理净化方式。

我国市售真菌毒素IAC产品较多，但针对果品中检出率较高的PAT和交链孢毒素尚无相应的IAC产品。IAC基于抗原抗体的免疫反应原理，抗体筛选过程相对复杂，而且筛选得到的抗体具有免疫原性且批间差异较大，这导致IAC净化效果易受样品基质、pH、溶剂、盐浓度等因素的影响，稳定性较差。商品化IAC之间产品性能和质量差异较大，实验室间检测结果可比性差。IAC不仅价格昂贵，而且难以重复利用、再生过程复杂、检测成本较高，在实际应用中具有局限性。

（三）分子印迹SPE技术

分子印迹固相萃取（molecularly imprinted solid phase extraction，MISPE）是以分子印迹聚合物（molecular imprinted polymer，MIP）为选择性吸附剂的SPE技术。其原理是，以目标分子为模板，将要分离的目标分子与功能单体通过共价或非共价作用进行预组装，形成可逆的单体-模板复合物，加入交联剂和引发剂，与模板分子发生聚合反应，将目标分子固定，再通过一定的方法将目标分子提取出来，从而在聚合物中形成一个具有与目标分子空间结构互补并有多重作用位点的三维孔穴，实现对目标分析物特异识别和吸附。MIP亲和性高、成本低廉、易制备、稳定性好、耐高温、耐酸碱、可重复使用、应用范围广的优势，弥补了免疫学检测方法在极端检测环境下抗原、抗体极易失活变性的不足，可替代IAC，用于复杂基质的真菌毒素净化富集，从而大大降低检测成本，提高检测灵敏度和准确性。目前，针对真菌毒素的MIP制备和使用已有一定发展，并成功用于苹果汁中的PAT检测。

(四)QuEChERS 技术

近年来，QuEChERS 技术作为一项新兴的高效提取净化技术，已在毒素分析检测中得到应用。通常，QuEChERS 技术分为提取、盐析和净化 3 个步骤。先以有机溶剂(乙腈、丙酮等)与水按照一定比例混合后萃取待测物，再经过(无水 $MgSO_4$、NaCl 等)盐析分层后净化。由于少量的色素、糖、蛋白质等组分会不可避免地与真菌毒素共萃取，这些组分的残留会干扰样品分析结果。净化过程中通过选择不同净化剂除去干扰组分，如 *N* - 丙基乙二胺(PSA)结构上有两个氨基，可与分子结构上含有羟基的极性物质发生氢键相互作用，吸附共萃取物中的极性有机酸、极性色素等杂质，净化非极性真菌毒素(如黄曲霉毒素)提取液中的杂质效果较好。由于 PSA 上的氨基易与酸性毒素(如 OTA)上的羧基发生反应，PSA 一般不适用于净化酸性毒素。石墨化碳黑(graphite carbon black，GCB)具有阴离子交换作用，通过疏水相互作用和氢键相互作用吸附杂质，可吸附类胡萝卜素和叶绿素，但 GCB 对具有平面分子结构或不完全平面分子结构的真菌毒素也有较强的吸附作用。C_{18}可通过非极性相互作用吸附非极性物质，可有效去除淀粉、糖类和脂肪类物质。

目前，根据真菌毒素和样品基质的理化特性，开发多种真菌毒素同时净化的 QuEChERS 技术正逐渐成为研究热点。史文景等(2014)利用改进的 QuEChERS 方法结合超高效液相色谱 - 质谱联用法(UPLC - MS/MS)同时测定柑橘和石榴汁中的交链孢毒素，发现净化剂 GCB 可吸附真菌毒素，所有真菌毒素的回收率均低于 70%；而以 PSA 和 C_{18}为净化剂，对 TeA 均有不同程度的吸附，但 AOH、AME 和 TEN 的回收率能满足欧盟标准要求。

(五)凝胶渗透色谱法

凝胶渗透色谱(gel permeation chromatography，GPC)又称分子筛凝胶色谱，不仅可用于小分子物质的分离和鉴定，也可用于分析化学性质相同而分子体积不同的高分子同系物。原理是，以多孔凝胶(如葡萄糖、琼脂糖、硅胶、聚丙烯酰胺等)为固定相，根据分子流体力学体积大小或相对分子质量大小将溶质(被分离物质)在分离柱上分开。基于该原理，可考虑用 GPC 将样品中色素、脂肪、蜡质等大分子杂质去掉，再结合其他的净化方法进一步去掉小分子杂质，从而达到净化目的。

(六)稀释进样分析

随着质谱等高性能分析仪器的发展，可以将提取液不经净化直接进样分析，大大提高了整个分析过程的效率。基质效应(matrix effect，ME)是影响

HPLC - MS/MS 定量的准确性和精密度最重要的因素。稀释直接进样法可有效克服基质效应。该方法虽然会在一定程度上降低 HPLC - MS/MS 法的灵敏度，但能有效降低干扰组分的浓度，提高目标分析物离子化的竞争力，具有检测成本低、分析速度快和操作简便等优点，已广泛用于果品真菌毒素检测。郑润生等(2013)采用稀释法建立了一种检测苦杏仁中 AFB_1、AFB_2、AFG_1、AFG_2污染的 HPLC - MS/MS 方法，回收率和准确度均高于 Mycosep 226 型 MFC 净化法。稀释直接进样法没有直接去除共存组分，长期使用可能会对质谱等检测系统造成污染。样品化学成分复杂多样、目标物检测灵敏度高低不一等，可能会限制该方法的应用范围。

由于果品及其制品基质复杂，一些杂质会因干扰真菌毒素的离子化而影响其离子化效率，进而产生基质效应，而同位素内标法可减小甚至抵消真菌毒素在离子化效率上的改变，还能降低或消除样品在前处理过程中的操作误差，从而提高了 HPLC - MS/MS 检测方法的稳定性，是较常用的检测真菌毒素前处理方法。Asam 等(2009)以[$^2H_4$]AOH 和[$^2H_4$]AME为内标，建立了苹果汁中 AOH 和 AME 的同位素稀释测定方法，试样经 C_{18}SPE 柱净化浓缩后进行 HPLC - MS/MS 测定，AOH 和 AME 的定量限分别为 0.09μg/kg 和 0.03μg/kg，回收率分别为100.5%和107.3%。同位素内标法已被《食品安全国家标准　食品中黄曲霉毒素 B 族和 G 族的测定》(GB 5009.22—2016)、《食品安全国家标准　食品中展青霉素的测定》(GB 5009.185—2016)等检测方法标准采用。同位素内标法也存在不足，不利于大批量样品的检测：一是同位素内标价格昂贵、检测成本过高；二是用一个同位素内标校正很难消除全部毒素的基质效应差异。

二、仪器分析技术

果品真菌毒素检测方法有薄层色谱法(TLC)、气相色谱 - 质谱法(GC - MS)、超高效液相色谱法(HPLC)、HPLC - 质谱联用法(HPLC - MS/MS)、基于抗体或核酸适配体的快速检测法等。TLC 是最早用于真菌毒素检测的色谱法，但灵敏度低，实验操作过程繁琐，所用溶剂和展开剂毒性大，存在干扰，重现性不好，难以满足现代检测的要求，已逐步被其他检测技术所取代。对于 GC - MS，由于多数真菌毒素不具挥发性，需衍生化处理，因此其在真菌毒素检测中应用不广。目前，真菌毒素检测多采用 HPLC 或 HPLC - MS/MS。

(一)液相色谱法

HPLC 具有分离和检测效能高、分析快速等特点，且其可与紫外(UV)、二极管阵列(DAD 或 PDA)、荧光(FLD)等多种检测器联用，是目前真菌毒素检测最重要的方法之一。污染果品的主要真菌毒素均有紫外吸收官能团，常采用 UV 或 FLD 检测器进行测定，见表 86。FLD 检测器灵敏度比 UV 检测器高 10 倍～1000 倍。对于 OTA、AOH、AME、ALT 等自身产生荧光的真菌毒素，可直接用配有 FLD 检测器的 HPLC 进行分析。对于 AFB_1、AFG_1等本身可产生荧光但荧光强度较弱的真菌毒素，需经柱前或柱后衍生、优化流动相条件(如使用离子对试剂、改变流动相 pH 等)增强荧光信号，方能用 FLD 定量检测。尽管 HPLC 能分析大多数真菌毒素，但需将基质中的干扰成分尽可能除去，对前处理的要求较高，否则不仅会影响定性、定量，还可能出现假阳性或假阴性结果。目前常用的前处理方法有液液萃取(LLE)、固相萃取(SPE)、免疫亲和法(IAC)、QuEChERs 等，其中，LLE 已逐渐被替代。

表 86　果品真菌毒素 HPLC 检测

真菌毒素	样品	前处理	检测器	检测波长 nm	回收率 %	定量限 μg/kg
PAT	苹果、杏、猕猴桃、桃、李	LLE	HPLC - UV	276	92.9～95.3	1.6
	苹果汁、芒果汁等果汁	LLE	HPLC - UV	276	86.5～106.0	0.8～3.0
	苹果泥	LLE	HPLC - UV	276	63.2～90.5	3～6
	苹果、梨等果泥	LLE	HPLC - DAD	230～320	95.4～97.5	10
	苹果汁	MIPs	HPLC - PDA	279	90.1～96.6	0.7
	苹果汁	MIPs	HPLC - DAD	276	82.0～98.0	28.6
	苹果汁、苹果泥	SPE	HPLC - UV	276	53.0～74.0	6.9～10.0
	苹果、梨	MFC	HPLC - PDA	275	77.3～110.6	12
	苹果、山楂及其制品	MFC	HPLC - UV	276	78.0～117.0	7～10
	苹果汁、混合果汁	MFC	HPLC - UV	276	70.0～82.0	0.3
OTA	无花果干、葡萄干、杏干等	IAC	HPLC - FLD	333[1)]；443[2)]	82.2～99.2	0.4～0.68
	枸杞、无花果干	IAC	HPLC - FLD	333[1)]；460[2)]	78.3～94.7	0.2
	葡萄干	SPE	HPLC - FLD	333[1)]；460[2)]	94.0～108.4	0.16
	葡萄干	IAC	HPLC - FLD	360[1)]；460[2)]	84.6～89.0	0.15
	葡萄	IAC	HPLC - FLD	335[1)]；465[2)]	94.0	1.2

续表

真菌毒素	样品	前处理	检测器	检测波长 nm	回收率 %	定量限 μg/kg
OTA	开心果、核桃、无花果干、葡萄干、杏仁	IAC	HPLC－FLD	333[1)]；464[2)]	72.1～86.8	0.03～0.20
	葡萄汁	IAC	HPLC－FLD	333[1)]；476[2)]	70.9～95.3	0.03
	葡萄干、桑葚干、椰枣干、无花果干、杏干	IAC	HPLC－FLD	333[1)]；477[2)]	83.8～92.9	0.23～0.87
AOH	苹果、梨、桃	SPE	HPLC－FLD	323[1)]；478[2)]	89.6～102.3	5.0～8.0
AME	苹果、梨、桃	SPE	HPLC－FLD	340[1)]；408[2)]	78.2～100.3	5.0～8.0
ALT	苹果、梨、桃	SPE	HPLC－FLD	339[1)]；404[2)]	78.8～103.6	2.0～4.0
AFB_1、AFB_2、AFG_1、AFG_2	开心果	IAC	HPLC－FLD	360[1)]；440[2)]	61.0～89.3	30～80
	榛子、无花果干	IAC	HPLC－FLD	360[1)]；440[2)]	86.1～94.2	0.21～0.27
	核桃、松子	MFC	HPLC－FLD	360[1)]；440[2)]	>80	0.008～0.036
	巴西坚果	IAC	HPLC－FLD	362[1)]；425/455[2)]	85.0～87.6	0.25
	开心果、椰枣干、无花果干、杏干、核桃、榛子、腰果	IAC	HPLC－FLD	365[1)]；435[2)]	73.9～112.3	0.05～1.4
	葡萄干、杏干、西梅干	IAC	HPLC－FLD	365[1)]；445[2)]	83.4～102.1	0.3～0.9
	巴西坚果、杏仁	SPE	HPLC－FLD	365[1)]；450[2)]	80.4～84.3	0.75
	杏仁、榛子	加压液体萃取	HPLC－FLD	366[1)]；440[2)]	76.0～93.0	0.04～0.2

[1)]激发波长。[2)]发射波长。

(二)液相色谱－质谱法

HPLC 与质谱联用技术(HPLC－MS/MS)不仅能提高分析灵敏度和可靠性，而且对样品前处理要求不高。与 HPLC 法相比，HPLC－MS/MS 检测速度快、假阳性结果概率低，是真菌毒素多残留检测通用技术，最多可实现上百个真菌毒素的同时检测。目前果品中真菌毒素 HPLC－MS/MS 检测所采用的前处理方法、回收率、方法定量限如表 87 所示。根据不同的检测目的，可选择不同的质谱分析器，如三重四极杆分析器(triple quadrupole analyzer)、离子阱分析器(ion trap analyzer)、四极杆飞行时间质谱分析器(Q－TOF)等。

表 87　果品真菌毒素 HPLC－MS/MS 检测

真菌毒素	样品	前处理方法	回收率 %	定量限 μg/kg
PAT	苹果、桃、草莓、蓝莓、苹果汁、幼儿苹果辅食等	QuEChERS + SPE	92.0 ~ 109.0	14 ~ 2.5
	苹果汁、葡萄汁等果汁、苹果干、杏干等果干	SPME	92.5 ~ 94.4	0.1
	苹果汁等果汁	LLC	78.03 ~ 97.5	1.6 ~ 5.0
OTA	开心果、榛子、核桃、夏威夷果、松子、杏仁	QuEChERS	78.5 ~ 97.8	0.57
	葡萄干、无花果干、李干、果酱	SPE	69.0 ~ 110.8	0.28 ~ 1.96
	葡萄、葡萄汁、葡萄干等果干、无花果、开心果	稀释进样	38.0 ~ 130.0	0.18 ~ 1.0
	枣	IAC	82.0 ~ 115.0	0.03
AOH、AME、TEN	柑橘	QuEChERS (C_{18})	78.0 ~ 103.3	0.2 ~ 0.7
AOH、AME、ALT、TEN	橙汁	GPC	78.9 ~ 111.5	0.4 ~ 2.0
AOH、AME、ALT、TEN	浓缩苹果汁	SPE (PS－DVB)	77.8 ~ 117.2	0.1 ~ 0.5
AOH、AME	苹果汁	SPE(C_{18})	100.5/107.3	0.09/0.03

续表

真菌毒素	样品	前处理方法	回收率 %	定量限 μg/kg
AOH、AME、TEN	石榴汁	QuEChERS (PSA)	82.0～109.4	0.05～0.066
AOH、AME、ALT、TeA、TEN	苹果、樱桃、柑橘	MFC (MCX，NH_2)	76.0～102.7	1.0～5.0
AOH、AME、ALT、TeA、TEN	柑橘	QuEChERS	71.0～112.0	0.1～0.9
AOH、AME、ALT、TEN	果品	稀释进样	84.0～107.0	0.1～6.0
AOH、AME、ALT、TeA、TEN	苹果汁	SPE	72.0～101.0	0.9～23.7
AFB_1、AFB_2、AFG_1、AFG_2	开心果、榛子、核桃、夏威夷果、松子、杏仁	QuEChERS	65.8～97.9	0.6～1.0
	蔓生果干、无花果干、杏干	SPE	71～103	0.01～1.2
	杏仁	IAC	86～105.6	0.166～0.768
	苹果、梨、葡萄、橙汁、菠萝汁、葡萄汁、桃汁、果干	稀释进样	70～113	0.03～0.40
	葡萄干、无花果、开心果	稀释进样	74～110	1.0
	无花果干、李干、果酱	固液萃取	54～87	0.6～0.97
AFB_1、AFG_2	椰子、苹果干、蔓越莓干、杏仁、无花果干	SPME	94.5～109.1	0.02
AFG_2	木瓜干、芒果干、猕猴桃干、葡萄干	SPME	94.5～109.1	0.02

(三)免疫化学法

与 TLC、HPLC、HPLC - MS/MS 相比，免疫化学法具有前处理简单、特异性强、快速、灵敏等特点，非常适合大规模检测，在真菌毒素检测领域应用越来越广泛。目前，果品真菌毒素检测所用免疫化学方法主要有酶联免疫吸附法(enzyme linked immunosorbent assay，ELISA)、免疫层析技术(immunochromatography，IC)、荧光免疫分析法(immunofluorescence assay，IFA)等。

1. 酶联免疫吸附法

ELISA 基于抗原抗体的高度特异性结合和酶的高效催化作用，具有快速、精确、灵敏等特点，对毒素的净化程度要求不高(通常样品无须净化)，特别适于大批量样本的快速检测。其原理是，待测样品与酶标物按照特定加样程序与检测孔中的包被物发生反应，中途经洗涤去除非特异性结合，通过结合固相载体的酶量与待检物的比例绘制标准曲线，进行定量检测。ELISA 可分为夹心和竞争两种检测模式。由于真菌毒素是小分子半抗原，通常采用竞争反应模式，其又分直接竞争、间接竞争和非竞争 3 种方式。直接竞争 ELISA 是将特异性抗体包被在反应板上，将酶标记在真菌毒素抗原上，让试样中的待测真菌毒素和酶标抗原与包被在板中的抗体进行竞争性反应，加入酶底物后显色。直接竞争 ELISA 也可先包被人工抗原，让人工抗原和加入的待测物与加入的酶标抗体竞争。间接竞争 ELISA 是将真菌毒素抗原包被在反应板上，将酶标记在抗抗体上，试样中的真菌毒素与定量特异性抗体反应，多余的游离抗体与包被在反应板中的抗原结合，加入酶标抗抗体和底物后显色。

目前，已有研究建立了果品中 OTA、AOH 和 TeA 的 ELISA 检测方法，见表 88。而对于 PAT，一些学者曾尝试建立 ELISA 检测方法，但高特异性 PAT 抗体制备较难。这是因为 PAT 不稳定，极易与亲核物质(谷胱甘肽、含巯基物质)结合而发生降解，而动物体内含有这些亲核物质，PAT 及其人工抗原进入动物体后，会迅速降解而导致机体免疫应答，而免疫应答产生的抗体主要是针对载体蛋白和 PAT 降解产物的。

表 88　果品真菌毒素 ELISA 检测

样品	毒素	竞争方式	IC_{50}	回收率/%	检出限
无花果干	OTA	直接竞争	33.4μg/kg	—	3.2μg/kg
苹果汁	AOH	直接竞争	单抗　108ng/L 多抗　408ng/L	单抗　43 ~ 47 多抗　60 ~ 82	单抗　(35 ± 6.9) ng/L 多抗　(59 ± 16) ng/L
苹果汁	TeA	间接竞争	320ng/mL	77.5 ~ 130	25ng/mL

抗体与待测真菌毒素反应的专一性是影响 ELISA 检测结果准确性的重要因素之一。OTA 与其结构类似物 OTB 和 OTC 存在交叉反应，而且不同抗体的交叉反应率差异较大。样品中酚酸含量也会影响 ELISA 检测结果，如检测 OTA 的商品化 ELISA 试剂盒与总酚、没食子酸、儿茶素和表儿茶素的相关系数分别达到0.757、0.732、0.729 和0.590，表明酚酸可能与 OTA 抗体产生交叉反应而造成假阳性的结果。ELISA 法中酶的活性易受反应条件影响，检测结果的重现性差，需用其他方法进行验证。

2. 免疫层析技术

免疫层析技术以膜为固相载体，是在单克隆抗体技术、胶体金免疫技术和新材料技术基础上发展起来的一种新型筛查方法。胶体金免疫层析技术(gold immune chromatographic assay，GICA)以胶体金为示踪标记物，具有灵敏度高、特异性强、稳定性好、操作简便等优点，而且无须任何仪器设备，结果判断直观可靠，非常适合于大批量样品的现场快速检测。GICA 虽然只能半定量，但作为一种快速筛查手段，可有效筛查农产品真菌毒素污染。GICA 技术已用于果品中 OTA、AME、AFB_1、AFB_2等真菌毒素的检测，见表 89。随着新材料技术的发展，金包银纳米粒子、磁微粒、量子点等用于真菌毒素抗体的标记，与金纳米颗粒标记抗体技术相比，试纸条灵敏度、重复性和稳定性都相应提高。目前，已有商品化的胶体金免疫层析试纸条用于椰子粉及开心果、无花果、腰果等坚果中 AFB_1的检测，最低检出限为 4μg/kg，检测时间为 5min，还可配备读卡仪进行定量检测。鉴于多种真菌毒素混合污染的情况时有发生，单一真菌毒素定性已不能满足检测需求，因此，以胶体金试纸条为基础的多重检测模式成为快速检测领域的研究重点。

表 89　果品真菌毒素 GICA 检测

样品	毒素	标记物	回收率/%	检出限
葡萄干、葡萄汁	OTA	胶体金	80 ~ 103	1.0μg/kg
葡萄酒	OTA	量子点	—	1.9μg/L
葡萄酒	OTA	金包银纳米粒子	82 ~ 117	0.9μg/L
柑橘、樱桃	AME	胶体金	81 ~ 86	10μg/L
坚果	AFB_1	金包银纳米粒子	89 ~ 106	0.1μg/L
榛子、开心果、杏仁	AFB_2	磁纳米金微球	—	0.9μg/kg

3. 荧光免疫分析法

荧光免疫分析法基于荧光标记，通过检测荧光信号对结果进行判定。相比吸光度检测，其具有更高的检测灵敏度，可满足对特殊靶标微量或超微量的检测需求。真菌毒素检测常见荧光免疫分析法有荧光偏振免疫分析(fluorescence polarization immunoassay，FPIA)、荧光共振能量转移免疫分析(fluresscence resonance energy transfer immunoassay，FRETIA)和时间分辨荧光免疫分析(time resolved fluorescence immunoassay，TRFIA)等。目前已有采用FPIA检测果品及其制品中真菌毒素的文献报道。de Champdoré 等(2007)首次成功建立了PAT的FPIA检测方法，先用化学合成构建了两种PAT结构类似物(PAT－ins和PAT－sat)，再用碳二亚胺法将半抗原与载体蛋白BSA偶联，得到完全抗原免疫兔后，获得抗体用四甲基罗丹明(TMR)标记，建立的FPIA方法检出限为10μg/L。用近红外荧光染料(Dylight 800)标记靶向PAT抗体也建立了FPIA检测方法，提高了苹果汁中PAT的灵敏度，检出限为0.06μg/L。目前，应用EDC/NHS偶联异硫氰酸荧光素乙二胺(EDF)获得OTA的荧光标记物(OTA－EDF)，由此建立了红酒中检测OTA的FPIA方法。在2.0μg/L～5.0μg/L添加水平下，OTA回收率为79%，红酒中检出限为0.7μg/L。考察甲醇浓度对FPIA的影响发现，FPIA方法可耐受10%的甲醇，引起的荧光偏振值变化小于15%。应用该方法进行实际样品检测，检测结果与HPLC法的相关系数达0.922，没有出现假阳性或假阴性。

尽管FPIA具有高通量、快速、高灵敏、易于实现自动化等优点，但FPIA检测需要专门的荧光偏振检测设备，仪器成本较高；而且采用ELISA技术筛选获得的抗体可能不适用于FPIA，有时需专门采用FPIA技术进行抗体筛选。

(四)适配体快检法

虽然基于抗原抗体反应的免疫分析方法有众多优势，但免疫学方法使用的免疫抗体由动物产生，昂贵且不可再生，抗体制备周期较长，对pH和环境要求高。开发新型生物材料和检测元件替代抗体，对提高检测性能具有重要的现实意义。核酸适配体可通过链内碱基互补配对形成稳定的二级结构，并在氢键、静电相互作用下发生自身折叠形成较稳定的三维空间结构(如茎环、假结、发夹、G－四分体、凸环等)，从而与靶分子相结合。与抗体相比，适配体具有易于合成和修饰各种化学基团、稳定性高、批间差异小等优点。作为抗体的替代品，适配体越来越多地应用于生物检测中。

核酸适配体是体外人工筛选获得的单链DNA或RNA片段，碱基数一般在20个～60个，一般通过指数富集配体系统进化技术(systematic ecolution of ligands by exponential enrichment，SELEX)筛选得到，主要包括孵育、分离、洗脱、PCR扩增、选择、克隆测序、序列分析等步骤。对于真菌毒素等小分子而言，获得高亲和力的适配体序列乃是当前研究的难点和热点。目前，已筛选获得OTA、PAT、AFB_1、AFB_2等真菌毒素相关的适配体。基于适配体检测果品中真菌毒素的方法已有报道，主要用于葡萄酒OTA污染检测，见表90。

表90　基于核酸适配体的葡萄酒OTA检测

（引自：王刘庆等，2018）

检测方法	检出限
固相萃取吸附原理填料用于前处理	2.0μg/L
荧光标记的适配体与聚乙烯吡咯烷酮(PVP)包被的氧化石墨(GO)相互作用，荧光素即可通过“π-π”堆积作用将荧光能量传递到GO而发生猝灭，荧光信号增强	18.7nmol/L
基于核酸适配体酶联分析	1.0μg/L
自组装的DNA酶-核酸适配体复合物比色法	1.6μg/L
利用纳米-石墨适配体和脱氧核酶混合放大的策略结合核酸外切酶T7信号放大和聚苯乙烯纳米粒子	8.06μg/L
利用链霉亲和素-生物素相互作用系统将适配体固定于CM5芯片上，表面等离子体共振技术	0.005μg/L
利用适配体传感器与便携式血糖仪结合，通过识别OTA释放合成的DNA-蔗糖酶聚合物到溶液中，将蔗糖水解为葡萄糖并利用血糖仪读数	3.66μg/L
OTA与适配体特异性结合，未标记的胶体金在氯化钠存在下发生聚集，根据颜色变化比色检测	20μg/L
新的荧光偏振(FP)适配体传感器	1.1μg/L

第三节　果品真菌毒素污染风险评估

风险评估是对人体接触食源性危害而产生的已知或潜在的对健康不良作用的科学评价，由危害识别(hazard identification)、危害特征描述(hazard characterization)、暴露评估(exposure assessment)和风险特征描述(risk characterization)等4部分组成。危害识别是对某种已知或潜在的影响健康因素的识别。

危害特征描述是指对食品中具有的对健康产生不良作用的生物性、化学性、物理性因素的定性或定量评价。对于真菌毒素等化学性因素，应进行剂量－反应评估。如果有充足的污染水平数据，对生物性和物理性因素也应当采用剂量－反应评价。暴露评估是指对可能摄入污染物程度的定性或定量评估，是4 部分的核心。风险特征描述是在以上3 个步骤的基础上，对既定人群中存在的已知或潜在的危害发生的可能性和严重程度（包括不确定性因素）进行定性或定量的估计。风险评估的结果可作为制定国家食品安全监管措施的依据，还可用于确定国家食品安全监管的重点和优先领域、评价食品安全监管措施的效果。

一、果品真菌毒素限量

（一）中国限量

我国非常重视食品中真菌毒素限量标准的制修订，涉及果品真菌毒素限量的国家标准最初为《苹果和山楂制品中展青霉素限量》（GB 14974—2003）。2005 年10 月1 日，国家标准《食品中真菌毒素限量》（GB 2761—2005）开始实施，代替了 GB 14974—2003，该标准规定苹果和山楂制品中 PAT 限量为 50μg/kg。2011 年10 月20 日，《食品安全国家标准　食品中真菌毒素限量》（GB 2761—2011）实施，代替了 GB 2761—2005，除了规定果品中 PAT 限量外，还增加了坚果及籽类中 AFB_1的限量。2017 年9 月17 日，《食品安全国家标准　食品中真菌毒素限量》（GB 2761—2017）实施，代替了 GB 2761—2011，除规定果品及其制品中 PAT 和 AFB_1的限量外，还增加了葡萄酒中 OTA 的限量，见表91。

表91　我国果品及其制品中真菌毒素限量

地区	毒素种类	产品	限量/（μg/kg）
中国大陆	AFB_1	其他熟制坚果及籽类	5
	PAT	苹果和山楂制品	50
	OTA	葡萄酒	2
中国台湾	$AFB_1+AFB_2+AFG_1+AFG_2$	坚果	10
		婴儿食品（含果品）	无检出
中国香港	AFB_1	果品	15
	$AFB_1+AFB_2+AFG_1+AFG_2$	果品	15

(二)CAC 和 EU 限量

真菌毒素限量的设定与各国的经济发展水平和经济利益密切相关，是国际农产品贸易的技术壁垒之一。国际食品法典(Codex)标准是世界贸易组织(WTO)解决国际贸易争端时唯一的食品仲裁标准，其在维护食品贸易公平、保护公众健康方面具有重要的作用。1995 年，国际食品法典委员会(Codex Alimentarius Commission，CAC)制定了《食品和饲料中污染物和毒素通用标准(Codex General Standard for Contaminants and Toxins in Food and Feed)》(CXS 193—1995)。截至 2017 年，该标准已修订 4 次，时间分别为 1997 年、2006 年、2008 年和 2009 年；已修正 7 次，时间分别为 2010 年、2012 年、2013 年、2014 年、2015 年、2016 年和 2017 年。根据最新版本，CXS 193 - 1995 规定了果品及其制品中 PAT 和 $AFB_1 + AFB_2 + AFG_1 + AFG_2$ 的限量，见表 92。

表 92　CAC 果品及其制品中真菌毒素限量

毒素种类	产品	限量/(μg/kg)
PAT	苹果汁及含苹果成分的其他饮料	50
$AFB_1 + AFB_2 + AFG_1 + AFG_2$	加工原料用杏仁、巴西坚果、榛子、开心果	15
	即食杏仁、巴西坚果、榛子、开心果	10

通常，发展中国家设立的真菌毒素限量较为宽松，且真菌毒素种类也比较单一，有些国家甚至没有限量标准；而发达国家设立的真菌毒素限量较为严格，真菌毒素种类也不一而足。比较而言，欧盟(European Union，EU)的果品及制品真菌毒素限量标准最为严格。欧盟 2006 年 12 月 19 日发布了条例 Commission Regulation(EC)No 1881/2006《设定食品中污染物最大限量(setting maximum levels for certain contaminants in foodstuffs)》。此后，欧盟又不断地对其进行修订。根据最新版本，该条例规定了果品及其制品中 PAT、OTA、AFB_1 和 $AFB_1 + AFB_2 + AFG_1 + AFG_2$ 的最大限量，见表 93。

表 93　EU 果品及其制品中真菌毒素限量

毒素种类	产品	限量/(μg/kg)
AFB_1	食用前需经过处理的巴旦木、开心果、杏仁	12
	食用前需经过处理的榛子和巴西坚果	8
	食用前需经过处理的其他坚果或干果	5
	供人类直接食用的巴旦木、开心果、杏仁	8
	供人类直接食用的榛子和巴西坚果	5

续表

毒素种类	产品	限量/(μg/kg)
AFB_1	供人类直接食用的其他坚果或干果	2
	无花果干	6
	特殊医学用途婴儿配方食品	0.1
$AFB_1+AFB_2+AFG_1+AFG_2$	食用前需经过处理的巴旦木、开心果、杏仁	15
	食用前需经过处理的榛子和巴西坚果	15
	食用前需经过处理的其他坚果或干果	10
	供人类直接食用的巴旦木、开心果、杏仁	10
	供人类直接食用的榛子和巴西坚果	10
	供人类直接食用的其他坚果或干果	4
	无花果干	10
OTA	蔓生干果(醋栗、提子干和小葡萄干)	10
	葡萄汁、葡萄酒及其他以葡萄为原料的制品	2
	婴儿配方食品	0.5
PAT	以苹果为原料的果汁、果肉饮料及苹果酒	50
	可直接食用的固体苹果制品	25
	婴幼儿和儿童食用的苹果汁及固体苹果制品	10

二、真菌毒素毒理学数据

(一)主要毒理学指导值参数

对于真菌毒素对人体健康可能产生的不利影响的定量评估，通常的做法是，通过一系列动物毒性试验取得的基本毒理学参数(如动物体内的毒代动力学、毒物效应动力学和人类流行病学资料，以及剂量-效应关系等)最终确定无可见不良作用剂量水平(NOAEL)。对于非遗传毒性致癌物(即非 DNA 反应机制)，通常可基于 NOAEL，结合不确定因子(uncertainty factor，UF)推算出健康指导值，然后与实际暴露量比较评估风险大小。对于真菌毒素，其人体暴露量膳食健康指导值为可耐受水平，如暂定每周耐受摄入量(provisional tolerable weekly intake，PTWI)、暂定最大每日耐受摄入量(provisional maximum tolerable daily intake，PMTDI)等。对于遗传毒性致癌物(即通过诱发体细胞基因突变而诱发癌变的致癌物，如 AFB_1)，任一小剂量均可能产生相应的诱发作用，通常依据风险决策需要和评估条件，可能仅采用定性方法，也可能除定性判断外还辅以一种或更多种定量评估。

（二）真菌毒素的毒理学指导值

FAO/WHO 食品添加剂联合专家委员会（JECFA）对 PAT、OTA、AFB_1 等 3 种真菌毒素的毒性效应进行了评估，给出了 PAT 和 OTA 的 PTWI 或 PMTDI。1991 年，JECFA 第 37 次会议指出，OTA 主要毒害动物的肾脏和肝脏，且肾脏是第一靶器官，只有剂量很大时才出现肝脏病变，猪的敏感性最强，并以猪观察到的作用的最低水平（LOEL）8μg/（d・kg 体重）和不确定系数 500 确定 OTA 的 PTWI 为 112ng/kg 体重。1995 年 JECFA 第 44 次会议将 OTA 的 PTWI 修改为 100ng/kg 体重，即 PMTDI 为 14ng/kg 体重。JECFA 第 44 次会议还基于小鼠毒理学数据推荐 PAT 的 PMTDI 为 0.4μg/kg 体重。

黄曲霉毒素属遗传毒性致癌物。目前，国际组织对黄曲霉毒素进行的风险评估还没有建立黄曲霉毒素暴露健康指导值。随着黄曲霉毒素毒理学和暴露评估研究的不断发展，黄曲霉毒素风险描述方法也从早期的简单定性逐步向半定量、定量评价转变。2002 年，国际生命科学学会欧洲分会（ILSI Europe）提出了风险描述的暴露限值法（margin of exposure，MOE）。该方法在 2005 年 JECFA 第 64 次会议上首次用于遗传毒性致癌物风险评估，之后被 WHO 和欧洲食品安全局（EFSA）推荐为遗传毒性致癌物风险评估的首选方法。MOE 是基于动物致癌性和人群流行病学数据获得的参考剂量（reference points）或致癌效应起点（points of departure，POD）与人体膳食暴露量的比值。近年来，MOE 技术逐渐被应用于黄曲霉毒素风险评估，通常以引起原发性肝细胞癌（Hepatocellular Carcinoma，HCC）作为毒性效应终点评估人群摄入黄曲霉毒素的风险，POD 值多采用肝癌发生率为 10% 的基准剂量 95% 可信下限 $BMDL_{10}$。

（三）交链孢毒素等特殊物质的评估原则

毒理学关注阈值（threshold of toxicological concern，TTC）方法可用于膳食中含量很低且缺乏或无毒理学资料的物质的风险评估。该方法的理论基础是对毒性的认识，即毒性与化学结构和暴露程度密切相关。因此，当仅凭很低的膳食暴露水平和化学结构中的任何一项即可判断某种化学物造成健康危害的可能性不大时，TTC 方法可以使风险评估者给出科学建议。

JECFA 所采用的 TTC 评估方法是，与人类对 3 种结构类型化学物质（即下文的Ⅰ类、Ⅱ类和Ⅲ类）的暴露阈值（TTC 值）做比较，在此暴露阈值之下，该化合物对人类健康产生明显风险的可能性极低。Munro 等（1996）收集整理了含有600多种参考物质的数据库，并从中得到这些物质的未观察到作用的水平（NOELs）的分布，然后根据这些化学结构，按照Cramer等（1978）的决策树将这些物质分为3类（Ⅰ类、Ⅱ类和Ⅲ类）。此参考数据库用于推导每类物质不存在安全问题的暴露阈值，得出的阈值适用于缺乏毒理学数据的物质。Cramer等（1978）还计算了这3类结构各自NOELs分布的第5百分位点值，并将每类物质的第5百分位点值除以不确定系数100，转化为人类的暴露阈值，即TTC值。Ⅰ类、Ⅱ类和Ⅲ类化学结构的TTC值分别为每人每天1800μg、540μg和90μg。Kroes等（2004）进一步评价了各种特定类型物质的毒性NOELs分布阈值的合理性，并建立了决策树，同时提出了有遗传毒性警示结构或有明确证据表明有遗传毒性的化合物，将TTC值设为每人每天0.15μg，但排除了黄曲霉毒素类、氧化偶氮基和亚硝胺类化合物，见图15。

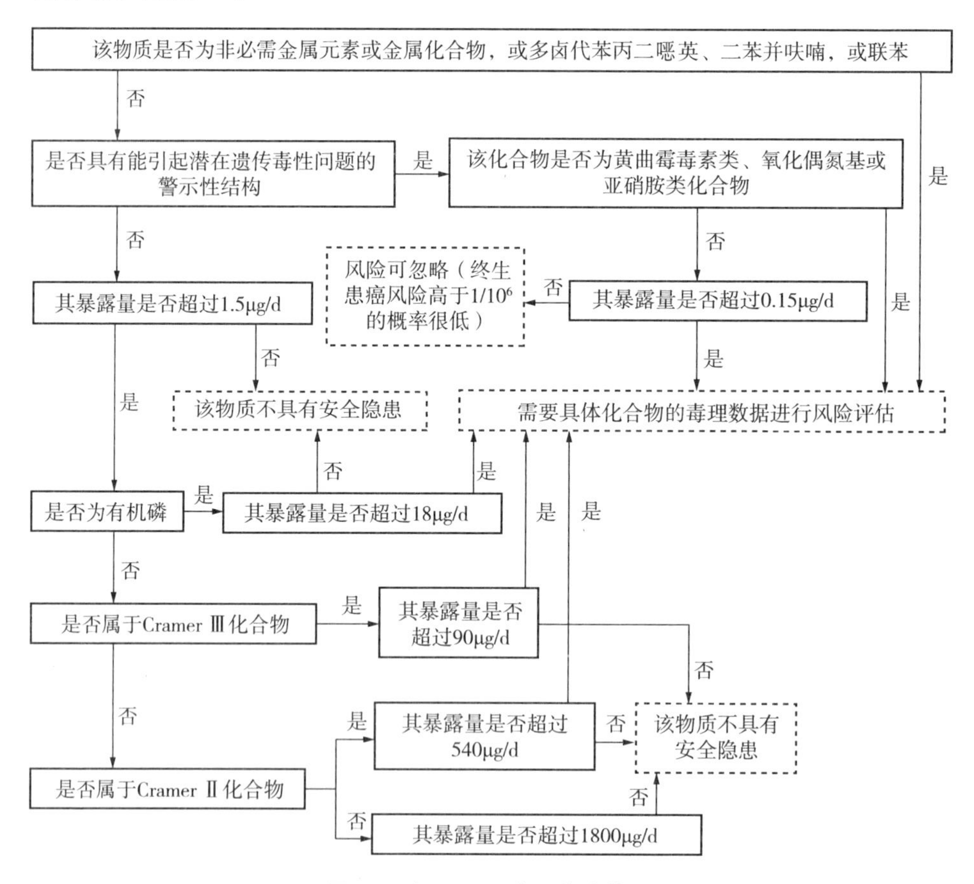

图15 应用TTC方法的决策树

（引自：薛华丽等，2018）

三、果品真菌毒素污染暴露评估

(一)真菌毒素摄入量估计

除职业暴露外，膳食摄入是人类真菌毒素暴露的主要途径，与吸入和皮肤接触等其他暴露途径相比，农产品消费是人类真菌毒素膳食摄入最普遍的途径，而果品及其制品是人类膳食的重要组成部分。果品及其制品真菌毒素风险评估的精确性主要取决于暴露评估的精确性，即真菌毒素的膳食摄入量估计。1976 年以来，WHO 实施了全球环境监测系统—食品污染监测与评估计划(Global Environment Monitoring System—Food Contamination Monitoring and Assessment Programme，GEMS/Food)，组织开展世界范围内食品中化学污染物含量数据、相关污染物膳食摄入量、区域食品消费结构等研究。GEMS/Food 的膳食分类是 WHO 基于 FAO 的食物平衡表建立的，并以人均食物消费量来表示，这一膳食分类替代了 WHO 之前使用的 5 个区域膳食模式。食品消费量数据主要采用调查问卷方式获得，如英国国家食品监控计划、美国个体食品消费持续调查(Continuing Survey of Food Intakes by Individuals，CSFII)、中国居民营养与健康状况调查等。

人体对某种果品或制品中某种真菌毒素的估计每日摄入量(estimated daily intake，EDI)可用式(28)计算。式中，E_f一般采用 365d/a；E_d一般采用平均寿命；T_e一般取$E_f \times E_d$；C 既可采用平均值(进行点评估)，也可采用第 25、50、75、95、99 等百分位点值(进行概率评估)。关于平均体重，国际上成人一般采用 60kg。

$$\mathrm{EDI}=\frac{E_f \times E_d \times I_f \times C}{W_b \times T_e} \tag{28}$$

式中：EDI——估计每日摄入量，单位为微克每天千克体重[μg/(d · kg 体重)]；

E_f——暴露频率，单位为天每年(d/a)；

E_d——暴露周期，单位为年(a)；

I_f——该种果品或制品每天的摄入量，单位为克每天(g/d)；

C——该种果品或制品中该种真菌毒素的含量，单位为微克每千克(μg/kg)；

W_b——平均体重，单位为千克(kg)；

T_e——平均暴露时间，单位为天(d)。

(二)真菌毒素暴露风险

对于 PAT 和 OTA，经果品及其制品消费带来的真菌毒素摄入风险通常采用 PTWI 或 PMTDI 与 EDI 的比值进行评估。该方法假定各真菌毒素的吸收量均等于摄入量，根据比值大小确定某种果品或制品中某种真菌毒素有无风险及风险高低，比值 <1 表示不会对人体健康造成潜在风险，比值≥1 表示存在对人体健康的潜在风险，且比值越大风险越高。

对于 AFB_1，可利用 MOE 值进行评估，MOEs = PODs/人群膳食暴露量。参考 EFSA 基于动物致癌性数据估计的 $BMDL_{10}$ 为 170 ng/(d · kg 体重) ~340 ng/(d · kg 体重)，基于中国人群流行病学数据估计的 $BMDL_{10}$ 为 870 ng/(d · kg 体重) ~1 100 ng/(d · kg 体重)。EFSA 建议：当 MOE >10000 时，可认为风险较低；当 MOE <10000 时，风险较高，应当优先采取风险管理措施。加拿大卫生部认为，MOE <5000 表示被评估危害物属于高度危害程度，应给予积极关注。

鉴于与交链孢毒素相关的毒理学数据有限，但其化学结构明确，欧洲食品安全局食品链污染物专家组(CONTAM Panel)采用 TTC 方法来评估农产品中交链孢毒素对人群健康的潜在风险。TTC 方法用人类暴露阈值和暴露水平数据进行比较，因此需要对人类在该化合物的暴露水平进行合理评估。由于 AOH 和 AME 具有潜在的基因毒性，其 TTC 值均为 2.5 ng/(d · kg 体重)(每人每天 0.15 μg)。按照 Cramer 等(1978)的化学物质分级，TeA 和 TEN 属于第三级化合物，按照 TTC 决策树，其 TTC 值均为 1500 ng/(d · kg 体重)(每人每天 90 μg)。因此，上述 4 种交链孢毒素的 EDI 如小于其相应的 TTC 值，则风险较低；如高于其相应的 TTC 值，则存在潜在的健康风险，应采取风险管理措施。

近年来，针对苹果及其制品中 PAT、干果及葡萄制品中 OTA、坚果和干果中黄曲霉毒素等真菌毒素污染进行的膳食暴露风险评估显示，婴幼儿和儿童的风险高于成人，除高污染样品、高风险人群(婴幼儿和儿童等)、高百分位点值($P_{97.5}$、$P_{99.9}$)等情形下膳食暴露风险可能超出推荐限值外，其他大多数情形下果品真菌毒素污染水平都很低，不会对居民健康产生危害，部分果品及其制品真菌毒素膳食暴露风险评估结果见表 94。

表 94　部分果品及其制品真菌毒素膳食暴露风险评估结果

国家	毒素	健康指导值	评估产品	评估值	评估结果
比利时	OTA	TDI = 0. 35ng/(d · kg 人)	无花果干	(0. 024 ~ 0. 668) ng/(d · kg 人)	极少量情形高于指导值，可能存在较低风险
			葡萄干	(0. 030 ~ 0. 556) ng/(d · kg 人)	
法国	AFB_1	PMTDI = 1ng/(d · kg 体重)	干果	(0. 001 ~ 0. 047) ng/(d · kg 体重)	低于指导值，无健康风险
	OTA	PTDI = 17ng/(d · kg 体重)	干果	(0. 002 ~ 0. 188) ng/(d · kg 体重)	低于指导值，无健康风险
	PAT	PMTDI = 400ng/(d · kg 体重)	果品	(0. 14 ~ 1. 84) ng/(d · kg 体重)	低于指导值，无健康风险
加拿大	OTA	PTDI = 17ng/(d · kg 体重)	葡萄干	(1. 72 ~ 6. 12) ng/(d · kg 体重)	低于指导值，无健康风险
西班牙	PAT	PMTDI = 400ng/(d · kg 体重)	苹果制品	(2. 1 ~ 223. 2) ng/(d · kg 体重)	低于指导值，无健康风险
	OTA	PTDI = 17ng/(d · kg 体重)	葡萄干	(0 ~ 0. 14) ng/(d · kg 体重)	低于指导值，无健康风险
			李(梅)干	(0 ~ 0. 01) ng/(d · kg 体重)	低于指导值，无健康风险
	AFs	EEDI = 1. 934ng/(d · kg 体重)	葡萄干	(0 ~ 0. 05) ng/(d · kg 体重)	低于指导值，无健康风险
			李(梅)干	(0 ~ 0. 44) ng/(d · kg 体重)	低于指导值，无健康风险
突尼斯	OTA	PTDI = 17ng/(d · kg 体重)	枣	(0 ~ 0. 13) ng/(d · kg 体重)	低于指导值，无健康风险
	AFs	EEDI = 1. 934ng/(d · kg 体重)	枣	(0 ~ 0. 12) ng/(d · kg 体重)	低于指导值，无健康风险
意大利	PAT	PMTDI = 400ng/(d · kg 体重)	果汁、果泥、果醋	(0. 9 ~ 14. 17) ng/(d · kg 体重)	低于指导值，无健康风险
中国	PAT	PMTDI = 400ng/(d · kg 体重)	苹果汁	(28. 1 ~ 110. 0) ng/(d · kg 体重)	低于指导值，无健康风险
	OTA	PTDI = 17ng/(d · kg 体重)	干果及其制品	(0. 019 ~ 0. 210) ng/(d · kg 体重)	低于指导值，无健康风险
			葡萄及其制品	(0. 005 ~ 0. 040) ng/(d · kg 体重)	低于指导值，无健康风险

注： TDI，每日耐受摄入量。PMTDI，暂定最大每日耐受摄入量。PTDI，暂定每日耐受摄入量。EEDI，欧洲估计每日摄入量(European estimated daily intake)。

第四节　果品真菌毒素污染风险控制

由于果品中真菌侵染的普遍性和真菌毒素污染的高发性，果品真菌毒素污染的风险控制至关重要。风险控制不仅能避免巨大的经济损失，而且能让消费者放心食用，身体健康有保障。果品真菌毒素污染风险的控制，一方面是果品中产毒真菌的预防，有效限制和降低果品带菌的可能性，进而减少真菌毒素的污染；另一方面是真菌毒素污染的控制和去除，特别是对于已污染真菌毒素的果品，研究如何去除毒素，进而增加果品利用率和果品食用安全性。

一、物理控制

（一）物理吸附

物理吸附是一种脱除果品真菌毒素污染的有效方式。活性炭、沸石、硅藻土等物理吸附剂可用于黄曲霉毒素、PAT、OTA 等多种真菌毒素的脱除。大量研究表明，用活性炭对果汁进行吸附澄清处理，可有效去除果汁中的 PAT 和 OTA。例如，3g/L 活性炭 5min 即能将苹果汁中 62.3μg/L 的 PAT 完全去除，且对营养成分富马酸的浓度影响很小。将活性炭用量提高到 5g/L，尽管 PAT 可被完全吸附，但也降低了果汁的感官品质。蒙脱石和壳聚糖微球能吸附葡萄酒中 60%～100% 的 OTA，特别是蒙脱石效果最佳，而且对酒的特性破坏很小，也很少吸收其中的多酚和花青素等有益成分。天然钠沸石溶解于含 0.1mol/L NaCl 和 0.01mol/L $NaHCO_3$ 的水溶液，用此溶液水洗无花果能够去除无花果中的 AFB_1，其去除率为 38%～100%，且中低初始浓度 AFB_1 的去除效率比高浓度要好，但不能很好地去除 AFB_2。

除物理吸附剂外，大孔吸附树脂等化学合成材料也能用来去除果品的真菌毒素。研究发现 LSA－800B 型树脂能较好地吸附果汁中的 PAT。用硫脲改性壳聚糖树脂（TMCR）能有效去除水溶液中的 PAT，在 pH 4.0 和 25℃ 条件下，24h 能吸附 1.0mg/g 的 PAT。经丙硫醇功能化的介孔二氧化硅 SBA－15（SBA－15－PSH）能降低苹果汁和水溶液中 PAT 的污染水平，特别是对 60℃ 低 pH 苹果汁中 PAT 有很好的脱除效果。交联黄原酸化壳聚糖树脂（CXCR）是清除苹果汁中 PAT 的适宜吸附剂，其最适条件为 pH 4.0 和 30℃ 下吸附 18h。

（二）电磁波处理

1. 辐照处理

与其他降解方法相比，电离辐射降解技术有其优势，不仅能直接破坏毒素、降低毒素的毒力，还能最大程度地保持果品的内在品质。真菌毒素辐照降解过程受多种因素的影响，包括吸收剂量、初始毒素浓度、真菌数量、水分含量、果品基质成分等。真菌毒素初始浓度和辐照剂量均可影响毒素降解效果，以 OTA 和 AFB_1为例，初始浓度越低，降解率越高。真菌毒素初始浓度一定时，其降解率与辐照强度呈正相关。例如，5kGy 辐照处理可降解 44%～48%的 AFB_1，10kGy 辐照处理的降解率达到 82%～88%，20kGy 辐照处理则可完全降解 AFB_1。水分含量可显著影响辐照处理降解 OTA 的能力，如在 1kGy、2.5kGy 和 5kGy 的辐照剂量下，水溶液中的 OTA 分别降解了 30%、79%和 93%；在 10kGy 的剂量下，甲醇溶液中 OTA 仅有 24%被降解，而干粉状态下的 OTA 几乎未被降解。此外，溶液酸碱性对 OTA 降解影响很大，中性和碱性环境更有利于 OTA 的降解。不同毒素可耐受的辐照剂量不同。研究表明，AFB_2和 AFG_2对辐照的抗性强于 AFB_1和 AFG_1，这可能是由于 AFB_1和 AFG_1的呋喃环中均有 C_8、C_9不饱和双键，其是自由基功能的位点，而 AFB_2和 AFG_2的呋喃环则无该双键，因而不易被自由基攻击而分解。OTA 的抗辐照能力要强于黄曲霉毒素，而 PAT 的抗辐照能力最弱，1kGy 的辐照剂量即可完全降解水溶液中 50μg/mL 的 PAT。

辐照处理能降低果品采后的腐烂损失，进而减轻其受真菌毒素污染的风险。对草莓、桃、李、杏、无花果等 10 种果品的辐照处理发现，81%未经辐照处理的果品都检测到了一种或几种真菌毒素，包括青霉酸、PAT、环匹阿尼酸、OTA 和 AFB_1，而经 3.5kGy 辐照处理的果品仅有 15%的样品中检测到真菌毒素，且毒素污染水平远远低于未经辐照处理的果品，5.0kGy 辐照处理的样品基本没有检测到毒素。相较于新鲜果品，干果更易受真菌毒素的污染，辐照处理可显著降低干果中真菌毒素的含量。10kGy 辐照处理的被产毒炭黑曲霉污染的葡萄干，贮藏 12d 后仍未检测到 OTA 的产生。10kGy 辐照处理的去皮开心果和未去皮开心果，其 AFB_1的降解率分别达到 68.8%和 84.6%。2.5kGy 辐照处理可完全去除苹果汁中浓度为 2mg/kg 的 PAT，且苹果汁中可滴定酸、还原糖等物质的含量均未发生明显改变。真菌毒素浓度增加后，完全降解真菌毒素所需辐照剂量也需增加。3.0kGy 辐照处理能使苹果汁中浓度 50mg/kg 的 PAT 降解 81%；辐照剂量增加至 5.0kGy，则 PAT 完全降解。

2. 紫外线处理

紫外照射技术作为一种去除真菌毒素的有效方法，以其二次污染小、对降解体系影响小等优点广泛用于食品中有害光敏物质的降解与去除。在不同波长的紫外照射下，真菌毒素的去除效果不同。研究表明，在最大吸收波长下进行紫外照射，PAT、OTA 和 AFB_1降解率会略有升高。pH 可显著影响紫外线对 PAT、OTA 和 AFB_1的降解，中性比酸性环境更有利于 PAT 和 OTA 的降解。相较于乙腈溶液，水溶液中 AFB_1的降解速率更快，其降解产物毒性比 AFB_1大幅减小，但作为毒性活性位点的呋喃环仍然残存，其毒性并没有完全消失。沙门氏菌试验和 HepG2 细胞试验证明，AFB_1水溶液经紫外线照射处理后，用所得溶液处理鼠伤寒沙门氏菌进行回复突变试验，发现回复突变能力减弱，说明 AFB_1水溶液经紫外线照射处理后的致突变性降低。利用该溶液处理 HepG2 细胞，发现与 AFB_1相比，细胞毒性作用减少了约 40%。

紫外照射为非电离辐射，只能穿透果品的表面组织，对侵入到果实内部的病菌起不到杀灭作用。例如，太阳光照射可显著降低椰子油中黄曲霉毒素含量，但对椰子肉中的真菌毒素却无明显去除效果。样品水分含量可能会影响紫外线降解真菌毒素的效果。265nm 短波紫外线照射 15min 后，水分含量 10% 的干果中黄曲霉毒素去除率显著高于水分含量 16% 的干果，这可能是由于高水分含量有利于真菌产毒。对同一初始浓度，将黄曲霉毒素照射时间延长，毒素去除率增加，而处理相同照射时间，不同初始浓度的黄曲霉毒素的去除率无显著差异，说明紫外线照射对毒素的去除率随照射时间的延长而增加，而与初始浓度无关。用辐照度为 87.5$\mu W/cm^2$的紫外光照射被 100$\mu g/kg$ AFB_1污染的开心果，经 3h 和 13h 照射后，AFB_1 含量分别降低了 21.8% 和 57.8%。

果汁中固形物含量、悬浮颗粒和微生物的数量等都会影响到紫外线的穿透能力，因而果汁中的真菌及其毒素要比水溶液中的更难降解。提高温度有利于增强紫外线对果汁中真菌毒素的去除效率。分别在 15℃ 和 65℃ 下紫外照射 90min 后，葡萄汁中的 OTA 分别降解了 45% 和 67%。65℃ 下紫外照射 180min 后，苹果汁中的 PAT 可被完全降解。研究发现，PAT 初始浓度（0 ~ 1000$\mu g/L$）、葡萄糖（0 ~ 10%）、蔗糖（0 ~ 10%）和维生素 C（0 ~ 100mg/L）均不影响紫外线对 PAT 的降解效率，果糖浓度小于 10% 会提高紫外线对 PAT 的降解率，单宁酸含量（0 ~ 1g/L）会抑制 PAT 降解。

3. 其他电磁波处理

低温射频等离子体（low - temperature radio frequency plasma）技术能够用来防控产毒真菌的生长及真菌毒素的产生。等离子体是部分电离的气体，有丰富的自由基和紫外光子。功率 60W 的等离子体短时处理可几乎完全抑制黄曲霉和寄生曲霉的生长，从而大大降低 AFB_1的产生。AFB_1的降解与等离子体发生器的功率密切相关，暴露于功率 100W、200W 和 300W 的等离子体 10min，

AFB_1降解分别达58.2%、80.4%和88.3%。脉冲光也能有效抑制果品真菌毒素污染，2.4J/cm^2～35.8J/cm^{2}脉冲光能有效降解苹果汁和苹果泥中的PAT，特别是35.8J/cm^{2}的脉冲光能使苹果汁中129μg/L的PAT降解78%。

微波技术也能有效去除果品中的真菌毒素。微波处理能够破坏果汁中的PAT，对苹果汁和杏汁都有良好效果。微波对PAT的去除效果与功率和时间有关，去除率随微波功率和处理时间的增加而提高。微波炉中火处理90s，浓度100μg/L～1000μg/L的PAT可完全去除，其中，热效应的破坏作用占88%。

（三）热处理

热处理是最早使用的真菌毒素降解方法。大多数真菌毒素具有热稳定性，例如，热处理温度达237℃～306℃才能部分去除黄曲霉毒素，这在很大程度上增加了真菌毒素的脱除难度。不同热处理条件下真菌毒素去除效率不同。70℃和80℃热处理20min，苹果汁中的PAT含量分别降低了9.4%和14.1%；温度升至90℃和100℃，PAT含量分别下降了18.8%和26.0%。交链孢毒素污染的葵花籽粉100℃下持续处理90min后，AOH和AME含量无显著变化，而TeA含量下降了50%；121℃、0.1MPa持续处理60min则能够有效降低葵花籽粉中AOH和AME含量，分别降低了75%和100%。高温烘焙也能有效去除真菌毒素，即使对热稳定性较高的真菌毒素也能有较好的去除效果。120℃、120min和150℃、30min～120min烘烤开心果均能大幅降低黄曲霉毒素含量，特别是150℃处理120min能使毒素含量下降95%以上。

（四）其他物理方法

采前措施、采后处理和贮藏条件对控制产毒真菌生长和真菌毒素污染十分重要。良好的栽培管理，科学的采收、贮藏、运输以及加工均有利于降低果品真菌毒素污染风险。控制果品贮藏条件（低温贮藏、气调贮藏等）可抑制真菌侵染和毒素产生。装在聚丙烯袋内的苹果，在58% CO_2、42% N_2的自发气调条件下可抑制PAT污染。装在聚乙烯袋内的苹果，在任何气调条件下均可有效抑制扩展青霉的生长和PAT的产生，可见聚乙烯袋是一种很好的苹果包装材料。

加强苹果的人工挑选和清洗可显著降低果汁产品中的PAT。研究显示，含299μg/kg PAT和339μg/kg PAT的苹果样品经清洗、拣选后，PAT含量分别降低了27%和31%；在压榨之前，将腐烂部位完全切除，果汁PAT浓度可降低93%～99%；用高压水冲洗苹果原料可以脱除其中54%的PAT。颜色暗灰的开心果比黄褐色开心果的黄曲霉毒素含量低很多。研究显示，分级时如能将这些黄褐色的开心果剔除，Fandoghi、Ahmad Aghaei、Kale - Ghoochi 等 3 个品种的开心果的黄曲霉毒素含量可分别减少 94.6%、97.2% 和 98.8%。

二、化学控制

(一)化学杀菌剂

施用化学杀菌剂是控制果品采后真菌病害的重要策略。施用杀菌剂对果园中潜在产毒真菌进行抑杀，可有效防止产毒真菌侵害，见表 95。但杀菌剂的使用会带来潜在的农药残留风险，还可能使产毒真菌产生抗药性。有些杀菌剂会引起产毒真菌的胁迫作用，促使产生更多的真菌毒素。例如，多菌灵、克菌丹和乙嘧酚磺酸酯能刺激某些扩展青霉菌株产生 PAT。尽管近年来杀真菌剂及其应用技术开发有了长足进步，但应用杀真菌剂控制果品真菌毒素污染风险仍有诸多困难和挑战，例如，施用时期、持效期、真菌耐药性、果树生长环境等因素都有可能会影响到杀真菌剂的效果。

表 95　部分防控果品病害的杀菌剂

真菌毒素	产毒真菌	果品	杀菌剂
PAT	*Penicillium expansum*	苹果	混合液 (灭菌丹 + 噻苯咪唑 + 抑霉唑)
	P. expansum	苹果	咯菌腈、嘧菌环胺
	P. expansum	苹果	咯菌腈、嘧霉胺
	P. expansum	苹果	咯菌腈、异菌脲、 戊唑醇、嘧菌环胺
	P. expansum	苹果	钼酸铵
OTA	*Aspergillus niger*、 *A. carbonarius*	葡萄干	嘧菌环胺 + 咯菌腈
	A. carbonarius	葡萄	苯氧威
	A. carbonarius	葡萄	嘧菌环胺、咯菌腈
交链孢毒素	*Alternaria alternata*	枣	硫酸铜
	A. alternata	开心果	啶酰菌胺、唑菌胺酯

(二)臭氧

臭氧是一种具有特殊气味的不稳定气体，是已知的最强的氧化剂之一。

鉴于臭氧控制果品真菌毒素污染具有高效、品质损失少、加工过程适用、环境友好等优点，美国食品药品管理局(FDA)2004年建议苹果汁和苹果酒生产中使用臭氧降低病原菌侵染。研究显示，利用5μL/L臭氧处理苹果，能显著降低扩展青霉繁殖和PAT产生，延长苹果贮藏期。臭氧还能有效降解苹果汁中的PAT，臭氧处理15min能够使苹果汁中50μg/L的PAT降解43.2%。臭氧也能降解污染开心果的AFB_1，臭氧浓度和暴露时间是降解黄曲霉毒素的关键，9.0mg/L臭氧处理420min，能使AFB_1和黄曲霉毒素总量分别下降23%和24%。臭氧使用方式包括气相与液相两种，比较二者对无花果干中AFB_1的降解效果发现，臭氧气体对毒素的降解效果优于液体臭氧，13.8mg/L的臭氧气体处理180min，能降解高达95.2%的AFB_1。

化学消毒剂也可用于去除果品表面的微生物，防控产毒真菌侵染和真菌毒素污染。环保熏蒸消毒剂乙二腈能很好地抗真菌活性，对扩展青霉有一定的抑制作用，如与γ射线辐照相结合，能有效降低熏蒸剂在果品防腐保鲜中的应用剂量。过氧化氢和氨水也能够去除农产品中的真菌毒素，但在果品加工过程中很难应用。

(三)天然产物

越来越多的研究发现，植物精油及其主要挥发性组分对产毒菌生长具有良好的抑制作用，加之应用方便，近年来引起了广泛重视。小茴香精油对黄曲霉菌的生长和黄曲霉毒素的产生表现强烈的抑制作用。肉桂醛、柠檬醛和丁香酚对赭曲霉的生长及OTA的积累抑制效果最好，在达到一定浓度后可以完全抑制真菌生长和OTA合成。柚皮苷、橙皮苷、新橙皮苷、樱桃苷、橙皮素葡萄糖苷等黄烷酮及其葡萄糖苷酯能抑制扩展青霉、土曲霉(*A. terreus*)和黄褐丝衣菌(*B. fulva*)产生PAT，使其积累量减少95%以上。槲皮素和伞形花内酯能控制扩展青霉生长和PAT积累，可代替传统化学杀菌剂，用于苹果采后青霉病的防控。0.2%柠檬精油和2%橙子精油均对抑制苹果中扩展青霉产生PAT有非常好的效果。

植物精油对果实贮藏过程中真菌毒素的积累也表现出显著的控制效果。南亚蒿的种子精油可有效减少葡萄果实中黄曲霉毒素和OTA的产生与积累，而且对果实品质没有不良影响。肉桂、大蒜、薄荷、迭迭香等的精油可显著降低核桃贮藏过程中AFB_1和AFG_1的产生。精油中的挥发性成分异硫氰酸酯、紫苏醛均能有效减少核桃、杏仁、开心果等果实中黄曲霉毒素的积累。除精油和挥发性成分外，蓝桉提取物、瑞香叶提取物、荛花提取物、水杨酸、厚朴酚等天然产物也对果品贮藏过程中真菌毒素积累具有显著的抑制作用。研究发现，低浓度天然产物虽然对病原真菌具有一定抑制作用，却在一定程度上刺激了病原真菌产生真菌毒素。因此，在用天然产物控制采后病害时，应注意筛选好控制病原真菌和真菌毒素积累的最适浓度，以免刺激真菌毒素产生。

三、生物控制

生物防治是化学防治的替代方法或补充，可减少甚至避免使用杀菌剂。真菌毒素的生物降解分为生物吸附和生物降解两种。生物吸附通过形成菌体－毒素复合体，减少毒素在体内的滞留。生物降解是将毒素降解成无毒的化合物，从而消除其毒性。

（一）微生物对真菌毒素的吸附作用

微生物吸附是指菌体细胞壁通过非共价键与毒素分子结合。学界普遍认为，乳酸菌的脱毒机理主要是细胞壁中以 *N*－乙酰胞壁酸和 *N*－乙酰葡萄糖胺为主要成分的肽聚糖对毒素进行物理吸附；酵母菌株对真菌毒素的脱除作用可能与酵母细胞壁的聚糖类物质（葡聚糖、甘露聚糖、甘露寡聚糖）有关，酵母或酵母细胞壁成分可作为真菌毒素吸附剂，见表96。这些食品级的微生物灭活后用以吸附真菌毒素，不仅能够有效降低毒素污染，还有不破坏果品品质、对人体安全等优点，具有良好的应用前景。

表96　微生物吸附果品中真菌毒素

真菌毒素	果品	菌株	去除率/%
PAT	苹果汁	热灭活的乳酸菌（lactic acid bacteria）	64.5～80.4
	苹果汁	热灭活的酿酒酵母（*Saccharomyces cerevisiae*）	72.6
	苹果汁	热灭活的酿酒酵母（*S. cerevisiae*）	75.7～100
	苹果汁	碱灭活的苹果酒发酵废酵母	58.3
	苹果汁	热灭活的脂环酸芽孢杆菌（*Alicyclobacillus* spp.）	53.0～55.8
OTA	葡萄汁	灭活的黑色曲霉（black aspergilli）	66.5～80.0
	葡萄汁	热灭活的酿酒酵母（*S. cerevisiae*）	＞80.0
AFB_1	开心果	热处理的酿酒酵母（*S. cerevisiae*）	55.0～75.0
		酸处理的酿酒酵母（*S. cerevisiae*）	60.0～73.0
		热或酸处理的鼠李糖乳杆菌（*Lactobacillus rhamnosus*）	85.0～90.0

（二）微生物对真菌毒素的降解作用

真菌毒素的生物降解是指真菌毒素的分子结构被微生物所产生的次级代

谢产物或所分泌的胞内、胞外酶分解破坏，同时产生低毒甚至无毒的降解产物的过程。毒素生物降解是一种化学反应过程，不是对毒素的物理吸附作用。许多微生物都有降解果品真菌毒素的能力，见表97。研究表明，PAT生物降解产物主要有两种，即desoxypatulinic acid(DPA)和ascladiol。Ianiri等(2016)发现担子菌锈菌亚门的酵母菌(如*Rhodosporidium kratochvilovae*)降解PAT的主要产物为DPA，而子囊菌亚门的酵母菌(如*Saccharomyces cerevisiae*)降解PAT的主要产物为ascladiol，两种产物的毒性均显著低于PAT。OTA的生物降解途径主要是通过断裂连接L-β-苯丙氨酸和7-羧-5-氯-8-羟-3,4-二氢-R-甲基异香豆素(Ochratoxin α，OTα)的酰胺键，将OTA水解成基本无毒的L-β-苯丙氨酸和OTα。AFB_1的生物降解主要是通过AFB_1香豆素结构内酯环的破坏、呋喃环的双键氧化水解、环戊酮烯环的裂解等方式，降解产物有$AFD_{1\sim3}$、AFB_1-8,9-二氢二醇等。

表97　微生物降解果品中真菌毒素

真菌毒素	研究基质	降解菌株	去除率/%
PAT	苹果泥	*Byssochlamys nivea* FF1-2	97.1
	苹果汁	海洋酵母(*Kodameae ohmeri*)	81.4~97.7
	苹果汁	奥默毕赤酵母(*Pichia ohmeri*)158和酿酒酵母(*Saccharomyces cerevisiae*)	90.0~96.0
	反应溶液体系	海洋红酵母(*Rhodosporidium paludigenum*)394084	~100
	培养基	掷孢酵母(*Sporobolomyces* sp.)IAM 13481	100
	培养基	植物乳杆菌(*Lactobacillus plantarum*)	80
	细胞+毒素	红冬孢酵母(*R. kratochvilovae*)LS11	97.5
OTA	葡萄汁	黑色曲霉(black aspergilli)	吸附+降解
	培养基	不动杆菌(*Acinetobacter* spp.)396.1和neg1	82~91
	培养基	嗜酸乳杆菌(*L. acidophilus*)VM 20	97
	反应溶液体系	黑曲霉(*A. niger*)MUM 03.55(粗酶液)	99.8
AFB_1	培养基	恶臭假单胞菌(*Pseudomonas putida*)MTCC 1274和2445	~90
	开心果	枯草芽孢杆菌(*Bacillus subtilis*)UTBSP1	95
	培养基	芽孢杆菌(*B. shackletonii*)L7	84.1~92.1
	粗酶反应液	糙皮侧耳(*Pleurotus ostreatus*)MTCC 142和GHBBF10	89.1~91.8

（三）微生物对产毒真菌的拮抗作用

使用微生物拮抗剂控制果品采后病害是最有前途的杀菌剂替代方案。果品表面存在细菌、酵母等微生物群落，对病原菌有显著的拮抗活性。值得关注的是，一些已知的拮抗酵母菌株除了能控制病原菌对采后果品的侵染之外，还表现出降解真菌毒素的能力，见表98。如 *Pichia caribbica* 能在离体条件下降解高浓度的PAT，同时也能降低受扩展青霉侵染的苹果果实中的PAT含量。生防剂与低风险杀菌剂结合使用效果更好，如生防酵母结合啶酰菌胺和嘧菌环胺，丁香假单胞菌（*Pseudomonas syringae*）结合嘧菌环胺等。

表98　微生物拮抗果品致病菌产真菌毒素

抑制作用	果品	防控菌株
抑制扩展青霉产PAT	苹果	卡利比克毕赤酵母（*Pichia caribbica*）
	苹果	胶红酵母（*Rhodotorula mucilaginosa*）3617和红酵母（*R. kratochvilovae*）LS11
	苹果	红茶菌（酵母、乳酸菌和醋酸菌的共生物）
	苹果、梨	海洋红酵母（*Rhodosporidium paludigenum*）
	梨	胶红酵母（*R. mucilaginosa*）YC1
	甜樱桃	蜡样芽胞杆菌（*Bacillus cereus*）AR156
	苹果	香菇（*Lentinula edodes*）CF44和膜璞毕赤酵母（*Pichia membranefaciens*）
	梨	罗伦隐球酵母（*Cryptococcus laurentii*）
	苹果	清酒假丝酵母（*Candida sake*）CPA－2和成团泛菌（*Pantoea agglomerans*）CPA－1
抑制炭黑曲霉产OTA	酿酒葡萄	酵母（*Lanchancea thermotolerans*）RCKT4/5
	葡萄、草莓	出芽短梗霉（*Aureobasidium pullulans*）
抑制交链孢产交链孢毒素	冬枣	海洋红酵母（*R. paludigenum*）

第五章 果品质量安全标准

果品质量安全标准，简称果品标准，在果品生产、贮运、贸易、消费、监管和科研中发挥着越来越重要的作用。果品质量安全标准有狭义和广义之分。狭义的果品质量安全标准仅指果品产品标准和果品安全限量标准，而广义的果品质量安全标准则包括所有与果品质量安全有关的标准。国际食品法典委员会、国际标准化组织、联合国欧洲经济委员会、经济合作与发展组织、欧盟等重要的国际/区域组织，以及中国和美国等果品生产大国，都有悠久的果品质量安全标准制定历史，并建立了各具特色的果品质量安全标准体系。本章主要从标准体系的层面对这些组织和国家的果品质量安全标准进行系统梳理，兼及发展历程和标准结构。需要注意的是，由于新标准的制定和旧标准的修订、废止，果品质量安全标准及其体系并非一成不变，往往会随着时间的推移而发生变化。

第一节 中国标准

我国果品标准的制定早在20世纪50年代即已开始。20世纪80年代以来，特别是进入21世纪以后，我国果品标准制修订工作明显加强，发布实施了一大批国家标准和行业标准，初步构建起了比较完善的果品标准体系。目前，我国现行有效的果品标准有千余项，分属产前、产中、产后、支撑等4大环节，见表99，分别占15.1%、15.6%、54.3%和15.0%，其中，强制性标准占16.1%，推荐性标准占83.6%，另有个别指导性文件。从发布时间来看，以“十一五”以来发布的标准为主，其中，2000年及以前发布的标准很少(仅占2.9%)，2001—2005年发布的标准占9.2%，2006—2010年发布的标准占23.1%，2011—2015年发布的标准占38.5%，2016年至今发布的标准占26.3%。从标准属性来看，农业行业标准最多(占38.1%)，其次是国家标准(占29.6%)，第三是出入境检验检疫行业标准(占19.3%)，第四是林业行业标准(占7.5%)，第五是国内贸易行业标准(占3.0%)，供销合作行业标准、气象行业标准、机械行业标准等其他行业标准均很少(合计占2.5%)。另外，20世纪80年代前后，我国也曾制定果品方面的专业标准，共十余项，涉及板栗、香蕉、柑橘、苹果、山楂、枸杞子、梨、核桃等果品，但这些标准均已废止或转化，不再有效。

表 99　我国的果品标准体系

环节	领域	主要标准
产前	种质资源	新品种 DUS* 测试、种质资源描述、种质资源评价、种质资源鉴定、品种鉴定、品种审定、品种试验等
	种子苗木	苗木繁育、苗木检疫、病毒脱除、病毒检测、种苗产品等
产中	环境条件	产地环境、气象灾害(低温灾害、寒害、冷害、冻害、暖害)等
	生产技术	普通生产技术、无公害生产技术、绿色食品生产技术、有机食品生产技术
产后	果品产品	普通产品、绿色食品、地理标志产品、无公害产品等
	安全限量	农药残留限量、污染物限量、放射性核素限量、致病菌限量、真菌毒素限量
	检测检验	果品检测(营养品质、功能成分、农药残留、元素、添加剂、污染物、真菌毒素、致病菌、果品成分)、果品检验
	采后物流	包装、贮藏、保鲜、运输、贸易等
支撑	基础通用	术语、词汇、分类、编码、代码、通用要求等
	管理规范	标准果园建设规范、良好农业规范、追溯或溯源、质量安全控制等
	投入品	育果袋纸、育果纸袋、机械设备、清洗剂、果树支架等
	病虫检疫	疫情监测、检疫鉴定、检疫处理、害虫检疫、病害检疫、病毒检疫等

* 特异性、一致性和稳定性。

一、产前环节标准

(一)种质资源标准

我国现有果树种质资源标准 94 项，涉及澳洲坚果、板栗、薄壳山核桃、菠萝、草莓、番荔枝、番木瓜、凤梨属、柑橘、枸杞属、核桃属、蓝莓、梨、李、荔枝、龙眼、芒果、猕猴桃、木菠萝、木瓜属、枇杷、苹果、葡萄、山楂、柿、树莓、桃、无花果、西番莲、西瓜、香蕉、杏、杨梅、腰果、椰子、樱桃、枣等 37 种(类)果树。这些标准主要包括 22 项种质资源鉴定技术标准(包括鉴定技术标准、鉴定评价技术标准、抗病性鉴定技术标准)、21 项种质资源描述规范标准、11 项优异种质资源评价规范标准和 27 项新品种 DUS(特异性、一致性和稳定性）测试指南标准。目前，对草莓、柑橘、梨、李子、龙眼、苹果、葡萄、柿、桃等果树均已制定上述4类标准。此外，还有品种审定规范、品种试验技术、种质资源离体保存技术、遗传资源调查编目技术等标准。

（二）种子苗木标准

主要包括产品标准、繁育技术标准、脱毒技术标准、病毒检测技术标准和苗木检疫标准，现有60项，多数为苗木标准，对澳洲坚果、槟榔、菠萝、番木瓜、荔枝、龙眼、木菠萝、香蕉、腰果、椰子等果树制定有种果或种苗标准。这些标准涉及澳洲坚果、薄壳山核桃、槟榔、菠萝、草莓、番荔枝、番木瓜、番石榴、柑橘、橄榄、核桃、黄皮、梨、李、荔枝、龙眼、芒果、猕猴桃、木菠萝、苹果、葡萄、石榴、柿、树莓、桃、无花果、香蕉、杨桃、腰果、椰子、枣、榛子等32种果树，其中，对草莓、柑橘、梨、苹果、葡萄、香蕉等6种果树均制定有相关的无病毒苗木标准。对于某种果树而言，完整的苗木标准体系通常应包括脱毒技术标准、病毒检测技术标准、苗木（含无病毒苗木）繁育技术标准、苗木（含无病毒母本树和苗木）产地检疫标准和苗木（含无病毒母本树和苗木）产品标准。

二、产中环节标准

（一）环境条件标准

我国制定有《环境空气质量标准》（GB 3095—2012）、《土壤环境质量　农用地土壤污染风险管控标准（试行）》（GB 15618—2018）、《农田灌溉水质标准》（GB 5084—2005）等3项基础性的环境标准，果园在环境空气质量、土壤环境质量和灌溉水质方面均应满足这些标准的有关规定。另外，我国还制定了《京白梨产地环境技术条件》（NY/T 854—2004）、《苹果产地环境技术条件》（NY/T 856—2004）、《葡萄产地环境技术条件》（NY/T 857—2004）等3项果树产地环境条件标准。对于绿色食品，我国制定了《绿色食品　产地环境质量》（NY/T 391—2013）和《绿色食品　产地环境调查、监测与评价规范》（NY/T 1054—2013）。气温过高或过低对果树生长发育均可能产生不利影响，造成暖害、寒害、冷害或冻害，我国已制定《龙眼暖害等级》（QX/T 224—2013）、《南方水稻、油菜和柑桔低温灾害》（GB/T 27959—2011）、《龙眼寒害等级》（QX/T 168—2012）、《香蕉寒害评估技术规范》（QX/T 199—2013）、《柑橘冻害等级》（QX/T 197—2013）、《枇杷冻害等级》（QX/T 281—2015）、《杨梅冻害等级》（QX/T 198—2013）等7项标准。气象条件也会影响到果树病害发生，我国制定有《枸杞炭疽病发生气象等级》(QX/T 283—2015)。

2001—2006年，我国先后制定了14项有关果品的无公害食品产地环境标准，包括1项国家标准和13项农业行业标准，见表100，覆盖水果、草莓、柑橘、哈密瓜、梨、林果类产品、芒果、猕猴桃、热带水果、桃、西瓜、鲜食葡萄、香蕉等13种(类)果品。其中，《农产品安全质量　无公害水果产地环境要求》(GB/T 18407.2—2001)已于2015年废止；NY 5023—2002代替了NY 5023—2001和NY 5026—2001，NY 5013—2006代替了NY 5013—2001、NY 5016—2001、NY 5101—2002和NY 5113—2002；《无公害农产品　种植业产地环境条件》(NY/T 5010—2016)发布实施后，表100中的标准均被该标准所代替。总之，目前，表100中的标准均不再有效，我国现行有效的果品无公害食品产地环境标准只有NY/T 5010—2016。

表100　我国果品无公害食品产地环境标准(已废止或被代替)

标准编号	标准名称	标准编号	标准名称
GB/T 18407.2—2001	农产品安全质量　无公害水果产地环境要求	NY 5113—2002	无公害食品　桃产地环境条件
NY 5104—2002	无公害食品　草莓产地环境条件	NY 5107—2002	无公害食品　猕猴桃产地环境条件
NY 5181— 2002	无公害食品　哈密瓜产地环境条件	NY 5023—2002	无公害食品　热带水果产地环境条件
NY 5013—2006	无公害食品　林果类产品产地环境条件	NY 5023—2001	无公害食品　香蕉产地环境条件
NY 5013—2001	无公害食品 苹果产地环境条件	NY 5026—2001	无公害食品　芒果产地环境条件
NY 5016—2001	无公害食品　柑桔产地环境条件	NY 5110—2002	无公害食品　西瓜产地环境条件
NY 5101—2002	无公害食品　梨产地环境条件	NY 5087—2002	无公害食品　鲜食葡萄产地环境条件

(二)生产技术标准

1. 普通果品的生产技术标准

我国制定了68项果品生产技术标准，其中，栽培技术规程35项，生产技术规程/规范18项，高接换种技术规范、套袋技术规程和采摘技术规范各

3 项，其他标准 6 项，涉及澳洲坚果、板栗、扁桃、菠萝、草莓、刺梨、柑橘、橄榄、枸杞、果松、核桃、接骨木、蓝靛果、梨、李、芒果、梅、木菠萝、木瓜、苹果、葡萄、人心果、仁用杏、沙棘、蛇皮果、石榴、柿、文冠果、无花果、香榧、杏、杨梅、银杏、樱桃、越桔、枣、榛子等 37 种果品，柑橘(7 项)、苹果(7 项)和核桃(6 项)标准最多。

在病虫害防治方面，我国共制定了 41 项标准，包括 26 项病虫害防治技术标准、7 项病害检测技术标准、6 项病虫测报技术标准、1 项抗病性鉴定技术标准和 1 项非疫区及非疫区生产点建设标准。为指导农产品生产中科学使用农药，我国还先后制定了 9 项农药合理使用国家标准。涉及果树的农药超过 60 种，这些标准对每种农药均提供了农药通用名、商品名、剂型及含量、适用作物、主要防治对象、施用量或稀释倍数、施药方法、每季最多使用次数、最后一次施药距收获的天数(即安全间隔期)、实施要点说明等诸多信息，在果品生产过程中可资参考和应用。

2. 特殊果品的生产技术标准

2001—2006 年，我国制定了 18 项无公害食品生产技术农业行业标准，覆盖苹果、柑橘、香蕉、芒果、鲜食葡萄、梨、草莓、猕猴桃、西瓜、桃、荔枝、龙眼、菠萝、哈密瓜、杨桃、枸杞、火龙果、红毛丹等 18 种水果。2015 年，我国又发布实施了农业行业标准《无公害农产品　生产质量安全控制技术规范　第 1 部分：通则》(NY/T 2798. 1—2015)和《无公害农产品　生产质量安全控制技术规范　第 4 部分：水果》(NY/T 2798. 4—2015)。针对绿色食品，我国制定了《绿色食品　农药使用准则》(NY/T 393—2013)和《绿色食品　肥料使用准则》(NY/T 394—2013)。针对有机苹果生产，我国专门制定了农业行业标准《有机苹果生产质量控制技术规范》(NY/T 2411—2013)，规定了有机苹果生产中质量控制的风险要素、质量控制技术与方法、质量控制管理要求。

三、产后环节标准

(一)产品标准

1. 普通产品标准

果品产品标准分为三大类：普通产品标准、绿色食品标准和地理标志产品标准。我国现行有效的普通果品产品标准共有 150 项，涉及澳洲坚果、板栗、扁桃、槟榔、菠萝、草莓、番荔枝、番木瓜、番石榴、柑橘、橄榄、枸杞、哈蜜瓜、核桃、红毛丹、黄皮、火龙果、蓝莓、梨、李子、荔枝、莲雾、榴莲、龙眼、罗汉果、芒果、毛叶枣、猕猴桃、木菠萝、枇杷、苹果、葡萄、桑葚、沙棘、山楂、山竹子、石榴、柿子、树莓、松籽、酸角、桃、西番莲、西瓜、香榧、香蕉、杏、杏仁、杨梅、杨桃、腰果、椰子、银杏、樱桃、枣、榛子、干果类、坚果、浆果类、荔果类、仁果类、水果等62种(类)果品。对许多果品均制定了多项标准，其中，柑橘标准最多(22项)，其次是枣标准(9项)和梨标准(9项)，核桃标准(7项)、苹果标准(6项)、葡萄标准(6项)和桃标准(6项)也较多。普通果品产品标准通常包括但不限于术语和定义、基本要求、等级划分、规格划分、容许度、安全卫生要求、试验方法、检验规则、包装、标识、贮藏、运输等10余个方面的要求。

2. 绿色食品产品标准

我国现行有效的果品绿色食品标准共有8项，均为农业行业标准，涉及的果品包括干果、坚果、枸杞、西甜瓜、速冻水果、柑橘类水果、热带、亚热带水果和温带水果。其中，干果包括菠萝干、草莓干、干枣、桂圆干、荔枝干、芒果干、梅干、猕猴桃干、苹果干、葡萄干、山楂干、柿饼、酸角干、酸梅(乌梅)干、桃干、无花果干、香蕉片、杏干(包括包仁杏干)；坚果包括核桃、山核桃、榛子、香榧、腰果、松子、杏仁、开心果、扁桃、澳洲坚果、鲍鱼果、板栗、橡子、银杏等鲜或干的坚果及其果仁；西甜瓜包括西瓜和甜瓜(包括薄皮甜瓜和厚皮甜瓜)；柑橘类水果包括宽皮柑橘类、甜橙类、柚类、柠檬类、金柑类、杂交柑橘类等；热带、亚热带水果包括荔枝、龙眼、香蕉、菠萝、芒果、枇杷、黄皮、番木瓜、番石榴、杨梅、杨桃、橄榄、红毛丹、毛叶枣、莲雾、人心果、西番莲、山竹、火龙果、菠萝蜜、番荔枝和青梅；温带水果包括苹果、梨、桃、草莓、山楂、柰子、蓝莓、无花果、树莓、桑葚、猕猴桃、葡萄、樱桃、枣、杏、李、柿、石榴、梅、醋栗等。果品绿色食品标准一般包括产地环境、生产过程、感官指标、理化指标、卫生指标等5个方面的要求。其中，产地环境应符合NY/T 391《绿色食品　产地环境质量》的要求，生产过程中农药和肥料的使用应按照NY/T 393《绿色食品　农药使用准则》和NY/T 394《绿色食品　肥料使用准则》的规定执行，感官指标通常包括但不限于果实外观、病虫害、气味、滋味、成熟度等，理化指标通常包括但不限于可溶性固形物、可滴定酸等，卫生指标包括农药残留、重金属、真菌毒素、致病菌等的限量(往往较普通果品严，甚至严数倍、数十倍、数百倍)。除果品绿色食品标准外，我国还制定了10项果品制品绿色食品标准，均为农业行业标准，涉及枸杞制品、果粉、果汁饮料、水果脆片、蜜饯、葡萄酒、果酒、水果罐头、果醋饮料和果酱。

3. 地理标志产品标准

我国现行有效的果品地理标志产品标准共有31项，均为国家标准，涉及板栗、梨、罗汉果、枇杷、苹果、葡萄、柿子、松籽、甜瓜、西瓜、杨梅、银杏(白果)、枣等果品，其中，吐鲁番葡萄、吐鲁番葡萄干、宁夏枸杞、沾化冬枣、烟台苹果、南丰蜜桔、余姚杨梅、黄岩蜜桔、露水河红松籽仁、常山胡柚等10项标准的前身均为原产地域产品国家标准。果品地理标志产品标准的技术内容通常包括术语和定义、地理标志产品保护范围、要求、试验方法、检验规则、标志、包装、运输、贮存等。其中，“要求”通常包括自然环境、果园管理(土肥水管理、花果管理、病虫害防治、整形修剪)、采摘、等级规格指标、感官特征、理化指标、卫生指标等方面的规定。

4. 无公害产品标准

除上述三类标准外，我国还于2001—2008年制定了22项有关果品的无公害食品产品标准，包括1项国家标准、20项农业行业标准和1项林业行业标准，见表101，覆盖水果、菠萝、草莓、常绿果树核果类果品、常绿果树浆果类果品、(常绿果树)坚(壳)果、冬枣、柑果类果品、枸杞、果蔗、火龙果、荚果、聚复果、荔枝、龙眼、红毛丹、落叶果树坚果、落叶核果类果品、落叶浆果类果品、仁果类水果、柿、西甜瓜、香蕉等23种(类)果品。其中，《农产品安全质量　无公害水果安全要求》(GB 18406.2—2001)已于2015年废止，其余20项农业行业标准已于2013年废止，因此，这些标准均不再有效。2008年,我国制定了林业行业标准《无公害干果》(LY/T 1782—2008)，规定了无公害干果在产地环境、重金属及其他有害物质限量、农药最大残留限量等方面的要求，该标准2018年废止。目前，我国没有现行有效的无公害果品产品标准。

表101　我国有关果品的无公害食品产品标准

标准编号	标准名称	标准编号	标准名称
GB 18406.2—2001	农产品安全质量　无公害水果安全要求	NY 5321—2006	无公害食品　荚果
NY 5324—2006	无公害食品　(常绿果树)坚(壳)果	NY 5309—2005	无公害食品　聚复果
NY 5177—2002	无公害食品　菠萝	NY 5173—2005	无公害食品　荔枝、龙眼、红毛丹
NY 5103—2002	无公害食品　草莓	NY 5307—2005	无公害食品　落叶果树坚果
NY 5024—2005	无公害食品　常绿果树核果类果品	NY 5112—2005	无公害食品　落叶核果类果品

续表

标准编号	标准名称	标准编号	标准名称
NY 5182—2005	无公害食品　常绿果树浆果类果品	NY 5086—2005	无公害食品　落叶浆果类果品
NY 5252—2004	无公害食品　冬枣	NY 5011—2006	无公害食品　仁果类水果
NY 5014—2005	无公害食品　柑果类果品	NY 5241—2004	无公害食品　柿
NY 5248—2004	无公害食品　枸杞	NY 5109—2005	无公害食品　西甜瓜
NY 5308—2005	无公害食品　果蔗	NY 5021—2008	无公害食品　香蕉
NY 5255—2004	无公害食品　火龙果	LY/T 1782—2008	无公害干果

（二）安全限量标准

食品安全标准包括食品和食品相关产品中致病微生物、农药残留、兽药残留、重金属、污染物以及其他危害人体健康物质的限量标准。果品及其制品不涉及兽药残留限量，至于上述其他物质的限量，我国现行有效的6项国家标准，包括《食品安全国家标准　食品中农药最大残留限量》(GB 2763—2016)、《食品安全国家标准　食品中百草枯等43种农药最大残留限量》(GB 2763.1—2018)、《食品安全国家标准　食品中污染物限量》(GB 2762—2017)、《食品中放射性物质限制浓度标准》(GB 14882—1994)、《食品安全国家标准　食品中致病菌限量》(GB 29921—2013)、《食品安全国家标准　食品中真菌毒素限量》(GB 2761—2017)，均与果品及其制品有关。

1. 农药残留限量标准

我国农药残留限量标准的制定始于20世纪70年代，GBn 53—1977是我国制定的第一项农药残留限量标准。1982年6月1日，国家标准《粮食、蔬菜等食品中六六六、滴滴涕残留量标准》(GB 2763—1981)发布，代替GBn 53—1977。此后，我国加强了农药残留限量标准的制定，至1998年，涉及果品的农药残留限量国家标准已达24项，见图16，共制定果品农药最大残留限量53项。2005年1月25日，国家标准《食品中农药最大残留限量》(GB 2763—2005)发布，所有此前发布实施的农药残留限量国家标准均废止或被代替。GB 2763—2005共制定果品农药最大残留限量107项，涉及农药70种。2010—2012年我国又先后发布了国家标准《食品中百菌清等12种农药最大残留限量》(GB 25193—2010)、《食品中百草枯等54种农药最大残留限量》(GB 26130—2010)和《食品安全国家标准　食品中阿维菌素等85种农药最大残留限量》(GB 28260—2011)。2012 年 11 月 16 日,《食品安全国家标准　食品中农药最大残留限量》(GB 2763—2012)发布，代替 GB 2763—2005、GB 25193—2010、GB 26130—2010 和 GB 28260—2011，NY 773—2004、NY 831—2004、NY 1500 系列标准等所有关于农药残留限量的农业行业标准废止。GB 2763—2012成为我国唯一的食品农药残留限量标准，共制定果品农药最大残留限量 257 项，涉及农药 162 种。此后，我国于 2014 年和 2016 年两次对该标准进行了修订，其现行版本为《食品安全国家标准　食品中农药最大残留限量》(GB 2763—2016)。GB 2763—2016 共制定果品农药最大残留限量 1233 项(含 169 项临时限量和 55 项再残留限量)，涉及 235 种农药，包括 103 种杀虫剂、88 种杀菌剂、17 种杀螨剂、15 种除草剂、8 种植物生长调节剂、6 种其他农药。2018 年，我国发布了《食品安全国家标准　食品中百草枯等 43 种农药最大残留限量》(GB 2763. 1—2018)，2018 年 12 月 21 日起实施，该标准是对 GB 2763—2016 的增补，新增了 8 种农药 37 项最大残留限量。

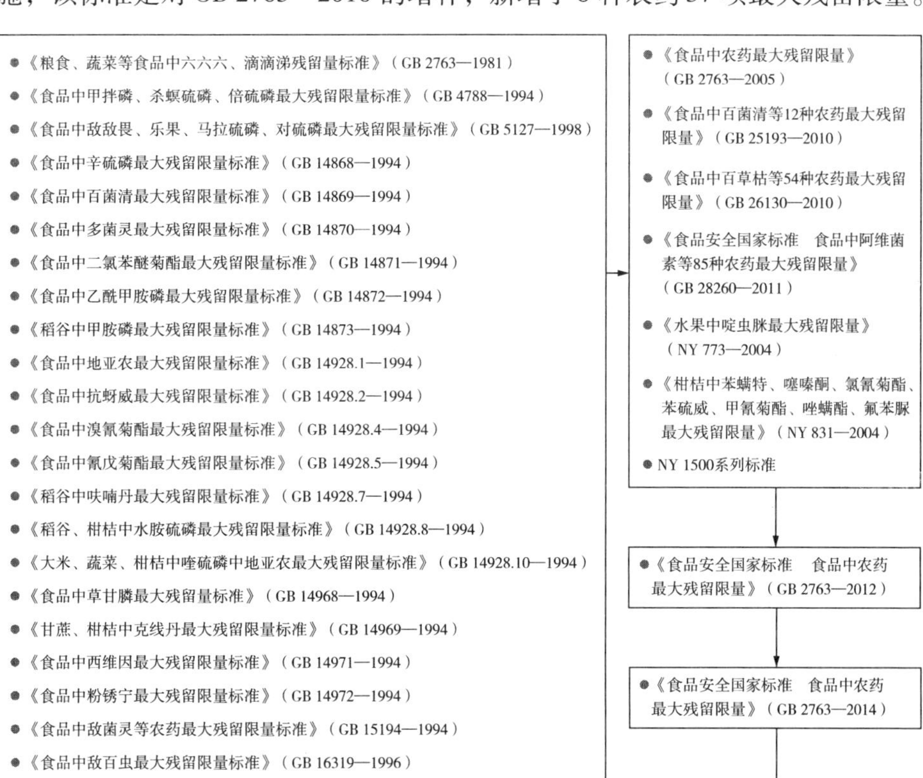

图 16　中国果品农药残留限量标准变迁

2. 污染物和放射性核素限量标准

《食品安全国家标准　食品中污染物限量》(GB 2762—2017)规定了果品及其制品中铅、镉、锡等3种重金属的限量。该标准最早可追溯到国家标准《食品中污染物限量》(GB 2762—2005)。关于GB 2762—2017的由来，第二章已有详细介绍，此处不再冗述。《食品中放射性物质限制浓度标准》(GB 14882—1994)规定了水果中12种放射性核素的导出限制浓度，见表102。其中，^{3}H、^{89}Sr、^{90}Sr、^{131}I、^{137}Cs、^{147}Pm和^{239}Pu为人工放射性核素，余者为天然放射性核素。这些限制浓度L_c都是按单一水果被单一放射性核素污染的假设按式(29)导出的。多种水果和(或)被多种放射性核素同时污染时，按式(30)进行放射卫生评价。

$$L_c = \frac{ALI}{365 \times I_d} \tag{29}$$

$$\sum_{i=1}^{m} \sum_{j=1}^{n} \frac{c_{ij}}{L_{c,ij}} \leqslant 1 \tag{30}$$

式中：ALI——年摄入量限值，见表103；

I_d——我国食用最多人群的平均日食用量；

c_{ij}——j类水果含i类核素浓度；

$L_{c,ij}$——j类水果对i类核素的限制浓度。

表102　我国水果放射性核素限制浓度

放射性核素	限制浓度	放射性核素	限制浓度
^{3}H	170000Bq/kg	^{239}Pu	2.7Bq/kg
^{89}Sr	970Bq/kg	^{210}Po	5.3Bq/kg
^{90}Sr	77Bq/kg	^{226}Ra	11Bq/kg
^{131}I	160Bq/kg	^{228}Ra	5.6Bq/kg
^{137}Cs	210Bq/kg	天然钍	0.96mg/kg
^{147}Pm	8200Bq/kg	天然铀	1.5mg/kg

表103　12种放射性核素的各类人群年摄入量限值

放射性核素	成人	儿童	婴儿	放射性核素	成人	儿童	婴儿
^{3}H	6.2×10^{7}	5.3×10^{7}	2.4×10^{7}	^{210}Po	2.2×10^{3}	1.0×10^{3}	3.3×10^{2}
^{89}Sr	4.6×10^{5}	1.9×10^{5}	6.7×10^{4}	^{226}Ra	4.0×10^{3}	2.5×10^{3}	1.0×10^{3}
^{90}Sr	2.8×10^{4}	2.3×10^{4}	1.1×10^{4}	^{228}Ra	2.0×10^{3}	2.1×10^{3}	7.7×10^{2}
^{131}I	7.7×10^{4}	3.1×10^{4}	9.1×10^{3}	天然钍	347	297	206
^{137}Cs	7.7×10^{4}	1.0×10^{5}	9.1×10^{4}	天然铀	551	358	142
^{147}Pm	3.2×10^{6}	1.6×10^{6}	5.9×10^{5}	^{239}Pu	1.0×10^{3}	1.0×10^{3}	7.1×10^{2}

注：天然钍和天然铀的单位为毫克(mg)，其余均为贝可勒尔(Bq)。

3. 致病菌限量标准

《食品安全国家标准　食品中致病菌限量》(GB 29921—2013)适用于预包装食品，不适用于罐头类食品。该标准是我国首次制定的食品致病菌限量标准，规定了即食水果制品、果汁饮料、坚果籽实制品、冷冻水果饮品等4类果品制品中沙门氏菌、金黄色葡萄球菌、大肠埃希氏菌O157：H7等3种致病菌的限量，见表104。其中，沙门氏菌和大肠埃希氏菌O157：H7均要求不得检出；金黄色葡萄球菌的最高安全限量值为1000CFU/g(mL)，同一批次产品采集的5件样品中可有1件样品检出，但其值不得超过100CFU/g(mL)。该标准中，即食水果制品是指以水果为原料，按照一定工艺加工制成的即食水果制品，包括冷冻水果、水果干类、醋/油或盐渍水果、果酱、果泥、蜜饯凉果、水果甜品、发酵的水果制品、其他即食鲜果制品；果汁饮料不包括碳酸饮料；坚果籽实制品包括坚果及籽类的泥(酱)、腌制果仁类制品；冷冻水果饮品是指以水果制品为主要原料，添加适量的辅料制成的冷冻固态饮品。

表104　果品制品中致病菌限量

<table>
<tr><th rowspan="2">产品</th><th rowspan="2">致病菌指标</th><th colspan="4">采样方法及限量</th></tr>
<tr><th>n</th><th>c</th><th>m</th><th>M</th></tr>
<tr><td rowspan="3">即食水果制品</td><td>沙门氏菌</td><td>5</td><td>0</td><td>0</td><td>—</td></tr>
<tr><td>金黄色葡萄球菌</td><td>5</td><td>1</td><td>100CFU/g(mL)</td><td>1000CFU/g(mL)</td></tr>
<tr><td>大肠埃希氏菌O157：H7</td><td>5</td><td>0</td><td>0</td><td>—</td></tr>
<tr><td rowspan="2">果汁饮料</td><td>沙门氏菌</td><td>5</td><td>0</td><td>0</td><td>—</td></tr>
<tr><td>金黄色葡萄球菌</td><td>5</td><td>1</td><td>100CFU/g(mL)</td><td>1000CFU/g(mL)</td></tr>
<tr><td>坚果籽实制品</td><td>沙门氏菌</td><td>5</td><td>0</td><td>0</td><td>—</td></tr>
<tr><td rowspan="2">冷冻水果饮品</td><td>沙门氏菌</td><td>5</td><td>0</td><td>0</td><td>—</td></tr>
<tr><td>金黄色葡萄球菌</td><td>5</td><td>1</td><td>100CFU/g(mL)</td><td>1000CFU/g(mL)</td></tr>
</table>

注：若非指定，限量均以/25g或/25mL表示。n为同一批次产品应采集的样品件数；c为最大可允许超出m值的样品数；m为致病菌指标可接受水平的限量值；M为致病菌指标的最高安全限量值。大肠埃希氏菌O157：H7限量仅适用于生食果品制品。

4. 真菌毒素限量标准

《苹果和山楂制品中展青霉素限量卫生标准》(GB 14974—1994)是我国最早制定的涉及果品的真菌毒素限量标准。2003年，该标准修订为《苹果和山楂制品中展青霉素限量》(GB 14974—2003)。2005年1月25日，《食品中真菌毒素限量》(GB 2761—2005)发布，代替GB 14974—2003。2011年4月20日，

《食品安全国家标准　食品中真菌毒素限量》(GB 2761—2011)发布，代替GB 2761—2005。2017年3月17日，《食品安全国家标准　食品中真菌毒素限量》(GB 2761—2017)发布，代替GB 2761—2011。GB 2761—2017规定了黄曲霉毒素B_1、展青霉素和赭曲霉毒素A在果品及其制品中的限量，见表105。其中，水果制品包括水果罐头、水果干、醋/油或盐渍水果、果酱(泥)、蜜饯凉果(包括果丹皮)、发酵的水果制品、煮熟的或油炸的水果、水果甜品、其他水果制品；果汁类及其饮料(如苹果汁、苹果醋、山楂汁、山楂醋等)包括果汁(浆)、浓缩果汁(浆)、果汁(肉)饮料(包括发酵型产品)；熟制坚果及籽粒包括带壳、脱壳和包衣3种情况。

表105　果品及其制品真菌毒素限量

真菌毒素	果品及制品	限量/(μg/kg)
黄曲霉毒素B_1	熟制坚果及籽粒	5.0
展青霉素	水果制品(果丹皮除外)*	50
	果汁类及其饮料*	50
	果酒类*	50
赭曲霉毒素A	葡萄酒	2.0

* 仅限于以苹果、山楂为原料制成的产品。

(三)检测检验标准

我国非常重视果品及其制品检测方法标准制修订工作，现行有效的果品及其制品检测方法标准共有296项。其中，国家标准占54.4%，出入境检验检疫行业标准占35.1%，农业行业标准占10.1%；强制性标准占49.7%，推荐性标准占50.3%。从检测参数来看，农药残留检测方法标准最多，占40.2%；其次是功能成分检测方法标准、元素检测方法标准和营养品质检测方法标准，分别占10.5%、9.5%和9.1%；再次是添加剂检测方法标准、致病菌检测方法标准、食品中果品成分检测方法标准和过敏原果品成分检测方法标准，分别占8.4%、5.7%、5.7%和5.1%；放射性物质、真菌毒素和污染物的检测方法标准都很少。从标准发布时间来看，2010年及其以后发布实施的标准居多，占91.9%，见图17。究其原因，一是2016年、2017年和2018年通过修订和整合，发布实施了一大批GB 23200系列标准(65项)和GB 5009系列标准(78项)；二是2016年和2017年新颁布实施了GB 14883系列标准(9项)、SN/T 4419系列标准(9项)和SN/T 4849系列标准(6项)。需要说明的是，GB 5009系列标准的第一版是在1985年发布实施的，此后分别于1996年、2003年、2007年、2008年、2010年、2012年、2014年、2016年和2017年进行了多次修订和增补。在果品检验标准方面，我国制定了12项标准，涉及板栗、柑橘、枸杞、核桃、香蕉、银杏、枣、脱水苹果、干果、冻干水果、冷冻草莓等果品。此外，还针对绿色食品果品检验制定了《绿色食品　产品检验规则》(NY/T 1055—2015)和《绿色食品　产品抽样准则》(NY/T 896—2015)。

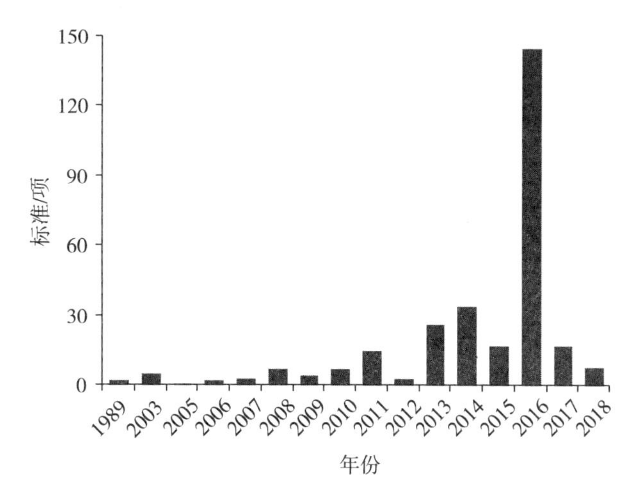

图17　我国果品及其制品检测方法标准时间分布

1. 营养品质和功能成分检测方法标准

我国共制定了27项果品营养品质检测方法标准，其中，GB 5009系列标准13项，农业行业标准8项，其他标准6项。这些标准提供了25种(类)营养品质指标的检测方法，包括pH、氨基酸、蛋白质、淀粉、过氧化值、还原糖、挥发性酸度、可溶性固形物、可溶性糖、石细胞、水分、水分活度、水不溶性灰分、水溶性灰分、酸不溶性灰分、羰基价、糖组分、叶绿素、硬度、有机酸、脂肪、脂肪酸、总灰分、总酸、总糖。其中，水分、蛋白质、糖组分、有机酸等均有两种以上的检测方法。共制定了维生素测定方法标准10项，除1项出入境检验检疫行业标准外，均为GB 5009系列标准，提供的检测方法以液相色谱法、液相色谱-串联质谱法、微生物法和荧光法为主，尤其是以前两种方法为主。利用这些标准可检测维生素A、B族维生素、维生素C、维生素D、维生素E、维生素K、生物素等7种(类)维生素，其中，对于B族维生素，包括维生素B_1(硫胺素)、维生素B_2(核黄素)、维生素B_3(烟酸、烟酰胺)、维生素B_5(泛酸)、维生素B_6(吡哆醇、吡哆醛、吡哆胺)、维生素B_{12}和叶酸，维生素C、维生素K等均有两种以上的检测方法。我国还制定了20项其他果品功能成分检测方法标准，包括12项农业行业标准、5项GB 5009系列标准和3项出入境检验检疫行业标准。这些标准检测方法以液相色谱法为主，其次是分光光度法和重量法，可检测白藜芦醇、白藜芦醇苷、粗多糖、粗纤维、单宁、多甲氧基黄酮、酚类物质、果胶、胡萝卜素、花青素、肌醇、类黄酮、柠碱、膳食纤维、甜菜碱、熊果苷、叶黄素、游离酚酸、总黄酮、总膳食纤维等20种营养功能成分。其中，酚类物质测定方法标准适用于苹果中没食子酸、原儿茶酸、新绿原酸、原花青素 B_1、儿茶素、绿原酸、原花青素 B_2、咖啡酸、表儿茶素、香豆酸、芦丁、阿魏酸、槲皮苷、根皮苷、槲皮素、根皮素等主要酚类物质的测定。

2. 元素、添加剂和污染物检测方法标准

我国元素检测方法标准共有28项，其中，4项为多元素检测方法标准，其余为单元素检测方法标准；除GB/T 23372—2009、NY/T 1938—2010、SN/T 0448—2011和SN/T 3846—2014外，均为GB 5009系列标准。单元素检测方法标准检测元素共计25种，检测方法以火焰原子吸收光谱法、石墨炉原子吸收光谱法和原子荧光光谱法为主。多元素检测方法标准提供的检测方法均为电感耦合等离子体发射光谱法或电感耦合等离子体质谱法，最多可检测26种元素。放射性物质检测方法标准共有9项，均为GB 14883系列标准，可检测13种(类)放射性物质(包括钚239、钚240、碘131、镭226、镭228、钋210、钷147、氢3、铯137、锶89、锶90、天然钍和天然铀)。添加剂检测方法标准共有21项，除GB 22255—2014、SN/T 3538—2013、SN/T 3637—2013和SN/T 4457—2016外，均为GB 5009系列标准；检测方法以分光光度法、高效液相色谱法、气相色谱法和液相色谱法为主，检测参数覆盖10种甜味剂(安赛蜜、阿斯巴甜、阿力甜、环己基氨基磺酸钠、纽甜、三氯蔗糖、塔格糖、糖精钠、甜蜜素、异麦芽糖)、16种色素(赤藓红、红曲红素、红曲素、红曲红胺、亮蓝、柠檬黄、日落黄、偶氮焰红、偶氮玉红、喹啉黄、苋菜红、胭脂红、叶绿素铜钠、诱惑红、栀子黄、专利蓝)和15种其他添加剂(苯甲酸、对羟基苯甲酸甲酯、对羟基苯甲酸乙酯、对羟基苯甲酸丙酯、对羟基苯甲酸丁酯、二氧化硫、二氧化氯、二氧化钛、磷酸盐、葡萄糖酸-δ-内脂、山梨酸、脱氢乙酸、乙二胺四乙酸二钠、乙酰丙酸、植酸)。污染物检测方法标准共有4项，检测参数包括甲酸、邻苯二甲酸酯(18种)、生物胺、硝酸盐和亚硝酸盐。

3. 真菌毒素、致病菌和果品成分检测方法标准

我国真菌毒素检测方法标准共有6项，检测参数包括黄曲霉毒素(总量、AFB_1、AFB_2、AFG_1、AFG_2)、链格孢菌毒素、展青霉素、赭曲霉毒素A，检测方法主要是液相色谱法和液相色谱串联质谱法。致病菌检测方法标准共有17项，均为出入境检验检疫行业标准，检测参数包括11种致病菌(阪崎肠杆菌、产气荚膜梭菌、肠出血性大肠埃希氏菌O157：H7、肺炎克雷伯氏菌、志贺氏菌、霍乱弧菌、金黄色葡萄球菌、空肠弯曲菌、蜡样芽孢杆菌、肉毒梭菌、沙门氏菌），检测方法主要是环介导等温扩增（LAMP）法、分子分型MLST法和PCR法（包括普通PCR法、全自动PCR法、实时荧光PCR法和PCR－DHPLC法）。食品中果品成分检测方法标准共有17项，均为出入境检验检疫行业标准，分属SN/T 3729系列标准（11项）和SN/T 4849系列标准（6项），可检测食品中17种（类）果品成分（草莓、番木瓜、柑橘、黑加仑、蓝莓、梨、蔓越莓、芒果、猕猴桃、苹果、葡萄、桑葚、山楂、树莓、桃、香蕉、杏），检测方法均为PCR法（以实时荧光PCR法为主，还有PCR法和PCR－DHPLC法）。食品过敏原果品成分检测方法标准共有15项，均为出入境检验检疫行业标准，主要是SN/T 1961系列标准（5项）和SN/T 4419系列标准（9项），检测方法主要是环介导等温扩增法和实时荧光PCR法，检测参数包括9种过敏原果品成分（分别是过敏原澳洲坚果成分、过敏原巴西坚果成分、过敏原扁桃仁成分、过敏原胡桃成分、过敏原开心果成分、过敏原栗子成分、过敏原杏仁成分、过敏原腰果成分和过敏原榛果成分）。在水果转基因成分检测方面，制定了《木瓜中转基因成分定性PCR检测方法》（SN/T 2653—2010）。

4. 农药残留检测方法标准

我国共制定了农药残留检测方法标准119项，其中，GB 23200系列标准65项（占54.6%），出入境检验检疫行业标准43项（占36.1%），农业行业标准7项，其他国家标准4项。随着我国对农药残留检测方法标准的持续整合，GB 23200系列标准将进一步增加，而其他标准将进一步缩减。上述119项标准总共提供了122种农药残留检测方法，其中，单残留检测方法70种（占57.4%），多残留检测方法52种（占42.6%）。农药多残留检测方法指检测农药残留在2种及以上的方法，其中，检测农药残留在70种及以上的有10项，在400种及以上的有6项。在这些农药多残留检测方法中，许多都是专门针对某类农药的残留检测方法，比如氨基甲酸酯类、苯并咪唑类、苯甲酰脲类、吡啶类、苯酰胺类、二缩甲酰亚胺类、二硝基苯胺类、菊酯类、取代脲类、沙蚕毒素类、双酰肼类、有机磷、烯效唑类植物生长调节剂、甲氧基丙烯酸酯类杀菌剂、噻唑类杀菌剂、芳氧苯氧丙酸酯类除草剂、环己烯酮类除草剂、硫代氨基甲酸酯类除草剂、醚类除草剂等。根据所用检测器的不同，这些检测方法分为5类，其中，液相色谱串联质谱法最多，共有61种，占50.0%；其次是气相色谱－质谱法，共有39种，占32.0%；液相色谱法和气相色谱法各有9种和8种；气相色谱串联质谱法最少，仅有3种。

（四）采后物流标准

我国现行有效的果品采后处理标准共有51项，覆盖板栗、菠萝、草莓、柑橘、枸杞干、红枣、蓝莓、梨、李、荔枝、龙眼、芒果、猕猴桃、枇杷、苹果、葡萄、葡萄干、桃、甜瓜、香蕉、杏、杨梅、樱桃、榛子、浆果类水果、热带水果和水果。其中，近90%的标准是关于果品贮藏、运输和保鲜的，所用贮藏保鲜技术多为冷藏，气调贮藏相对较少；有5项标准涉及果品包装。我国还专门针对贸易环节制定了《果蔬批发市场交易技术规范》(GB/T 34768—2017)和《农产品购销基本信息描述　仁果类》(GB/T 31739—2015)，前者规定了果蔬批发市场的交易环境、市场设施设备、交易管理要求、人员管理和记录管理，后者规定了仁果类水果购销中商品基本信息描述的术语和定义、要求。对于绿色食品，我国制定了《绿色食品　贮藏运输准则》(NY/T 1056—2006)、《绿色食品　包装通用准则》(NY/T 658—2015)和《绿色食品　食品添加剂使用准则》(NY/T 392—2013)。

四、支撑环节标准

(一)基础通用标准

我国有关果品的通用基础标准共有14项。其中，NY/T 1939—2010《热带水果包装、标识通则》和NY/T 1778—2009《新鲜水果包装标识　通则》规定了新鲜水果包装和标识方面的通用要求，其余标准可分为词汇术语标准和分类编码标准两类。

1. 词汇术语标准

我国涉及果树和果品的词汇术语标准共有6项。其中，NY/T 1839—2010《果树术语》规定了与果树相关的术语279个，包括60个基础术语、37个生物学特性术语、63个形态特征术语、76个栽培育种术语和43个贮藏加工术语。SB/T 10670—2012《坚果与籽类食品　术语》规定了47个与坚果有关的术语，包括17个原料术语(仅与坚果有关的)、21个加工和生产用术语、5个产品术语、4个检验用术语。GB/T 26430—2010《水果与蔬菜　形态学和结构学术语》规定了凤梨、西瓜、榛子、甜瓜、胡桃、香蕉等6种果品的形态学和结构学术语。NY/T 921—2004《热带水果形态和结构学术语》规定了荔枝、龙眼、红毛丹、芒果、腰果、毛叶枣、油梨、香蕉、菠萝、椰子、番荔枝、木菠萝、西番莲、番石榴、杨桃、人心果、番木瓜、火龙果、黄皮等19种热带水果的形态和结构学术语。GB/T 23351—2009《新鲜水果和蔬菜　词汇》规定了149个有关新鲜水果和蔬菜最常用的术语和定义，包括78个通用术语和71个技术术语。GB/T 20014.1—2005《良好农业规范　第1部分：术语基本信息》规定了良好农业规范控制点要求与符合性判定的通用术语和定义53个，分属综合(6个)、质量(11个)、土壤条件(8个)、作物(2个)、投入品

(5 个)、管理(4 个)、产品(5 个)和畜禽(12 个)。

2. 分类编码标准

我国涉及果品分类编码的标准共有 6 项。其中，NY/T 1940—2010《热带水果分类和编码》将热带水果分为香蕉类、荔枝类、柑果类、聚复果类、荚果类、果蔗类、西甜瓜类、落叶浆果类、常绿果树浆果类、常绿果树核果类、常绿果树坚(壳)果类等 11 类，每种水果采用 6 层(大部类、部类、大类、中类、小类、细类)8 位全数字型层次编码(前 5 层各用 1 位数字表示，最后一层用 3 位数字表示)。NY/T 2636—2014《温带水果分类和编码》将温带水果分为仁果类、核果类、浆果类、坚果类、西甜瓜类等 5 类，其分类和编码方式与 NY/T 1940—2010 相同。SB/T 11024—2013《新鲜水果分类与代码》将水果分为香蕉类、荔枝类、果蔗类、荚果类、柑果类、聚复果类、落叶浆果类、常绿果树核果类、常绿果树浆果类、常绿果树坚(壳)果类、西甜瓜类、其他类等 12 类；采用层次代码，代码分为 4 个层次。该标准存在诸多错误，例如，将苹果和山楂归入常绿果树核果类，将葡萄与提子并列。SB/T 10671—2012《坚果炒货食品　分类》将坚果类分为开心果类、核桃类、栗子类、杏仁类、扁桃(巴旦木)核和仁类、松籽类、榛子类、腰果(仁)类、香榧类、澳洲坚果(夏威夷果)类、银杏类、鲍鱼果类、橡子类等 13 类。NY/T 3177—2018《农产品分类与代码》根据果实结构，将果品分为了仁果类、核果类、浆果类、柑橘类、聚复果类、荔果类、坚果类、荚果类、果用瓜类、不分类的果品等 11 类，分别为 235 种(类)果品赋予了产品代码，给出了别名和英文名。NY/T 2137—2012《农产品市场信息分类与计算机编码》将农产品分为一级分类(大类)、二级分类(中类)、三级分类(小类)、四级分类(细类)、五级分类(品类)、六级分类(品名)等 6 级，产品名称编码采用 6 级代码，前 5 级分类每级用 2 位代码表示，第六级分类用 3 位代码表示。该标准中涉及果品的农产品既包括果品，也包括果品制品。

(二)其他标准

其他支撑环节标准包括管理规范标准、投入品标准和检疫标准，共 138 项。其中，管理规范标准共 18 项，包括《良好农业规范　第 5 部分：水果和蔬菜控制点与符合性规范》(GB/T 20014.5—2013)等 3 项良好农业规范基础标准，分别针对柑橘、仁果类水果、樱桃和杨梅制定了良好农业规范标准，分别针对柑橘、梨和苹果制定了标准果园建设规范标准。此外，还有《农产品追溯要求　果蔬》(GB/T 29373—2012)等 3 项果蔬追溯或溯源标准，《出口坚果与子仁质量安全控制规范》(SN/T 2633—2010)等 4 项果蔬质量安全控制标准，以及《出口水果果园、包装厂管理规程》(SN/T 2957—2011)。我国共制定了17项果品生产和加工的投入品标准，涉及育果袋纸、育果纸袋、机械设备、清洗剂、果树支架等。我国还针对果品、果树及其繁殖材料的进出口制定了103项检疫标准，其中，害虫检疫标准占35.9%，病害检疫标准占31.1%，病毒检疫标准占14.6%，其他标准占18.4%。

第二节　国际组织标准

一、CAC标准

Codex Alimentarius（食品法典）一词取自奥匈帝国时期制定的《Codex Alimentarius Austriacus》（奥地利食品法典），为拉丁语，意为Food Code（食品法典）。国际食品法典委员会（CAC）成立于20世纪60年代初，秘书处设在位于罗马的联合国粮农组织总部，现有188个国家成员和1个组织成员——欧盟（European Union，EU），中国于1984年10月正式加入该组织。1961年，联合国粮食及农业组织（FAO）第11届会议决定设立食品法典委员会（CAC），并要求世界卫生组织（WHO）尽早通过FAO/WHO联合食品标准计划。1962年，FAO/WHO联合食品标准会议要求CAC实施FAO/WHO联合食品标准计划，并制定食品法典"Codex Alimentarius"。1963年，世界卫生大会批准建立FAO/WHO联合食品标准计划，并通过了《国际食品法典委员会章程》。此后50多年来，CAC通过下设委员会和特设法典政府间工作组，在国际食品法典制定方面开展了大量卓有成效的工作，建立了日益健全的国际食品法典，并使之成为唯一的国际参照标准。CAC制定的《食品法典》包括标准、操作规范、准则和其他建议，目前涉及果品及其制品的已达97项，其中，农药最大残留限量标准1项，商品标准53项，操作规范20项，准则18项，其他5项。

（一）标准制定程序

CAC标准制定程序见图18。标准制定先由国家政府或CAC下属委员会提交标准制定提案、讨论文件（概述所提议标准要实现的目的）和项目建议（指明工作的时间表和相对优先权）。决定制定一项新标准之前，需在委员会水平对项目建议进行讨论。标准的制定，从开始到最后出版，一般要经过8步。第1步，由执行委员会审议项目建议，并与CAC建立的准则和优先权进行比较。第2步，准备草案。第3步，将草案递交成员国政府和所有相关方征求意见。第4步，在委员会水平对草案和意见进行评审，如有必要，准备一份新的草案。第5步，CAC对标准制定进展进行评审，同意草案阶段结束(此阶段之后，草案还需相关综合委员会认可，以便与法典中的通用标准保持一致)。有时，该阶段的文本即可认为为最后采纳做好了准备，即通常所说的5/8步。第6步和第7步，将获得批准的草案递交成员国政府和所有相关方征求意见，由相关委员会定稿后呈送CAC通过。第8步，最后一轮征求意见后，草案被CAC采纳为正式法典文本，由秘书处出版。标准的修订和合并程序与标准制定相同。

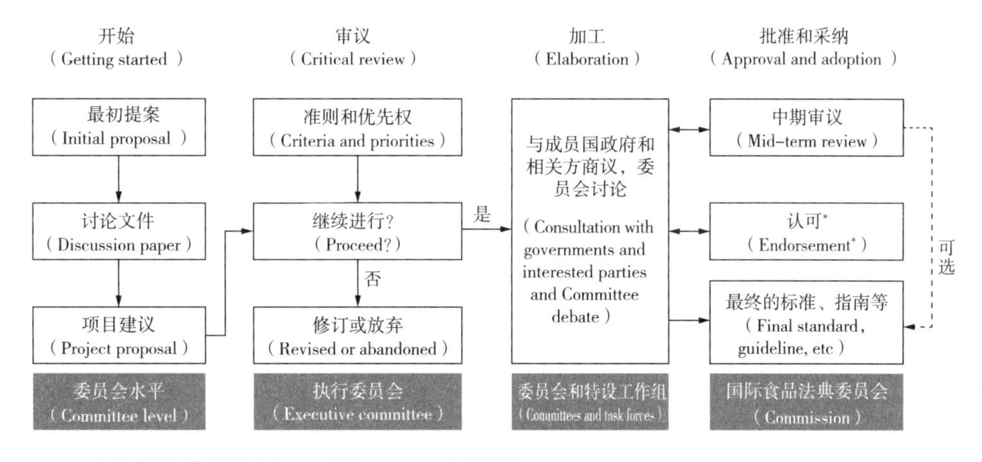

* 由综合委员会(General Committees)进行。

图18 CAC标准制定程序

(二)标准制定机构

CAC设有22个委员会，分为综合主题委员会、区域委员会和商品委员会三类，见表106。其中，12个委员会制定有水果和加工水果法典标准或涉及水果和加工水果的法典标准，共计92项。新鲜水果和蔬菜法典委员会(CCFFV)属商品委员会，主持国为墨西哥，其职责是制定适用于新鲜水果和蔬菜的国际标准和操作规范，制定有新鲜水果标准26项。加工水果和蔬菜法典委员会(CCPFV)也属商品委员会，主持国为美国，其职责是制定适用于各种加工水果和蔬菜的国际标准和相关文本，加工水果包括但不限于罐头、干制产品、速冻产品、果汁和果浆，制定有加工水果标准31项。综合主题委员会中，食品污染物法典委员会(CCCF)制定有相关标准10项，食品卫生法典委员会(CCFH)制定有相关标准7项，食品标签法典委员会(CCFL)、分析和采样方法法典委员会(CCMAS)和农药残留法典委员会(CCPR)各制定有相关标准4项，食品添加剂法典委员会(CCFA)制定有相关标准2项，营养与特殊膳食用食品法典委员会(CCNFSDU)制定有相关标准1项。区域委员会中，近东法典委员会(CCNE)、拉丁美洲及加勒比法典委员会(CCLAC)和非洲法典委员会(CCAFRICA)各制定有1项区域标准。

表106 CAC从事标准制定的相关委员会

委员会类型	委员会名称
General Subject Committees 综合主题委员会	Codex Committee on Contaminants in Foods (CCCF) 食品污染物法典委员会
	Codex Committee on Food Additives (CCFA) 食品添加剂法典委员会
	Codex Committee on Food Hygiene (CCFH) 食品卫生法典委员会
	Codex Committee on Food Import and Export Inspection and Certification Systems (CCFICS) 食品进出口检验和认证系统法典委员会
	Codex Committee on Food Labelling (CCFL) 食品标签法典委员会
	Codex Committee on General Principles (CCGP) 通用原则法典委员会
	Codex Committee on Methods of Analysis and Sampling (CCMAS) 分析和采样方法法典委员会
	Codex Committee on Nutrition and Foods for Special Dietary Uses (CCNFSDU) 营养与特殊膳食用食品法典委员会
	Codex Committee on Pesticide Residues (CCPR) 农药残留法典委员会
	Codex Committee on Residues of Veterinary Drugs in Foods (CCRVDF) 食品中兽药残留法典委员会

续表

委员会类型	委员会名称
Regional Committees 区域委员会	Africa（CCAFRICA） 非洲法典委员会
	Asia（CCASIA） 亚洲法典委员会
	Europe（CCEURO） 欧洲法典委员会
	Latin America and the Caribbean（CCLAC） 拉丁美洲及加勒比法典委员会
	North America and South West Pacific（CCNASWP） 北美及西南太平洋法典委员会
	Near East（CCNE） 近东法典委员会
Commodity Committees 商品委员会	Codex Committee on Cereals, Pulses and Legumes（CCCPL） 谷物和豆类法典委员会
	Codex Committee on Fresh Fruits and Vegetables（CCFFV） 新鲜水果和蔬菜法典委员会
	Codex Committee on Fats and Oils（CCFO） 油脂法典委员会
	Codex Committee on Processed Fruits and Vegetables（CCPFV） 加工水果和蔬菜法典委员会
	Codex Committee on Sugars（CCS） 糖类法典委员会
	Codex Committee on Spices and Culinary Herbs（CCSCH） 香料、厨用香草法典委员会

为制定某项标准，CAC 还会临时成立特设法典政府间工作组来开展此项工作，任务完成后工作组即行解散。迄今，CAC 已成立果蔬汁特设法典政府间工作组（Ad Hoc Codex Intergovernmental Task Force on Fruit and Vegetable Juices，TFFJ）、速冻食品加工处理特设法典政府间工作组（Ad Hoc Codex Intergovernmental Task Force on the Processing and Handling of Quick Frozen Foods，

TFPHQFF)、细菌耐药性特设法典政府间工作组(Ad Hoc Codex Intergovernmental Task Force on Antimicrobial Resistance，TFAMR)、生物技术食品特设法典政府间工作组(Ad Hoc Codex Intergovernmental Task Force on Food Derived from Biotechnology，TFFBT)等4个特设法典政府间工作组，分别制定了《果汁和果露通用标准》(CODEX STAN 247－2005)、《速冻食品加工和处理操作规范》(CAC/RCP 8－1976)、《食源性细菌耐药性风险分析指南》(CAC/GL 77－2011)、《DNA重组植物食品安全评价实施指南》(CAC/GL 45－2003)等4项标准。

(三)标准制定历史

在CAC现行的有关新鲜水果和加工水果的96项标准中，所有标准均有英文版，95项标准有法文版，91项标准有西班牙文版，56项标准有阿拉伯文版，67项标准有中文版，55项标准有俄文版。从标准通过的时间来看，CAC有关水果和加工水果的标准制定始于20世纪60年代末，最早通过的标准是《食品卫生通则》(CAC/RCP 1－1969)和《水果和蔬菜罐头产品卫生操作规范》(CAC/RCP 2－1969)，通过时间为1969年。在现行有效的96项相关标准中，1969—1980年通过的标准有8项，1981—1990年通过的标准有22项，1991—2000年通过的标准有27项，2001—2010年通过的标准有25项，2011年至今通过的标准有14项，见图19。

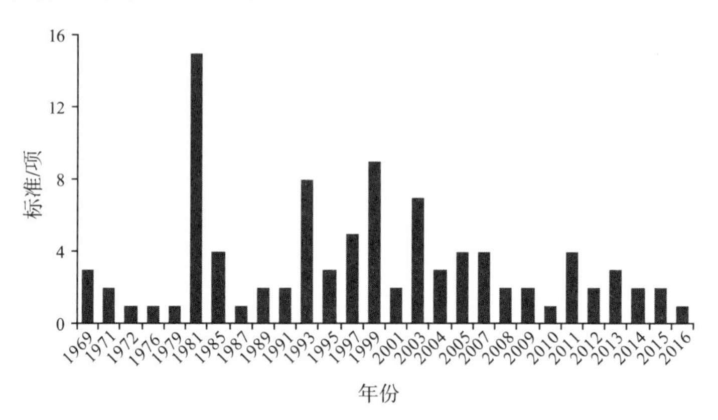

图19　CAC水果和加工水果相关标准的时间分布

在被CODEX STAN 247－2005、CODEX STAN 254－2007和CXS 296－2009替代的29项标准中，27项标准于1980—1990年通过，2项标准于1991年通过。表107中，CODEX STAN 42－1981、CODEX STAN 52－1981、CODEX STAN 60－1981、CODEX STAN 62－1981、CODEX STAN 67－1981、CODEX STAN 69－1981、CODEX STAN 75－1981、CODEX STAN 76－1981、

CODEX STAN 78 - 1981、CODEX STAN 99 - 1981 和 CODEX STAN 103 - 1981 在 1981 年通过前已有相关标准，原标准分别为 CAC/RS 42 - 1970、CAC/RS 52 - 1971、CAC/RS 60 - 1972、CAC/RS 62 - 1972、CAC/RS 67 - 1974、CAC/RS 69 - 1974、CAC/RS 75 - 1976、CAC/RS 76 - 1976、CAC/RS 78 - 1976、CAC/RS 99 - 1978 和 CAC/RS 103 - 1978。

表 107　CAC 加工水果商品标准

标准编号	标准名称
CODEX STAN 17 - 1981	Standard for canned applesauce 苹果酱罐头标准
CODEX STAN 42 - 1981	Standard for canned pineapple 菠萝罐头标准
CODEX STAN 52 - 1981	Standard for quick frozen strawberries 速冻草莓标准
CODEX STAN 60 - 1981	Standard for canned raspberries 树莓罐头标准
CODEX STAN 62 - 1981	Standard for canned strawberries 草莓罐头标准
CODEX STAN 66 - 1981	Standard for table olives 食用橄榄标准
CODEX STAN 67 - 1981	Standard for raisins 葡萄干标准
CODEX STAN 69 - 1981	Standard for quick frozen raspberries 速冻树莓标准
CODEX STAN 75 - 1981	Standard for quick frozen peaches 速冻桃标准
CODEX STAN 76 - 1981	Standard for quick frozen bilberries 速冻越橘标准
CODEX STAN 78 - 1981	Standard for canned fruit cocktail 什锦水果罐头标准
CODEX STAN 99 - 1981	Standard for canned tropical fruit salad 热带水果沙拉罐头标准
CODEX STAN 103 - 1981	Standard for quick frozen blueberries 速冻蓝莓标准
CODEX STAN 130 - 1981	Standard for dried apricots 杏干标准

续表

标准编号	标准名称
CODEX STAN 131－1981	Standard for unshelled pistachio nuts 带壳开心果标准
CODEX STAN 143－1985	Standard for dates 海枣标准
CODEX STAN 145－1985	Standard for canned chestnuts and canned chestnut purée 板栗罐头和板栗泥罐头标准
CODEX STAN 160－1987	Standard for mango chutney 芒果酱标准
CODEX STAN 177－1991	Standard for desiccated coconut 椰干标准
CODEX STAN 240－2003	Standard for aqueous coconut products－coconut milk and coconut cream 含水椰子制品(椰汁和椰浆)标准
CODEX STAN 242－2003	Standard for canned stone fruits[1)] 核果类水果罐头标准
CODEX STAN 247－2005	General standard for fruit juices and nectars[2)] 果汁和果露通用标准
CODEX STAN 254－2007	Standard for certain canned citrus fruits[3)] 特定柑橘类水果罐头标准
CODEX STAN 260－2007	Standard for pickled fruits and vegetables 腌制水果和蔬菜标准
CXS 296－2009	Standard for jams, jellies and marmalades[4)] 果酱、果冻和橘子酱标准
CODEX STAN 319－2015	Standard for certain canned fruits 特定水果罐头标准
CODEX STAN 314R－2013	Regional standard for date paste (Near East) 海枣泥区域标准(近东)

[1)]仅适用于李属核果类水果。[2)]代替 CODEX STAN 44－1981、CODEX STAN 45－1981、CODEX STAN 46－1981、CODEX STAN 47－1981、CODEX STAN 48－1981、CODEX STAN 49－1981、CODEX STAN 63－1981、CODEX STAN 64－1981、CODEX STAN 82－1981、CODEX STAN 83－1981、CODEX STAN 84－1981、CODEX STAN 85－1981、CODEX STAN 101－1981、CODEX STAN 120－1981、CODEX STAN 121－1981、CODEX STAN 122－1981、CODEX STAN 134－1981、CODEX STAN 138－1983、CODEX STAN 139－1983、CODEX STAN 148－1985、CODEX STAN 149－1985、CODEX STAN 161－1989、CODEX STAN 164－1989、CAC/GL 11－1991 和 CAC/GL 12－1991。[3)]代替 CODEX STAN 15－1981 和 CODEX STAN 68－1981。[4)]代替 CXS 79－1981 和 CXS 80－1980。

CAC 主要通过 3 种方式对标准进行完善：一是修订(revise)，二是修正(amend)，三是替代。在现行有效的 96 项标准中，有 44 项标准进行了修正，累积修正 89 次，以《营养标签指南》(CAC/GL 2 - 1985)、《预包装食品标签通用标准》(CODEX STAN 1 - 1985)、《营养和健康声明应用指南》(CAC/GL 23 - 1997)、《食品和饲料中污染物和毒素通用标准》(CODEX STAN 193 - 1995)和《有机食品生产、加工、标签和销售指南》(CAC/GL 32 - 1999)修正次数最多，分别达到 9 次、7 次、7 次、7 次和 5 次。96 项标准中，有 22 项标准进行了修订，累计修订 36 次，以《食品和饲料中污染物和毒素通用标准》(CODEX STAN 193 - 1995)、《有机食品生产、加工、标签和销售指南》(CAC/GL 32 - 1999)和《新鲜水果和蔬菜卫生操作规范》(CAC/RCP 53 - 2003)修订次数最多，均为 4 次。在现行有效的 96 项标准中，有 13 项标准既进行了修订，也进行了修正。在标准替代方面，共有 3 项标准替代了原有的 29 项标准，分别是《果汁和果露通用标准》(CODEX STAN 247 - 2005)代替了原来的 CODEX STAN 44 - 1981、CODEX STAN 45 - 1981、CODEX STAN 46 - 1981 等 25 项标准，详见表 107；《特定柑橘类水果罐头标准》(CODEX STAN 254 - 2007)代替了 CODEX STAN 15 - 1981 和 CODEX STAN 68 - 1981；《果酱、果冻和橘子酱标准》(CXS 296 - 2009)代替了 CXS 79 - 1981 和 CXS 80 - 1980。

(四)标准类型

1. 商品标准

CAC 共制定了 53 项新鲜水果和加工水果的商品标准。新鲜水果商品标准现有 26 项，见表 108，覆盖菠萝、番木瓜、芒果、仙人果、杨桃、荔枝、鳄梨、山竹、香蕉、塔西提莱檬、柚子、番石榴、墨西哥莱檬、葡萄柚、龙眼、灯笼果、火龙果、甜橙、红毛丹、鲜食葡萄、苹果、树番茄、石榴、西番莲、榴莲、蛋黄果等 26 种新鲜水果。其中，蛋黄果产品标准由拉丁美洲及加勒比法典委员会(CCLAC)制定，其余 25 项标准均由新鲜水果和蔬菜法典委员会(CCFFV)制定。加工水果商品标准现有 27 项，见表 107，覆盖苹果酱罐头、菠萝罐头、速冻草莓、树莓罐头、草莓罐头、食用橄榄、葡萄干、速冻树莓、速冻桃、速冻越橘、什锦水果罐头、热带水果沙拉罐头、速冻蓝莓、杏干、带壳开心果、海枣、板栗罐头和板栗泥罐头、芒果酱、椰干、含水椰子制品(椰汁和椰浆)、核果类水果罐头、果汁和果露、特定柑橘类水果罐头、腌制水果和蔬菜、果酱、果冻和橘子酱、特定水果罐头、海枣泥等 31 种(类)水果加工品。其中，《海枣泥区域标准(近东)》(CODEX STAN 314R - 2013)由近东法典委员会(CCNE)制定，《果汁和果露通用标准》(CODEX STAN 247 - 2005)由果蔬汁特设法典政府间工作组(TFFJ)制定，其余 25 项标准均由加工水果和蔬菜法典委员会(CCPFV)制定。

表 108　CAC 新鲜水果商品标准

标准编号	标准名称
CODEX STAN 182 - 1993	Standard for pineapples 菠萝标准
CODEX STAN 183 - 1993	Standard for papaya 番木瓜标准
CODEX STAN 184 - 1993	Standard for mangoes 芒果标准
CODEX STAN 186 - 1993	Standard for prickly pear 仙人果标准
CODEX STAN 187 - 1993	Standard for carambola 杨桃标准
CODEX STAN 196 - 1995	Standard for litchi 荔枝标准
CODEX STAN 197 - 1995	Standard for avocado 鳄梨标准
CODEX STAN 204 - 1997	Standard for mangosteens 山竹标准
CODEX STAN 205 - 1997	Standard for bananas 香蕉标准
CODEX STAN 213 - 1999	Standard for limes 塔西提莱檬标准
CODEX STAN 214 - 1999	Standard for pummelos 柚子标准
CODEX STAN 215 - 1999	Standard for guavas 番石榴标准
CODEX STAN 217 - 1999	Standard for Mexican limes 墨西哥莱檬标准
CODEX STAN 219 - 1999	Standard for grapefruits 葡萄柚标准

续表

标准编号	标准名称
CODEX STAN 220－1999	Standard for longans 龙眼标准
CODEX STAN 226－2001	Standard for cape gooseberry 灯笼果标准
CODEX STAN 237－2003	Standard for pitahayas 火龙果标准
CODEX STAN 245－2004	Standard for oranges 甜橙标准
CODEX STAN 246－2005	Standard for rambutan 红毛丹标准
CODEX STAN 255－2007	Standard for table grapes 鲜食葡萄标准
CODEX STAN 299－2010	Standard for apples 苹果标准
CODEX STAN 303－2011	Standard for tree tomatoes 树番茄标准
CODEX STAN 310－2013	Standard for pomegranate 石榴标准
CODEX STAN 316－2014	Standard for passion fruit 西番莲标准
CODEX STAN 317－2014	Standard for durian 榴莲标准
CODEX STAN 305R－2011	Regional standard for lucuma 蛋黄果标准

2. 操作规范标准

CAC 现有涉及水果和加工水果的操作规范类标准 20 项，见表 109。食品污染物法典委员会(CCCF)制定了其中的 9 项标准，主要是预防和减少污染操作规范，覆盖苹果汁和其他饮料中苹果汁成分展青霉素、食品中铅、木本坚果和无花果干中黄曲霉毒素、罐头食品中无机锡、葡萄酒中赭曲霉素 A、食品中丙烯酰胺、核果类水果蒸馏物中氨基甲酸乙酯等污染物。加工水果和蔬菜法典委员会(CCPFV)制定了其中的5项标准，均为卫生操作规范，覆盖水果和蔬菜罐头、干果、椰干、脱水水果和木本坚果。食品卫生法典委员会(CCFH)制定了其中的4项标准，均为卫生操作规范，覆盖食品、低酸和酸化低酸罐头食品、新鲜水果和蔬菜、低水分食品。新鲜水果和蔬菜法典委员会(CCFFV)制定了1项标准，即《新鲜水果和蔬菜包装和运输操作规范》(CAC/RCP 44－1995)。速冻食品加工处理特设法典政府间工作组(TFPHQFF)制定了1项标准，即《速冻食品加工和处理操作规范》(CAC/RCP 8－1976)。

表109　CAC水果和加工水果操作规范类标准

标准编号	标准名称	制定者
CAC/RCP 1－1969	General principles of food hygiene 食品卫生通则	CCFH
CAC/RCP 2－1969	Code of hygienic practice for canned fruit and vegetable products 水果和蔬菜罐头产品卫生操作规范	CCPFV
CAC/RCP 3－1969	Code of hygienic practice for dried fruits 干果卫生操作规范	CCPFV
CAC/RCP 4－1971	Code of hygienic practice for desiccated coconut 椰干卫生操作规范	CCPFV
CAC/RCP 5－1971	Code of hygienic practice for dehydrated fruits and vegetables including edible fungi 脱水水果和蔬菜(含食用菌)卫生操作规范	CCPFV
CAC/RCP 6－1972	Code of hygienic practice for tree nuts 木本坚果卫生操作规范	CCPFV
CAC/RCP 8－1976	Code of practice for the processing and handling of quick frozen foods 速冻食品加工和处理操作规范	TFPHQFF
CAC/RCP 23－1979	Code of hygienic practice for low and acidified low acid canned foods 低酸和酸化低酸罐头食品卫生操作规范	CCFH
CAC/RCP 44－1995	Code of practice for packaging and transport of fresh fruit and vegetables 新鲜水果和蔬菜包装和运输操作规范	CCFFV

续表

标准编号	标准名称	制定者
CAC/RCP 50 – 2003	Code of practice for the prevention and reduction of patulin contamination in apple juice and apple juice ingredients in other beverages 预防和减少苹果汁和其他饮料中苹果汁成分展青霉素污染操作规范	CCCF
CAC/RCP 53 – 2003	Code of hygienic practice for fresh fruits and vegetables 新鲜水果和蔬菜卫生操作规范	CCFH
CAC/RCP 56 – 2004	Code of practice for the prevention and reduction of lead contamination in foods 预防和减少食品中铅污染操作规范	CCCF
CAC/RCP 59 – 2005	Code of practice for the prevention and reduction of aflatoxin contamination in tree nuts 预防和减少木本坚果中黄曲霉毒素污染操作规范	CCCF
CAC/RCP 60 – 2005	Code of practice for the prevention and reduction of inorganic tin contamination in canned foods 预防和减少罐头食品中无机锡污染操作规范	CCCF
CAC/RCP 63 – 2007	Code of practice for the prevention and reduction of ochratoxin A contamination in wine 预防和减少葡萄酒中赭曲霉素 A 污染操作规范	CCCF
CAC/RCP 64 – 2008	Code of practice for the reduction of 3 – monochloropropane – 1,2 – diol (3 – MCPD) during the production of acid – HVPs and products that contain acid – HVPs 减少酸水解植物蛋白及含酸水解植物蛋白产品生产中 3 – 氯 – 1,2 – 丙二醇(3 – MCPD)操作规范	CCCF
CAC/RCP 65 – 2008	Code of practice for the prevention and reduction of aflatoxin contamination in dried figs 预防和减少无花果干中黄曲霉毒素污染操作规范	CCCF
CAC/RCP 67 – 2009	Code of practice for the reduction of acrylamide in foods 减少食品中丙烯酰胺操作规范	CCCF
CAC/RCP 70 – 2011	Code of practice for the prevention and reduction of ethyl carbamate contamination in stone fruit distillates 预防和减少核果类水果蒸馏物中氨基甲酸乙酯污染操作规范	CCCF
CAC/RCP 75 – 2015	Code of hygienic practice for low – moisture foods 低水分食品卫生操作规范	CCFH

3. 准则标准

CAC 现有涉及水果和加工水果的准则类标准 18 项，见表 110，覆盖街头售卖食品监管、食品添加剂膳食暴露单项评价、食品添加剂分类和编码、食品病毒防控、食源性寄生物防控、营养标签、抽样、婴幼儿配方补充食品、水果罐头填料、农药最大残留限量符合性测定、农药残留分析良好实验室规范、应用 MRLs 并用于分析的商品部位、农药 MRLs 外推到商品类时的代表性商品选择、食源性细菌耐药性风险分析、DNA 重组植物食品安全评价以及有机食品生产、加工、标签和销售等诸多方面。其中，农药残留法典委员会(CCPR)制定了 4 项标准，食品标签法典委员会(CCFL)和食品卫生法典委员会(CCFH)各制定了 3 项标准，食品添加剂法典委员会(CCFA)制定了 2 项标准，非洲法典委员会(CCAFRICA)、分析和采样方法法典委员会(CCMAS)、营养与特殊膳食法典委员会(CCNFSDU)、加工水果和蔬菜法典委员会(CCPFV)、细菌耐药性特设法典政府间工作组(TFAMR)和生物技术食品特设法典政府间工作组(TFFBT)各制定了 1 项标准。

表 110　CAC 水果和加工水果准则标准

标准编号	标准名称	制定者
CAC/GL 2 - 1985	Guidelines on nutrition labelling 营养标签指南	CCFL
CAC/GL 3 - 1989	Guidelines for simple evaluation of dietary exposure to food additives 食品添加剂膳食暴露单项评价指南	CCFA
CAC/GL 8 - 1991	Guidelines on formulated complementary foods for older infants and young children 较大婴儿和幼儿配方补充食品指南	CCNFSDU
CAC/GL 21 - 1997	Principles and guidelines for the establishment and application of microbiological criteria for foods 食品微生物标准制定和实施原则和指南	CCFH
CAC/GL 22R - 1997	Regional guidelines for the design of control measures for street - vended foods (Africa) 街头售卖食品监管措施设计区域指南(非洲)	CCAFRICA
CAC/GL 23 - 1997	Guidelines for use of nutrition and health claims 营养和健康声称使用指南	CCFL

续表

标准编号	标准名称	制定者
CAC/GL 32－1999	Guidelines for the production, processing, labelling and marketing of organically produced foods 有机食品生产、加工、标签和销售指南	CCFL
CAC/GL 33－1999	Recommended methods of sampling for the determination of pesticide residues for compliance with MRLs 农药最大残留限量符合性测定的推荐取样方法	CCPR
CAC/GL 36－1989	Class names and the international numbering system for food additives 食品添加剂分类名称和国际编码系统	CCFA
CAC/GL 40－1993	Guidelines on good laboratory practice in pesticide residue analysis 农药残留分析良好实验室规范指南	CCPR
CAC/GL 41－1993	Portion of commodities to which maximum residues limits apply and which is analyzed 应用 MRLs 并用于分析的商品部位	CCPR
CAC/GL 45－2003	Guideline for the conduct of food safety assessment of foods derived from recombinant－DNA plants DNA 重组植物食品安全评价实施指南	TFFBT
CAC/GL 50－2004	General guidelines on sampling 抽样通则	CCMAS
CAC/GL 51－2003	Guidelines for packing media for canned fruits 水果罐头填料指南	CCPFV
CAC/GL 77－2011	Guidelines for risk analysis of foodborne antimicrobial resistance 食源性细菌耐药性风险分析指南	TFAMR
CAC/GL 79－2012	Guidelines on the application of general principles of food hygiene to the control of viruses in food 食品卫生通则在食品病毒防控中的应用指南	CCFH

续表

标准编号	标准名称	制定者
CAC/GL 84－2012	Principles and guidance on the selection of representative commodities for the extrapolation of maximum residue limits for pesticides to commodity groups 农药 MRLs 外推到商品类时代表性商品选择的原则和指导	CCPR
CAC/GL 88－2016	Guidelines on the application of general principles of food hygiene to the control of foodborne parasites 食品卫生通则在食源性寄生物防控中的应用指南	CCFH

4. 其他标准

除上述 3 类标准外，CAC 还制定有其他 5 项涉及水果和加工水果的标准，分别是分析和采样方法法典委员会（CCMAS）制定的《污染物分析通用方法（General methods of analysis for contaminants）》（CODEX STAN 228－2001）、《分析和取样推荐方法（Recommended methods of analysis and sampling）》（CODEX STAN 234－1999）和《食品添加剂分析通用方法（General methods of analysis for food additives）》（CODEX STAN 239－2003），食品标签法典委员会（CCFL）制定的《预包装食品标签通用标准（General standard for the labelling of prepackaged foods）》（CODEX STAN 1－1985），以及食品污染物法典委员会（CCCF）制定的《食品和饲料中污染物和毒素通用标准（General standard for contaminants and toxins in food and feed）》（CODEX STAN 193－1995）。

（五）标准结构

1. 新鲜水果商品标准

CAC 新鲜水果商品标准一般包括“产品定义”“质量规定”“规格规定”“容许度规定”“外观规定”“标志或标签”“污染物”“卫生”等 8 章和附录，见图 20。

第 1 章“产品定义”的内容通常是“本标准适用于产自 A 科 B 属商业品种（栽培品种）的经处理和包装后供消费者鲜食的 C，不包括加工用 C”。这里，A 为科的拉丁名，B 为属的拉丁名，C 为该水果的通用名。

第 2 章“质量规定”都有“最低要求”和“分级”两部分，有的标准还有“成熟度”“着色”等部分，有的标准则将“成熟度要求”放在“最低要求”部分。除满足本等级的特殊规定和允许的容许度外，各等级产品均应满足最低要求。“最低要求”通常包括完整、完好、干净、害虫、异常外部水分、异味、高/低温伤害、发育和状态等方面的要求，有的标准还有新鲜、失水、内部褐变等

1. Definition of produce
   产品定义
2. Provisions concerning quality
   质量规定
   2.1 Minimum requirements
       最低要求
   2.2 Maturity requirements
       成熟度要求
   2.3 Classification
       分级
       2.3.1 "Extra" Class
             特级
       2.3.2 Class Ⅰ
             一级
       2.3.3 Class Ⅱ
             二级
   2.4 Colouring
       着色
3. Provisions concerning sizing
   规格规定
4. Provisions concerning tolerances
   容许度规定
   4.1 Quality tolerances
       质量容许度
       4.1.1 "Extra" Class
             特级
       4.1.2 Class Ⅰ
             一级
       4.1.3 Class Ⅱ
             二级
   4.2 Size tolerances
       规格容许度
5. Provisions concerning presentation
   外观规定
   5.1 Uniformity
       一致性
   5.2 Packaging
       包装
6. Marking or labeling
   标记或标签
   6.1 Consumer packages
       消费者包装
   6.2 Non - retail containers
       非零售容器
       6.2.1 Identification
             识别信息
       6.2.2 Nature of produce
             产品属性
       6.2.3 Origin of produce
             产品来源
       6.2.4 Commercial identification
             商品识别信息
       6.2.5 Official inspection mark (optional)
             官方检验标记(可选项)
7. Contaminants
   污染物
8. Hygiene
   卫生

Annex
附录

图 20　CAC 新鲜水果商品标准结构

其他方面的要求。其中，发育和状态的表述通常是“达到本品种在本产区合适的发育和成熟程度，其发育和状态应确保其能经受运输和装卸，并以令人满意的状态抵达目的地”。新鲜水果一般分为特级、一级和二级。通常，“特级”要求“本级产品应优质；具有本品种的特征；无缺陷，允许有不影响产品整体外观、质量、贮藏品质和包装的非常轻微的表面缺陷”。“一级”要求“本级产品应品质良好；具有本品种的特征；允许有不影响产品整体外观、质量、贮藏品质和包装的轻微缺陷”。“二级”要求“本级产品达不到较高等级的要求，但符合最低要求。只要在质量、贮藏品质和外观方面仍保持基本特征，允许有缺陷”。“成熟度要求”的内容通常是“其发育状态应能使其继续成熟进程，并达到本品种特性所要求的成熟阶段”。菠萝等水果还在“成熟度要求”部分规定了可溶性固形物最低含量。“着色”是针对着色品种而言的，对于绿色或黄色品种，无这方面的要求。通常，“着色”部分会给出一系列着色代码及每个代码所要求的最低着色面积比例。

第 3 章“规格规定”的内容相对简单。规格通常根据果径或果重进行划分，各标准都会给出最低的果径或果重要求，有的标准还会给出各规格的代码和指标(果径或果重的范围)。对于苹果等水果，低于最低果径或果重要求，但可溶性固形物含量和果径或果重不低于给定值的果实也是可以接受的。

第 4 章“容许度规定”包括“质量容许度”和“规格容许度”两部分。“质量容许度”规定了每个等级的容许度要求。“特级”可有 5% 的产品(以数量或重量计)不满足本级要求，但满足一级要求或特殊情况下在一级要求的容许度范围内。“一级”可有 10% 的产品(以数量或重量计)不满足本级要求，但满足二级要求或特殊情况下在二级要求的容许度范围内。“二级”可有 10% 的产品(以数量或重量计)既不满足本级要求，也不满足最低要求，但受腐烂或其他变质影响而不宜食用的产品除外。有的标准除上述规定外，每个等级还给出了容许度内的果实中有某些缺陷的果实不应超过的比例。“规格容许度”方面的要求通常是，各等级可有 10% 的产品(以数量或重量计)符合包装上所示规格的紧邻规格。

第 5 章“外观规定”包括“一致性”和“包装”两部分，有的标准还有“外观”部分。“一致性”要求通常是“每个包装中的内容物应一致，只装入产地、品种、质量、规格和色泽均相同的产品。包装内容物的可见部分应代表包装中的全部内容物”。有的标准还规定了同一包装中果径或果重的最大偏差。对于苹果，零售包装可不同品种和不同规格混装，只要质量相同且每个品种的苹果来自同一产地。“包装”要求通常是“包装方式应能给产品以适当保护。所用内包装材料应新鲜、干净，能避免对产品内外造成损伤。所用材料，特别是承载贸易规格的纸和印记，其印刷和粘贴所用墨和胶水应无毒。应按 CAC/RCP 44 - 1995 进行包装。包装容器应满足质量、卫生、通风和强度要求，确保适于产品的装卸、运输和保存。包装应无异物和异味”。

第 6 章“标志或标签”包括“消费者包装”和“非零售容器”两部分。“消费者包装”规定，除符合 CODEX STAN 1 - 1985 的规定外，如果产品从外面看不见，每个包装均应标注产品名称、品种名称、等级、色泽代码(如果采用了)、规格/重量或各排和各层的水果数量。“非零售容器”规定，每个包装均应在包装外同一侧或在随箱的货运文件中集中用清晰可辨、不易去除的字迹标明识别信息、产品属性、产品来源、商品识别信息、官方检验标记(可选项)。识别信息包括出口商、包装商和/或发送者的名称和地址、识别码(可选项)。产品属性信息包括产品名称(如从包装外面无法看到内容物)、品种名称(可选项)。产品来源信息包括原生产国和具体产区(可选项)或国家、地区或地方的名称。商业识别信息包括等级、规格(如果划分了规格)、色泽代码(如果采用了色泽代码)、果个数(可选项)、净重(可选项)等。

第7章“污染物”通常规定，应遵守 CODEX STAN 193－1995 规定的最大限量和 CAC 建立的农药残留 MRLs。

第8章“卫生”通常规定，推荐按 CAC/RCP 1－1969、CAC/RCP 53－2003 和其他相关 CAC 文本(如卫生操作规范和操作规范)进行产品的准备和处理，产品应遵守按照 CAC/GL 21－1997 建立的微生物标准。

2. 加工水果商品标准

水果罐头商品标准一般包括“说明”“基本成分和质量指标”“食品添加剂”“污染物”“卫生”“重量和计量”“标签”“分析和取样方法”等8章，见图21，有的标准在最前面还有一章“范围”。第1章“范围”主要规定标准适用于什么、不适用于什么。第2章“说明”主要包括产品定义、产品类型、品种类型等方面的内容。第3章“基本成分和质量指标”对填充介质、成分(包括基本成分和其他允许的成分)、质量标准(色泽、风味、质地、缺陷和限额)、“次品”分级、批验收等作出规定。第4章“食品添加剂”规定抗氧化剂、调味剂、酸化剂、色素等添加剂的最大限量。第5章“污染物”通常规定，应遵守 CODEX STAN 193－1995 规定的最大限量和 CAC 建立的农药残留 MRLs。多数标准第6章“卫生”的要求是，建议按照 CXC 1－1969 的适当部分以及推荐的其他 CAC 操作规范进行本标准所涉及产品的制备和处理；尽量采用良好操作规范，产品无令人不快的东西；采用适当的采样和检测方法进行检验时，产品中微生物数量、寄生虫和微生物源性物质应未达到造成健康风险的程度。第7章“重量和计量”规定容器灌装量，包括最小灌装量、“次品”分级、批验收、最小沥干重等4个方面的具体要求。各标准第8章“标签”都有产品名称方面的要求，有的标准还有非零售容器标签和成分标签方面的要求。第9章“分析和取样方法”，有的标准会列出相关的方法标准，有的标准会附相关方法标准文本，有的标准则表述为“参见相关的取样和分析法典方法文本”。

速冻水果商品标准一般包括“范围”“说明”“基本成分和质量指标”“食品添加剂”“卫生”“标签”“包装”“分析和取样方法”等8章，见图22。第1章“范围”主要规定标准适用于什么、不适用于什么。第2章“说明”主要包括产品定义、加工定义、操作规范和外观(主要是类型)方面的内容。第3章“基本成分和质量指标”对可选配料、成分、质量指标等作出规定。其中，“成分”又包括用干糖加工的水果、用糖浆加工的水果、成分“次品”定义、成分批验收等几个方面的内容；“质量指标”又包括一般要求、分析特性、可流动特性、(视觉)缺陷定义、标准取样量、(视觉)缺陷容许度、质量指标“次品”定义、质量指标批验收等方面的内容。第5章“卫生”的要求是，建议

1. Scope
   范围
2. Description
   说明
   2.1 Product definition
       产品定义
   2.2 Styles
       产品类型
   2.3 Varietal type
       品种类型
3. Essential composition and quality factors
   基本成分和质量指标
   3.1 Packing media
       填充介质
   3.2 Composition
       成分
      3.2.1 Basic Ingredients
            基本成分
      3.2.2 Other permitted ingredients
            其他允许的成分
   3.3 Quality criteria
       质量标准
      3.3.1 Colour
            色泽
      3.3.2 Flavour
            风味
      3.3.3 Texture
            质地
      3.3.4 Defects and allowances
            缺陷和容许度
   3.4 Classification of "defectives"
       "次品"分级
   3.5 Lot acceptance
       验收批
4. Food additives
   食品添加剂
   4.1 Antioxidants
       抗氧化剂
   4.2 Flavourings
       调味剂
   4.3 Acidifying agents
       酸化剂
   4.4 Colours
       色素
5. Contaminants
   污染物
6. Hygiene
   卫生
7. Weights and measures
   重量和计量
   7.1 Fill of container
       容器灌装量
      7.1.1 Minimum fill
            最小灌装量
      7.1.2 Classification of "defectives"
            "次品"分级
      7.1.3 Lot acceptance
            批验收
      7.1.4 Minimum drained weight
            最小沥干重
8. Labelling
   标签
9. Methods of analysis and sampling
   分析和取样方法

图 21　CAC 水果罐头商品标准结构

按照 CXC 1－1969 的适当部分以及推荐的其他 CAC 操作规范进行本标准所涉及产品的制备和处理；尽量采用良好操作规范，产品无令人不快的东西；采用适当的采样和检测方法检验时，产品中微生物数量、寄生虫和微生物源性物质应未达到造成健康风险的程度。第 6 章"标签"主要包括产品名称、附加要求、大包装等方面的内容。第 8 章"分析和取样方法"，各标准均表述为"参见相关的取样和分析法典方法文本"。

1. Scope
   范围
2. Description
   说明
   2. 1　Product definition
        产品定义
   2. 2　Process definition
        加工定义
   2. 3　Handling practice
        操作规范
   2. 4　Presentation
        外观
3. Essential composition and quality factors
   基本成分和质量指标
   3. 1　Optional ingredients
        可选配料
   3. 2　Composition
        成分
      3. 2. 1　Fruit prepared with dry sugars
              用干糖加工的水果
      3. 2. 2　Fruit prepared with syrup
              用糖浆加工的水果
      3. 2. 3　Definition of "defectives" for composition
              成分"次品"定义
      3. 2. 4　Lot acceptance for composition
              成分批验收
   3. 3　Quality factors
        质量指标
      3. 3. 1　General requirements
              一般要求
      3. 3. 2　Analytical characteristics
              分析特性
      3. 3. 3　Free – flowing characteristics
              可流动特性
      3. 3. 4　Definition of (visual) defects
              (视觉)缺陷定义
      3. 3. 5　Standard sample sizes
              标准取样量
      3. 3. 6　Tolerances for (visual) defects
              (视觉)缺陷容许度
      3. 3. 7　Definition of "defective" for quality factors
              质量指标"次品"定义
      3. 3. 8　Lot Acceptance for quality factors
              质量指标批验收
4. Food additives
   食品添加剂
5. Hygiene
   卫生
6. Labelling
   标签
   6. 1　Name of the product
        产品名称
   6. 2　Additional requirements
        附加要求
   6. 3　Bulk packs
        大包装
7. Packaging
   包装
8. Methods of analysis and sampling
   分析和取样方法

图 22　CAC 速冻水果商品标准结构

(六)安全限量标准

1. 农药最大残留限量

食品中的农药残留量应对消费者安全，而且应尽可能低。农药最大残留限量(maximum residue limits，MRLs)是按照良好农业规范(Good Agricultural Practice，GAP)施药后法律上允许在食品中残留的最高水平。FAO 和 WHO 专门设置了农药残留联席会议(JMPR)，并通过 CAC 制定和颁布各种农药在不同农产品中的残留限量，即最大残留限量(MRL)。在世界贸易组织颁布的直接与食品贸易密切相关的两项协定《实施卫生和植物卫生措施协定(SPS)》和《技术性贸易壁垒协定(TBT)》中，CAC 制定的农药最大残留限量标准被认为是可以普遍采用的国际标准。CAC 在其数据库(Codex Online Databases)中建立了农药数据库(Pesticide Database)，该数据库包含了截至 2016 年7 月CAC 第 39 届会议通过的所有最大残留限量和再残留限量(extraneous maximum residue limits，EMRLs)。用户从该数据库可以获得农药/商品组合的 MRLs 和 EMRLs。MRLs 和 EMRLs 适用于最终样品，该样品代表该批商品及其用于分析的部位。各商品的名称和定义可以从《食品和动物饲料法典分类(Codex Classification of Foods and Animal Feeds)》中查找。在该数据库中，每种农药的检索结果将给出商品名称、MRL 值、通过年份、标志、注解、ADI/PTDI 值、残留定义等信息，并在列表末尾对各标志加以说明。其中，ADI 为每日允许摄入量(acceptable daily intake)，PTDI 为暂定每日耐受摄入量(provisional tolerated daily intake)，单位均为 mg/kg 体重。当一种商品从一个国家的进入点或一个国家内贸易渠道的进入点进入该国时，其农药残留量不得超过 CAC 设定的限量值，而且此后的任何时候均不得超过限量值。在搜索某种商品(如 FC 0204　Lemon)的 MRLs 时，应同时搜索亚类(如 FC 0002　Lemons and Limes)和类(如 FC 0001　Citrus Fruits)的 MRLs，以便获得该商品的全部 MRLs。截至 2016 年，CAC 已针对不同农药/商品组合通过了 4844 项 MRLs。上述 4844 项 MRLs 共涉及农药 208 种，包括 78 种杀虫剂、65 种杀菌剂、26 种除草剂、12 种杀螨剂、8 种杀螨/杀虫剂、6 种植物生长调节剂、3 种熏蒸剂、2 种昆虫生长调节剂、2 种杀线虫剂、1 种杀螨/杀虫/杀线虫剂、1 种杀蚜虫剂(抗蚜威)、1 种通用农药(溴离子)、1 种虎皮病控制剂(乙氧基喹啉)、1 种贮藏期虎皮病防止剂(二苯胺)和 1 种增效剂(增效醚)。WHO 对果品类食品的分类见附表 7。

CAC 针对 289 种(类)果品及其制品类商品中的 88 种(类)制定了 MRLs，共计 1055 项，主要商品(制定 MRLs 在 5 项及以上的商品)有 41 种(类)，其 MRLs 共计 978 项，占 92.7%，见图 23。其中，热带和亚热带皮不可食水果(assorted tropical and sub - tropical fruit—inedible peel，ATSTFI)制定了 139 项，占 13.2%，主要商品有香蕉、芒果、番木瓜、鳄梨、菠萝、猕猴桃、石榴；热带和亚热带皮可食水果(assorted tropical and sub - tropical fruits—edible peel，ATSTFE)制定了 26 项，占 2.5%，主要商品为食用橄榄；浆果和其他小粒水果(berries and other small fruits，BSF)制定了 272 项，占 25.8%，主要商品有葡萄、草莓、蔓越橘、蓝莓、树莓(红、黑)、浆果和其他小粒水果、穗醋栗(黑、红、白)、黑莓、露莓、灌木浆果；柑橘类水果(citrus fruits，CF)制定了 93 项，占 8.8%，主要商品有柑橘类水果、橙子(甜、酸)；仁果类水果(pome fruits，PF)制定了 114 项，占 10.8%，主要商品有仁果类水果、苹果、梨；核果类水果(stone fruits，SF)制定了190项，占18.0%，主要商品有核果类水果、樱桃、桃、李、油桃、桃(含油桃和杏)、杏；木本坚果(tree nuts，TN)制定了103项，占9.8%，主要商品有木本坚果、扁桃、美国山核桃、核桃、阿月浑子(开心果)、榛子；果干类(dried fruits，DF)制定了82项，占7.8%，主要商品有葡萄干、梅干、果干；干柑橘渣制定了12项，干葡萄渣制定了9项。在上述1055项MRLs中，98项MRLs的值在检出限或其附近，占9.0%，特别是木本坚果的MRLs，属此情况的占43.7%；50项MRLs适用于该商品的采后处理，占4.7%；另有9项限量为再残留限量。

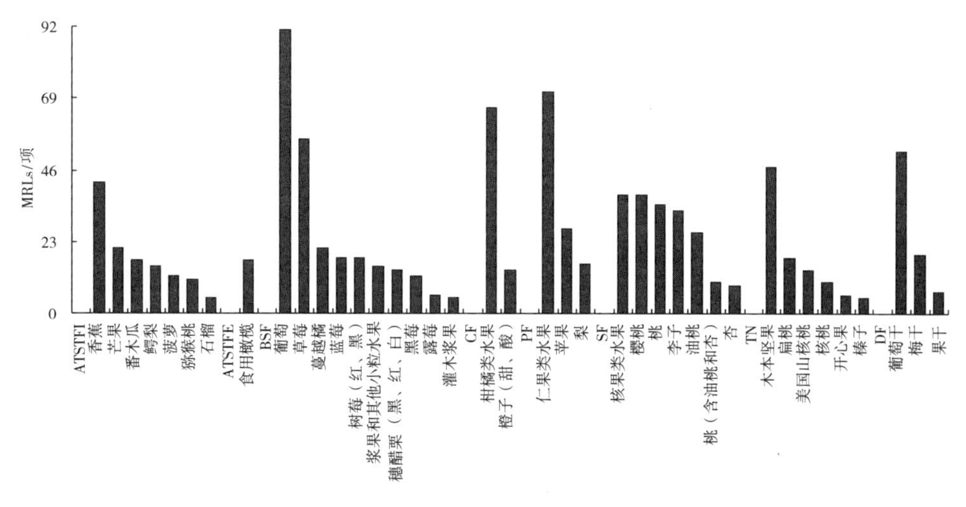

图23　主要果品的CAC农药最大残留限量项次统计

2. 污染物和毒素限量

《食品和饲料中污染物和毒素通用标准》(CODEX STAN 193－1995)由食品污染物法典委员会(CCCF)负责制定，1995年通过后已先后进行4次修订(1997年、2006年、2008年和2009年)、7次修正(2010年、2012年、2013年、2014年、2015年、2016年和2017年)，该标准制定有果品及其制品中黄曲霉毒素、展青霉素、铅、锡、放射性核素、丙烯腈、氯乙烯单体等7种(类)污染物的限量，见表111。其中，放射性核素和氯乙烯单体的限量均为指导性限量(guideline levels，GLs)，其他污染物的限量均为最大限量(maximum levels，MLs)。该标准还给出了黄曲霉毒素、展青霉素、铅和锡的毒理学指导值信息。该标准指出，黄曲霉毒素(B、G、M)有致癌性，应将摄入量降至尽可能低的水平。展青霉素的暂定最大每日耐受摄入量(PMTDI)为0.0004mg/kg体重。FAO/WHO食品添加剂联合专家委员会(JECFA)在2010年召开的第73次会议上基于剂量－反应分析评价认为，以前建立的铅最大每周耐受摄入量(PTWI)25μg/kg体重与儿童智商至少下降3和成人收缩压上升约3mmHg(0.4kPa)有关。虽然这些变化在个体层面上可能是微不足道的，然而，当将其视为一个人群的智商或血压的改变时，这些变化就显得非常重大。JECFA 因此断定该 PTWI 值已不再具有保护健康的作用，并将其撤销。锡的 PTWI 为 14mg/kg 体重。

表 111　CAC 果品及其制品污染物限量

污染物	产品名称	限量	适用部分	备注
黄曲霉毒素总含量（$AFB_1+AFB_2+AFG_1+AFG_2$）	扁桃仁	10μg/kg	去壳	即食
	扁桃仁	15μg/kg	去壳	用于进一步加工
	巴西坚果	10μg/kg	去壳	即食
	巴西坚果	15μg/kg	去壳	用于进一步加工
	榛子	10μg/kg	去壳	即食
	榛子	15μg/kg	去壳	用于进一步加工
	阿月浑子	10μg/kg	去壳	即食
	阿月浑子	15μg/kg	去壳	用于进一步加工
	无花果干	10μg/kg		即食
展青霉素	苹果汁	50μg/kg		①
铅	②	0.1mg/kg	去除萼片和果柄	
	蔓越橘	0.2mg/kg	去除萼片和果柄	
	穗醋栗	0.2mg/kg	带果柄	
	接骨木	0.2mg/kg	去除萼片和果柄	
	水果（上述水果除外）	0.1mg/kg	③	
	水果罐头	0.1mg/kg	食用部分	④
	果酱、果冻和橘子酱	0.4mg/kg		
	芒果酱	1mg/kg		
	食用橄榄	0.4mg/kg		

续表

污染物	产品名称	限量	适用部分	备注
铅	板栗罐头和板栗泥罐头	0.05mg/kg		
	果汁	0.03mg/kg		⑤
锡	非饮料罐装食品	250mg/kg	⑥	
	罐装饮料	150mg/kg		罐装果汁和果露
^{238}Pu、^{239}Pu、^{240}Pu、^{241}Am	婴儿食品	1Bq/kg		
	其他食品	10Bq/kg		
^{90}Sr、^{106}Ru、^{129}I、^{131}I、^{235}U	婴儿食品	100Bq/kg		
	其他食品	100Bq/kg		
^{35}S[1]、^{60}Co、^{89}Sr、^{103}Ru、^{134}Cs、^{137}Cs、^{144}Ce、^{192}Ir	婴儿食品	1000Bq/kg		
	其他食品	1000Bq/kg		
^{3}H[2]、^{14}C、^{99}Tc	婴儿食品	1000Bq/kg		
	其他食品	10000Bq/kg		
丙烯腈	食品	0.02mg/kg		
氯乙烯单体	食品	0.01mg/kg		

注：①适用于非浓缩苹果汁、复原苹果汁和用作其他饮料成分的苹果汁。②浆果和其他小型水果(蔓越橘、穗醋栗和接骨木除外)。③仁果类水果去果柄；核果类水果、海枣和橄榄去果柄和果核，含量水平以不带果柄的果实计；菠萝去冠芽；鳄梨、芒果及类似的有硬核的水果，去核，但以全果计。④适用于什锦水果罐头、芒果罐头、菠萝罐头、树莓罐头、核果类水果罐头、特定柑橘类水果罐头、草莓罐头、热带水果沙拉罐头。⑤适用于非浓缩果汁、即饮复原果汁和即饮果露，不适用于浆果和其他小型水果生产的果汁。⑥罐装的特定柑橘类水果、核果类水果、菠萝、草莓、树莓、热带水果沙拉、芒果酱、食用橄榄、什锦水果、果酱、果冻、橘子酱、板栗、板栗泥等食品。

[1]有机结合硫。[2]有机结合氚。

二、ISO 标准

1946 年，来自 25 个国家的代表在位于伦敦的土木工程学院(Institute of Civil Engineers)召开会议，决定创建一个新的国际组织“以促进国际协调和工业标准的统一”。1947 年 2 月 23 日，这个新的组织——国际标准化组织(International Organization for Standardization)正式开始运作。该组织的简称为 ISO，源自希腊语 isos，意为平等。ISO 是一个独立的非政府国际组织，中央秘书处设在瑞士日内瓦，现有成员 161 个，均为国家标准化组织，每个国家一个成员，是 ISO 在该国的代表。中国的国家标准化组织是中国国家标准化管理委员会(Standardization Administration of the People's Republic of China, SAC)。ISO 为非盈利组织，标准销售所得资金为其标准的制定和维护提供了中立的环境。

(一)标准制定程序

ISO 标准制定程序有 3 条途径，见图 24，即技术委员会/分技术委员会途径(TC/SC Route)、快速通道(Fast Track)和研讨会途径(Workshop Route)，以技术委员会/分技术委员会途径为主。

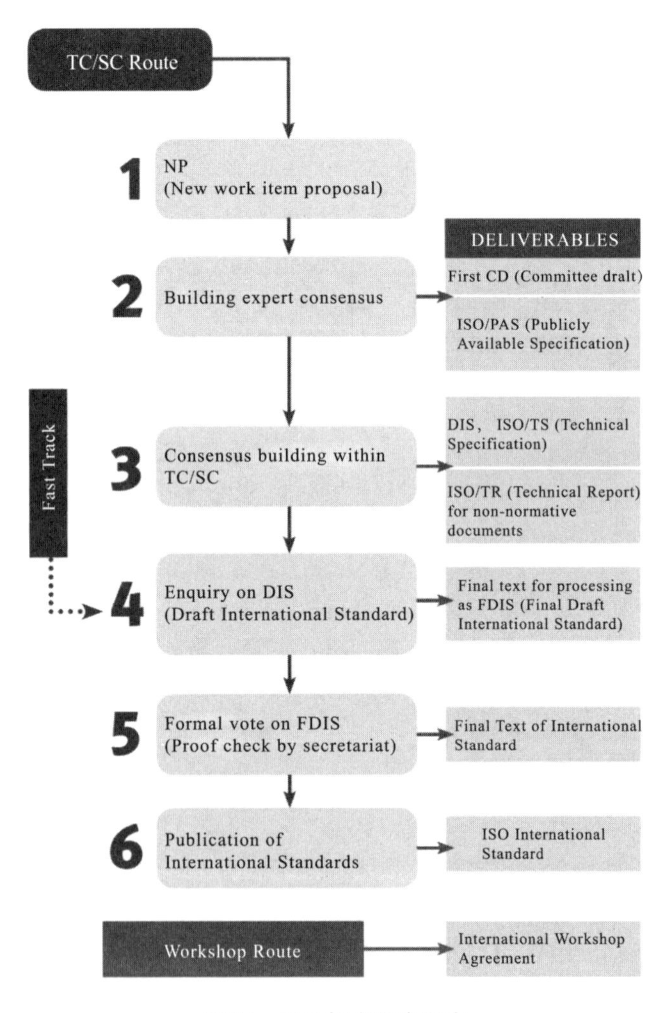

图 24　ISO 标准制定程序

技术委员会/分技术委员会途径由 6 个步骤构成：第 1 步为新工作项目提案(new work item proposal)；第 2 步为建立专家共识(Building expert consensus)，交付成果(DELIVERABLES)为最初的委员会草案(First CD)或 ISO/PAS；第 3 步为建立 TC/SC 内共识(Consensus building within TC/SC)，交付成果为 DIS、ISO/TS 或用作非规范性文件(non - normative documents)的 ISO/TR；第 4 步为对 DIS 进行调查(Enquiry on DIS)，交付成果为用于加工 FDIS 的最终文本(Final Text for processing as FDIS)；第 5 步是对 FDIS 进行正式投票(Formal vote on FDIS)，由秘书处验票(Proof check by secretariat)，交付成果为国际标准最终文本(Final Text of International Standard)；第 6 步为国际标准出版(Publication of International Standard)，交付成果为 ISO 国际标准。其中，PAS(Publicly Available Specification)为可公开获得的规范，DIS(Draft International Standard)为国际标准草案，TS(Technical Specification)为技术规范，TR(Technical Report)为技术报告，FDIS(Final Draft International Standard)为最终国际标准草案。快速通道(Fast Track)途径从技术委员会/分技术委员会途径的第 4 步开始。研讨会途径的交付成果是国际研讨会协议(International Workshop Agreement)。

ISO 为其国际标准的制定、审查和撤销制定了统一的国际阶段编码，9 个阶段的编码依次为：准备 00、提案 10、预备 20、委员会 30、查询 40、批准 50、出版 60、审查 90、撤销 95；每个阶段又可分 7 个亚阶段，其编码依次为登记 00、主要行动开始 20、主要行动完成 60、重复一个较早的阶段 92、重复当前阶段 93、放弃 98、继续进行 99，见表 112。

(二)标准体系

ISO 现有 780 个技术委员会和分技术委员会负责标准制定，其中，技术委员会有 245 个。ISO 的第 34 技术委员会 ISO/TC 34“食品技术委员会”负责食品的标准化，秘书处设在法国，下设主席咨询小组、6 个工作组和 16 个分技术委员会。其第 3 分技术委员会 ISO/TC 34/SC 3“果品和蔬菜及其制品”秘书处设在土耳其。该分技术委员会负责果品和蔬菜及其制品领域，特别是术语、抽样、产品规格、包装要求、贮藏、运输、试验和分析方法的标准化。目前，该分技术委员会制定的现行有效的果品及其制品相关标准共有 85 项，分属 ICS：67. 080. 01“果品、蔬菜及其制品综合标准”和 ICS：67. 080. 10“果品及其制品(含坚果)标准”。

表 112　国际统一的标准制定阶段编码

STAGE 阶段	SUBSTAGE 亚阶段						
	00 Registration 登记	20 Start of main action 主要行动开始	60 Completion of main action 主要行动完成	92 Repeat an earlier phase 重复一个较早的阶段	93 Repeat current phase 重复当前阶段	98 Abandon 放弃	99 Proceed 继续进行
00 Preliminary 准备	00. 00 Proposal for new project received 收到的新项目提案	00. 20 Proposal for new project under review 正在审查的新项目提案	00. 60 Close of review 审查结束			00. 98 Proposal for new project abandoned 放弃的新项目提案	00. 99 Approval to ballot proposal for new project 批准新项目投票提案
10 Proposal 提案	10. 00 Proposal for new project registered 登记的新项目提案	10. 20 New project ballot initiated 启动的新项目投票	10. 60 Close of voting 投票结束	10. 92 Proposal returned to submitter for further definition 退回提交人进一步确定的提案		10. 98 New project rejected 拒绝的新项目	10. 99 New project approved 批准的新项目
20 Preparatory 预备	20. 00 New project registered in TC/SC work programme TC/SC 工作方案中登记的新项目	20. 20 Working draft (WD) study initiated 启动的工作草案研究	20. 60 Close of comment period 评论期结束			20. 98 Project deleted 删除的项目	20. 99 WD approved for registration as CD 批准登记为委员会草案的工作草案

续表

STAGE 阶段	SUBSTAGE 亚阶段						
	00 Registration 登记	20 Start of main action 主要行动开始	60 Completion of main action 主要行动完成	92 Repeat an earlier phase 重复一个较早的阶段	93 Repeat current phase 重复当前阶段	98 Abandon 放弃	99 Proceed 继续进行
30 Committee 委员会	30. 00 Committee draft (CD) registered 登记的委员会草案	30. 20 CD study/ballot initiated 启动的委员会草案研究或投票	30. 60 Close of voting/comment period 投票或评论期结束	30. 92 CD referred back to Working Group 转回工作组的委员会草案		30. 98 Project deleted 删除的项目	30. 99 CD approved for registration as DIS 批准登记为国际标准草案的委员会草案
40 Enquiry 查询	40. 00 DIS registered 登记的国际标准草案	40. 20 DIS ballot initiated: 12 weeks 启动的为期 12 周的国际标准草案投票	40. 60 Close of voting 投票结束	40. 92 Full report circulated: DIS referred back to TC or SC 循环的报告全文：国际标准草案转回 TC 或 SC	40. 93 Full report circulated: decision for new DIS ballot 循环的报告全文：对国际标准新草案的投票结果做出决定	40. 98 Project deleted 删除的项目	40. 99 Full report circulated: DIS approved for registration as FDIS 循环的报告全文：批准登记为最终国际标准草案的国际标准草案

续表

STAGE 阶段	SUBSTAGE 亚阶段						
	00 Registration 登记	20 Start of main action 主要行动开始	60 Completion of main action 主要行动完成	92 Repeat an earlier phase 重复一个较早的阶段	93 Repeat current phase 重复当前阶段	98 Abandon 放弃	99 Proceed 继续进行
50 Approval 批准	50.00 Final text received or FDIS registered for formal approval 收到的最终文本或登记用于正式批准的最终国际标准草案	50.20 Proof sent to secretariat or FDIS ballot initiated: 8 weeks 提交秘书处的证据或启动的为期8周的最终国际标准草案投票	50.60 Close of voting. Proof returned by secretariat 投票结束。秘书处退回的证据	50.92 FDIS or proof referred back to TC or SC 转回TC或SC的最终国际标准草案或证据		50.98 Project deleted 删除的项目	50.99 FDIS or proof approved for publication 批准出版的最终国际标准草案或证据
60 Publication 出版	60.00 International Standard under publication 正在出版的国际标准		60.60 International Standard published 出版的国际标准				

续表

STAGE 阶段	SUBSTAGE 亚阶段						
	00 Registration 登记	20 Start of main action 主要行动开始	60 Completion of main action 主要行动完成	92 Repeat an earlier phase 重复一个较早的阶段	93 Repeat current phase 重复当前阶段	98 Abandon 放弃	99 Proceed 继续进行
90 Review 审查		90. 20 International Standard under periodical review 正在阶段性审查的国际标准	90. 60 Close of review 结束审查	90. 92 International Standard to be revised 待修订的国际标准	90. 93 International Standard confirmed 确认的国际标准		90. 99 Withdrawal of International Standard proposed by TC or SC TC 或 SC 提出撤销的国际标准
95 Withdrawal 撤销		95. 20 Withdrawal ballot initiated 启动的撤销投票	95. 60 Close of voting 投票结束	95. 92 Decision not to withdraw International Standard 不撤销国际标准的决定			95. 99 Withdrawal of International Standard 国际标准的撤销

果品及其制品综合标准共有48项(附表9)，覆盖11个方面：(1)新鲜水果取样；(2)水果及其制品有机物分析前的消解；(3)水果产品可滴定酸、水不溶性固形物、矿物杂质、盐酸不溶性灰分、干物质、水分、pH、可溶性固形物、乙醇、二氧化硫、甲酸、5－羟甲基糠醛、苯甲酸、山梨酸、锡的测定；(4)水果及其制品总灰分碱度、水溶性灰分碱度、挥发性酸度、苯甲酸、山梨酸、二氧化硫、抗坏血酸、胡萝卜素、亚硝酸盐、硝酸盐、镉、铁、铅、砷、锌、汞、铜的测定；(5)水果形态和结构学术语；(6)水果冷藏物理条件的定义和测量；(7)水果冷藏后的催熟；(8)新鲜水果陆路运输工具中平行六面体包装的布局；(9)水果气调贮藏原理和技术；(10)水果预包装指南；(11)新鲜水果词汇。有的检测方法标准提供了多种检测方法，例如，水果产品中可滴定酸(电位滴定法和常规法)和甲酸(重量法和常规法)的测定，水果及其制品中锌(极谱法、原子吸收光谱法和双硫腙光谱法)、镉(石墨炉原子吸收光谱法和火焰原子吸收光谱法)和山梨酸(分光光度法和比色法)的测定。ISO还制定了《水果、蔬菜及其制品　抗坏血酸含量的测定　第2部分：常规法》(ISO 6557－2：1984)，现已废止。该标准提供了两种方法，2,6－二氯靛酚滴定法和2,6－二氯靛酚分光光度法，前者适用于没有铁、铜、锡、还原剂、硫氢化物、亚硫酸盐、二氧化硫等干扰物存在的产品，后者适用于颜色特别深的样品。

果品及其制品(含坚果)标准共有36项(附表10)，覆盖5个方面：(1)贮藏和运输，包括桃、鲜食葡萄、鳄梨、杏、柑橘类水果、李、欧洲越橘、蓝莓和草莓的冷藏指南，青香蕉的贮藏和运输指南，芒果、梨和苹果的冷藏，鲜菠萝的贮藏和运输，甜樱桃和酸樱桃的冷藏和冷藏运输指南，甜瓜的冷藏和冷藏运输，苹果的气调贮藏；(2)名词术语，包括水果的命名，干果和果干的定义和术语；(3)催熟，即青香蕉的催熟条件；(4)测定方法，包括柑橘类水果及其制品中挥发性精油含量的测定，坚果及其制品中黄曲霉毒素B_1以及黄曲霉毒素B_1、B_2、G_1和G_2总量的测定；(5)产品规格，包括去壳甜杏仁、酸樱桃干、去皮松籽、角豆、甜樱桃干、桑葚干和带壳松籽的规格，苹果干、梨干、蔷薇果干、石榴、沙枣干的规格和试验方法。ISO还制定了《去皮马哈利樱桃仁规格》(ISO 6757：1984)，现已废止。

上述84项现行有效的标准，其发布时间跨度达35年(1974—2008年)，以1981—1985年发布的标准最多，其次是1991—1995年、1986—1990年、1976—1980年和2001—2005年发布的标准，见图25。需要说明的是，在这84项标准中，有24项标准已进行了一次修订，替代了原版本，这些被替代的标准发布于1968—1986年。在现行有效的84项标准中，ISO 6479：1984、ISO 7702：1994、ISO 7703：1994等3项标准均进行了一次技术勘误(附表10)。

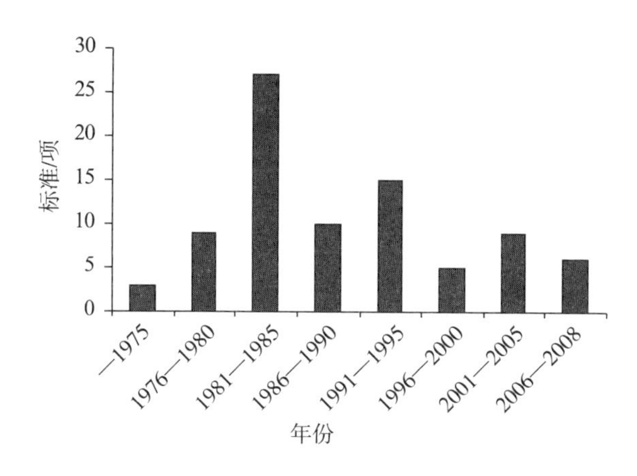

图 25　ISO 果品及其制品标准的时间分布

(三)标准结构

对于 ISO 果品及其制品标准，同类型的标准其结构比较一致或相似。果品规格类标准一般包括“范围”(有的标准为“范围和适用领域”)、“定义”“要求”“抽样”“测试方法”“包装和标识”“附录”等 7 个部分，有的标准还有“描述”“引用文献”“分级”等部分。水果贮藏类标准通常包括“范围和适用领域”(个别标准为“范围”)、“引用文献”(个别标准为“规范性引用文献”)、“采收和入贮条件”“最佳贮藏条件”“附录”等 5 个部分，有的标准还有“引言”“贮藏结束时的操作”“参考文献”等部分。检测方法标准通常包括“范围和适用领域”(有的标准为“范围”)、“引用文献”(有的标准为“规范性引用文献”)、“原理”“试剂”“仪器设备”“程序”“结果表述”(个别标准为“结果计算”)、“测试报告”等 8 个部分。有的检测方法标准还有“引言”“定义”“取样”“试样制备”(多数标准包含在“程序”里)、“重复性”(多数标准包含在“结果表述”里)、“程序说明”“附录”等部分。

除上述 3 类标准外，还有 12 项通用/基础标准。其中，《水果和蔬菜　冷藏物理条件的定义和测量》(ISO 2169：1981)包括“引言”“范围和适用领域”“温度”“相对湿度”“空气循环”等 5 个部分。《水果和蔬菜　气调贮藏原理和技术》(ISO 6949：1988)包括“引言”“范围”“气调贮藏类型”“气体调节方法”“气调贮藏的贮藏室”“温度和气体调节”“贮藏用气体的组成维持”“贮藏期检查”“贮藏结束时的操作”“参考文献”等 10 个部分。《水果和蔬菜　冷藏后的催熟》(ISO 3659：1977)包括“引言”“范围和适用领域”“引用文献”“冷藏后催熟的目的”“应考虑的温度区”“影响冷藏后催熟的各种因素”“冷藏后催熟的最适条件”“冷藏后辅助催熟处理”等 8 个部分。《水果和蔬菜预包装指南》(ISO 7558：1988)包括“范围”“包装材料”“包装系统”“包装用食品质量”“包装/预包装前食品的处理”“运输包装”“标识”“推荐的包装系统”等8个部分。《新鲜水果和蔬菜　陆路运输工具中平行六面体包装的布局》(ISO 6661：1983)包括“引言”“范围和适用领域”“引用文献”“定义”“不用托盘包装”“用托盘包装”等6个部分。《新鲜水果和蔬菜　取样》(ISO 874：1980)包括“引言”“范围和适用领域”“定义”“一般要求”“取样方法”“实验室样品的包装和处理”“采样报告”等7个部分。《水果和蔬菜　形态和结构学术语　第1部分》(ISO 1956 -1：1982)给出了桃、草莓、苹果、杏、李、梨、醋栗、葡萄等8种水果的形态和结构学术语。《水果和蔬菜　形态和结构学术语　第2部分》(ISO 1956 -2：1989)给出了菠萝、西瓜、榛子、甜瓜、核桃、香蕉等6种果品的形态和结构学术语。《新鲜水果和蔬菜　词汇》(ISO 7563：1998)给出了新鲜水果和蔬菜的一般术语(58个)和技术术语(63个),《水果　命名　第1集》(ISO 1990/1：1982)给出了89种果品的英文通用名及其植物学名称。《水果　命名　第2集》(ISO 1990/2：1985)给出了22种果品的英文通用名及其植物学名称(附表11)。《干果和果干　定义和术语》(ISO 4125：1991)给出了26种干果和33种果干的英文通用名及其植物学名称(附表12)。

第三节　区域组织标准

一、UNECE 标准

联合国欧洲经济委员会(United Nations Economic Commission for Europe,UN/ECE,通常写作UNECE)由联合国经济和社会理事会(Economic and Social Council,ECOSOC)设立,成立于1947年3月28日。UNECE与同日成立的联合国亚洲和远东经济委员会(United Nations Economic Commission for Asia and the Far East,UN/ECAFE)、1948年成立的联合国拉丁美洲经济委员会(United Nations Economic Commission for Latin America,UN/ECLA)、1958年成立的联合国非洲经济委员会(United Nations Economic Commission for Africa,UNECA)和1973年成立的联合国西亚经济委员会(United Nations Economic Commission for Western Asia,UNECWA),并称联合国五大地区性委员会。UNECE的主要目标是促进泛欧洲经济一体化。UNECE有56个来自欧洲、北美洲和亚洲的成员国(截至2016年8月24日)。所有感兴趣的联合国成员国都可参加UNECE的工作,现有70余个国际专业组织和其他非政府组织参加UNECE的活动。作为一个多边平台,UNECE的总目标是促进成员国之间的经济一体化和合作,促进可持续发展和经济繁荣,而制定法规和标准是其途径之一。

（一）标准制定程序

UNECE 第 7 工作小组“the Working Party on Agricultural Quality Standards（WP. 7）”负责制定农业质量标准，以促进国际贸易。这些标准鼓励优质农产品生产，旨在提高生产效益和保护消费者利益，被各国政府、生产者、贸易商、进口商、出口商和国际组织使用。这些标准覆盖范围甚广，包括新鲜水果和蔬菜（fresh fruit and vegetables，FFV）、干果和果干（dry and dried produce，DDP）、马铃薯种薯、肉类、切花、蛋类、蛋制品等各种农产品。该工作小组分别针对新鲜水果和蔬菜、干果、果干、马铃薯种薯和肉类设立了专业部门。

UNECE 农业质量标准的制修订有其固定程序，见图 26。任何国家都可以发起制定新的或修订现有的标准、标准说明手册和准则。向相关专业部门递交的提案必须说明进行制修订的正当理由。如果专业部门同意该提案，修订工作即可开始。如果是制定新的标准、标准说明手册和准则，则需将提案转交给 UNECE 第 7 工作小组（以下简称工作小组）批准。已有文件的修订或新的标准、标准说明手册和准则的制定任务通常分配给一个团队。该团队由几名代表组成，由一名报告起草人（Rapporteur）领导。某些任务，例如为标准说明手册拍照，可委托给外部的个人或组织承担，但草案最终包括哪些内容由该团队决定。报告起草人在考虑到各代表评论意见的情况下开展文本起草工作，并将文本提交给专业部门审议。审议会召开期间，可在提交的文本基础上对某项标准、标准说明手册和准则进行修订，或退回给报告起草人进一步讨论。审议会闭会期间，各代表可向报告起草人和秘书处提出对草案的修正或评论。一旦文本被专业部门接受，即作为新的或经修订的标准、标准说明手册和准则交工作小组通过，或采纳为推荐性文件，给予一两年的试用期，在实际应用中进行检验。

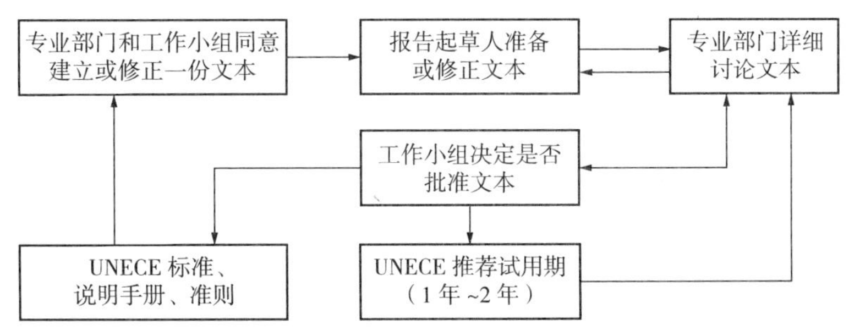

图 26　UNECE 农业质量标准、标准说明手册和准则制修订过程

（二）标准体系

UNECE 制定的果品标准均为产品标准，用于果品销售质量和商品质量的控制，现行有效的标准共有 46 项，其中，新鲜水果标准 21 项，见表 113；干果和果干标准 25 项，见表 114。UNECE 果品标准的名称通常为“UNECE Standard FFV - × × concerning the marketing and commercial quality control of × × ×”(新鲜水果标准)或“UNECE Standard DDP - × × concerning the marketing and commercial quality control of × × ×”(干果和果干标准)其中，× ×为标准编号；× × ×为产品的通用名。在 21 项新鲜水果标准中，《苹果标准》(FFV -50)和《梨标准》(FFV -51)制定最早(1960 年)，16 项标准制定于 1990 年以前(占 76.2%)，2003 年及之前制定的新鲜水果标准均已至少修订一次。这些标准均以 UNECE 的 3 种官方语言(即英语、法语和俄语)出版，部分标准还会以非官方语言(包括德语、芬兰语、斯洛伐克语、斯洛维尼亚语和瑞典语)出版。如果发现各语言版本之间有差异，通常应以英文版为准，若标准原文为法文或俄文的，则应以法文版或俄文版为准，干果和果干标准亦如此。

表 113　UNECE 现行有效的新鲜水果标准

适用产品	标准编号	制定时间	最近修订时间	OECD 说明手册
annonas(番荔枝)	FFV -47	1994	2016	
apples(苹果)	FFV -50	1960	2017	有
apricots(杏)	FFV -02	1961	2014	有
avocados(鳄梨)	FFV -42	1986	2016	有
berry fruits(浆果类水果)	FFV -57	2010		
cherries(樱桃)	FFV -13	1962	2017	有
citrus fruit(柑橘类水果)	FFV -14	1963	2016	有
fresh figs(鲜无花果)	FFV -17	1979	2017	有
kiwifruit(猕猴桃)	FFV -46	1988	2017	有
mangoes(芒果)	FFV -45	1988	2012	有
melons(甜瓜)	FFV -23	1975	2012	有
peaches and nectarines (桃和油桃)	FFV -26	1961	2010	有
pears(梨)	FFV -51	1960	2017	有
persimmons(柿)	FFV -63	2015		
pineapples(菠萝)	FFV -49	2003	2012	
plums(李)	FFV -29	1961	2017	有
quince(榅桲)	FFV -62	2014		
strawberries(草莓)	FFV -35	1962	2010	有
sweet chestnuts(甜板栗)	FFV -39	1983	2016	
table grapes(鲜食葡萄)	FFV -19	1961	2016	有
watermelons(西瓜)	FFV -37	1964	2015	有

表 114 UNECE 现行有效的干果和果干标准

适用产品	标准编号	制定时间	最近修订时间
dried pineapples(菠萝干)	DDP - 28	2014	
brazil nut kernels(巴西坚果仁)	DDP - 27	2013	
inshell Brazil nuts(带壳巴西坚果)	DDP - 26	2013	
dried mangoes(芒果干)	DDP - 25	2013	
macadamia kernels(澳洲坚果仁)	DDP - 23	2010	2011
inshell macadamia nuts(带壳澳洲坚果)	DDP - 22	2010	
blanched almond kernels(去皮扁桃仁)	DDP - 21	2009	
dried peaches(桃干)	DDP - 20	2008	
inshell almonds(带壳扁桃)	DDP - 18	1969	2017
cashew kernels(腰果仁)	DDP - 17	1999	2013
dried apples(苹果干)	DDP - 16	1998	2012
dried apricots(杏干)	DDP - 15	1996	2016
dried figs(无花果干)	DDP - 14	1996	2016
pears, dried(梨干)	DDP - 13	1996	2012
pine nut kernels(松子仁)	DDP - 12	1993	2013
dried grapes(葡萄干)	DDP - 11	1992	2016
pistachio kernels and peeled pistachio kernels(阿月浑子仁和去皮阿月浑子仁)	DDP - 10	1990	2010
inshell pistachio nuts(带壳阿月浑子)	DDP - 09	1990	2016
dried dates(海枣干)	DDP - 08	1987	2015
prunes(梅干)	DDP - 07	1988	2003
almond kernels(扁桃仁)	DDP - 06	1986	2016
hazelnut kernels(榛子仁)	DDP - 04	1970	2010
inshell hazelnuts(带壳榛子)	DDP - 03	1970	2007
walnut kernels(核桃仁)	DDP - 02	1983	2017
inshell walnuts(带壳核桃)	DDP - 01	1970	2014

经济合作与发展组织(Organisation for Economic Co - operation and Development, OECD)已通过其水果和蔬菜国际标准实施计划，为 21 项新鲜水果标准

中的15项标准出版了说明手册，见表113。1985年，UNECE制定了《UNECE新鲜水果和蔬菜标准模板(Standard Layout for UNECE Standards on Fresh Fruit and Vegetables)》，作为UNECE新鲜水果和蔬菜标准制修订遵循的指南。该模板分别于2010年和2017年进行了两次修订。为规范新鲜水果和蔬菜标准说明手册，UNECE于2015年制定了《UNECE新鲜水果和蔬菜标准说明手册模板(Standard Layout for UNECE Explanatory Brochures on Fresh Fruit and Vegetable)》。此外，为促进对UNECE新鲜水果和蔬菜标准中有关规定的理解和实施，UNECE还根据国际园艺学会(ISHS)、OECD、CAC等组织的有关文献，于2016年11月21日发布了《UNECE新鲜水果和蔬菜标准所用术语的词汇表(Glossary of Terms Used with UNECE FFV Standards)》，对48个术语进行了定义。

UNECE现行有效的25项干果和果干标准中，干果标准居多，占60%，果干标准占40%。《带壳扁桃标准》(DDP-18)制定最早(1969年)，1990年以前制定的标准占32%，1990—1999年制定的标准占36%，2008年及以后制定的标准占32%。目前，1999年及之前制定的UNECE干果和果干标准均已至少修订一次，特别是《带壳阿月浑子标准》(DDP-09)、《无花果干标准》(DDP-14)和《扁桃仁标准》(DDP-06)都已修订2次~3次。这些标准均以UNECE官方语言(即英语、法语和俄语)出版，《带壳核桃标准》(DDP-01)、《带壳榛子标准》(DDP-03)和《带壳扁桃标准》(DDP-18)还出版了德语版。OECD已通过其水果和蔬菜国际标准实施计划，为《榛子仁标准》(DDP-04)和《带壳榛子》(DDP-03)出版了说明手册，正在准备《葡萄干标准》(DDP-11)、《带壳阿月浑子标准》(DDP-09)和《梅干标准》(DDP-07)的说明手册。1985年，UNECE制定了《UNECE干果和果干标准模板(Standard Layout for UNECE Standards on Dry and Dried Produce)》，作为UNECE干果和果干标准制修订遵循的指南。该模板已于2002年、2006年、2008年、2009年和2011年进行了5次修订。该模板还以附录的形式提供了果干含水量测定方法(实验室参考方法和快速方法)、干果含水量测定方法(实验室参考方法和快速方法)，为干果(带壳坚果和坚果仁)和果干标准推荐了缺陷术语(18个)和定义(41个)。

(三)标准结构

1. 新鲜水果标准结构

UNECE新鲜水果标准一般包括“产品定义”“质量规定”“规格规定”“容许度规定”“外观规定”“标识规定”等6章，见图27。不同种类新鲜水果之间每章规定的技术要求有一些基本相同的内容，多数标准还会根据产品的特点再增加一些特殊规定。

Ⅰ. Definition of produce
产品定义
Ⅱ. Provisions concerning quality
质量规定
A. Minimum requirements
最低要求
B. Maturity requirements
成熟度要求
C. Classification
分级
(i)“Extra” Class
特级
(ii)Class Ⅰ
一级
(iii)Class Ⅱ
二级
Ⅲ. Provisions concerning sizing
规格规定
Ⅳ. Provisions concerning tolerances
容许度规定
A. Quality tolerances
质量容许度
(i)“Extra” Class
特级
(ii)Class Ⅰ
一级
(iii)Class Ⅱ
二级
B. Size tolerances
规格容许度
Ⅴ. Provisions concerning presentation
外观规定
A. Uniformity
一致性
B. Packaging
包装
Ⅵ. Provisions concerning marking
标识规定
A. Identification
识别信息
B. Nature of produce
产品属性
C. Origin of produce
产品来源
D. Commercial specifications
商品规格
E. Official control mark (optional)
官方监管标志(可选项)

图 27　UNECE 新鲜水果标准基本结构

第 1 章“产品定义”主要是界定标准的适用范围，通常的表述是“本标准适用于×品种(栽培品种)生长的、以新鲜状态提供给消费者的××，不适用于加工用××”。“×”为树种的拉丁名，采用斜体。“××”为水果的通用名。鳄梨标准在不适用产品中增加了“单性果实”。甜板栗标准增加了“无隔膜甜板栗可以特殊的商品名称(即糖果栗)销售”。

第 2 章“质量规定”一般包括“最低要求”“成熟度要求”和“分级”3 个部分。甜板栗标准无“成熟度要求”部分。草莓标准和李标准均将成熟度方面的要求放入了“最低要求”。“最低要求”部分除完整、完好、干净、害虫、害虫损害、异常外部水分、异味、产品状态等方面的统一规定外，多数水果(梨、李、西瓜和杏除外)均根据产品特点增加了一些特殊规定，涉及萼片、低温伤害、发育、果柄、果形、碰压伤、色泽、水心病、新鲜度、质地等诸多方面。“成熟度要求”部分几乎都有“其发育和成熟状态应确保其继续成熟过程并达到令人满意的成熟度”的规定，各标准会根据产品特点再增加一些特殊要求，菠萝、猕猴桃、葡萄、桃、油桃、甜瓜、西瓜等水果均规定了可溶性固形物含量要求。除甜瓜分为一级和二级2个等级外，其余20种水果均分为特级、一级和二级3个等级。每个等级均有其统一要求："特级"的要求为"应质量优良，具有本品种或商品类型的特征；无缺陷，但允许有不影响产品整体外观、质量、保鲜和包装的非常轻微的表皮缺陷"。"一级"的要求为"应质量良好，具有本品种或商品类型的特征；允许有不影响产品整体外观、质量、保鲜和包装的轻微缺陷"。"二级"的要求为"虽然达不到较高等级的质量要求，但满足最低要求；只要保持其在质量、保鲜和包装方面的基本特征，允许有缺陷"。在各等级统一要求基础上，绝大多数标准均根据产品特点增加了一些特殊要求，涉及发育、果柄、果粉、果肉、果穗、果形、果锈、果皮缺陷、碰压伤、色泽、质地等诸多方面。

除《浆果类水果标准》外，其余20项标准均有第3章"规格规定"。在UNECE新鲜水果标准中，规格的划分大多依据最大横截面直径(简称横径)或单果重，见表115，有的标准还以个数、直径、穗重或每千克个数为规格划分依据。20项标准中，有一半的标准仅采用了一种规格划分依据，鳄梨、柑橘类水果、梨、芒果、苹果、桃和油桃、甜板栗、甜瓜、榅桲等9项标准均采用了2种划分依据，柿子标准采用3种划分依据。多数标准规定了规格划分指标不得小于的最低值。为保证同一包装中产品的一致性，绝大多数标准都规定了同一包装中果实之间规格指标的最大相差值，或各规格的指标值范围。在鳄梨标准中，产品一致性以同一包装中最小果重不小于最大果重的75%表示。鳄梨、番荔枝、柑橘类水果、芒果、桃和油桃等标准还为各规格设定了代码。

表115　UNECE新鲜水果标准对规格的规定

适用产品	划分依据	最低值	一致性规定	规格代码
菠萝	单果重		有	
草莓	横径	有		
鳄梨	单果重、个数	有	有	有
番荔枝	单果重	有	有	有
柑橘类水果	横径、个数	有	有	有
梨	单果重、横径	有	有	
李子	横径	有	有	
芒果	单果重、个数	有	有	有
猕猴桃	单果重	有	有	
苹果	单果重、横径	有	有	
葡萄	穗重	有		

续表

适用产品	划分依据	最低值	一致性规定	规格代码
柿子	横径、单果重、个数		有	
桃和油桃	横径、单果重	有	有	有
甜板栗	直径、每千克个数	有	有	
甜瓜	横径、单果重	有	有	
榅桲	横径、单果重	有	有	
西瓜	个数		有	
鲜无花果	横径		有	
杏	横径	有	有	
樱桃	横径	有		

第4章“容许度规定”分为“质量容许度”和“规格容许度”两个部分。各等级分别规定质量容许度。除了甜板栗标准，其余标准的“质量容许度”部分几乎完全相同，李、樱桃、杏、鲜食葡萄、浆果类水果等5项标准均在共同条款基础上增加了单个缺陷的容许度。“特级”质量容许度的统一规定为“以重量或数量计，允许5%的××不符合本等级要求，但满足一级要求。在这些容许度允许的××中，可有不超过0.5%的××满足二级的质量要求”。“一级”质量容许度的统一规定为“以重量或数量计，允许10%的××不符合本等级要求，但满足二级要求。在这些容许度允许的××中，可有不超过1%的××既不满足二级的质量要求，也不满足最低要求或受到了腐烂影响”。“二级”质量容许度的统一规定为“以重量或数量计，允许10%的××既不符合本等级要求，也不满足最低要求。在这些容许度允许的××中，可有不超过2%的××受到了腐烂影响”。至于规格容许度，浆果类水果标准无这方面要求；甜板栗的规格容许度比较特殊，详见标准文本；其他标准的“规格容许度”大多相同，几乎都是“以重量或数量计，所有等级均允许10%的××不满足规格要求”，但菠萝标准中用“20%”代替了“10%”，番荔枝、苹果、猕猴桃、鲜食葡萄、梨等5项标准均在该表述基础上各自增加了一些特殊要求。

第5章“外观规定”分为“一致性”和“包装”两部分。各标准“一致性”方面均有相同的内容：“每个包装的内容物应一致，只装入产地、种或品种、质量和规格相同的××。包装内容物的可见部分应代表全部内容物”。各标准“包装”方面也有相同的内容：“××应以能适当保护产品的方式包装。所用内包装材料应干净，能避免对产品内外造成损害。所用材料，特别是承载贸易规格的纸和印记，其印刷和粘贴所用墨和胶水应无毒。贴在产品上的贴纸移除时，应既不会留下可见的胶水痕迹，也不会导致果皮缺陷。单一果实上用激光刻印的信息不应导致果皮或果肉缺陷。包装内应无异物”。除鳄梨、番荔枝、芒果、杏等4项标准外，其余17项标准均在“一致性”和/或“包装”部分共同条款基础上增加了产品的一些特殊规定。

第6章“标识规定”分为“识别信息”“产品属性”“产品来源”“商品规格”和“官方监管标志”5个部分。UNECF标准要求每个包装均应在包装外同一侧集中用清晰可辨、不易去除的字迹标明这5个方面的信息。“识别信息”部分的内容通常为“包装商和/或发送者的名称和地址或国家颁发的代码”。“产品属性”部分的内容通常为“产品名称(如果从外面看不到包装内产品)、品种名称(可选项)”。“产品来源”部分的内容通常为“来源国和种植区(可选项)或国家、地区或地方的名称。不同产地生产的品种或种明显不同的××混装时，在紧接相关品种名称的地方标示各自的来源国。不同产地生产的商品类型或色泽明显不同的××混装时，在紧接相关商品类型或色泽名称的地方标示每个来源国”。“商品规格”部分的内容通常为“等级”和“规格”。“官方监管标志”为可选项。在这些通常内容基础上，有的标准会依据产品特点增加一些特殊规定。

2. 干果和果干标准结构

UNECE干果和果干标准一般包括“产品定义”“质量规定”“规格划分规定”“容许度规定”“外观规定”“标识规定”等6章，见图28，梅干标准还有两个附录：“梅干水分含量测定方法”和“梅干术语和缺陷定义”。

第1章“产品定义”主要是界定标准的适用范围，通常的表述是“本标准适用于直接消费或与其他产品混合后不经进一步加工而直接消费的×品种(栽培品种)的××。本标准不适用于经加盐、加糖、调味或烘烤加工的××，或用于工业加工的××”。“×”为树种的拉丁名，采用斜体。“××”为产品的通用名。第2章“质量规定”一般包括“最低要求”“水分含量”和“分级”3个部分，梅干标准无“水分含量”部分，而是将水分含量要求方面的内容放入了“最低要求”部分，阿月浑子仁标准还有“色泽分级”部分。第4章“容许度规定”一般包括“质量容许度”，核桃仁标准还增加了“规格/样式容许度”部分，梅干标准还增列了“矿物杂质”和“规格容许度”2个部分。第5章“外观规定”一般包括“一致性”和“包装”2个部分，澳洲坚果仁、梅干、榛子仁、阿月浑子仁、桃干、带壳榛子、带壳扁桃、海枣干、去皮扁桃仁等9项标准还增加了“外观”部分。第6章“标识规定”包括“识别信息”“产品属性”“产品来源”“商品规格”和“官方监管标志”5部分，其中，“官方监管标志”部分为可选项。

Ⅰ. Definition of produce
产品定义
Ⅱ. Provisions concerning quality
质量规定
  A. Minimum requirements
  最低要求
  B. Moisture content
  水分含量
  C. Classification
  分级
Ⅲ. Provisions concerning sizing
规格划分规定
Ⅳ. Provisions concerning tolerances
容许度规定
  A. Quality tolerances
  质量容许度
Ⅴ. Provisions concerning presentation
外观规定
  A. Uniformity
  一致性
  B. Packaging
  包装
  C. Presentation
  外观
Ⅵ. Provisions concerning marking
标识规定
  A. Identification
  识别信息
  B. Nature of produce
  产品属性
  C. Origin of produce
  产品来源
  D. Commercial specifications
  商品规格
  E. Official control mark (optional)
  官方监管标志(可选项)

图 28　UNECE 干果和果干标准基本结构

各标准均在第 2 章“质量规定”的最前面规定“本标准规定了预处理和包装后在出口控制期的 × × 的质量要求。产品拥有者/销售者不得以任何形式展示、销售和送交不符合本标准的产品。产品拥有者/销售者负责对标准的要求进行观察”。在“最低要求”方面，通常，带壳坚果标准分别对外壳、果仁和整个果品提出要求，对外壳的要求一般包括完整、干净、污损、果形等 4 个方面，对果仁的要求一般包括酸败、发育、污损、果形等 4 个方面，对整个果品的要求一般包括完好、霉菌菌丝、活的害虫、害虫损害、异常外部水分、异味、状态等 7 个方面。坚果仁标准的“最低要求”部分一般包括完整、完好、干净、发育、污损、果形、活的害虫、害虫损害、霉菌菌丝、酸败、异常外部水分、异味、状态等 13 个方面。果干标准的“最低要求”部分一般包括完整、完好、干净、发育、活的害虫、害虫损害、污损、霉菌菌丝、发酵、异常外部水分、异味、状态等 12 个方面。在“水分含量”方面，通常规定“含水量不超过 × %”，该百分数以 1 位小数的形式给出，例如 10. 0% 。对于带壳坚果，含水量可以定为果仁中的或整个果品中的。各标准“分级”方面的内容完全相同，即“按照第 4 章‘容许度规定’允许的缺陷， × × 分为特级、一级和二级 3 个等级。允许的缺陷不得影响产品质量、保鲜和包装中外观的总体面貌”。

第 3 章“规格划分规定”各标准均有。划分规格对有的产品是强制性的，对有的产品则是非强制性的。例如，对于葡萄干、桃干、梨干、松子、带壳扁桃、菠萝干、去皮扁桃仁、澳洲坚果仁、芒果干、带壳巴西坚果、巴西坚果仁、带壳澳洲坚果和苹果干，扁桃仁、榛子仁、杏干、阿月浑子仁、带壳阿月浑子、带壳核桃和带壳榛子的特级和一级，以及腰果仁的特级，划分规格都是强制性的；而对于扁桃仁、带壳阿月浑子、带壳核桃和带壳榛子的二级，以及腰果仁的一级和二级，划分规格都是非强制性的。至于规格划分依据，只有海枣干标准写明用单果重，其余均采用大小和/或单位重量的个体数，见表116。规格多采用最小值(Min)、最大值(Max)(一般用于以大小划分的规格)和区间(Min - Max)表示，也可采用“Min and plus”(≥最小值)和“Max and less”(≤最大值)表示。以大小划分规格时，不少标准均规定了产品不得小于的最低值。为保证同一包装中产品的一致性，以大小划分规格时，一些标准规定了同一包装中产品大小的最大相差值。以单位重量的个体数划分规格时，亦可做出相应规定。例如，带壳阿月浑子标准规定最重的10%的个体的总重量不得大于最轻的10%的个体的总重量的1.5倍，杏干标准规定最重的10个个体的总重量不得大于最轻的10个个体的总重量的2倍。澳洲坚果仁、巴西坚果仁、带壳澳洲坚果、带壳巴西坚果、梅干、松子仁、无花果干、杏干、腰果仁等9项标准还设有规格代码。核桃仁标准的规格划分比较复杂，该标准按式样将核桃仁划分为5种规格，分别为半仁(核桃仁分裂成大致相等的、完整的两半)、碎裂仁(至少是半仁的3/4大)、1/4仁(果仁纵向分裂成大致相等的4片)、大碎片(比碎裂仁小，比小碎片大)、小碎片(大于3mm、小于8mm)。

表116　UNECE干果和果干标准对规格划分的规定

产品	划分依据	规格表示	最低值	一致性规定	规格代码
阿月浑子仁	个体/重量				
澳洲坚果仁	大小				有
巴西坚果仁	个体/重量	Min - Max			有
扁桃仁	个体/重量	Max and less、Min and plus			
	大小	Min - Max、Min and plus、Max and less		有	
带壳阿月浑子	个体/重量	Min - Max		有	
带壳澳洲坚果	大小	Min - Max	有	有	有
带壳巴西坚果	个体/重量、大小	Min - Max			有
带壳扁桃	个体/重量				
带壳核桃	大小	Min、Min - Max	有	有	

续表

产品	划分依据	规格表示	最低值	一致性规定	规格代码
带壳榛子	大小	Min、Min - Max	有	有	
海枣干	重量	Min	有		
核桃仁	个体/重量、大小				
梨干	大小		有	有	
芒果干	大小				
梅干	个体/重量	Max、Min - Max			有
苹果干	大小		有	有	
葡萄干	个体/重量	Max			
	大小	Min			
去皮扁桃仁	个体/重量	Max and less			
	大小	Min - Max、Min and plus		有	
松子仁	个体/重量	Min - Max			有
桃干	个体/重量				
	大小	Max			
无花果干	个体/重量	Min - Max			有
	大小		有		
杏干	个体/重量	Min - Max		有	有
	大小	Min - Max			
腰果仁	个体/重量	Min - Max			有
	大小	Min			有
榛子仁	大小		有	有	

各标准在第4章“容许度规定”的最前面均规定“在各销售阶段，每批产品中不满足所示等级最低要求的，质量和规格容许度都是允许的”。容许度通常采用表格形式，列出每个等级各缺陷项的容许度。容许度以缺陷产品百分数表示。缺陷产品以重量或个体数计。缺陷项一般分为3类，即“不满足最低要求的产品的容许度”“规格容许度”和“其他缺陷容许度”。对于带壳坚果，“不满足最低要求的产品的容许度”一般包括“未充分发育或空壳”“发霉”“腐臭，或因害虫、腐烂或变质而受损”“有活的害虫”等4个方面；“规格容许度”一

般为“不符合所示规格的产品”；“其他缺陷容许度”一般包括“异物、脱落的外壳、外壳碎片、种皮碎片、尘土(以重量计)”和“不属于所示品种或商品类型的产品(以数量计)”2 个方面。对于坚果仁，“不满足最低要求的产品的容许度”一般包括“未充分发育、萎缩、皱缩”“发霉”“腐臭，或因害虫、腐烂或变质而受损”“有活的害虫”等 4 个方面；“规格容许度”和“其他缺陷容许度”与带壳坚果标准相同。对于果干标准，“不满足最低要求的产品的容许度”一般包括“未充分发育(可选项)”“发霉”“已发酵，或因害虫、腐烂或变质而受损”“有活的害虫”等 4 个方面；“规格容许度”一般为“不符合所示规格的产品”；“其他缺陷容许度”包括“异物、脱落的果柄、穗轴、果核、果核碎片、尘土”和“不属于所示品种或商品类型的产品”2 个方面。需要说明的是，不同标准可能会基于产品属性和贸易实践对上述缺陷项进行结合或拆分，也可能增加或删除某些缺陷项。

第 5 章“外观规定”通常包括“一致性”和“包装”2 个部分。在“一致性”部分，几乎每个标准都会规定“每个包装的内容物应一致，只装入产地、质量、规格(如果划分了规格)、品种或商品类型(如已标示)相同的 × ×。包装内容物的可见部分应代表包装中全部内容物”。有的标准还会增加其他规定，例如，阿月浑子仁、核桃仁、梅干、桃干等 4 项标准均对色泽一致性提出了要求；阿月浑子仁、带壳阿月浑子、带壳扁桃、带壳核桃、带壳榛子、葡萄干等 6 项标准均要求年份相同。在包装方面，各标准“包装”部分的内容比较一致，通常都是：“ × ×应以能适当保护产品的方式包装。所用内包装材料应干净，能避免对产品内外造成损伤。所用材料，特别是承载贸易规格的纸和印记，其印刷和粘贴所用墨和胶水应无毒。包装中应几乎没有‘第 4 章　容许度规定’容许度表格所列异物”。有的标准还会增加其他规定，例如，阿月浑子仁标准规定：“绿色阿月浑子应用感光袋子包装，以保护果仁的颜色”。除上述 2 个部分的内容外，一些标准还有“外观”部分，主要是对包装量和包装容器加以规定。例如，阿月浑子仁、海枣干、桃干、榛子仁等 4 项标准均要求同一包装内的销售包装其重量应相同，阿月浑子仁、带壳澳洲坚果、海枣干、榛子仁、去皮扁桃仁等 5 项标准均对包装容器(袋、软质容器、硬质容器)的材质提出了要求。

在第 6 章“标识规定”标题之下均有一句话：“每个包装均应在同一侧集中用清晰可辨、不易去除的字迹提供下述各项信息，这些信息从包装外可以看到:”。这里的各项信息包括“识别信息”“产品属性”“产品来源”“商品规格”和“官方监管标志(可选项)”。各标准“识别信息”的内容均为“包装商和/或发送者：名称和地址(例如，街/城市/地区/邮政编码和国家，如与原生产国不同)或国家主管部门正式颁发的代码”。“产品属性”的内容通常包括“ × ×”

(××为产品名称)和“品种和/或商品类型的名称(可选项)”。菠萝干、梨干、芒果干、苹果干、杏干、腰果仁等6项标准还有“式样”。核桃仁、带壳巴西坚果、巴西坚果仁等标准均无“品种和/或商品类型的名称(可选项)”。有的标准还有一些其他内容，例如，梨干标准中的“软果”或“软梨”“高含水量梨干”“阳光晒制的”，芒果干标准中的“软果”“阳光晒制的”，无花果干标准中的“品种名称(可选项)”“商品类型名称(可选项)”，核桃仁标准中的“该种的植物学名称”，葡萄干标准中的“商品类型”“外观类型”“带果柄”，桃干标准中的“复水的”，梅干标准中的“水分含量”，带壳扁桃标准中的“外壳类型(可选项)”，带壳核桃标准中的“鲜核桃”。各标准“产品来源”的内容均为“原生产国和种植区(可选项)，或国家、地区或地方的名称”。“商品规格”的内容通常包括“等级”“规格(如果划分规格)”“年份(可选项)”“最佳食用日期(可选项)”。有的标准还有一些其他内容，例如，核桃仁标准中的“每公斤半仁个数(可选项)”“式样；多种式样混合时，应标示每种式样的比例”，葡萄干、苹果干、无花果干等标准中的“自然干燥”，阿月浑子仁标准中的色泽类型，桃干标准中的“水分含量(可选项，但对高含水量产品是强制性的)”，带壳核桃标准中的“对于鲜核桃，‘阴凉处贮存’或‘保存期非常有限，阴凉处贮存’”，菠萝干标准中的“阳光晒制”，梅干标准中的“净重”。至于“官方监管标志(可选项)”，各标准均未给出具体规定。

二、OECD 标准

经济合作与发展组织(OECD)，简称经合组织，成立于1961年9月30日，总部设在法国巴黎，其前身是成立于1948年的欧洲经济合作组织(Organisation for European Economic Co - operation，OEEC)。OECD现有35个成员国，既包括许多世界发达的国家，也包括墨西哥、智利、土耳其等新兴国家。欧盟委员会(European Commission)虽然参与OECD的程度远远超过了观察员，但它没有投票权。OECD与中国、印度、巴西等新兴经济体，以及非洲、亚洲、拉丁美洲和加勒比地区的发展中经济体保持密切合作。OECD的使命是促进改善世界各地人民经济和社会福祉。OECD制定从农业和税收到化学品安全的广泛领域的国际标准。OECD水果标准通过其水果和蔬菜国际标准实施计划(the Scheme for the Application of International Standards for Fruit and Vegetables)制定。

(一)水果标准计划

OECD水果和蔬菜国际标准实施计划建立于1962年，旨在通过简化行政程序来促进种子、水果、蔬菜、森林繁殖材料、拖拉机等领域的国际贸易。

目前，共有26个国家参与该计划，包括奥地利、比利时、巴西、保加利亚、芬兰、法国、德国、希腊、匈牙利、爱尔兰、以色列、意大利、肯尼亚、卢森堡、摩洛哥、荷兰、新西兰、波兰、罗马尼亚、塞尔维亚、斯洛伐克、南非、西班牙、瑞典、瑞士和土耳其。政府间组织和非政府组织作为观察员参加该计划的会议。政府间组织包括UNECE、CAC和欧盟委员会。非政府组织包括地中海柑橘种植业联络委员会(Liaison Committee for Mediterranean Citrus Fruit Culture，CLAM)、欧洲－非洲－加勒比－太平洋联络委员会(Comité de liaison Europe Afrique Caraïbes Pacifique，COLEACP)、欧洲水果和蔬菜贸易协会(European Fruit and Vegetables Trade Association，EUCOFEL)和欧洲新鲜农产品进口商、出口商、批发商、分销商和零售商协会(European Association of Fresh Produce Importers，Exporters，Wholesalers and Distributors，and Retailers，FRESHFEL)。OECD水果和蔬菜国际标准实施计划对世界贸易组织、联合国或其专门机构的成员国开放。

(二)水果标准

OECD现行有效的水果标准共17项，覆盖苹果、杏、鳄梨、樱桃、柑橘类水果、鲜无花果、甜瓜、带壳榛子和榛子仁、猕猴桃、芒果、桃和油桃、梨、李子、石榴、草莓、鲜食葡萄、西瓜等19种水果，见表117。这些标准中，有的标准首次通过时间很早，后来又进行了修订，例如，杏标准(1961年)、樱桃标准(1962年)、西瓜标准(1964年)等；有的标准则是近年来新制定的，例如，石榴标准(2014年)、苹果标准(2010年)、柑橘类水果标准(2010年)等。这些标准中，石榴标准被CAC推荐为自己的标准(CODEX STAN 310－2013)，其余标准均被UNECE推荐为自己的标准。这些标准中，石榴标准的结构和内容与相应的CAC标准(CODEX STAN 310－2013)一致，其余标准的结构和内容均与相应的UNECE标准一致。

表117　OECD现行有效的水果标准说明手册

标准名称	对应的UNECE/CAC标准编号	出版时间
International Standards for Fruit and Vegetables: Apples 水果和蔬菜国际标准：苹果	FFV－50	2010
International Standards for Fruit and Vegetables: Apricots 水果和蔬菜国际标准：杏	FFV－02	2010

续表

标准名称	对应的 UNECE/CAC 标准编号	出版时间
International Standards for Fruit and Vegetables: Avocados 水果和蔬菜国际标准：鳄梨	FFV－42	2004
International Standards for Fruit and Vegetables: Cherries 水果和蔬菜国际标准：樱桃	FFV－13	2015
International Standards for Fruit and Vegetables: Citrus Fruits 水果和蔬菜国际标准：柑橘类水果	FFV－14	2010
International Standards for Fruit and Vegetables: Fresh Figs 水果和蔬菜国际标准：鲜无花果	FFV－17	2015
International Standards for Fruit and Vegetables: Melons 水果和蔬菜国际标准：甜瓜	FFV－23	2014
International Standards for Fruit and Vegetables: Inshell Hazelnuts and Hazelnut Kernels 水果和蔬菜国际标准：带壳榛子和榛子仁	DDP－03、DDP－04	2011
International Standards for Fruit and Vegetables: Kiwifruits 水果和蔬菜国际标准：猕猴桃	FFV－46	2008
International Standards for Fruit and Vegetables: Mangoes 水果和蔬菜国际标准：芒果	FFV－45	2011
International Standards for Fruit and Vegetables: Peaches and Nectarines 水果和蔬菜国际标准：桃和油桃	FFV－26	2010

续表

标准名称	对应的 UNECE/CAC 标准编号	出版时间
International Standards for Fruit and Vegetables: Pears 水果和蔬菜国际标准：梨	FFV - 51	2009
International Standards for Fruit and Vegetables: Plums 水果和蔬菜国际标准：李子	FFV - 29	2002
International Standards for Fruit and Vegetables: Pomegranate 水果和蔬菜国际标准：石榴	CODEX STAN 310 - 2013	2014
International Standards for Fruit and Vegetables: Strawberries 水果和蔬菜国际标准：草莓	FFV - 35	2005
International Standards for Fruit and Vegetables: Table Grapes 水果和蔬菜国际标准：鲜食葡萄	FFV - 19	2006
International Standards for Fruit and Vegetables: Watermelons 水果和蔬菜国际标准：西瓜	FFV - 37	2012

(三)水果标准说明手册

OECD 水果和蔬菜国际标准实施计划以标准说明手册著称。OECD 出版标准说明手册的目的是用照片和解释性说明实现对现行有效标准的一致解释。这些说明手册都是在 OECD 1962 年建立的水果和蔬菜国际标准实施计划的框架内出版的。OECD 现行有效的 17 项水果标准均出版有标准说明手册，这些手册既有印刷版，也有电子版，其出版时间为 2004—2015 年。通常，标准说明手册的主要内容依次是英文标准条文(蓝色粗体)及其解释性说明(黑色斜体)、法文标准条文(蓝色粗体)及其解释性说明(黑色斜体)、图例。这些标准说明手册用文字对标准文本进行说明，用高质量照片显示水果质量参数(产品和缺陷的特点)，所用照片一般为数十张，多的达数百张(如甜瓜标准说明手册）。有的标准说明手册还有西班牙文标准条文及其解释性说明。苹果、梨、李子和鲜食葡萄的标准说明手册已有德文版。对于那些对国际水果和蔬菜贸易感兴趣的检验机构、专业团体和贸易商，这些标准说明手册是非常宝贵的工具。除上述标准说明手册外，OECD 还出版过苹果和梨（1983 年）、带壳甜扁桃和带壳榛子（1988 年）、甜瓜商业类型（2006 年）、带壳榛子（2009 年）等标准说明手册，以及用于苹果贸易中测定苹果果皮着色情况的苹果色度卡。

（四）水果指导方针

除标准说明手册外，OECD 还为水果和蔬菜制定了《客观测试指南（Guidelines on Objective Tests）》《检验员培训指南（Guidelines on Training of Inspectors）》和《风险分析指南（Guidelines on Risk Analysis）》。《Guidelines on Objective Tests》描述了对水果进行客观检验的方法，对于检验服务和水果产业，这些方法在确定水果成熟程度和质量可接受水平时都是有益的。该指南包括取样、折射仪法测定可溶性固形物或可溶性糖含量、硬度计测定果实硬度、滴定法测定果实含酸量、糖酸比计算方法、果汁含量测定、实验室参考法或微波炉快速法测定干物质含量、可见 - 近红外（VIS - NIR）法测定可溶性固形物含量、用碘溶液测定苹果和梨淀粉含量、用 OECD 色度卡测定果皮颜色、实验室参考法和快速法测定果干含水量等 11 个方面的内容。《Guidelines on Training of Inspectors》为私人和公共检验服务行业提供国际参考，帮助其建立专业的检验队伍和制定质量检验员初始/年度教育计划。《Guidelines on Risk Analysis》要求基于风险分析，事先制定评估不符合检验批的客观标准，并列出了标准可能包括的要素。

三、欧盟标准

欧洲联盟（European Union，EU），简称欧盟。1993 年，欧洲经济共同体（European Economic Community，EEC）更名为欧盟，欧盟正式建立。目前，欧盟成员国已达 28 个，覆盖欧洲大陆的大部分地区。欧盟是一个独特的政治经济联盟，建立了巨大的单一市场（也称“内部”市场）。在欧盟，由欧盟委员会（European Commission）提出法律，欧洲议会和欧洲理事会通过法律，成员国政府和欧盟相关机构实施法律。欧盟的果品标准包括销售标准、农药最大残留限量标准和污染物限量标准 3 类，均通过立法（条例）的形式，由欧盟委员会制定、修订和废止。

（一）标准体系

欧盟现有 8 项具体果品的销售标准，这些销售标准均为产品标准。根据

Commission implementing regulation（EU）No 1333/2011，欧盟为香蕉产业制定了《香蕉销售标准》。根据 Commission regulation（EC）No 1221/2008，欧盟制定了《草莓销售标准》《柑橘类水果销售标准》《梨销售标准》《猕猴桃销售标准》《苹果销售标准》《桃和油桃销售标准》和《鲜食葡萄销售标准》。对于鳄梨、李子、樱桃、杏、甜瓜、西瓜、带壳核桃、带壳榛子等 8 种果品，欧盟过去都制定了各自的销售标准，但均已被 Commission regulation（EC）No 1221/2008 废除。为避免不必要的贸易壁垒，当欧盟需要建立具体果品的销售标准时，该标准应该是 UNECE 已建立的标准，而且欧盟各种果品的具体销售标准必须与 UNECE 有关标准一致，并定期更新。UNECE 会在每年的 11 月更新其标准。需要说明的是，该要求不适用于《香蕉销售标准》，因为 UNECE 未制定香蕉产品标准。除具体果品的销售标准外，Commission regulation（EC）No 1221/2008 还制定了果品和蔬菜通用销售标准。凡具体果品的销售标准未覆盖的产品必须满足通用销售标准或适用的 UNECE 标准的要求。换言之，除豁免的产品外，UNECE 制定的果品产品标准均可视为 EU 果品销售标准体系的有机组成部分。

根据 Commission implementing regulation（EU）No 543/2011，在有些情况下，可不要求果品符合销售标准的要求：

（1）不要求符合销售标准的情况：①标注“加工用”或“动物饲料用”的产品；②生产者转让给消费者个人使用的产品；③经整理和切割后即食的产品；④生产者在市场上直接销售给最终消费者个人使用的产品；⑤在特定产区，已销售的产品，生产者运至包装场、预处理场或贮藏设施的产品，或生产者从贮藏设施运至包装场和预处理场的产品。

（2）不要求符合具体销售标准的情况：①供零售给消费者个人使用的产品；②标注“加工用产品”的产品；③除特级外，在发送后的各个阶段，由于发育和易腐性而呈现轻微新鲜度和饱满度缺失、变质的产品。

（3）不要求符合通用销售标准的果品：酸角（CN code 0709 90 40）、苦扁桃（CN code 0802 11 10）、去壳扁桃（CN code 0802 12）、去壳榛子（CN code 0802 22）、去壳核桃（CN code 0802 32）、松子（CN code 0802 90 50）、阿月浑子（CN code 0802 50 00）、澳洲坚果（CN code 0802 60 00）、美国山核桃（CN code 0802 90 20）、其他坚果（CN code 0802 90 85）、大蕉干（CN code 0803 00 90）、柑橘干（CN code 0805）、混合热带坚果（CN code 0813 50 31）、混合其他坚果（CN code 0813 50 39）。

（二）标准结构

欧盟的具体果品销售标准在结构和技术内容上与 UNECE 的相关果品产品

标准一致。前文已介绍UNECE果品产品标准的结构和技术内容，此处不再冗述，仅简要介绍《通用销售标准》和《香蕉销售标准》。

《通用销售标准》包括“最低质量要求”“最低成熟度要求”“容许度”和“产品来源标志”4个部分。其中，“最低质量要求”的内容为“符合允许的容许度。产品应：完整；完好，因腐烂和变质致使不适于消费的产品除外；干净，几乎无可见异物；几乎无害虫；几乎无害虫造成的影响果肉的损害；无异常外部水分；无异味；其状况应确保其能经受运输和装卸，并以令人满意的状态抵达目的地”。“最低成熟度要求”的内容为“产品应充分发育，但不能过度发育；应呈现令人满意的成熟度，但不能过熟；其发育和成熟状态应确保其继续成熟过程，并达到令人满意的成熟度”。“容许度”的内容为“每批产品允许有10%的产品(以数量或重量计)不满足最低质量要求，其中，受腐烂影响的产品不能超过2%”。“产品来源标志”的内容为“产品来源国的全称；对于产自成员国的产品，产品来源国的全称应采用原生产地国的语言或其他能被目的国消费者理解的语言；对于其他产品，产品来源国的全称应采用能被目的国消费者理解的语言”。

《香蕉销售标准》包括“产品定义”“质量”“规格划分”“容许度”“外观”“标识”6个部分。“质量”部分规定了预处理和包装后未成熟的青香蕉应满足的质量要求，包括“最低要求”和“分级”2个部分，其内容与UNECE新鲜水果标准基本一致，但增加了一些香蕉的特殊要求。例如，“最低要求”部分增加了“青而未熟”“硬实”“果柄完整，无弯曲、真菌损害或脱水”“去雌蕊”“果指无畸形或异常弯曲”“几乎无碰压伤”“几乎无低温伤害等”；“分级”部分增加了对碰压伤面积的限定，并要求任何情况下缺陷都不得伤及果肉。“规格划分”部分规定了规格的确定方法(果指长度或粗度)、果指长度和粗度测定的参照果实、果指长度和粗度最低要求。“容许度”部分包括“质量容许度”和“规格容许度”2个部分，其内容与UNECE新鲜水果标准基本一致，只是特级容许度允许的产品其比例调整为5%，容许度允许的果实其长度最小不能低于13cm。

(三)安全限量标准

欧盟果品安全限量标准包括污染物限量标准和农药残留限量标准，均由欧盟委员会通过其条例制定、修订和废止。目前，欧盟关于污染物限量的条例为Regulation(EC) No 1881/2006。该条例2007年3月1日起实施，代替条例Regulation(EC) No 466/2001。截至2018年2月27日，该条例已先后进行了28次修订。根据其最新版本(2018年3月19日)，欧盟制定了果品中黄曲霉毒素、赭曲霉素A、铅和镉4种污染物的限量，其中，黄曲霉毒素限量分别

设定了黄曲霉毒素 B_1 和黄曲霉毒素总量（$AFB_1 + AFB_2 + AFG_1 + AFG_2$）两种限量，见表118。此外，该条例还规定了果品制品中赭曲霉素A、展青霉素和铅的限量，以及香蕉干中多环芳烃的限量。

表118　欧盟制定的果品中污染物限量

污染物	产品	限量	
黄曲霉毒素	扁桃、阿月浑子、杏仁[1]	12.0μg/kg[2]	15.0μg/kg[3]
	榛子和巴西坚果[1]	8.0μg/kg[2]	15.0μg/kg[3]
	木本坚果[1][4]	5.0μg/kg[2]	10.0μg/kg[3]
	扁桃、阿月浑子、杏仁[5]	8.0μg/kg[2]	10.0μg/kg[3]
	榛子和巴西坚果[5]	5.0μg/kg[2]	10.0μg/kg[3]
	木本坚果[4]及其加工制品[5]	2.0μg/kg[2]	4.0μg/kg[3]
	干果（无花果干除外）[1]	5.0μg/kg[2]	10.0μg/kg[3]
	干果（无花果除外）及其加工制品[5]	2.0μg/kg[2]	4.0μg/kg[3]
	无花果干	6.0μg/kg[2]	10.0μg/kg[3]
赭曲霉素A	蔓生果树的果干（穗醋栗、葡萄干、无核葡萄干）	10.0μg/kg	
铅	水果（酸果蔓、穗醋栗、接骨木和草莓除外）	0.1mg/kg	
	酸果蔓、穗醋栗、接骨木、草莓	0.2mg/kg	
镉	水果	0.05mg/kg	

[1] 食用或用作食物成分之前要进行分拣或其他物理处理。[2] 黄曲霉毒素 B_1。[3] 黄曲霉毒素总量（$AFB_1 + AFB_2 + AFG_1 + AFG_2$）。[4] 扁桃、阿月浑子、杏仁、榛子和巴西坚果除外。[5] 直接食用或直接用作食物成分。

欧盟关于农药最大残留限量的条例为 Regulation（EC）No 396/2005。根据该条例，对于未特殊指明的农药，其最大残留限量采用通用默认值0.01mg/kg。在欧盟农药最大残留限量制定过程中，由欧洲食品安全局（European Food Safety Authority，EFSA）进行风险评估，核实拟设立的残留限量水平是否对欧盟所有消费者人群都是安全的。如果该残留限量水平对任何一个消费者人群存在风险，则拒绝应用该最大残留限量，且该农药不得用于该作物上。欧盟委员会根据EFSA的意见，设立新的最大残留限量，修改或删除已有的最大残留限量。对于欧盟之外栽培的作物，该作物的最大残留限量在出口国要求下制定。欧盟建有欧盟农药数据库（EU Pesticides Database），覆盖农药达624种，在农药残留搜索界面（search pesticide residues）利用农药残留选择栏（select pesticide residues）和农产品选择栏（select products）即可检索欧盟制定的果品中农药最大残留限量。利用该数据库可分别查询各类果品和各种果品的农药最大残留限量，见表119。总体而言，欧盟农药残留限量覆盖农药种类多、要求严，大多数限量均严于我国，其中许多限量均设定为0.01mg/kg。

表119　欧盟农药最大残留限量标准对果品的分类

代码	果品分类	代码	果品分类
0100000	**Fruits, fresh or frozen; Tree nuts 新鲜或冷冻水果、木本坚果**	0120030	Cashew nuts 腰果
0110000	**Citrus fruits 柑橘类水果**	0120040	Chestnuts 板栗
0110010	Grapefruits 葡萄柚	0120050	Coconuts 椰子
0110020	Oranges 橙	0120060	Hazelnuts/cobnuts 榛子
0110030	Lemons 柠檬	0120070	Macadamias 澳洲坚果
0110040	Limes 莱檬	0120080	Pecans 美国山核桃
0110050	Mandarins 椪柑	0120090	Pine nut kernels 松籽仁
0110990	Others 其他	0120100	Pistachios 阿月浑子
0120000	**Tree nuts 木本坚果**	0120110	Walnuts 核桃
0120010	Almonds 扁桃	0120990	Others 其他
0120020	Brazil nuts 巴西坚果	**0130000**	**Pome fruits 仁果类水果**

续表

代码	果品分类	代码	果品分类
0130010	Apples 苹果	0151010	Table grapes 鲜食葡萄
0130020	Pears 梨	0151020	Wine grapes 酿酒葡萄
0130030	Quinces 榅桲	0152000	(b) strawberries 草莓
0130040	Medlars 欧楂	0153000	(c) cane fruits 藤本水果
0130050	Loquats/Japanese medlars 枇杷	0153010	Blackberries 黑莓
0130990	Others 其他	0153020	Dewberries 露莓
0140000	**Stone fruits** **核果类水果**	0153030	Raspberries (red and yellow) 树莓(红和黄)
0140010	Apricots 杏	0153990	Others 其他
0140020	Cherries (sweet) 甜樱桃	0154000	(d) other small fruits and berries 其他小粒水果和浆果
0140030	Peaches 桃	0154010	Blueberries 越橘(蓝莓)
0140040	Plums 李	0154020	Cranberries 蔓越橘
0140990	Others 其他	0154030	Currants (black, red and white) 穗醋栗(黑、红和白)
0150000	**Berries and small fruits** **浆果和其他小粒水果**	0154040	Gooseberries (green, red and yellow) 欧洲醋栗(黑、红和黄)
0151000	(a) grapes 葡萄	0154050	Rose hips 蒲桃

续表

代码	果品分类	代码	果品分类
0154060	Mulberries(black and white) 桑葚	0162000	(b)inedible peel, small 皮不可食小粒水果
0154070	Azaroles/Mediterranean medlars 枸杞	0162010	Kiwi fruits (green, red, yellow) 猕猴桃(绿、红、黄)
0154080	Elderberries 接骨木	0162020	Litchis/lychees 荔枝
0154990	Others 其他	0162030	Passionfruits/maracujas 西番莲
0160000	**Miscellaneous fruits with** **杂果**	0162040	Prickly pears/cactus fruits 仙人果
0161000	(a)edible peel 皮可食	0162050	Star apples/cainitos 星苹果
0161010	Dates 海枣	0162060	American persimmons/Virginia kaki 美国柿子
0161020	Figs 无花果	0162990	Others 其他
0161030	Table olives 食用橄榄	0163000	(c)inedible peel, large 皮不可食大粒水果
0161040	Kumquats 金柑	0163010	Avocados 鳄梨
0161050	Carambolas 杨桃	0163020	Bananas 香蕉
0161060	Kaki/Japanese persimmons 柿子	0163030	Mangoes 芒果
0161070	Jambuls/jambolans 爪哇李	0163040	Papayas 番木瓜
0161990	Others 其他	0163050	Granate apples/pomegranates 石榴

续表

代码	果品分类	代码	果品分类
0163060	Cherimoyas 番荔枝	0163990	Others 其他
0163070	Guavas 番石榴	**0200000**	**Vegetables, fresh or frozen** **新鲜或冷冻蔬菜**
0163080	Pineapples 菠萝	**0230000**	**Fruiting vegetables** **果菜类**
0163090	Breadfruits 面包果	0233000	(c) cucurbits with inedible peel 皮不可食葫芦科水果
0163100	Durians 榴莲	0233010	Melons 甜瓜
0163110	Soursops/guanabanas 刺果番荔枝	0233030	Watermelons 西瓜

第四节　美国标准

美国的果品标准主要包括农药残留限量标准和美国等级标准两类。农药残留限量标准的制定由美国环境保护署(United States Environmental Protection Agency, EPA)负责。美国等级标准的制定由美国农业部(United States Department of Agriculture, USDA)农产品营销局(Agricultural Marketing Service, AMS)水果和蔬菜处(Fruit and Vegetable Division, FVD)负责。就单个国家而言，美国的果品及其加工品等级标准最为完善，共有123项，均为产品标准，包括48项水果标准、11项坚果标准和64项果品加工品标准。

一、农药残留限量标准

美国的农药残留限量由美国联邦法规(Code of Federal Regulations, CFR)第40篇“Title 40: Protection of Environment”第180部分“Part 180—Tolerances and Exemptions for Pesticide Chemical Residues in Food”设立，包括A、B、C、D、E等5个亚部分。第A亚部分“Definitions and Interpretative Regulations”包括“定义和解释(Definitions and interpretations)”“相关农药的限量(Tolerances for related pesticide chemicals)”“免责条款(Exceptions)”“零限量(Zero tolerances)”“关于奶、蛋、肉和/或禽的农药限量及政策声明(Pesticide tolerances regarding milk, eggs, meat, and/or poultry; statement of policy)”等5款。第B亚部分“Procedural Regulations”包括“建议原料产品或加工品设立或免予设立残留限量的申请书(Petitions proposing tolerances or exemptions for pesticide residues in or on raw)”“申请书的无异议撤销(Withdrawal of petitions without prejudice)”“对申请书的实质性修改(Substantive amendments to petitions)”“根据环保署署长倡议，建立、修改和撤销残留限量(Establishment, modification, and revocation of tolerance on initiative of Administrator)”“复审(Judicial review)”“临时限量(Temporary tolerances)”“修订、撤销或豁免限量的程序(Procedure for modifying and revoking tolerances or exemptions from tolerances)”“费用(Fees)”“剩余残留量的测定(Tests on the amount of residue remaining)”“增强作用的测定(Tests for potentiation)”“作物类的限量(Tolerances for crop groups)”“作物类列表(Crop group tables)”等12款。第C亚部分“Specific Tolerances”包括404个条款，除第1款“具体限量和一般规定(Specific tolerances; general provisions)”外，其余403款都是针对具体农药的。第D亚部分“Exemptions From Tolerances”包括244个条款，除第1款“限量要求豁免(Exemptions from the requirement of a tolerance)”外，其余243款均是关于某种(类)农药的限量豁免。第E亚部分“Pesticide Chemicals Not Requiring a Tolerance or an Exemption From a Tolerance”包括“范围(Scope)”“定义(Definitions)”“ 非食品测定(Non - food determinations)”等3款。

根据农药名称和果品或果品类的名称，即可从CFR查询到美国是否对该种(类)果品规定了该农药的残留限量，以及限量值是多少。在美国制定的果品农药残留限量中，既有针对具体某种果品制定的农药残留限量，也有针对某类果品制定的农药残留限量。为针对某类果品制定农药残留限量，CFR对果品进行了分类，见表120，共分为12类，并列出了每类的代表产品和全部产品；对于在类下面再分亚类的，还列出了各亚类的代表产品和全部产品。需要说明的是，虽然第10类和第10 - 10类之间、第11类和第11 - 10类之间、第12类和第12 - 12类之间、第14类和第14 - 12类之间类的名称都一样，但后者比前者所列产品更多、更全。另外，对于表121，A栏某类果品设立的农药残留限量或豁免设立残留限量的农药也适用于B栏相应的具体果品种类，但B栏某具体果品种类设立的农药残留限量或豁免设立残留限量的农药并不适用于A栏中相应的果品种类。在CFR设立的果品农药残留限量中，有不少限量是针对采后施用了该农药的果品的(如扁桃中马拉硫磷和苹果中增效醚)，也有针对采前施用了该农药的果品的(如苹果中二苯胺和梨中乙氧基喹)。CFR还设立了一些临时限量，到预定日期即过期或撤销。对于某项具体的临时限量，可自行查询和跟踪。

表 120　美国农药残留限量标准对果品的分类

类编号	类名称	亚类编号
10	柑橘类水果	
10－10	柑橘类水果	10－10A、10－10B、10－10C
11	仁果类水果	
11－10	仁果类水果	
12	核果类水果	
12－12	核果类水果	12－12A、12－12B、12－12C
13	浆果类水果	13A、13B
13－07	浆果和小型水果	13－07A、13－07B、13－07C、13－07D、13－07E、13－07F、13－07G、13－07H
14	木本坚果	
14－12	木本坚果	
23	皮可食热带、亚热带水果	23A、23B、23C
24	皮不可食热带、亚热带水果	24A、24B、24C

表 121　美国农药残留限量标准中某些果品种类及其相应的具体果品

A(果品种类)	B(具体果品)
Banana 香蕉	Banana, plantain 香蕉、大蕉
Blackberry 黑莓	*Rubus eubatus* (including bingleberry, black satin berry, boysenberry, Cherokee blackberry, Chesterberry, Cheyenne blackberry, coryberry, darrowberry, dewberry, Dirksen thornless berry, Himalayaberry, hullberry, Lavacaberry, lowberry, Lucretiaberry, mammoth blackberry, marionberry, nectarberry, olallieberry, Oregon evergreen berry, phenomenalberry, rangerberry, ravenberry, rossberry, Shawnee blackberry, and varieties and/or hybrids of these) 黑莓(包括宾格莓、黑色丁莓、波森莓、切诺基黑莓、切斯特莓、夏安黑莓、科里莓、达罗莓、露莓、迪克森无刺莓、喜马拉雅莓、赫尔莓、拉瓦卡莓、矮莓、卢克丽霞莓、猛犸黑莓、马里昂莓、耐克特莓、奥拉里莓、俄勒冈常绿莓、非凡莓、护林莓、乌亮莓、罗斯莓、肖尼黑莓，以及它们的品种及杂种)

续表

A(果品种类)	B(具体果品)
Caneberry 蔓越莓	*Rubus* spp. (including blackberry); *Rubus caesius* (youngberry); *Rubus loganbaccus* (loganberry); *Rubus idaeus* (red and black raspberry); cultivars, varieties, and/or hybrids of these 悬钩子属(包括黑莓)、杨氏莓、罗甘莓、树莓(红树莓和黑树莓),以及它们的栽培品种、品种及杂种
Cherry 樱桃	Cherry, sweet, and cherry, tart 甜樱桃、酸樱桃
Fruit, citrus 柑橘类水果	Grapefruit, lemon, lime, orange, tangelo, tangerine, citrus citron, kumquat, and hybrids of these 葡萄柚、柠檬、莱檬、橙、橘柚、橘、枸橼、金柑,以及它们的杂种
Guava 番石榴	Guava (*Psidium guajava* L.); Guava, cattley (*Psidium cattleyanum* Sabine); Guava, Para (*Psidium acutangulum* DC.); Guava, purple strawberry (*Psidium cattleyanum* Sabine var. *cattleyanum*); Guava, strawberry [*Psidium cattleyanum* Sabine var. *littorale* (Raddi) Fosberg]; Guava, yellow strawberry (*Psidium cattleyanum* Sabine var. *cattleyanum* forma *lucidum* O. Deg.) 番石榴、卡特利番石榴、帕拉番石榴、紫草莓番石榴、草莓番石榴、黄草莓番石榴
Melon 果用瓜	Muskmelon, including hybrids and/or varieties of *Cucumis melo* (including true cantaloupe, cantaloupe, casaba, Santa Claus melon, crenshaw melon, honeydew melon, honey balls, Persian melon, golden pershaw melon, mango melon, pineapple melon, snake melon); and watermelon, including hybrids and/or varieties of (*Citrullus* spp.) 甜瓜,包括甜瓜的品种和杂种(包括真罗马蜜瓜、罗马蜜瓜、卡萨巴甜瓜、圣诞老人甜瓜、克伦肖甜瓜、白兰瓜、蜜瓜、波斯甜瓜、金珀肖甜瓜、芒果甜瓜、菠萝甜瓜、蛇甜瓜);西瓜,包括西瓜的品种及杂种
Muskmelon 甜瓜	*Cucumis melo* (includes true cantaloupe, cantaloupe, casaba, Santa Claus melon, crenshaw melon, honeydew melon, honey balls, Persian melon, golden pershaw melon, mango melon, pineapple melon, snake melon, and other varieties and/or hybrids of these.) 甜瓜(包括真罗马蜜瓜、罗马蜜瓜、卡萨巴甜瓜、圣诞老人甜瓜、克伦肖甜瓜、白兰瓜、蜜瓜、波斯甜瓜、金珀肖甜瓜、芒果甜瓜、菠萝甜瓜、蛇甜瓜,以及它们的品种及杂种)
Peach 桃	Peach, nectarine 桃、油桃

续表

A(果品种类)	B(具体果品)
Raspberry 树莓	*Rubus* spp. (including bababerry; black raspberry; blackcap; caneberry; framboise; frambueso; himbeere; keriberry; mayberry; red raspberry; thimbleberry; tulameen; yellow raspberry; and cultivars, varieties, and/or hybrids of these) 树莓属(包括巴巴莓、黑树莓、黑色莓、蔓越莓、framboise、frambueso、himbeere、克里莓、梅莓、红树莓、顶针莓、托拉米、黄树莓，以及它们的栽培品种、品种及杂种)
Sugar apple 番荔枝	*Annona squamosa* L. and its hybrid atemoya (*Annona cherimola* Mill X A. *squamosa* L.). Also includes true custard apple (*Annona reticulata* L.) 番荔枝、(番荔枝与南美番荔枝的)杂交番荔枝，也包括牛心番荔枝
Tangerine 橘	Tangerine (mandarin or mandarin orange); clementine; Mediterranean mandarin; satsuma mandarin; tangelo; tangor; cultivars, varieties, and/or hybrids of these 椪柑、克里迈丁红橘、地中海红橘、温州蜜柑、橘柚、橘橙，以及它们的栽培品种、品种及杂种

CFR 未专门设立果品加工品的农药残留限量，但 CFR 规定，若将符合残留限量或豁免设立残留限量的原料用于加工品生产，即使该加工品未设立残留限量或未豁免设立残留限量，该加工品也不会被认为不安全，前提是原料符合残留限量的要求、加工操作中该农药残留已按良好加工规范(good manufacturing practice，GPM)尽量清除、加工品中的农药残留量未超过原料中设定的该农药的残留限量。所谓原料果是指新鲜水果(无论其是否被清洗、是否被染色、是否以未去皮的自然状态被其他方式处理过)和坚果，不包括已通过冷冻、脱水等方式加工的果品。

二、美国等级标准

(一)等级标准体系

1. 水果等级标准

美国水果等级标准现有 48 项，见表 122，包括新鲜水果标准 34 项和加工用水果标准 14 项，覆盖葡萄、浆果、穗醋栗、露莓、黑莓、蔓越橘、草莓、葡萄、树莓、苹果、桃、梨、杏、葡萄柚、橙、桔柚、椪柑、鲜李、鲜梅、甜瓜、猕猴桃、芒果、油桃、莱檬、菠萝、西瓜等 26 种水果。个别加工用水果标准和所有新鲜水果标准均由 AMS 水果和蔬菜处新鲜产品科负责，加工用水果标准大多由 AMS 水果和蔬菜处特种作物检验科负责。最早的标准《露莓和黑莓美国等级标准》于 1928 年 2 月 13 日生效，近 50% 的标准制定于 1980 年以前，29% 的标准已进行过修订。美国新鲜水果等级标准的结构不尽一致，但几乎都包括“等级”“容许度”和“定义”3 个部分，可能的部分还有“色泽要求”“取样和百分率计算方法”“贮藏和运送的条件”“包装要求”“标志要求”“美国出口条件标准”“公制转换表”“等级或大小测定的取样”“标准包装”“缺陷分级”“标准大小”“大小”“未分级”等。美国加工用水果等级标准之间在结构上存在差异，各标准均有“等级”和“定义”两部分，多数标准有“概要”和“未分级”两部分，可能的部分还有“容许度”“大小”“拣选剩余品”“标准应用”“容许度应用”“百分率计算”“最低大小”等。不同标准之间产品等级名称和产品划分等级数不尽一致，产品等级最少的只有 1 个，最多的有 10 个，2/3 的标准产品等级有 2 个 ~4 个；加工用水果标准的产品等级有 1 个 ~4 个，绝大多数标准的产品等级有 2 个 ~3 个。

表 122 美国水果等级标准及生效日期

标准名称	现行版本	前一版本
United States Standards for Grades of American (Eastern Type) Bunch Grapes 美洲串葡萄美国等级标准	2016-09-06	1983-09-08
United States Standards for Grades of Berries for Processing 加工用浆果美国等级标准	2016-09-06	1947-06-02
United States Standards for Grades of Blueberries for Processing 加工业用蓝莓美国等级标准	2016-09-06	1950-08-05
United States Standards for Grades of Currants for Processing 加工业用穗醋栗美国等级标准	2016-09-06	1952-05-18
United States Standards for Grades of Dewberries and Blackberries 露莓和黑莓美国等级标准	2016-09-06	1928-02-13
United States Standards for Grades of Fresh Cranberries for Processing 加工用鲜蔓越橘美国等级标准	2016-09-06	1957-08-24
United States Standards for Grades of Growers' Stock Strawberries for Manufacture 种植者储存的用于加工的草莓美国等级标准	2016-09-06	1935-06-01
United States Standards for Grades of Juice Grapes (European or Vinifera Type) 制汁葡萄(欧洲葡萄)美国等级标准	2016-09-06	1939-07-20

续表

标准名称	现行版本	前一版本
United States Standards for Grades of Processed Raisins 已加工的葡萄干美国等级标准	2016-07-25	1978-12-01
United States Standards for Grades of Raspberries for Processing 加工用树莓美国等级标准	2015-09-06	1952-05-18
United States Standards for Grades of Red Sour Cherries for Manufacture 生产用红酸樱桃美国等级标准	2016-09-06	1941-04-20
United States Standards for Grades of Sweet Cherries for Canning or Freezing 制罐或冷冻用甜樱桃美国等级标准	2016-09-06	1946-06-01
United States Standards for Grades of Washed and Sorted Strawberries for Freezing 已清洗和分类的冷冻用草莓美国等级标准	2016-09-06	1935-06-01
United States Standards for Grades of Apples for Processing 加工用苹果美国等级标准	1961-06-01	
United States Standards for Grades of Fresh Freestone Peaches for Canning, Freezing, or Pulping 制罐、冷冻或制浆用新鲜离核桃美国等级标准	1966-07-01	
United States Standards for Grades of Grapes for Processing and Freezing 加工或冷冻用葡萄美国等级标准	1977-09-01	
United States Standards for Grades of Pears for Processing 加工用梨美国等级标准	1970-07-01	
United States Standards for Grades of Apples 苹果美国等级标准	2002-12-19	
United States Standards for Grades of Apricots 杏美国等级标准	1994-10-28	
United States Standards for Grades of Blueberries 蓝莓美国等级标准	1995-03-20	
United States Standards for Grades of Cantaloups 香瓜美国等级标准	2008-03-10	

续表

标准名称	现行版本	前一版本
United States Standards for Grades of Florida Grapefruit 佛罗里达葡萄柚美国等级标准	1997－02－20	
United States Standards for Grades of Florida Oranges and Tangelos 佛罗里达橙子和桔柚美国等级标准	1997－02－20	
United States Standards for Grades of Florida Tangerines 佛罗里达椪柑美国等级标准	1997－02－20	
United States Standards for Grades of Fresh Cranberries 新鲜蔓越橘美国等级标准	1971－08－26	
United States Standards for Grades of Fresh Plums and Prunes 鲜李和西梅干美国等级标准	2004－03－29	
United States Standards for Grades of Grapefruit (California and Arizona) (加利福尼亚州和亚利桑那州)葡萄柚美国等级标准	1999－12－27	
United States Standards for Grades of Grapefruit (Texas and States other than Florida, California and Arizona) (得克萨斯州以及佛罗里达州、加利福尼亚州和亚利桑那州之外的州)葡萄柚美国等级标准	2003－09－05	
United States Standards for Grades of Honey Dew and Honey Ball Type Melons 蜜露和蜜球型甜瓜美国等级标准	1967－04－01	
United States Standards for Grades of Kiwifruit 猕猴桃美国等级标准	1986－10－15	
United States Standards for Grades of Lemons 柠檬美国等级标准	1999－12－27	
United States Standards for Grades of Mangos 芒果美国等级标准	2007－08－24	
United States Standards for Grades of Muscadine (Vitis rotundifolia) Grapes 圆叶葡萄美国等级标准	2006－02－13	

续表

标准名称	现行版本	前一版本
United States Standards for Grades of Nectarines 油桃美国等级标准	2004 - 03 - 29	
United States Standards for Grades of Oranges (California and Arizona) (加利福尼亚州和亚利桑那州)橙美国等级标准	1999 - 12 - 27	
United States Standards for Grades of Oranges (Texas and States other than Florida, California and Arizona) (得克萨斯州以及佛罗里达州、加利福尼亚州和亚利桑那州之外的州)橙美国等级标准	2003 - 09 - 05	
United States Standards for Grades of Peaches 桃美国等级标准	2004 - 05 - 21	
United States Standards for Grades of Persian (Tahiti) Limes 波斯(塔希提)莱檬美国等级标准	2006 - 05 - 31	
United States Standards for Grades of Pineapples 菠萝美国等级标准	2008 - 05 - 02	
United States Standards for Grades of Raspberries 树莓美国等级标准	2016 - 09 - 06	1931 - 05 - 29
United States Standards for Grades of Strawberries 草莓美国等级标准	2006 - 02 - 23	
United States Standards for Grades of Summer and Fall Pears 夏梨和秋梨美国等级标准	1955 - 08 - 20	
United States Standards for Grades of Sweet Cherries 甜樱桃美国等级标准	1971 - 05 - 07	
United States Standards for Grades of Sweet Cherries, for Export for Sulphur Brining 出口用于二氧化硫处理的甜樱桃美国等级标准	1940 - 05 - 28	
United States Standards for Grades of Table Grapes (European or Vinifera Type) 鲜食葡萄(欧洲葡萄)美国等级标准	1999 - 03 - 29	

续表

标准名称	现行版本	前一版本
United States Standards for Grades of Tangerines 椪柑美国等级标准	1999－12－27	
United States Standards for Grades of Watermelons 西瓜美国等级标准	2006－03－23	
United States Standards for Grades of Winter Pears 冬梨美国等级标准	1955－09－10	

2. 坚果等级标准

现行有效的美国坚果等级标准共有11项，见表123，覆盖带壳阿月浑子、去壳阿月浑子、带壳巴西坚果、带壳扁桃、去壳扁桃、带壳核桃、去壳核桃、带壳美国山核桃、去壳美国山核桃、带壳榛子、混合带壳坚果等11种坚果产品。其中，7项标准由AMS水果和蔬菜处新鲜产品科负责，4项标准由AMS水果和蔬菜处特种作物检验科负责。除两项标准外，美国坚果等级标准均制定于20世纪，大多制定于20世纪70年代前后，最早的标准《带壳巴西坚果美国等级标准》制定于1966年，2013年之后先后有4项标准进行了修订。从标准结构上看，美国坚果等级标准几乎都有“等级”和“定义”两部分，不少标准有“容许度应用”部分和“概要”部分。此外，还可能有“容许度”“标准应用”“公制转换表”“大小规格”“大小分级”“色泽分级”等部分。不同标准之间产品等级名称和产品划分等级数不尽一致，产品等级数为1个~7个，一般为1个~3个。

表123 美国坚果等级标准及生效日期

标准名称	现行版本	前一版本
United States Standards for Grades of Almonds in the Shell 带壳扁桃美国等级标准	2013－04－08	1997－03－24
United States Standards for Grades of Shelled Almonds 去壳扁桃美国等级标准	1997－03－24	
United States Standards for Grades of Brazil Nuts in the Shell 带壳巴西坚果美国等级标准	2016－09－06	1966－08－25
United States Standards for Grades of Filberts in the Shell 带壳榛子美国等级标准	1970－09－01	

续表

标准名称	现行版本	前一版本
United States Standards for Grades of Pistachio Nuts in the Shell 带壳阿月浑子美国等级标准	2004－12－23	
United States Standards for Grades of Shelled Pistachio Nuts 去壳阿月浑子美国等级标准	2004－12－23	
United States Standards for Grades of Pecans in the Shell 带壳美国山核桃美国等级标准	1976－10－15	
United States Standards for Grades of Shelled Pecans 去壳美国山核桃美国等级标准	1969－07－15	
United States Standards for Grades of Walnuts (Juglans regia) in the Shell 带壳核桃美国等级标准	2017－09－21	1976－12－15
United States Standards for Grades of Shelled Walnuts (Juglans regia) 去壳核桃美国等级标准	2017－09－21	1968－09－01
United States Standards for Grades of Mixed Nuts in the Shell 带壳混合坚果美国等级标准	1981－08－18	

3. 果品加工品等级标准

除水果和坚果标准外，美国还制定了大量果品加工品等级标准。美国果品加工品等级标准的制定由 AMS 水果和蔬菜处加工产品科负责。现行有效的美国果品加工品等级标准共有 64 项，见表 124，其中，果品罐头标准 24 项，冷冻水果和水果制品标准 19 项，果干标准 6 项，果汁标准 6 项，脱水(低含水量)水果标准 4 项，其他果品加工品标准 5 项。最早的标准《经二氧化硫溶液处理的樱桃美国等级标准》于 1934 年 5 月 17 日生效，89.1% 的标准制定于 1980 年以前，目前 64.1% 的标准已进行过修订。美国果品加工品等级标准一般分为3 个或4 个等级，分3 个等级的标准较之分4 个等级的标准多，标准之间各等级的名称基本上完全一致，依次为“U. S. Grade A”或“U. S. Fancy”“U. S. Grade B”或“U. S. Choice”“U. S. Grade C”或“U. S. Standard”“Substandard”或“U. S. Grade D”，对于只有 3 个等级的标准，其最后一级一般采用“Substandard”，而不是“U. S. Grade D”。

表 124　美国果品加工品等级标准及生效日期

标准名称	现行版本	前一版本
United States Standards for Grades of Canned Apple Juice 苹果汁罐头美国等级标准	1982 - 03 - 11	1971 - 07 - 01
United States Standards for Grades of Canned Apples 苹果罐头美国等级标准	1953 - 10 - 17	1943 - 11 - 01
United States Standards for Grades of Canned Applesauce 苹果酱罐头美国等级标准	1982 - 03 - 11	
United States Standards for Grades of Canned Apricots and Canned Solid - Pack Apricots 杏罐头和固体包装杏罐头美国等级标准	1976 - 05 - 12	1974 - 04 - 01
United States Standards for Grades of Canned Blackberries and Other Similar Berries 黑莓和其他类似浆果罐头美国等级标准	1976 - 05 - 12	1956 - 12 - 01
United States Standards for Grades of Canned Blueberries 蓝莓罐头美国等级标准	1976 - 05 - 12	1959 - 08 - 19
United States Standards for Grades of Canned Clingstone Peaches 粘核桃罐头美国等级标准	1985 - 07 - 01	1978 - 06 - 01
United States Standards for Grades of Canned Cranberry Sauce 蔓越橘沙司罐头美国等级标准	1951 - 03 - 19	
United States Standards for Grades of Canned Dried Prunes 梅干罐头美国等级标准	1976 - 05 - 12	
United States Standards for Grades of Canned Freestone Peaches 离核桃罐头美国等级标准	1979 - 06 - 22	
United States Standards for Grades of Canned Fruits for Salad 沙拉用水果罐头美国等级标准	2006 - 04 - 21	1973 - 06 - 20
United States Standards for Grades of Canned Grape Juice 葡萄汁罐头美国等级标准	1951 - 05 - 14	1945 - 07 - 15

续表

标准名称	现行版本	前一版本
United States Standards for Grades of Canned Grapefruit 葡萄柚罐头美国等级标准	1973－10－25	1971－09－23
United States Standards for Grades of Canned Grapefruit and Orange for Salad 沙拉用葡萄柚和橙罐头美国等级标准	1984－01－11	1975－04－08
United States Standards for Grades of Canned Grapes 葡萄罐头美国等级标准	1976－05－12	1973－06－20
United States Standards for Grades of Canned Kadota Figs Kadota 无花果罐头美国等级标准	1976－05－12	1973－06－20
United States Standards for Grades of Canned Lemon Juice 柠檬汁罐头美国等级标准	1962－12－08	1941－07－01
United States Standards for Grades of Canned Pears 梨罐头美国等级标准	2004－11－29	1976－05－12
United States Standards for Grades of Canned Pineapple 菠萝罐头美国等级标准	1990－03－01	
United States Standards for Grades of Canned Plums 李罐头美国等级标准	1977－01－10	
United States Standards for Grades of Canned Raspberries 树莓罐头美国等级标准	1976－05－12	1958－03－01
United States Standards for Grades of Canned Red Tart Pitted Cherries 去核红酸樱桃罐头美国等级标准	1976－05－12	1974－05－15
United States Standards for Grades of Canned Sweet Cherries 甜樱桃罐头美国等级标准	1976－05－12	1973－06－20
United States Standards for Grades of Canned Tangerine Juice 椪柑汁罐头美国等级标准	1969－07－01	1968－09－21
United States Standards for Grades of Concentrated Lemon Juice for Manufacturing 生产用浓缩柠檬汁美国等级标准	1959－08－01	

续表

标准名称	现行版本	前一版本
United States Standards for Grades of Concentrated Tangerine Juice for Manufacturing 生产用浓缩榅柑汁美国等级标准	1955－10－31	
United States Standards for Grades of Dates 海枣美国等级标准	1955－08－26	
United States Standards for Grades of Dehydrated (Low Moisture) Apples 脱水(低含水量)苹果美国等级标准	1977－07－31	
United States Standards for Grades of Dehydrated (Low Moisture) Apricots 脱水(低含水量)杏美国等级标准	1974－06－30	1959－11－30
United States Standards for Grades of Dehydrated (Low Moisture) Peaches 脱水(低含水量)桃美国等级标准	1974－06－30	1959－11－30
United States Standards for Grades of Dehydrated (Low Moisture) Prunes 脱水(低含水量)梅美国等级标准	1960－06－13	
United States Standards for Grades of Dried Apples 苹果干美国等级标准	1955－10－24	1943－11－01
United States Standards for Grades of Dried Apricots 杏干美国等级标准	1967－05－24	1945－06－01
United States Standards for Grades of Dried Figs 无花果干美国等级标准	2001－12－21	
United States Standards for Grades of Dried Peaches 桃干美国等级标准	1967－05－24	1942－06－01
United States Standards for Grades of Dried Pears 梨干美国等级标准	1967－05－24	1945－06－30
United States Standards for Grades of Dried Prunes 梅干美国等级标准	1965－10－11	1956－11－26
United States Standards for Grades of Frozen Apples 冷冻苹果美国等级标准	1954－05－17	1952－06－03

续表

标准名称	现行版本	前一版本
United States Standards for Grades of Frozen Apricots 冷冻杏美国等级标准	1963－06－21	1945－06－30
United States Standards for Grades of Frozen Berries 冷冻浆果美国等级标准	1967－05－24	1946－08－15
United States Standards for Grades of Frozen Blueberries 冷冻蓝莓美国等级标准	1957－05－22	1955－05－07
United States Standards for Grades of Frozen Concentrate for Lemonade 冷冻浓缩柠檬水美国等级标准	1968－09－21	
United States Standards for Grades of Frozen Concentrate for Limeade 冷冻浓缩酸橙水美国等级标准	1968－09－21	1956－11－02
United States Standards for Grades of Frozen Concentrated Apple Juice 冷冻浓缩苹果汁美国等级标准	1975－05－15	
United States Standards for Grades of Frozen Concentrated Blended Grapefruit Juice and Orange Juice 冷冻浓缩混合葡萄柚汁和橙汁美国等级标准	1968－09－21	
United States Standards for Grades of Frozen Concentrated Sweetened Grape Juice 冷冻浓缩加糖葡萄汁美国等级标准	1957－11－01	
United States Standards for Grades of Frozen Cranberries 冷冻蔓越橘美国等级标准	1971－09－22	
United States Standards for Grades of Frozen Grapefruit 冷冻葡萄柚美国等级标准	1948－02－20	
United States Standards for Grades of Frozen Melon Balls 冷冻西瓜球美国等级标准	1962－06－25	
United States Standards for Grades of Frozen Peaches 冷冻桃美国等级标准	1961－07－03	1946－06－01
United States Standards for Grades of Frozen Pineapple 冷冻菠萝美国等级标准	1949－01－25	

续表

标准名称	现行版本	前一版本
United States Standards for Grades of Frozen Plums 冷冻李子美国等级标准	1956－03－06	
United States Standards for Grades of Frozen Raspberries 冷冻树莓美国等级标准	1957－07－01	1948－08－16
United States Standards for Grades of Frozen Red Tart Pitted Cherries 冷冻去核红酸樱桃美国等级标准	1974－06－28	1964－06－15
United States Standards for Grades of Frozen Strawberries 冷冻草莓美国等级标准	1958－02－01	1955－04－16
United States Standards for Grades of Frozen Sweet Cherries 冷冻甜樱桃美国等级标准	1958－03－01	1946－06－01
United States Standards for Grades of Fruit Jelly 果冻美国等级标准	1979－09－03	1957－07－01
United States Standards for Grades of Fruit Preserves (Jams) 果酱美国等级标准	1980－01－04	
United States Standards for Grades of Grapefruit Juice 葡萄柚汁美国等级标准	2012－09－26	1983－09－12
United States Standards for Grades of Grapefruit Juice and Orange Juice 葡萄柚汁和橙汁美国等级标准	1972－11－01	1969－07－01
United States Standards for Grades of Orange Juice 橙汁美国等级标准	1983－01－10	
United States Standards for Grades of Orange Marmalade 橙子酱美国等级标准	1974－12－31	1951－06－22
United States Standards for Grades of Pineapple Juice 菠萝汁美国等级标准	2010－08－24	1987－04－01
United States Standards for Grades of Sulfured Cherries 经二氧化硫溶液处理的樱桃美国等级标准	1951－06－12	1934－05－17

(二)等级标准制定程序

1. 基本情况

AMS 通过颁布自愿采用的官方等级标准来促进农产品的公平、高效销售。AMS 标准为市场上各种农产品的质量描述提供了一致的语言。这些标准可包括(但不限于)“术语”“等级”“规格”“外形尺寸”“容量”“质量水平”“性能标准”“检验要求”“标志要求”“测试设备”“测试程序”和“安装程序”。这些等级标准被正式指定为美国等级标准(U. S. Grade Standards)。AMS 为每个等级标准指定了一个适当的识别号。AMS 按照程序制定、修订、暂停或终止官方的等级标准。这些程序允许来自利益相关方的输入。这些程序规定了 AMS 制定、修订、暂停或终止美国等级标准的过程。一般来说，关于 AMS 标准的信件应写给管理者——标准功能委员会(Functional Committee for Standards)。关于具体标准的信件(比如要求制定或修订一项标准)应写给该委员会合适的分委会主任(有奶业、水果和蔬菜、牲畜和种子、家禽、烟草分委会)。所有通信的地址都是：Agricultural Marketing Service，U. S. Department of Agriculture，P. O. Box 96456，Washington，DC 20090－6456。

2. 等级标准制修订行动

如果符合公众的利益，AMS 将制定、修订、暂停或终止等级标准。任何标准化行动都应反映与该产品生产、加工、包装、分销、检测、消费或使用相关的个人或行业的广泛利益，或反映联邦、州或地方机构的利益。建议的行动应该始终以可靠的技术和营销信息为基础。建议应包括对有关因素的慎重考虑。这些因素决定了商品质量和状态，允许经过培训的人员客观地确定符合与否。AMS 鼓励利益相关方参与等级标准的评审、制定和修订。利益相关方包括种植者、生产者、加工者、承运人、分销商、消费者、个人或团体、贸易协会、公司、州或联邦机构。这些团体或个人可随时请求 AMS 制定、修订、暂停或终止一项等级标准。请求 AMS 采取行动应以书面形式提出，最好附有所建议改变的草案。AMS(如可能，与利益相关方合作)将确定需要制定或修订一项标准，搜集关于技术、销售或其他适当的数据，视情况对拟新制定的或修订的标准进行研究并草拟标准的草案。如果 AMS 有正当理由确定需要制定新标准，或已有标准需要修订、暂停或终止，它将采取行动，并获得所有利益相关方的意见。

3. 等级标准制修订行动通知

在制定标准化提案后，AMS 将在网站“the Federal Register”上公布一份通知，对新标准或对现有标准的变更、暂停或终止加以说明。AMS 会同时发布一条关于这些行动的消息。AMS 还会将提案全文副本分发给任何请求该副本的人，任何 AMS 认为可能感兴趣的人(包括联邦、州或地方的其他政府机构)，或在互联网上分发。除小的编辑性或技术性更改外，该通知将至少提供 60 天的时间，供有关各方向 AMS 提交意见。在评论期内收到的所有意见都将作为 AMS 保存的公开记录，这些记录将供公众评论，AMS 在按制定的标准化提案采取最后行动之前会考虑这些意见。根据收到的意见和 AMS 对标准、分等、销售和其他技术因素的了解，以及任何其他相关信息，AMS 将决定是否执行提议的行动。如果 AMS 得出结论，应该采取提议的行动或应该稍作修改，AMS 会在 the Federal Register 公告中对行动或修改加以描述。AMS 将通过其合适的部门，以印刷品形式和电子媒体形式提供标准和相关信息。如果 AMS 决定提议的变更不应被批准或不符合公共利益，AMS 会在 the Federal Register 公告中撤销提议或修改提案并再次寻求公众的意见输入。

(三)等级标准的应用

1. 美国等级标准的用途

美国等级标准可以提供(但不限于)下列用途：(1)自愿采用的确定质量和价值的方法，用于销售报价、买方出价、损失索赔、贷款评价、期货贸易、军事和其他政府采购，以及市场消息报告。(2)共同的贸易语言，当产品不易进行展示或购买者无法检测时。(3)为包装提供指导，使包装者和处理者能购买到适宜质量的产品，有效利用原料，根据不同的国内和国际市场进行产品包装。(4)作为产品标签上标识官方 USDA 质量水平的一种途径。

2. 农产品分级与检验

USDA 官方分级服务有助于参与美国农产品市场的农场或公司提高效益，确保销售者的产品满足指定等级或合同的要求，确保购买者获得所期望的质量。分级服务为有偿行为，自愿进行，但下述产品除外：质量由销售订单或销售合同调控，符合进口或出口要求，USDA 或某些其他政府机构购买。分级可在产品为运往市场而进行包装时进行或在目的地进行，也可在收货人处理一批货物时使用，或用于解决收货人与承运人之间出现的问题。作为新鲜农产品分级的基础，USDA 已为新鲜水果、蔬菜、木本坚果、花生及相关产品制定了官方等级标准。这些标准描述了各等级商品的质量要求，为行业提供了用于买卖的共同语言。USDA 的工作将确保这些标准在全国得到一致应用。如果一个官方分级请求以美国等级标准为基础，那么覆盖该批货物的官方证明将显示该产品符合哪个等级的要求。在所有联邦法庭，这些证明均可被接受为法律依据。

为确定产品品质，农产品承运人可在运输点根据质量和状况对货物进行分级。收货人可使用分级服务以确定货物是否满足合同条款，也有助于为其产品选择最好的用途。公共机关买家和政府机构可使用分级服务以确保交付的货物满足要求的规格。农产品加工者通过对交付的原料货物进行分级检验来决定支付种植者款项的多少。行业从业人员在决定产品贮藏期和为产品选择最佳用途时，也寻求有用的分级报告。分级和检验服务申请人应说明想要的检验类型。申请人通常要求进行质量和状况检验，这种检验将向其清晰呈现产品状况完整程度和产品质量相对完美程度。状况检验将只给出产品的完整程度。申请人可要求只对某个容器中产品的重量或数量进行检验，也可要求根据合同规格进行检验。

3. 农产品质量证明

AMS 按照 USDA 标准或官方的合同规格，通过对产品质量的分级、检验和证明，促进农产品在国内、国际市场上的战略营销。美国等级标准由质量驱动，帮助购买者和消费者按照协商一致的质量水平进行交易，为全国范围内的农产品统一分级奠定了基础。统一标准为质量特征提供证明、测定和控制的依据，这些质量特征对农产品市场营销十分重要。美国等级标准还提供了一种共同的营销语言，一种确立价值或价格基础的手段，一种消费者可接受的尺度，为农产品购售双方在签订合同时使用质量证明服务打下了基础。

附　　表

附表 1　果品种质资源品质特性指标

果品	指标
澳洲坚果	出仁率
	一级果仁率
	粗脂肪含量
	粗蛋白质含量
	可溶性糖含量
板栗	坚果颜色均匀度
	坚果重均匀度
	坚果耐贮性
	坚果蛋白质含量
	坚果淀粉含量
	坚果可溶性糖含量
	坚果含水量
	坚果熟食涩皮剥离难易程度
	坚果食用类型
	坚果熟食口味
	坚果熟食糯性
	坚果熟食质地
扁桃	核果整齐度
	破壳难易
	核仁面
	核仁颜色
	核果平均重
	核果横径
	核果纵径
	核壳厚度
	核仁平均重
	核仁横径
	核仁纵径
	核仁风味
	出仁率
	仁油脂含量
	仁粗蛋白质含量
草莓	果肉质地
	果实硬度
	香气
	汁液颜色
	风味
	采后果实颜色保持时间
	采后果实光泽保持时间
	自然失水率
	速冻失水率
	耐贮性
	可溶性固形物含量
	可溶性糖含量
	可滴定酸含量
	维生素 C 含量

续表

果品	指标	果品	指标
柑橘	果肉质地	果梅	可溶性固形物含量
	果汁含量		维生素 C 含量
	囊壁质地		果实含酸量
	香气		核仁风味
	果肉风味		可食率
	苦味	核桃	坚果颜色均匀度
	麻味		坚果均匀度
	可溶性固形物含量		核仁脂肪含量
	可滴定酸含量		核仁蛋白质含量
	总糖含量		核仁风味
	维生素 C 含量	梨	果面光滑度
	固酸比		外观综合评价
	可食率		果心大小
	出汁率		果肉硬度
枸杞	干果色泽		果肉颜色
	鲜果风味		果肉质地
	总糖含量		果肉类型
	枸杞多糖含量		石细胞数量
	蛋白质含量		汁液
	维生素 C 含量		风味
	灰分含量		香气
	果实耐贮藏性		涩味
果梅	果实整齐度		内质综合评价
	果肉颜色		可溶性固形物含量
	果肉质地		可溶性糖含量
	果实硬度		可滴定酸含量
	果汁含量		维生素 C 含量
	果实香气		贮藏性

续表

果品	指标	果品	指标
李	果实整齐度	荔枝	蔗糖含量
	果皮剥离难易		总糖含量
	果肉色泽		可滴定酸含量
	果肉汁液		固酸比
	肉质		糖酸比
	纤维		维生素 C 含量
	硬度		制罐性能
	风味		制干性能
	涩味	龙眼	果实整齐度
	香味		果肉颜色
	鲜食品质		果肉透明度
	可溶性固形物含量		果肉厚度
	可溶性糖含量		流汁程度
	可滴定酸含量		汁液
	维生素 C 含量		离核难易
	裂果		果肉质地
	耐贮性		化渣程度
荔枝	果肉颜色		风味
	流汁情况		香味
	果肉内膜褐色程度		可溶性固形物含量
	肉质		可食率
	汁液		维生素 C 含量
	风味		可溶性糖含量
	香气		种子重
	涩味		焦核率
	可食率	猕猴桃	果皮颜色
	可溶性固形物含量		果点
	还原糖含量		果点大小

续表

果品	指标
猕猴桃	果点状况
	果肩形状
	果顶形状
	果喙形状
	果实被毛
	果实被毛类型
	果实被毛密度
	果实被毛色泽
	果肉颜色
	果心大小
	果心颜色
	果心横截面形状
	种子形状
	种子千粒重
	种子颜色
	可溶性固形物含量
	维生素 C 含量
	可滴定酸含量
	风味
枇杷	果实整齐度
	剥皮难易
	果皮厚度
	果肉颜色
	果肉厚度
	果肉硬度
	果肉化渣程度
	果肉石细胞
	果肉质地
枇杷	汁液
	风味
	香味
	可溶性固形物含量
	可滴定酸含量
	可溶性糖含量
	维生素 C 含量
	可食率
	耐贮藏性
苹果	果实形状
	果实底色
	果面盖色
	着色程度
	着色类型
	萼洼锈量
	胴部锈量
	梗洼锈量
	蜡质
	果粉
	果面光滑度
	棱起
	果点大小
	果点密度
	果点状态
	果实外观综合评价
	单果重
	果形指数
	果肉硬度

续表

果品	指标	果品	指标
苹果	果心大小	沙棘	果实硬度
	果肉颜色		果皮厚度
	果肉质地		果肉颜色
	果肉粗细		果实香气
	汁液		浆果风味
	风味		果肉质地
	香气		果实贮藏期
	异味		可溶性固形物含量
	果肉内在品质综合评价		可溶性糖含量
	可溶性固形物含量		可滴定酸含量
	可溶性糖含量		维生素 C 含量
	可滴定酸含量		维生素 E 含量
	维生素 C 含量		类胡萝卜素含量
	耐贮性		种子含油量
葡萄	果皮厚度		果实出汁率
	果皮涩味	山楂	果实形状
	果汁颜色		果皮颜色
	果肉颜色		果皮光泽
	果肉汁液		果点多少
	果肉香味		果点大小
	果肉香味程度		果点着生状态
	果肉质地		果点颜色
	可溶性固形物含量		梗洼
	含糖量		梗基特征
	含酸量		萼片形状
	出汁率		萼片着生状态
沙棘	果实形状		萼片姿态
	果实颜色		萼片锯齿

续表

果品	指标
山楂	萼片茸毛
	萼筒形状
	果实大小
	果实纵径
	果实横径
	果肉颜色
	果肉质地
	果肉硬度
	果实风味
	可食率
	鲜食品质
	心室数
	种核数
	种核凹痕
	种仁率
	贮藏性
	加工性状
	可溶性糖含量
	可滴定酸含量
	维生素 C 含量
柿	果肉中褐(黑)斑
	软柿肉质
	果实汁液
	果实风味
	硬柿质地
	硬果期
	可溶性固形物含量
	维生素 C 含量
	可溶性单宁含量
	脱涩时数
树莓	果实形状
	果实颜色
	果实香气
	果实硬度
	果肉颜色
	果实风味
	果肉粗细
	果肉质地
	果实贮藏期
	可溶性固形物含量
	可溶性糖含量
	可滴定酸含量
	维生素 C 含量
	花青素含量
	果实出汁率
穗醋栗	果实形状
	果实颜色
	果实香气
	果实硬度
	果皮厚度
	果肉颜色
	果实风味
	果肉质地
	果实贮藏期
	可溶性固形物含量
	可溶性糖含量

续表

果品	指标
穗醋栗	可滴定酸含量
	维生素 C 含量
	果胶含量
	果实出汁率
桃	肉质
	风味
	汁液多少
	纤维含量
	香气
	可溶性固形物含量
	可溶性糖含量
	可滴定酸含量
	维生素 C 含量
	类胡萝卜素含量
	单宁含量
	鲜食品质
	贮藏性
	原料利用率
	制罐品质
	出汁率
	制汁品质
甜瓜	果肉可溶性固形物含量
	果肉质地
	果肉香气
	果肉苦味
	果肉酸味
	果肉风味
	果肉水分
	果实耐贮性
西瓜	中心果肉可溶性固形物含量
	近皮果肉可溶性固形物含量
	果肉质地
	果肉纤维
	果肉酸味
	果肉异味
香蕉	熟果皮色
	果皮开裂
	熟果脱把
	梅花点
	果皮厚度
	剥皮难易
	熟果肉色
	果肉质地
	果实可食率
	货架期
	风味
	果肉香味
	品质评价
	可溶性固形物含量
	可溶性糖含量
	可滴定酸含量
	维生素 C 含量
杏	果实整齐度
	果形
	果顶形状
	梗洼

续表

果品	指标	果品	指标
杏	缝合线	杏	核面
	果实对称性		仁味
	果皮底色		仁干重
	果实盖色		仁饱满程度
	着色类型		出仁率
	着色程度		耐贮性
	果点大小	腰果	果梨软硬度
	果点密度		果梨风味
	果面茸毛		果梨果汁含量
	果实外观		果梨汁收敛性
	单果重		果梨汁含酸量
	果肉颜色		果梨汁可溶性固形物含量
	硬度		果梨汁可溶性糖含量
	果肉类型		果梨汁维生素 C 含量
	纤维		果仁出油率
	果肉汁液		果仁蛋白质含量
	风味	野核桃	坚果颜色均匀度
	香气		坚果均匀度
	异味		核仁脂肪含量
	可溶性固形物含量		核仁蛋白质含量
	可溶性糖含量		核仁风味
	可滴定酸含量	银杏	种核颜色均匀度
	维生素 C 含量		种核均匀度
	核粘离性		种仁淀粉含量
	果实内质评价		种仁脂肪含量
	核鲜重		种仁蛋白质含量
	核干重		种仁总黄酮甙含量
	核形		种仁萜内酯含量

续表

果品	指标
银杏	种仁口感
	种仁糯性
樱桃	风味
	可溶性固形物含量
	可溶性糖含量
	可滴定酸含量
	维生素 C 含量
	类胡萝卜素含量
	可食率
	贮藏性
	鲜食品质
	出汁率
越橘	果实形状
	果皮颜色
	果实香气
	果实硬度
	果皮厚度
	果肉颜色
	果实风味
	果肉质地
	果实贮藏期
	可溶性固形物含量
	可溶性糖含量
	可滴定酸含量
	维生素 C 含量
	花色素苷含量
	果出汁率
枣	果实整齐度

果品	指标
枣	果实形状
	果肩形状
	果顶形状
	果实颜色
	果面光滑度
	果点大小
	果点密度
	果柄长度
	梗洼深度
	梗洼广度
	萼片状态
	柱头状态
	果实外观评价
	单果重
	果实纵径
	果实横径
	果皮厚度
	核重
	核形
	核壳有无
	种仁饱满程度
	含仁率
	果肉颜色
	果肉质地
	果肉粗细
	果肉汁液
	果实风味
	果实异味

续表

果品	指标
枣	口感综合评价
	鲜枣可溶性固形物含量
	鲜枣可溶性糖含量
	鲜枣可滴定酸含量
	鲜枣维生素 C 含量
	鲜枣可食率
	干枣可溶性糖含量
	干枣可滴定酸含量
	干枣维生素 C 含量
	制干率
	干枣可食率
	鲜枣耐贮性
榛子	坚果形状
	坚果颜色
	果顶形状
	果基形状
	果面茸毛
	坚果重
	果壳厚度
	果仁饱满度
	空仁率
	果仁重
	果仁皮(种皮)颜色
	果仁空心度
	出仁率
	果仁品质
	维生素 E 含量
	脂肪含量
	蛋白质含量
	淀粉含量
菠萝	果皮重量
	果皮厚度
	果实耐贮性
	果肉重量
	果肉厚度
	果肉颜色
	果肉(果实)硬度
	果肉质地
	果肉风味
	果汁含量
	果肉香气
	果心直径
	可食率
	可溶性糖含量
	可滴定酸含量
	维生素 C 含量
	纤维含量
番荔枝	果皮厚度
	果肉厚度
	果肉颜色
	果肉质地
	汁液比例
	风味
	香气
	可食率
	裂果率
	可溶性固形物含量
	可溶性糖含量
	可滴定酸含量
	维生素 C 含量

续表

果品	指标	果品	指标
芒果	单果质量	芒果	果核脉络形状
	果实纵径		果核纵径
	果实横径		果核横径
	果实侧径		果核侧径
	果形指数		种仁占种壳的比例
	果实形状		种仁形状
	果喙		种仁纵径
	果窝		种仁横径
	果顶		种仁质量
	果洼		胚类型
	果颈		果实硬度
	腹沟		可食率
	果肩		可溶性固形物含量
	果梗着生方式		可溶性糖含量
	青熟果果皮颜色		可滴定酸含量
	完熟果果皮颜色		维生素 C 含量
	果皮厚度		果实香气
	果粉		松香味
	果皮光滑度		果实风味
	皮孔密度		食用品质
	果皮与果肉的黏着度	椰子	粗蛋白质含量
	果肉颜色		椰干粗脂肪
	果肉质地		鲜椰肉粗脂肪含量
	果汁多少		游离脂肪酸含量
	果肉纤维数量		月桂酸(肉豆蔻油率)
	果肉纤维长度		维生素 E
	果核质量		纤维长度
	果核表面特征		纤维张力

附表 2　果品优异种质资源品质指标

果品	指标	优良种质资源	特异种质资源
板栗	坚果单果重	炒栗≥8g，菜栗≥16g	炒栗≥16g，菜栗≥25g
	耐贮性	果实好果率≥95%	
	坚果光泽	油亮	
	坚果可溶性糖	≥14%	
	坚果淀粉	≥30%	
	坚果蛋白质	≥7%	
	涩皮剥离难易	易剥(红光)	
	坚果熟食糯性	糯性(红光)	
草莓	一级、二级序果平均单果重	≥20g	≥30g
	果面颜色	橙红、红	白色、绿色、黄色
	种子密度	中、稀	稀
	可溶性固形物含量	≥9%	≥12%
	果面光泽	中、强	
	果面状态	平整、沟浅且少	
	果实香气	有	
	风味	酸甜适中、酸甜、甜	
	果肉质地	细、韧、脆	

续表

果品	指标	优良种质资源	特异种质资源
草莓	果实形状		扁圆球形、圆球形、双圆锥形、圆柱形、卵形、带果颈形
	可滴定酸含量		≥1.5%或≤0.8%
	维生素C含量		≥100mg/100g
柑橘	果面光滑度	果面光滑，无沟纹或皱褶，油泡细密平滑	
	种子数量	甜橙、宽皮柑橘、柠檬、金柑0粒~3粒，柚≤20粒，枳≥30粒	
	可溶性固形物含量	甜橙≥12%，宽皮柑橘、柚、金柑≥11%，柠檬≥9%	≥13%
	可滴定酸含量	甜橙、宽皮柑橘、柚、金柑≤0.8%，柠檬≥6%	≤0.4%或≥6.5%
	可食率	甜橙≥72%，宽皮柑橘≥75%，柚≥55%，柠檬≥60%，金柑≥85%	
	出汁率	甜橙≥51%，宽皮柑橘≥54%，柚≥37%，柠檬≥40%	
	囊壁质地	化渣	
	果肉质地	细嫩	
	耐贮性	SI(贮藏指数)<20(甜橙)，SI<15(柠檬)，SI<30(宽皮柑橘、金柑)	SI<15(甜橙)，SI<10(柠檬)，SI<20(宽皮柑橘、金柑)

续表

果品	指标	优良种质资源	特异种质资源
柑橘	果形指数		≤0.5 或≥1.5
	单果重		甜橙≤70g 或≥350g，宽皮柑橘≤10g 或≥400g，柚≤130g 或≥1700g，柠檬≤20g 或≥500g，金柑≤10g 或≥40g、枳≤15g 或≥450g
	果面颜色		红色或深红色(宽皮柑橘除外)：甜橙(黔阳大红甜橙)、柚(星路比)、柠檬(红黎檬)、金柑(金豆)
	果肉颜色		红色或绿色：甜橙(红肉脐橙)、宽皮柑橘(沅江南橘)、柚(红色：强德勒柚；绿色：翡翠柚)、柠檬(墨西哥梾檬)
	胚类型		甜橙(单胚)、宽皮柑橘(单胚)、金柑(单胚)
	维生素 C 含量		≥100mg/100mL(果汁)
核桃	坚果单果重	≥13g	≥20g 或 <5g
	缝合线紧密度	较紧	
	核壳厚度	壳薄(0.8mm≤核壳厚度 <1.2mm)	
	种仁皮色	淡黄	红色、紫褐色
	取仁难易度	易	
	种仁饱满度	种仁饱满	
	出仁率	≥55%	
	种仁风味	好	
	种仁脂肪	≥65%	≥70%
	种仁蛋白质	≥18%	≥20%

续表

果品	指标	优良种质资源	特异种质资源
梨	单果重	秋子梨≥50g，白梨、砂梨、西洋梨≥150g	≥500g
	汁液	多(砀山酥梨)	
	可溶性固形物含量	早熟种质≥11%，中熟种质≥12%，晚熟种质≥13%	
	石细胞含量	每千克果肉石细胞含量≤0.5g	≤0.05g
	果心大小	果心横径与果实横径比值<1/3	
	耐贮性	≥120d	
	果面颜色		全红
	果肉颜色		红色
	香气		浓(南果梨)
	种子数量		0
	可溶性糖含量		≥12.5%
	可滴定酸含量		≥1.5%
	褐变度		OD 值≤0.03
李	单果重	≥60g(贵阳)	≥100g(黑宝石)
	可溶性固形物含量	≥13%	≥18%(奎丰)
	耐贮性	≥10d(秋姬)	≥15d(安哥诺)

续表

果品	指标	优良种质资源	特异种质资源
李	果肉颜色		紫红(三华李)、绿(木里李)、乳白(太阳李)
	香气		浓(香蕉李)
	可滴定酸含量		≥2.3%(北京樱桃李)或≤0.7%(甜李)
荔枝	单果重	≥15g	≥40g
	可溶性固形物含量	≥17.5%	≥18.5%
	可食率	≥70%	≥80%
	焦核率	≥50%	≥80%
	可滴定酸含量	≤0.5%	≤0.1%或≥0.8%
	风味	甜或酸甜	
	肉质	爽脆、细嫩	
	果肉内膜褐色	无或少	
	果形		短圆
	果皮颜色		黄绿、绿白带微红、淡红带微黄或紫黑
	无核率		≥30%
	维生素 C 含量		≥50mg/100g
龙眼	单果重	≥12g	≥18g
	可溶性固形物含量	≥18%	≥23%

续表

果品	指标	优良种质资源	特异种质资源
龙眼	可食率	≥70%	≥72%
	果肉质地	脆	爽脆
	香味	有香味	浓
	焦核率	≥50%	≥80%
	汁液程度	不留汁	
	果实形状		椭圆形、心脏形
	果皮颜色		黄白色
	果肉颜色		粉红色、乳白带血丝色
	种皮颜色		白色
猕猴桃	果实形状	椭圆形、圆柱形	
	果实整齐度	整齐	
	单果重	小型果(10g～50g)，中型果(51g～100g)，大型果>100g	<1.0g(海棠猕猴桃)或>100.0g(金魁)
	果肉颜色	绿色、黄色、红色	红色(紫果猕猴桃)
	可溶性固形物含量	>16.0%	19.0%
	种子数量	少	<50粒(大籽猕猴桃除外)
	可滴定酸含量	<1.3%	<0.5%或>2.5%

续表

果品	指标	优良种质资源	特异种质资源
猕猴桃	果心大小	小	极小
	果实风味	酸甜、甜	
	耐贮性	冷藏条件下(0±1)℃ >120d	冷藏条件下(0±1)℃ >180d
	果皮颜色		红色(河南猕猴挑)
	种子大小		种子直径>4.0mm(大籽猕猴桃)
	维生素C含量		>600mg/100g(鲜果肉)
	出汁率		>75%
枇杷	单果重	红肉类≥50g，白肉类≥40g	红肉类≥70g，白肉类≥60g
	可溶性固形物含量	≥12%	≥15%
	可食率	红肉类≥70%，白肉类≥68%	≥75%
	种子数	≤4	≤1
	可滴定酸含量	0.2% ~0.5%	≥0.8%或≤0.1%
	耐贮藏性	>7d	>14d
	果皮颜色		红色、淡绿色、锈褐色
	果肉厚度		≥12cm
苹果	单果重	早熟种质≥100g，中熟种质≥150g，晚熟种质≥200g	≥350g(世界一)

续表

果品	指标	优良种质资源	特异种质资源
苹果	果形指数	≥0.8	≥1.1(克里斯克)
	果面光滑度	较平滑、平滑	
	果肉粗细	细、中	
	汁液多少	多	
	可溶性固形物含量	早熟种质≥11%，中熟种质≥12%，晚熟种质≥13%	
	果肉颜色		红(淡红、淡紫红、紫红)(红肉苹果)
	耐贮性		≥200d(澳洲青苹)
葡萄	单穗重	450g～650g(维多利亚)	>900g(里扎马特)
	全穗果粒大小整齐度	整齐(维多利亚)	
	全穗果粒成熟一致性	一致(维多利亚)	
	可溶性固形物含量	酿酒种质>21%(赤霞珠)，鲜食种质>16%(巨峰)	
	果肉香型	玫瑰香味(玫瑰香)、草莓香(红富士)	
	果梗与果粒分离难易	难(红地球)	
	单粒重	有核种质>9g(红富士)，无核种质>4g(克瑞森无核)	
	果粒形状		卵圆形(黑鸡心)、弯形(金手指)、束腰形(瓶儿)

续表

果品	指标	优良种质资源	特异种质资源
葡萄	果实颜色		白(白果刺葡萄)
	可滴定酸含量		≥3%(山葡萄76042)
	果汁色泽		极深(烟73)
山楂	单果重(鲜果实)	≥8.5g	≥15g
	果肉质地	硬或致密	
	果实风味	酸甜或甜酸	
	可食率(鲜果实)	≥86.5%	
	可溶性糖含量(鲜果实)	≥9.5%	≥12%
	维生素C含量(鲜果实)	≥79mg/100g	≥95mg/100g
	总黄酮含量(干果实)	≥4%	≥5.1%
	贮藏性	强(好果率大于90%的贮藏天数≥180d)	极强(好果率大于90%的贮藏天数≥240d)
	果肉颜色		紫红
	果实香气		浓
	果实硬度(鲜果实)		≥9.6kg/cm^2
	可滴定酸含量(鲜果实)		≥4%或≤1.5%
	种核特征		软核
	种仁率		≥80%

续表

果品	指标	优良种质资源	特异种质资源
柿	果实颜色	橙、橙黄、橙红、朱红，颜色均一	黑色(黑柿)
	可溶性固形物含量	脱涩后可溶性固形物含量≥17%	≥30%(澄江牛心柿)
	果实纵沟	无或极浅	
	软柿质地	黏、稍黏或水	
	果实风味	浓甜或甜	
	果肉褐斑	无或少	
	种子数量	≤2 粒	
	耐贮性	硬果期≥16d	
	果实形状		果形指数≥1.6(西炉 2 号)或≤0.6(老鸦柿)
	单果重		平均单果重≥350g(斤柿)或≤6g(老鸦柿)
	心皮		数量>4，多余心皮外散生(疣柿)
	萼片数量		>4(蜜蜜罐)
	可溶性单宁含量		≥2%(浙江野柿)
桃	可溶性固形物含量	≥12%(白凤)	≥14%(肥城白里 10 号)
	单果重	≥150g(大久保)	≥200g(丰白)
	耐贮性	≥5d(早红 2 号)	≥7d(双喜红)
	果形		扁圆(新疆黄肉)

续表

果品	指标	优良种质资源	特异种质资源
桃	果面着色		无(塞瑞纳)
	果肉颜色		红(大红袍)、纯白(豫白)、纯黄(塞瑞纳)
	核面光滑度		粗糙(下庙1号)
	核仁风味		甜(丽格兰特)
	果实香气		浓(金童6号)
	可滴定酸含量		≥1%(酸桃)
甜瓜	裂瓜率	低(≤5%)(广州蜜)	
	单瓜质量	薄皮甜瓜≥1kg(特大白沙蜜),厚皮甜瓜≥4kg(黑皮伽师瓜)	
	果实大小整齐度	整齐(广州蜜)	
	果实成熟一致性	一致(广州蜜)	
	果肉厚度	薄皮甜瓜≥2.4cm(盛开花),厚皮甜瓜≥4cm(黑皮伽师瓜)	
	果实中心可溶性固形物含量	薄皮甜瓜≥12%(广州蜜),厚皮甜瓜≥15%(皇后)	
	果肉风味	浓(皇后)	
	果实贮运性	强(皇后)	

续表

果品	指标	优良种质资源	特异种质资源
甜瓜	果柄脱落性		无(广州蜜)
	果肉酸味		有(酸甜瓜)
	种子形状		梨籽(八方)
	种子千粒重		小(≤5g)(马泡)、大(≥70g)(于田冬瓜)
杏	单果重	≥50g(串枝红)	≥95g(二转子)
	可溶性固形物含量	≥11%(沙金红)	≥16%(秋白、白胡外那)
	耐贮性	≥5d(巴斗)	≥7d(马串铃、红脸杏)
	香气		浓(烟黄1号杏)
	可滴定酸含量		≥3%(友谊白杏)、≤0.5%(白胡外那)
	果核		软核(露仁杏、软核杏)
西瓜	裂瓜率	低(≤5%)(蜜宝)	
	单瓜质量	小果型西瓜≤1.5kg(金兰选)，一般西瓜≥8kg(西农八号)	
	果实大小整齐度	整齐(蜜宝)	
	果实成熟一致性	一致(蜜宝)	
	果皮厚度	小果型西瓜≤0.5cm(金兰选)，一般西瓜≤0.8cm(京欣一号)	

续表

果品	指标	优良种质资源	特异种质资源
西瓜	果实中心可溶性固形物含量	小果型西瓜≥11.5%（金兰选），一般西瓜≥10.5%（京欣一号）	
	果实剖面	瓤色均匀（京欣一号）	
	果肉纤维	少（都一号）	
	果皮底色		浅黄（黄皮小西瓜）、黄、深黄（金瓜）、绿白（三白）
	果皮覆纹形状		放射条（印尼西瓜）、斑点（Moon star）
	果肉颜色		白（三白）、浅黄（黄旭都）、黄（黄小玉）、橘黄（金兰选）
	果肉质地		软（早花）、硬（黑美人）
	种子千粒重		小（Tomato seed）、大（皋兰籽瓜）

附表3　中国水果产品标准涉及的品质指标

标准	指标
《菠萝》（NY/T 450—2001）	基本要求
	果形
	果面
	冠芽
	果肉
	果柄
	一致性
	可食率（无顶芽）
	可溶性固形物
	可滴定酸度
	可溶性总糖
	果实大小（横径或重量）
《草莓》（NY/T 444—2001）	外观品质基本要求
	果形
	色泽
	果实着色度
	碰压伤
	畸形果
	可溶性固形物
	总酸量
	果实硬度
	单果重
《草莓等级规格》（NY/T 1789—2009）	基本要求
	品质
	品种特征
	果形缺陷
	未着色面积
	表面压痕
	擦伤
	泥土
	单果重
《番荔枝》（NY/T 950—2006）	基本要求
	成熟度要求
	质量缺陷
	单果重
《番木瓜》（NY/T 691—2018）	基本要求
	品质
	品种特征
	洁净度
	一致性
	果形缺陷
	颜色缺陷
	果皮缺陷
	可食率
	可溶性固形物
	单果质量
《番石榴》（NY/T 518—2002）	基本要求
	质量
	品种固有特征
	形状缺陷
	色泽缺陷
	表皮缺陷
	果实大小（重量或横径）
《黄皮》（NY/T 692—2003）	果形
	成熟度
	果穗整齐度

续表

标准	指标
《黄皮》（NY/T 692—2003）	色泽
	风味
	果穗
	机械伤
	病虫害
	外来物污染
	可食率
	可溶性固形物
	单果重
《鲜柑橘》（GB/T 12947—2008）	基本要求
	果形
	果面及缺陷
	色泽
	可溶性固形物
	总酸
《柑橘类果品流通规范》（SB/T 11028—2013）	固酸比
	可食率
	果实横径
	商品质量基本要求
	果形
	果面及缺陷
	色泽
	风味及质地
	可溶性固形物
	总酸量
	固酸比
	可食率
	果实大小（果实横径或果实大小）
《柑橘等级规格》（NY/T 1190—2006）	基本要求
	果形
	果面色泽
	果面缺陷
	果实横径
	大小一致性
《宽皮柑橘》（NY/T 961—2006）	基本要求
	果形
	色泽
	一般缺陷
	严重缺陷
	果实横径
	果汁含量
	可溶性固形物
	固酸比
《柠檬》（GB/T 29370—2012）	基本要求
	果形
	果面
	色泽
	可溶性固形物
	果汁总酸含量
	果汁率
	果实横径
《脐橙》（GB/T 21488—2008）	果形
	色泽
	果面
	赤道部果皮厚度
	风味
	可溶性固形物

续表

标准	指标
《脐橙》(GB/T 21488—2008)	固酸比
	可食率
	果实横径
《红毛丹》(NY/T 485—2002)	基本要求
	果形
	色泽
	果肉
	穗梗
	病虫害
	缺陷
	可溶性固形物
	可食率
	果实数
《火龙果流通规范》(SB/T 10884—2012)	商品质量基本要求
	成熟度
	新鲜度
	完整度
	均匀度
《蓝莓》(GB/T 27658—2011)	基本要求
	果粉
	果蒂撕裂
	果形
	成熟度
《鲜梨》(GB/T 10650—2008)	基本要求
	果形
	色泽
	果梗
	大小整齐度
	刺伤、破皮划伤
《鲜梨》(GB/T 10650—2008)	碰压伤
	磨伤(枝磨、叶磨)
	水锈、药斑
	日灼
	雹伤
	虫伤
	病害
	虫果
	果实硬度
	可溶性固形物
《预包装鲜梨流通规范》(SB/T 10891—2012)	商品质量基本要求
	新鲜度
	完整度
	均匀度
	单果重
《鲜李》(NY/T 839—2004)	基本要求
	色泽
	果形
	磨伤
	日灼
	雹伤
	碰压伤
	裂果
	虫伤
	病伤
	可溶性固形物
	总酸量
	固酸比
	单果重

续表

标准	指标	标准	指标
《荔枝》(NY/T 515—2002)	新鲜度	《莲雾流通规范》(SB/T 10886—2012)	商品质量基本要求
	果形		成熟度
	同一品种形态特征		新鲜度
	果实成熟度		完整度
	果面洁净度		均匀度
	品质风味	《莲雾》(NY/T 1436—2007)	果形
	异味		色泽
	大小均匀性		风味
	缺陷果		果面缺陷
	异品种		可溶性固形物
	可食率		总酸量
	可溶性固形物		单果重
	可滴定酸度	《榴莲》(NY/T 1437—2007)	基本要求
	千克粒		果皮缺陷
《荔果类果品流通规范》(SB/T 11101—2014)	商品质量基本要求		可食率
	果面		单果重
	均匀度	《龙眼》(GB/T 31735—2015)	特征
	千克粒		夹杂物
《荔枝等级规格》(NY/T 1648—2015)	基本要求		果体表面水分
	形态		气味
	色泽		腐烂变质
	变色		成熟度
	褐斑		果肉新鲜度
	果实大小均匀性		果实大小均匀性
	裂果		机械伤
	缺陷果		果形
	外物污染		病虫害
	异品种果实		缺陷果
	单果重		异品种

续表

标准	指标	标准	指标
《龙眼》（GB/T 31735—2015）	可食率	《毛叶枣》（NY/T 484—2018）	虫伤
	可溶性固形物		病斑
	千克粒		碰压伤
	果实横径		可溶性固形物
《龙眼》（NY/T 516—2002）	新鲜度		千克果数
	果形	《猕猴桃等级规格》（NY/T 1794—2009）	基本要求
	同一品种形态特征		品种特征
	成熟度		颜色差异
	果面洁净度		形状缺陷
	品质风味		擦伤
	异味		刺伤、疮疤
	大小均匀性		果实重量
	缺陷果	《木菠萝》（NY/T 489—2002）	特征色泽
	异品种		成熟度
	可溶性固形物		果形
	可食率		长度
	千克粒		横径
《芒果》（NY/T 492—2002）	基本要求		果肉
	质量		损害
	品种特性		可溶性固形物
	表面疵点		可食率
	果形缺陷		单果重
	表面缺陷	《鲜枇杷果》（GB/T 13867—1992）	总体要求
	单果重		果形
《毛叶枣》（NY/T 484—2018）	成熟度		果面色泽
	风味		毛茸
	果形		生理障碍
	色泽		病虫害

续表

标准	指标
《鲜枇杷果》（GB/T 13867—1992）	损伤
	果肉颜色
	可溶性固形物
	总酸量
	固酸比
	可食部分
	单果重
《农产品等级规格　枇杷》（NY/T 2304—2013）	基本要求
	果形
	果面色泽
	果肉色泽
	果面缺陷
	损伤
	单果重
《鲜苹果》（GB/T 10651—2008）	基本要求
	果形
	色泽
	果梗
	刺伤（含破皮划伤）
	碰压伤
	磨伤（枝磨、叶磨）
	日灼
	药害
	雹伤
	裂果
	裂纹
	虫伤
	其他小疵点

标准	指标
《鲜苹果》（GB/T 10651—2008）	病虫果
	褐色片锈
	网状浅层锈斑
	果实硬度
	可溶性固形物
	果实横径
《苹果等级规格》（NY/T 1793—2009）	基本要求
	果形
	色泽
	褐色片锈
	网状薄层
	重锈斑
	轻微碰压伤
	果皮缺陷
	横径
《预包装鲜苹果流通规范》（SB/T 10892—2012）	商品质量基本要求
	新鲜度
	完整度
	均匀度
	色泽
	果径
《预包装鲜食葡萄流通规范》（SB/T 10894—2012）	商品质量基本要求
	新鲜度
	完整度
	果穗重量
	果粒重
	均匀度

续表

标准	指标
《桑椹(桑果)》(GB/T 29572—2013)	穗形
	色泽
	果面
	缺陷果
	果实质量
	虫伤、碰压伤
	药斑
	病果
	杂质
	可食用期限
	可溶性固形物
	酸度
《中国沙棘果实质量等级》(GB/T 23234—2009)	基本要求
	病虫果率
	残伤果率
	杂质
	可溶性固形物
	维生素 C
	总黄酮
	百果重
《山楂》(GH/T 1159—2017)	果实均匀度指数
	果皮色泽
	果肉颜色
	风味
	碰压刺伤果率
	锈斑超过果面 1/4 果率
	虫果率
	病果率
《山楂》(GH/T 1159—2017)	腐烂、冻伤果
	碰压刺伤、锈斑、病虫果率合计
	总糖
	总酸
	维生素 C
	每千克果个数
《山竹子》(NY/T 1396—2007)	基本要求
	果实完好
	单果重
	果实大小
	可食率
	可溶性固形物
《石榴质量等级》(LY/T 2135—2013)	品质基本要求
	果形
	色泽
	果柄
	花萼
	日灼
	锈斑
	磨伤
	雹伤
	刺伤划伤
	碰压伤
	百粒重
	可溶性固形物
	酸度
	单果重

续表

标准	指标	标准	指标
《柿子产品质量等级》（GB/T 20453—2006）	鲜柿	《鲜桃》（NY/T 586—2002）	可溶性固形物
	基本要求		果实硬度
	病害		果实质量
	虫伤	《桃等级规格》（NY/T 1792—2009）	基本要求
	磨伤		果形
	日灼		果皮着色
	压伤碰伤		碰压伤
	刺伤划伤		蟠桃梗洼处果皮损伤
	锈斑		磨伤
	软化		雹伤
	褐变		裂果
	单果重		虫伤
《树莓》（GB/T 27657—2011）	基本要求		单果重
	整齐度	《西番莲》（NY/T 491—2002）	基本要求
	色泽		果形
	果形		色泽
	碰压伤		果面缺陷
	成熟度		可溶性固形物
	聚合果的完整性		总酸量
《鲜桃》（NY/T 586—2002）	基本要求		果汁率
	果形		果实横径
	色泽	《香蕉流通规范》（SB/T 10885—2012）	商品质量基本要求
	碰压伤		成熟度
	蟠桃梗洼处果皮损伤		新鲜度
	磨伤		完整度
	雹伤		均匀度
	裂果	《香蕉》（GB/T 9827—1988）	特征色泽
	虫伤		成熟度

续表

标准	指标	标准	指标
《香蕉》（GB/T 9827—1988）	重量	《杨桃》（NY/T 488—2002）	基本要求
	梳数		质量
	长度		品种特征
	伤病害		果形
	果轴		瑕疵
	果实硬度		表皮缺陷
	可食部分		单果重
	果肉淀粉	《鲜杏》（NY/T 696—2003）	基本要求
	总可溶性糖		色泽
	含水量		果形
	可滴定酸含量		磨伤
	每千克只数		日灼
《青香蕉》（NY/T 517—2002）	基本要求		雹伤
	饱满度		碰压伤
	机械伤		裂果
	日灼		病斑
	疤痕		虫伤
	冷害、冻伤		可溶性固形物
	病虫害		单果重
	裂果		总酸
	药害		固酸比
	果实规格	《樱桃质量等级》（GB/T 26906—2011）	基本要求
《杨梅质量等级》（LY/T 1747—2018）	基本要求		果形
	果面		色泽
	肉柱		果面
	可溶性固形物		果梗
	可食率		机械伤
	单果重		单果重

续表

标准	指标
《农产品等级规格　樱桃》（NY/T 2302—2013）	基本要求
	成熟度
	果柄
	色泽
	果形
	裂果
	畸形果
	瑕疵
	果实横径
《鲜枣质量等级》（GB/T 22345—2008）	鲜食枣
	基本要求
	果实色泽
	着色面积
	果个大小
	浆烂果
	机械伤果
	裂果
	病虫果
	总缺陷果
	杂质含量
	可溶性固形物
《哈密瓜》（GH/T 1184—2017）	基本要求
	瓜形
	色泽、条带、网纹
	碰压伤
	裂缝
	刺划磨伤
	病虫斑
	可溶性固形物
	大小
《西瓜（含无子西瓜）》（NY/T 584—2002）	基本要求
	果形
	果面底色和条纹
	剖面
	单果重
	碰压伤
	刺磨划伤
	雹伤
	日灼
	病虫斑
	着色秕子
	白色秕子
	果实中心可溶性固形物
	果皮厚度
《无籽西瓜分等分级》（GB/T 27659—2011）	基本要求
	果形
	果肉底色和条纹
	剖面
	正常种子
	着色秕子
	白色秕子
	口感
	单果重量
	碰压伤
	刺磨、划伤
	雹伤
	日灼
	病虫斑
	近皮部可溶性固形物
	中心可溶性固形物
	果皮厚度

续表

标准	指标
《浆果类果品流通规范》（SB/T 11026—2013）	商品质量基本要求
	成熟度
	新鲜度
	完整度
	均匀度
《仁果类果品流通规范》（SB/T 11100—2014）	商品质量基本要求
	成熟度
	新鲜度
《仁果类果品流通规范》（SB/T 11100—2014）	完整度
	均匀度
	果心大小
	果肉占比
	果实大小（单果重、果径或千克粒）

附表 4　中国坚果产品标准涉及的品质指标

标准	指标	标准	指标
《澳洲坚果带壳果》（NY/T 1521—2018）	基本要求	《澳洲坚果果仁》（LY/T 1963—2018）	黄曲霉毒素 B_1
	品种特征		脂肪含量
	杂质		果仁粒径
	缺陷果	《板栗质量等级》（GB/T 22346—2008）	基本要求
	出仁率		缺陷
	果仁水分		整齐度
	直径		糊化温度
《澳洲坚果果仁》（NY/T 693—2003）	色泽		淀粉含量
	风味		含水量
	口感		可溶性糖
	活的虫体		千克粒
	不合格果仁	《板栗》（GH/T 1029—2002）	外观
	缺陷果仁		缺陷
	杂质		水分含量
	异味果仁		粗蛋白
	含水量		粗脂肪
	脂肪含量		淀粉
	整仁率		千克粒
	果仁直径	《扁桃》（NY/T 867—2004）	外观色泽
	过氧化值		非病态斑点
	酸价		表面
《澳洲坚果果仁》（LY/T 1963—2018）	色泽		异味
	风味		蛋白质
	杂质		脂肪
	缺陷果仁		水分
	含水量		缺陷粒
	过氧化值		杂质
	酸价		污染物

续表

标准	指标
《扁桃》（NY/T 867—2004）	千克粒
	果仁比
《扁桃仁》（GB/T 30761—2014）	基本要求
	整仁率
	异种率
	含水量
	杂质含量
	缺陷率
	平均单仁重
《核桃仁》（LY/T 1922—2010）	气味
	不完善仁
	杂质
	不符合本等级仁允许量
	异色仁允许量
	水分
	酸价
	过氧化值
	黄曲霉毒素 B_1
	半仁
	四分仁
	碎仁
	米仁
《核桃坚果质量等级》（GB/T 20398—2006）	基本要求
	果形
	外壳
	种仁
	取仁难易度
	出仁率

标准	指标
《核桃坚果质量等级》（GB/T 20398—2006）	空壳果率
	破损果率
	黑斑果率
	含水率
	脂肪含量
	蛋白质含量
	横径
	平均果重
《山核桃产品质量等级》（GB/T 24307—2009）	原料产品
	基本要求
	外观
	色泽
	均匀度
	破损率
	饱满度
	含油率
	含水率
	酸价
	过氧化值
	坚果直径
	带壳加工产品
	色泽
	香气
	口味
	形态
	饱满度
	杂质
	水分

续表

标准	指标	标准	指标
《山核桃产品质量等级》(GB/T 24307—2009)	酸价	《香榧籽质量要求》(LY/T 1773—2008)	香味
	过氧化值		口感
	坚果直径		籽形
《红松松籽》(LY/T 1921—2010)	外观		外壳纹理
	种仁颜色		颗粒完整性
	饱满程度		畸形
	风味		焦斑
	杂质和破损率		杂质
	出仁率		不完善粒
	含水率		含水量
	平均粒重		单粒重
《红松种仁》(GB/T 24306—2009)	色泽		出仁率
	滋、气味		蛋白质
	破碎仁		油脂
	小粒仁		淀粉
	杂质	《仁用杏杏仁质量等级》(GB/T 20452—2006)	风味
	虫蛀仁		种仁色泽
	粗蛋白质		破碎率
	粗脂肪		不饱满率
	灰分		虫蛀率
	水分		霉变率
	酸价		杂质率
	过氧化值		异种率
	百粒重		含水率
《香榧籽质量要求》(LY/T 1773—2008)	品种纯正度		黄曲霉素 B_1
	颗粒整齐度		平均仁质量
	外壳颜色	《西伯利亚杏杏仁质量等级》(LY/T 2340—2014)	基本指标
	种仁颜色		破碎率

续表

标准	指标
《西伯利亚杏杏仁质量等级》(LY/T 2340—2014)	未成熟率
	杂质率
	含水率
	黄曲霉毒素 B_1 含量
	平均单粒重
《腰果》(NY/T 486—2002)	基本要求
	果仁比
	杂质
	缺陷果
	水分
	沉水率
	千克粒
《椰子果》(NY/T 490—2002)	基本要求
	裂果
	腐烂果
	畸形果
	空果
	芽长
	果实围径
《椰子产品 椰青》(NY/T 1441—2007)	原料椰子
	外观
	风味
	质地
	pH
	总糖
《银杏种核质量等级》(GB/T 20397—2006)	种核形状
	种核其他外观特征
	种核具胚率

标准	指标
《银杏种核质量等级》(GB/T 20397—2006)	浮籽率
	种核失重率
	种核霉变率
	种仁萎缩率
	种仁绿色率
	种仁光泽率
	种壳色泽
	种仁形状
	种仁色泽
	种仁剥皮难易
	种仁质地
	种仁口感
	核形指数
	种壳厚度
	种壳结构
	出仁率
	干物质
	淀粉
	蛋白质
	脂肪
	可溶性糖
	胡萝卜素
	维生素 A
	维生素 B_1
	维生素 B_2
	维生素 C
	维生素 E
	磷

续表

标准	指标
《银杏种核质量等级》（GB/T 20397—2006）	钾
	钙
	铁
	镁
	黄酮
	萜内酯
	氢氰酸
	千克粒数
	百粒核重
《榛子坚果 平榛、平欧杂种榛》（LY/T 1650—2005）	基本要求
	出仁率
	空粒率
	缺陷果率
	缺陷果仁率
	杂质
	水分
	坚果单果重

附表5　中国22种果品优势区域分布

果品	地区	优势县(市、区)
板栗	安徽	潜山县、岳西县、黄山区、歙县、休宁县、舒城县、金寨县、霍山县、广德县、泾县
	北京	昌平区、怀柔区、平谷区
	福建	政和县、建瓯市、建阳市
	河北	迁西县、遵化市、迁安市、青龙满族自治县、承德县、兴隆县、滦平县、宽城满族自治县
	河南	山阳区
	湖北	竹溪县、秭归县、大悟县、安陆市、罗田县、曾都区
	辽宁	庄河市、岫岩满族自治县、宽甸满族自治县、东港市、凤城市
	山东	历城区、山亭区、海阳市、岱岳区、五莲县、莱城区、沂南县、莒南县
	陕西	洋县、西乡县、宁强县、佛坪县、商州区、镇安县、柞水县
	天津	蓟县
	云南	红塔区、易门县、峨山彝族自治县
槟榔	福建	云霄县、漳浦县、诏安县
	海南	五指山市、琼海市、文昌市、万宁市、定安县、屯昌县、澄迈县、白沙黎族自治县、乐东黎族自治县、陵水黎族自治县、保亭黎族苗族自治县、琼中黎族苗族自治县
菠萝	福建	云霄县、漳浦县、诏安县、长泰县、东山县、南靖县、平和县、龙海市
	广东	徐闻县、雷州市、中山市、惠来县、湛江农垦
	广西	邕宁区、武鸣县、隆安县、马山县、上林县、宾阳县、横县、上思县、右江区、田阳县、田东县
	海南	琼海市、文昌市、万宁市
	云南	元谋县、屏边满族自治县、河口彝族自治县、景洪市
番木瓜	广东	遂溪县、徐闻县、廉江市、雷州市、吴川市、茂港区、电白县、高州市、化州市、信宜市、高要市
	广西	邕宁区、横县、灵山县
	云南	富民县、石林彝族自治县、蒙自县、石屏县
橄榄	福建	闽侯县、闽清县、南安县、漳浦县、诏安县、长泰县、南靖县
	广东	潮阳区、电白县、信宜市、湘桥区、潮安县、饶平县、揭西县、普宁市、揭阳农垦、汕尾农垦
荔枝	福建	闽侯县、福清市、思明区、海沧区、湖里区、集美区、同安区、翔安区、荔城区、云霄县、漳浦县、诏安县、长泰县、东山县、南靖县、蕉城区、霞浦县

续表

果品	地区	优势县(市、区)
荔枝	广东	增城市、从化市、南山区、台山市、开平市、鹤山市、恩平市、徐闻县、廉江市、电白县、高州市、化州市、信宜市、德庆县、惠阳区、博罗县、惠东县、阳东县、东莞市、惠来县
	广西	邕宁区、武鸣县、横县、合浦县、防城区、钦南区、钦北区、灵山县、浦北县、桂平市、容县、博白县、兴业县、北流市
	海南	琼海市、儋州市、文昌市、万宁市、东方市、定安县、屯昌县、澄迈县、白沙黎族自治县、陵水黎族自治县、保亭黎族苗族自治县、临高县农垦局
	四川	江阳区、合江县、宜宾县
	云南	新平彝族傣族自治县、元江县、隆阳区、施甸县、腾冲县、龙陵县、昌宁县、永德县、屏边满族自治县、元阳县
龙眼	福建	闽侯县、连江县、罗源县、福清市、长乐市、荔城区、惠安县、永春县、晋江市、南安市、芗城区、云霄县、漳浦县、诏安县、长泰县、东山县、南靖县、龙海市、蕉城区、福安市
	广东	廉江市、电白县、高州市、化州市、信宜市、惠阳区、博罗县、惠东县、江城区、阳东县、饶平县、揭东县、云城区、新兴县、揭阳农垦、茂名农垦、汕尾农垦、阳江农垦、湛江农垦
	广西	武鸣县、苍梧县、合浦县、钦南区、钦北区、港南区、覃塘区、平南县、桂平市、容县、陆川县、博白县、兴业县、北流市、大新县
	海南	琼山区、琼海市、文昌市、东方市、定安县、屯昌县、澄迈县、临高县、白沙黎族自治县、乐东黎族自治县、陵水黎族自治县、保亭黎族苗族自治县、琼中黎族苗族自治县、海南农垦
	云南	元江县、隆阳区、永胜县
芒果	福建	云霄县、漳浦县、诏安县、南靖县
	广东	赤坎区、霞山区、坡头区、麻章区、遂溪县、徐闻县、廉江市、雷州市、吴川市、茂名农垦、湛江农垦
	广西	邕宁区、武鸣县、隆安县、马山县、上林县、宾阳县、横县、合浦县、东兴市、灵山县、浦北县、容县、陆川县、博白县、兴业县、北流市、右江区、田阳县、田东县、扶绥县、龙州县
	海南	五指山市、儋州市、东方市、昌江黎族自治县、乐东黎族自治县、陵水黎族自治县、海南农垦
	四川	仁和区、盐边县
	云南	元江县、隆阳区、昌宁县、永胜县、华坪县、景东彝族自治县、景谷傣族彝族自治县、永德县、双江县、永仁县、元谋县、元阳县、陇川县

续表

果品	地区	优势县(市、区)
猕猴桃	重庆	万盛区、黔江区、江津区、南川区、武隆县、奉节县
	甘肃	武都区、文县、康县
	贵州	修文县、平坝县、江口县、石阡县、雷山县
	河北	保康县、尚义县、围场满族蒙古族自治县
	河南	西峡县
	湖南	浏阳市、绥宁县、城步苗族自治县、桂阳县、零陵区、双牌县、溆浦县、吉首市、凤凰县、保靖县、永顺县
	江苏	通州区、海安县、如东县、启东市、海门市、射阳县、建湖县、东台市、大丰市
	江西	九江县、武宁县、修水县、瑞昌市、奉新县、宜丰县、靖安县
	陕西	灞桥区、周至县、户县、岐山县、眉县
	四川	蒲江县、都江堰市、邛崃市、什邡市、苍溪县、雨城区
枇杷	安徽	歙县
	江苏	吴中区
	福建	闽侯县、连江县、罗源县、闽清县、永泰县、福清市、荔城区、仙游县、尤溪县、永安市、洛江区、永春县、德化县、南安市、云霄县、漳浦县、诏安县、长泰县、南靖县、平和县、华安县、上杭县、武平县、蕉城区、霞浦县、古田县、福安市、福鼎市
	广东	大埔县、丰顺县
	广西	鹿寨县、象山区、苍梧县、藤县、忻城县、象州县、武宣县、金秀瑶族自治县、合山市
	湖南	洞口县、津市市
	四川	龙泉驿区、双流县、米易县、盐边县、资中县、仁寿县、西昌市、德昌县、宁南县、普格县
	浙江	余杭区、桐庐县、淳安县、建德市、宁海县、永嘉县、乐清市、兰溪市、衢江区、江山市、黄岩区、路桥区、温岭市、临海市、莲都区
石榴	安徽	怀远县
	河北	元氏县
	海南	琼海市、文昌市
	山东	薛城区、峄城区
	四川	仁和区、西昌市、德昌县、会理县、会东县
	新疆	吐鲁番市、喀什市、疏附县、莎车县、叶城县、伽师县、皮山县、策勒县
	云南	东川区、会泽县、巧家县、个旧市、开远市、蒙自县、建水县、石屏县、文山县、丘北县

续表

果品	地区	优势县(市、区)
柿子	北京	房山区、昌平区、平谷区
	甘肃	秦州区、麦积区、武都区、成县、文县、徽县
	广西	阳朔县、临桂县、平乐县、恭城瑶族自治县、八步区、南丹县、宜州市、金秀瑶族自治县、合山市
	河北	井陉县、灵寿县、平山县、元氏县、涉县、武安市、邢台县、内邱县、满城县、涞水县、唐县、易县、顺平县
	湖北	罗田县
	陕西	灞桥区、临潼区、户县、乾县、礼泉县、富平县、丹凤县、镇安县、柞水县
	天津	蓟县
核桃	安徽	宁国市
	河北	平山县、元氏县、迁西县、遵化市、迁安市、涉县、邢台县、临城县、内邱县、涞水县、唐县、涞源县
	黑龙江	兴山区
	湖北	郧西县、竹山县、竹溪县、秭归县、长阳土家族自治县、谷城县、保康县
	辽宁	岫岩满族自治县、海城市、桓仁满族自治县、风城市
	青海	循化撒拉族自治县、尖扎县、贵德县
	山东	历城区、滕州市、邹城市、岱岳区、肥城市、莱城区、平邑县
	山西	平定县、盂县、黎城县、壶关县、榆社县、左权县、垣曲县、夏县、交口县、孝义市、汾阳市
	西藏	左贡县、芒康县、加查县、米林县、察隅县、朗县
	新疆	阿克苏市、温宿县、泽普县、叶城县、和田县、墨玉县、农三师、农十四师二二四团
	云南	华宁县、隆阳区、施甸县、腾冲县、龙陵县、昌宁县、古城区、思茅区、宁洱哈尼族彝族自治县、墨江哈尼族自治县、景东彝族自治县、景谷傣族彝族自治县、镇沅县、江城哈尼族彝族自治县、孟连县、澜沧拉祜族自治县西盟佤族自治县、临翔区、凤庆县、云县、永德县、镇康县、双江县、耿马傣族佤族自治县、澜沧佤族自治县、大理市、漾濞彝族自治县、祥云县、宾川县、弥渡县、南涧彝族自治县、巍山彝族回族自治县、永平县、云龙县、洱源县、剑川县、鹤庆县、潞西市、陇川县
	浙江	桐庐县、淳安县、建德市、富阳市、临安市、安吉县
香榧	浙江	绍兴县、诸暨市、嵊州市、浦江县、磐安县、兰溪市、东阳市、缙云县、遂昌县、松阳县

续表

果品	地区	优势县(市、区)
香蕉	福建	南安市、芗城区、云霄县、漳浦县、诏安县、长泰县、南靖县、平和县、华安县、龙海市、永定县
	广东	番禺区、南沙区、增城市、从化市、潮阳区、澄海区、高明区、新会区、开平市、遂溪县、徐闻县、廉江市、雷州市、吴川市、电白县、高州市、信宜市、鼎湖区、惠阳区、博罗县、惠东县、龙门县、阳东县、东莞市、中山市、潮安县、饶平县、榕城区、揭东县、普宁市、揭阳农垦、茂名农垦、汕尾农垦、阳江农垦、湛江农垦
	广西	西乡塘区、邕宁区、武鸣县、隆安县、海城区、铁山港区、合浦县、防城区、上思县、东兴市、钦南区、钦北区、灵山县、浦北县、玉州区、容县、陆川县、博白县、北流市、右江区、田阳县、田东县、平果县、江州区、扶绥县、宁明县、龙州县、大新县、凭祥市
	海南	五指山市、琼海市、儋州市、文昌市、万宁市、东方市、澄迈县、临高县、白沙黎族自治县、昌江黎族自治县、乐东黎族自治县、陵水黎族自治县、保亭黎族苗族自治县、海南农垦
	云南	新平彝族傣族自治县、元江县、隆阳区、景谷傣族彝族自治县、江城哈尼族彝族自治县、孟连县、澜沧拉祜族自治县、永德县、镇康县、耿马傣族佤族自治县、个旧市、屏边满族自治县、元阳县、红河县、金平苗族瑶族傣族自治县、河口彝族自治县、麻栗坡县、马关县、景洪市、勐海县、勐腊县、瑞丽市、盈江县
杏	河北	巨鹿县、涞水县、下花园区、宣化县、蔚县、阳原县、怀安县、怀来县、涿鹿县、承德县、平泉县、滦平县、隆化县、丰宁满族自治县
	辽宁	康平县、阜新蒙古族自治县、彰武县、龙城区、朝阳县、凌源市
	新疆	托克逊县、哈密市、轮台县、和硕县、库车县、沙雅县、新和县、拜城县、乌什县、柯坪县、阿图什市、阿克陶县、疏附县、英吉沙县、泽普县、莎车县、叶城县、麦盖提县、岳普湖县、伽师县、巴楚县、墨玉县、皮山县、洛浦县、策勒县、于田县、伊宁县、察布查尔锡伯自治县、霍城县、巩留县、尼勒克县
腰果	海南	东方市、昌江黎族自治县、乐东黎族自治县、陵水黎族自治县
杨梅	福建	永泰县、仙游县、大田县、尤溪县、永安市、安溪县、德化县、晋江市、南安市、漳浦县、诏安县、平和县、龙海市、延平区、顺昌县、政和县、建瓯市、建阳市、长汀县、永定县、连城县、蕉城区、霞浦县、福安市、福鼎市

续表

果品	地区	优势县(市、区)
杨梅	浙江	萧山区、海宁县、余姚市、慈溪市、龙湾区、瓯海区、永嘉县、平阳县、苍南县、文成县、泰顺县、瑞安市、长兴县、上虞市、兰溪市、义乌市、定海区、黄岩区、路桥区、玉环县、三门县、天台县、仙居县、温岭市、临海市、青田县、缙云县
	云南	富民县、石林彝族自治县、蒙自县、石屏县
椰子	海南	五指山市、琼海市、儋州市、文昌市、万宁市、东方市、定安县、屯昌县、澄迈县、临高县、白沙黎族自治县、昌江黎族自治县、乐东黎族自治县、陵水黎族自治县、保亭黎族苗族自治县、琼中黎族苗族自治县、海南农垦
樱桃	甘肃	秦州区、麦积区、清水县、秦安县、甘谷县
	江苏	栖霞区
	辽宁	普兰店市
	青海	乐都县
	山东	沂源县、山亭区、芝罘区、福山区、蓬莱市、临朐县、安丘市、岱岳区、新泰市、五莲县、莱城区、钢城区
	陕西	灞桥区、蓝田县、王益区、印台区、耀州区、宜君县、西乡县
柚	福建	仙游县、漳浦县、诏安县、长泰县、南靖县、平和县、华安县、龙海市、新罗区、永定县、上杭县、福鼎市
	广东	曲江区、仁化县、梅江区、梅县、大埔县、五华县、平远县、蕉岭县
	广西	兴宁市、融水苗族自治县、象山区、阳朔县、平乐县、恭城瑶族自治县、容县
	湖北	宣恩县
	湖南	江永县
	浙江	永嘉县、苍南县、常山县、玉环县、庆元县
枣	福建	漳浦县、南靖县、平和县
	甘肃	民勤县
	海南	文昌市、昌江黎族自治县、陵水黎族自治县、海南农垦
	河北	行唐县、赞皇县、玉田县、邯郸县、临城县、新河县、阜平县、唐县、沧县、青县、东光县、海兴县、盐山县、南皮县、献县、泊头市、河间市、大城县
	河南	新郑市、内黄县、灵宝市
	辽宁	阜新蒙古族自治县、双塔区、龙城区、朝阳县、凌源市、南票区
	山东	垦利县、利津县、广饶县、宁阳县、乐陵市、无棣县、沾化县

续表

果品	地区	优势县(市、区)
枣	山西	枣强县、阳曲县、稷山县、交城县、兴县、临县、柳城县、石楼县
	天津	滨海新区、静海县、蓟县
	新疆	托克逊县、哈密市、若羌县、且末县、阿克苏市、温宿县、库车县、沙雅县、新和县、阿瓦提县、疏附县、疏勒县、泽普县、麦盖提县、岳普湖县、伽师县、巴楚县、和田县、皮山县、策勒县、于田县、民丰县、农一师、农二师、农三师、农十三师、农十四师二二四团、农十四师皮山县农场
	云南	河口瑶族自治县

资料来源:《特色农产品区域布局规划(2013—2020年)》。

附表6　中国元素检测方法标准的灵敏度和精密度

标准编号	元素	检测方法	称样量 g	定容体积 mL	检出限	定量限	精密度 %
GB 5009. 267—2016	碘	砷铈催化分光光度法			3μg/kg		10
GB/T 5009. 18—2003	氟	扩散－氟试剂比色法			0. 1mg/kg		10
		氟离子选择电极法					20
GB 5009. 92—2016	钙	火焰原子吸收光谱法	0. 5	25	0. 5mg/kg	1. 5mg/kg	10
		EDTA 滴定法	4	25		100mg/kg	10
GB 5009. 15—2014	镉	石墨炉原子吸收光谱法			1μg/kg	3μg/kg	20
GB 5009. 123—2014	铬	石墨炉原子吸收光谱法	0. 5	10	10μg/kg	30μg/kg	20
GB 5009. 17—2014	总汞	原子荧光光谱法	0. 5	25	3μg/kg	10μg/kg	20
		冷原子吸收光谱法	0. 5	25	2μg/kg	7g/kg	20
	甲基汞	液相色谱－原子荧光光谱联用法	1	10	8μg/kg	25μg/kg	20
GB 5009. 91—2017	钾	火焰原子吸收光谱法	0. 5	25	2mg/kg	5mg/kg	10
		火焰原子发射光谱法	0. 5	25	2mg/kg	5mg/kg	10
	钠	火焰原子吸收光谱法	0. 5	25	8mg/kg	30mg/kg	10
		火焰原子发射光谱法	0. 5	25	8mg/kg	30mg/kg	10
GB 5009. 87—2016	磷	钼蓝分光光度法	0. 5	100	0. 2g/kg	0. 6g/kg	5
		钒钼黄分光光度法	0. 5	100	0. 2g/kg	0. 6g/kg	5
GB 5009. 182—2017	铝	石墨炉原子吸收光谱法	1	50	0. 3mg/kg	0. 8mg/kg	20
GB 5009. 241—2017	镁	火焰原子吸收光谱法	1	25	0. 6mg/kg	2mg/kg	10
GB 5009. 242—2017	锰	火焰原子吸收光谱法	0. 5	25	0. 2mg/kg	0. 5mg/kg	10

续表

标准编号	元素	检测方法	称样量 g	定容体积 mL	检出限	定量限	精密度 %
GB 5009. 138—2017	镍	石墨炉原子吸收光谱法	0. 5	10	20μg/kg	50μg/kg	20
GB 5009. 12—2017	铅	石墨炉原子吸收光谱法	0. 5	10	20μg/kg	40μg/kg	20
		火焰原子吸收光谱法	0. 5	10	0. 4mg/kg	1. 2mg/kg	20
		二硫腙比色法	0. 5	10	1mg/kg	3mg/kg	20
GB/T 23372—2009	无机砷	液相色谱－电感耦合等离子体质谱法			As(Ⅲ)为2μg/kg As(Ⅴ)为4μg/kg		10
GB 5009. 11—2014	总砷	电感耦合等离子体质谱法	1	25	3μg/kg	10μg/kg	20
		氢化物发生原子荧光光谱法	1	25	10μg/kg	40μg/kg	20
		银盐法	1	25	0. 2mg/kg	0. 7mg/kg	20
GB 5009. 137—2016	锑	氢化物原子荧光光谱法	0. 5	10	10μg/kg	40μg/kg	20
GB 5009. 90—2016	铁	火焰原子吸收光谱法	0. 5	25	0. 75mg/kg	2. 5mg/kg	10
GB 5009. 13—2017	铜	石墨炉原子吸收光谱法	0. 5	10	20μg/kg	50μg/kg	20
		火焰原子吸收光谱法	0. 5	10	0. 2mg/kg	0. 5mg/kg	10
GB 5009. 93—2017	硒	氢化物原子荧光光谱法	1	10	2μg/kg	6μg/kg	20
		荧光分光光度法	1	3	10μg/kg	30μg/kg	20
GB 5009. 16—2014	无机锡	氢化物原子荧光光谱法	1			2. 5mg/kg	10
		苯芴酮比色法	1			20mg/kg	10
GB 5009. 215—2016	有机锡	气相色谱－脉冲火焰光度检测器检测方法	10	1		二甲基锡，0. 5μg/kg 三甲基锡，1. 2μg/kg 一丁基锡，1. 5μg/kg 二丁基锡，0. 5μg/kg 三丁基锡，0. 6μg/kg 一苯基锡，1. 7μg/kg 二苯基锡，0. 8μg/kg 三苯基锡，0. 8μg/kg	20

续表

标准编号	元素	检测方法	称样量 g	定容体积 mL	检出限	定量限	精密度 %
GB 5009.14—2017	锌	火焰原子吸收光谱法	0.5	25	1mg/kg	3mg/kg	10%
		二硫腙比色法	1	25	7mg/kg	21mg/kg	10%
GB/T 5009.151—2003	锗	原子荧光光谱法			3.5μg/kg		5%
		石墨炉原子吸收光谱法			40pg		
		苯基荧光酮分光光度法			0.25μg		10%
SN/T 0448—2011	4种元素	电感耦合等离子体质谱法	1	50	砷、铅，0.05mg/kg 镉、汞，0.02mg/kg		20%
NY/T 1938—2010	5种稀土元素	电感耦合等离子体发射光谱法	0.5～1	10	镧、钐，0.01mg/kg 铈、镨、钕，0.02mg/kg		含量＞0.1mg/kg，15%；含量≤0.1mg/kg，20%

附表 7 **WHO 对果品类食物的分类**

法典代码	商品说明
001	CITRUS FRUIT(柑橘类水果)
FC 0001	Citrus fruit(柑橘类水果)
JF 0001	Citrus fruit, juice(柑橘汁)
001A	Lemons and limes(柠檬和莱檬)
FC 0002	Lemons and limes(柠檬和莱檬)
FC 0202	Citron(枸橼)
FC 0303	Kumquats(金柑)
001B	Mandarins(宽皮柑橘)
FC 0003	Mandarins(宽皮柑橘)
001C	Oranges, sweet, sour(甜橙和酸橙)
FC 0004	Oranges, sweet, sour(甜橙和酸橙)
JF 0004	Oranges, juice(橙汁)
FC 0207	Sour orange(酸橙)
001D	Pummelos(柚)
FC 0005	Pummelo and grapefruits(柚和葡萄柚)
JF 0203	Grapefruits, juice(葡萄柚汁)
002	POME FRUIT(仁果类水果)
FP 0009	Pome fruits(仁果类水果)
FP 0226	Apple(苹果)
JF 0226	Apple juice(苹果汁)
FP 0227	Crab—apple(小苹果)
FP 0228	Loquat(枇杷)
FP 0229	Medlar(枸杞)
FP 0230	Pear(梨)
FP 0231	Quince(榲桲)
FP 0307	Persimmon(柿)
FP 2220	Azarole(意大利山楂)
003	STONE FRUIT(核果类水果)
FS 0012	Stone fruits(核果类水果)

续表

法典代码	商品说明
003A	Cherries(樱桃)
FS 0013	Cherries(樱桃)
FS 0243	Cherries, sour(酸樱桃)
FS 0244	Cherries, sweet(甜樱桃)
003B	Plums(李)
FS 0014	Plums(李)
DF 0014	Plum, dried (prunes)(李干)
FS 0302	Jujube, Chinese(中国枣)
003C	Peaches(桃)
FS 2001	Peaches, nectarines, apricots(桃、油桃、杏)
FS 0240	Apricot(杏)
DF 0240	Apricot, dried(杏干)
FS 2237	Japanese apricot(日本杏)
004	BERRIES AND OTHER SMALL FRUITS(浆果和其他小型水果)
FB 0018	Berries and other small fruits(浆果和其他小型水果)
004A	Cane berries(蔓生浆果)
FB 2005	Caneberries(蔓生浆果)
FB 0264	Blackberries(黑莓)
FB 0266	Dewberries(露莓)
FB 0272	Raspberries(树莓)
004B	Bush berries(矮灌木浆果)
FB 2006	Bush berries(矮灌木浆果)
FB 0020	Blueberries(蓝莓)
FB 0021	Currants(穗醋栗)
FB 0268	Gooseberries(醋栗)
FB 0273	Rose hips(蔷薇果)
FB 2245	Huckle berries(酸越橘)
004C	Large shrub/tree berries(大灌木/乔木浆果)
FB 2007	Large shrub/tree berries(大灌木/乔木浆果)

续表

法典代码	商品说明
FB 0267	Elderberries(接骨木)
FB 0271	Mulberries(桑葚)
FB 0274	Service berry(唐棣)
004D	**Small fruit vine climbing(攀缘类藤本小型水果)**
FB 2008	Small fruit vine climbing(攀缘类藤本小型水果)
FB 0269	Grape(葡萄)
DF 0269	Grape, dried(葡萄干)
JF 0269	Grape juice(葡萄汁)
004E	**Low growing berries(矮生浆果)**
FB 2009	Low growing berries(矮生浆果)
FB 0265	Cranberries(越莓)
FB 0275	Strawberry(草莓)
005	**ASSORTED (SUB) TROPICAL FRUITS—EDIBLE PEEL [(亚)热带皮可食水果]**
FT 0026	Tropical and subtropical fruits, edible peel[(亚)热带皮可食水果]
005A	**Assorted (sub) tropical fruits—edible peel—small [(亚)热带皮可食小型水果]**
FT 2011	Assorted (sub) tropical fruits—edible peel—small, raw[(亚)热带皮可食小型水果]
FT 0286	Arbutus berry(杨梅)
FT 0287	Barbados cherry(西印度樱桃)
FT 0299	Hog plum(猪李)
FT 0305	Table olive(餐用橄榄)
DM 0305	Table olive, preserved(餐用橄榄脯)
FT 0340	Java apple(爪哇苹果)
005B	**Assorted (sub) tropical fruits—edible peel—medium to large [(亚)热带皮可食中型和大型水果]**
FT 2012	Assorted (sub) tropical fruits—edible peel—medium to large[(亚)热带皮可食中型和大型水果]
FT 2381	Babaco(五棱木瓜)
FT 0289	Carambola(杨桃)

续表

法典代码	商品说明
FT 0291	Carob (Locust Tree, St John's Bread)(角豆)
FT 0292	Cashew apple(腰果梨)
FT 0297	Fig(无花果)
DF 0297	Fig, dried or dried and candied(无花果干、无花果蜜饯)
FT 0300	Jaboticaba(嘉宝果)
FT 0301	Jujube, Indian(印度枣)
FT 0309	Rose apple(蒲桃)
FT 0336	Guava(番石榴)
FT 0364	Sentul(仙都果)
005C	Assorted (sub) tropical fruits—edible peel—palms [(亚)热带皮可食棕榈科水果]
FT 2011	Assorted (sub) tropical fruits—edible peel—palms[(亚)热带皮可食棕榈科水果]
FT 2400	Acai berry[阿萨伊浆果(巴西莓)]
FT 0295	Date(海枣)
006	ASSORTED (SUB) TROPICAL FRUITS—INEDIBLE PEEL [(亚)热带皮不可食水果]
FI 0030	(Sub) Tropical fruits, inedible peel[(亚)热带皮不可食水果]
006A	Assorted (sub) tropical fruits—inedible peel—small [(亚)热带皮不可食小型水果]
FI 2021	Assorted (sub) tropical fruits—inedible peel—small[(亚)热带皮不可食小型水果]
FI 0343	Litchi(荔枝)
FI 0342	Longan(龙眼)
FI 0369	Tamarind, sweet varieties(甜酸豆)
006B	Assorted (sub) tropical fruits—inedible smooth peel—large [(亚)热带皮不可食光皮大型水果]
FI 2022	Assorted (sub) tropical fruits—inedible smooth peel—large[(亚)热带皮不可食光皮大型水果]
FI 2483	Cupuacu(大花可可)
FI 2488	Langsat (i. e. longkong) (兰撒果)
FI 2495	Pawpaw (Asimina spp) Asimina(番木瓜)
FI 0312	Tamarillo(树番茄)

续表

法典代码	商品说明
FI 0326	Avocado(鳄梨)
FI 0327	Banana(香蕉)
FI 0335	Feijoa (Pineapple guava)[费约果(菠萝番石榴)]
FI 0345	Mango(芒果)
FI 0346	Mangosteen(山竹)
FI 0349	Naranjilla(果茄)
FI 0350	Papaya(番木瓜)
FI 0352	Persimmon, American(美洲柿)
FI 0355	Pomegranate(石榴)
FI 0360	Sapote(沙波果)
FI 0367	Star apple(星苹果)
006C	Assorted (sub) tropical fruits—inedible rough or hairy peel—large [(亚)热带皮不可食粗皮或多毛大型水果]
FI 2023	Assorted (sub) tropical fruits—inedible rough or hairy peel—large[(亚)热带皮不可食粗皮或多毛大型水果]
FI 0329	Breadfruit(面包果)
FI 0331	Cherimoya(南美番荔枝)
FI 0332	Custard apple(番荔枝)
FI 0334	Durian(榴莲)
FI 0338	Jackfruit(菠萝蜜)
FI 0344	Mammey apple(曼密苹果)
FI 0353	Pineapple(菠萝)
JF 0341	Pineapple juice(菠萝汁)
FI 0358	Rambutan(红毛丹)
FI 0359	Sapodilla(人心果)
FI 0362	Mammey sapote(曼密沙波果)
FI 0365	Soursop(刺果番荔枝)
006D	Assorted (sub) tropical fruits—inedible peel—cactus and vines [(亚)热带皮不可食仙人掌科和藤本水果]
FI 2024	Assorted (sub) tropical fruits—inedible peel—cactus[(亚)热带皮不可食仙人掌科水果]
FI 2025	Assorted (sub) tropical fruits—inedible peel—vines[(亚)热带皮不可食藤本水果]

续表

法典代码	商品说明
FI 2540	Pitaya(火龙果)
FI 0341	Kiwi fruit(猕猴桃)
FI 0351	Passion fruit(西番莲)
FI 0356	Prickly pear(刺梨)
006E	**Assorted (sub) tropical fruits—inedible peel—palms [(亚)热带皮不可食棕榈科水果]**
FI 2026	Assorted (sub) tropical fruits—inedible peel—palms[(亚)热带皮不可食棕榈科水果]
022	**TREE NUTS(木本坚果)**
TN 0085	Tree nuts(木本坚果)
TN 0295	Cashew nuts, nutmeat(腰果仁)
TN 0660	Almonds, nutmeat(杏仁)
TN 0662	Brazil nuts, nutmeat(巴西坚果仁)
TN 0663	Butter nut(油胡桃仁)
TN 0664	Chestnut(板栗)
TN 0665	Coconut, nutmeat(椰子肉)
TN 0666	Hazelnuts, nutmeat(榛子仁)
TN 0669	Macadamia nuts, nutmeat (i. e. Queensland nuts)(澳洲坚果仁)
TN 0672	Pecan nuts, nutmeat(美国山核桃仁)
TN 0673	Pine nuts, nutmeat (i. e. pignolia nuts)(松仁)
TN 0674	Pili nut(中国橄榄仁)
TN 0675	Pistachio nut, nutmeat(阿月浑子仁)
TN 0676	Sapucaia nut(猴核桃仁)
TN 0678	Walnuts, nutmeat(核桃仁)

附表 8　中国有关标准对肥料重金属含量的规定

标准编号	产品	项目		指标
GB 8921—2011	磷肥及其复合肥	镭 226	<	500Bq/kg
GB/T 18877—2009	有机-无机复混肥料	砷及其化合物(以 As 计)	≤	0.0050%
		镉及其化合物(以 Cd 计)	≤	0.0010%
		铅及其化合物(以 Pb 计)	≤	0.0150%
		铬及其化合物(以 Cr 计)	≤	0.0500%
		汞及其化合物(以 Hg 计)	≤	0.0005%
GB/T 17420—1998	微量元素叶面肥料	砷(As)(以元素计)	≤	0.002%
		镉(Cd)(以元素计)	≤	0.002%
		铅(Pb))(以元素计)	≤	0.01%
GB/T 17419—2018	含有机质叶面肥料	砷及其化合物(以 AS 计)	≤	10mg/kg
		镉及其化合物(以 Cd 计)	≤	10mg/kg
		铅及其化合物(以 Pb 计)	≤	50mg/kg
		铬及其化合物(以 Cr 计)	≤	50mg/kg
		汞及其化合物(以 Hg 计)	≤	5mg/kg
GB/T 23349—2009	生产、销售的各种肥料	砷及其化合物(以 As 计)	≤	0.0050%
		镉及其化合物(以 Cd 计)	≤	0.0010%
		铅及其化合物(以 Pb 计)	≤	0.0200%
		铬及其化合物(以 Cr 计)	≤	0.0500%
		汞及其化合物(以 Hg 计)	≤	0.0005%
NY 525—2012	有机肥料	总砷(As)(以烘干基计)	≤	15mg/kg
		总汞(Hg)(以烘干基计)	≤	2mg/kg
		总铅(Pb)(以烘干基计)	≤	50mg/kg
		总镉(Cd)(以烘干基计)	≤	3mg/kg
		总铬(Cr)(以烘干基计)	≤	150mg/kg

续表

标准编号	产品	项目	指标
NY 884—2012	生物有机肥	总砷(As)(以干基计) ≤	15mg/kg
		总镉(Cd)(以干基计) ≤	3mg/kg
		总铅(Pb)(以干基计) ≤	50mg/kg
		总铬(Cr)(以干基计) ≤	150mg/kg
		总汞(Hg)(以干基计) ≤	2mg/kg
NY/T 798—2015	复合微生物肥料	砷(As)(以烘干基计) ≤	15mg/kg
		镉(Cd)(以烘干基计) ≤	3mg/kg
		铅(Pb)(以烘干基计) ≤	50mg/kg
		铬(Cr)(以烘干基计) ≤	150mg/kg
		汞(Hg)(以烘干基计) ≤	2mg/kg
NY/T 2596—2014	沼肥	总砷(As) ≤	10mg/kg、15mg/kg*
		总镉(Cd) ≤	10mg/kg、3mg/kg*
		总铅(Pb) ≤	50mg/kg、50mg/kg*
		总铬(Cr) ≤	50mg/kg、150mg/kg*
		总汞(Hg) ≤	5mg/kg、2mg/kg*
NY 1110—2010	水溶肥料　汞、砷、镉、铅、铬	汞(Hg)(以元素计) ≤	5mg/kg
		砷(As)(以元素计) ≤	10mg/kg
		镉(Cd)(以元素计) ≤	10mg/kg
		铅(Pb)(以元素计) ≤	50mg/kg
		铬(Cr)(以元素计) ≤	50mg/kg

续表

标准编号	产品	项目		指标
NY 1429—2010	含氨基酸水溶肥料	总汞(Hg)(以烘干基计)	≤	5mg/kg
		总砷(As)(以烘干基计)	≤	10mg/kg
		总镉(Cd)(以烘干基计)	≤	10mg/kg
		总铅(Pb)(以烘干基计)	≤	50mg/kg
		总铬(Cr)(以烘干基计)	≤	50mg/kg
QB/T 2849—2007	生物发酵肥	砷及其化合物(以 As 计)	≤	5mg/kg
		镉及其化合物(以 Cd 计)	≤	5mg/kg
		铅及其化合物(以 Pb 计)	≤	5mg/kg
		铬及其化合物(以 Cr 计)	≤	10mg/kg
		汞及其化合物(以 Hg 计)	≤	2mg/kg
HG/T 4365—2012	水溶性肥料	砷	≤	0.0010%
		镉	≤	0.0010%
		铅	≤	0.0050%
		铬	≤	0.0050%
		汞	≤	0.0005%
HG/T 4218—2011	改性碳酸氢铵颗粒肥	有害元素限量		按 GB/T 23349 规定执行

* 前者为沼液肥指标，后者为沼渣肥指标。

附表 9　ISO 果品及其制品综合标准

标准编号	标准名称
ISO 874：1980[1)]	Fresh fruits and vegetables—Sampling 新鲜水果和蔬菜　取样
ISO 5515：1979	Fruits, vegetables and derived products—Decomposition of organic matter prior to analysis—Wet method 水果、蔬菜及其制品　有机物分析前的消解　湿法
ISO 5516：1978	Fruits, vegetables and derived products—Decomposition of organic matter prior to analysis—Ashing method 水果、蔬菜及其制品　有机物分析前的消解　灰化法
ISO 750：1998[2)]	Fruit and vegetable products—Determination of titratable acidity 水果和蔬菜产品　可滴定酸的测定
ISO 751：1998[3)]	Fruit and vegetable products—Determination of water - insoluble solids 水果和蔬菜产品　水不溶性固形物的测定
ISO 762：2003[4)]	Fruit and vegetable products—Determination of mineral impurities content 水果和蔬菜产品　矿物杂质的测定
ISO 763：2003[5)]	Fruit and vegetable products—Determination of ash insoluble in hydrochloric acid 水果和蔬菜产品　盐酸不溶性灰分的测定
ISO 1026：1982[6)]	Fruit and vegetable products—Determination of dry matter content by drying under reduced pressure and of water content by azeotropic distillation 水果和蔬菜产品　减压干燥法测定干物质含量和共沸蒸馏法测定水分含量
ISO 1842：1991[7)]	Fruit and vegetable products—Determination of pH 水果和蔬菜产品　pH 的测定
ISO 2173：2003[8)]	Fruit and vegetable products—Determination of soluble solids—Refractometric method 水果和蔬菜产品　可溶性固形物的测定　参考方法
ISO 2447：1998[9)]	Fruit and vegetable products—Determination of tin content 水果和蔬菜产品　锡含量的测定
ISO 2448：1998[10)]	Fruit and vegetable products—Determination of ethanol content 水果和蔬菜产品　乙醇含量的测定
ISO 5523：1981[11)]	Liquid fruit and vegetable products—Determination of sulphur dioxide content (Routine method) 液体水果和蔬菜产品　二氧化硫含量的测定(常规法)

续表

标准编号	标准名称
ISO 6638/1：1985	Fruit and vegetable products—Determination of formic acid content—Part 1：Gravimetric method 水果和蔬菜产品　甲酸含量的测定　第1部分：重量法
ISO 6638/2：1984	Fruit and vegetable products—Determination of formic acid content—Part 2：Routine method 水果和蔬菜产品　甲酸含量的测定　第2部分：常规法
ISO 7466：1986[12)]	Fruit and vegetable products—Determination of 5 - hydroxymethylfurfural (5 - HMF) content 水果和蔬菜产品　5 - 羟甲基糠醛(5 - HMF)含量的测定
ISO 17240：2004	Fruit and vegetable products—Determination of tin content—Method using flame atomic absorption spectrometry 水果和蔬菜产品　锡含量的测定　火焰原子吸收光谱法
ISO 22855：2008	Fruit and vegetable products—Determination of benzoic acid and sorbic acid concentrations—High performance liquid chromatography method 水果和蔬菜产品　苯甲酸和山梨酸浓度的测定　高效液相色谱法
ISO 6560：1983	Fruit and vegetable products—Determination of benzoic acid content (benzoic acid contents greater than 200 mg per litre or per kilogram)—Molecular absorption spectrometric method 水果和蔬菜产品　苯甲酸含量的测定(苯甲酸≥200mg/L 或 mg/kg)分子吸收光谱法
ISO 5517：1978	Fruits, vegetables and derived products—Determination of iron content—1,10 - Phenanthroline photometric method 水果、蔬菜及其制品　铁含量的测定　1,10 - 菲罗啉光度法
ISO 5518：2007[13)]	Fruits, vegetables and derived products—Determination of benzoic acid content—Spectrophotometric method 水果、蔬菜及其制品　苯甲酸含量的测定　分光光度法
ISO 5519：2008[14)]	Fruits, vegetables and derived products—Determination of sorbic acid content 水果、蔬菜及其制品　山梨酸含量的测定
ISO 5520：1981	Fruits, vegetables and derived products—Determination of alkalinity of total ash and of water - soluble ash 水果、蔬菜及其制品　总灰分和水溶性灰分碱度的测定

续表

标准编号	标准名称
ISO 5521：1981[15)	Fruits, vegetables and derived products—Qualitative method for the detection of sulphur dioxide 水果、蔬菜及其制品　二氧化硫的测定　定性法
ISO 5522：1981	Fruits, vegetables and derived products—Determination of total sulphur dioxide content 水果、蔬菜及其制品　总二氧化硫含量的测定
ISO 6557/1：1986[16)	Fruits, vegetables and derived products—Determination of ascorbic acid—Part 1：Reference method 水果、蔬菜及其制品　抗坏血酸的测定　第1部分：参考方法
ISO 6558－2：1992	Fruits, vegetables and derived products—Determination of carotene content—Part 2：Routine methods 水果、蔬菜及其制品　胡萝卜素含量的测定　第2部分：常规法
ISO 6561－1：2005[17)	Fruits, vegetables and derived products—Determination of cadmium content—Part 1：Method using graphite furnace atomic absorption spectrometry 水果、蔬菜及其制品　镉含量的测定　第1部分：石墨炉原子吸收光谱法
ISO 6561－2：2005[18)	Fruits, vegetables and derived products—Determination of cadmium content—Part 2：Method using flame atomic absorption spectrometry 水果、蔬菜及其制品　镉含量的测定　第2部分：火焰原子吸收光谱法
ISO 6632：1981[19)	Fruits, vegetables and derived products—Determination of volatile acidity 水果、蔬菜及其制品　挥发性酸度的测定
ISO 6633：1984	Fruits, vegetables and derived products—Determination of lead content—Flameless atomic absorption spectrometric method 水果、蔬菜及其制品　铅含量的测定　冷原子吸收分光光度法
ISO 6634：1982	Fruits, vegetables and derived products—Determination of arsenic content—Silver diethyldithiocarbamate spectrophotometric method 水果、蔬菜及其制品　砷含量的测定　二乙基二硫代氨基甲酸银光度法
ISO 6635：1984	Fruits, vegetables and derived products—Determination of nitrite and nitrate content—Molecular absorption spectrometric method 水果、蔬菜及其制品　亚硝酸盐和硝酸盐含量的测定　分子吸收光谱法

续表

标准编号	标准名称
ISO 6636/1：1986[20]	Fruits, vegetables and derived products—Determination of zinc content—Part 1：Polarographic method 水果、蔬菜及其制品　锌含量的测定　第1部分：极谱法
ISO 6636/2：1981	Fruits, vegetables and derived products—Determination of zinc content—Part 2：Atomic absorption spectrometric method 水果、蔬菜及其制品　锌含量的测定　第2部分：原子吸收光谱法
ISO 6636/3：1983	Fruit and vegetable products—Determination of zinc content—Part 3：Dithizone spectrometric method 水果、蔬菜及其制品　锌含量的测定　第3部分：双硫腙光谱法
ISO 6637：1984	Fruits, vegetables and derived products—Determination of mercury content—Flameless atomic absorption method 水果、蔬菜及其制品　汞含量的测定　冷原子吸收法
ISO 7952：1994	Fruits, vegetables and derived products—Determination of copper content—Method using flame atomic absorption spectrometry 水果、蔬菜及其制品　铜含量的测定　火焰原子吸收光谱法
ISO 9526：1990	Fruits, vegetables and derived products—Determination of iron content by flame atomic absorption spectrometry 水果、蔬菜及其制品　铁含量的测定　火焰原子吸收光谱法
ISO 17239：2004	Fruits, vegetables and derived products—Determination of arsenic content—Method using hydride generation atomic absorption spectrometry 水果、蔬菜及其制品　砷含量的测定　氢化物发生原子吸收光谱法
ISO 1956/1：1982	Fruits and vegetables—Morphological and structural terminology—Part 1 水果和蔬菜　形态和结构学术语　第1部分
ISO 1956-2：1989	Fruits and vegetables—Morphological and structural terminology—Part 2 水果和蔬菜　形态和结构学术语　第2部分
ISO 2169：1981[21]	Fruits and vegetables—Physical conditions in cold stores—Definitions and measurement 水果和蔬菜　冷藏物理条件的定义和测量
ISO 3659：1977	Fruits and vegetables—Ripening after cold storage 水果和蔬菜　冷藏后的催熟

续表

标准编号	标准名称
ISO 6661：1983	Fresh fruits and vegetables – Arrangement of parallelepipedic packages in land transport vehicles 新鲜水果和蔬菜　陆路运输工具中平行六面体包装的布局
ISO 6949：1988	Fruits and vegetables – Principles and techniques of the controlled atmosphere method of storage 水果和蔬菜　气调贮藏原理和技术
ISO 7558：1988	Guide to the prepacking of fruits and vegetables 水果和蔬菜预包装指南
ISO 7563：1998	Fresh fruits and vegetables – Vocabulary 新鲜水果和蔬菜　词汇

[1)]代替 R 874：1968。[2)]代替 ISO 750：1981。提供了两种方法，电位滴定法和常规法。电位滴定法为参考方法；常规法使用显色指示剂，不适用于葡萄酒。某些有颜色的产品采用常规法难以确定滴定终点，宜采用电位滴定法。[3)]代替 ISO 751：1981。[4)]代替 ISO 762：1982，矿物杂质通常来自土壤。[5)]代替 ISO 763：1982，用于硅质杂质和内源硅的测定。[6)]减压干燥法不适于含水量低于 10% 的产品和干燥会使成分状态发生改变的产品，这些产品的干物质含量可通过共沸蒸馏法测定含水量之后的差值获得。[7)]代替 ISO 1842：1975。[8)]代替 ISO 2173：1978。[9)]代替 ISO 2447：1974，适用于铜、铅、锌和磷含量高至 1. 25g/kg、0. 6g/kg、6g/kg 和 40g/kg 的样品。[10)]代替 ISO 2448：1973，不适用于乙醇含量超过 5% 的产品；对于含有精油的产品，应除去精油。[11)]适用于液体果品制品，如葡萄酒。[12)]不适用于热法加工的产品。[13)]代替 ISO 5518：1978。[14)]代替 ISO 5519：1978。[15)]适用于二氧化硫含量≥2mg/kg 或 mg/L 的样品。[16)]适用于结合态抗坏血酸、脱氢抗坏血酸的测定。[17)]代替 ISO 6561：1983。[18)]代替 ISO 6561：1983。[19)]适用于新鲜产品、未使用防腐剂的产品、添加了二氧化硫的和添加了二氧化硫及山梨酸、苯甲酸和甲酸三者之一的产品。[20)]铜、锡和镉不干扰检测。[21)]代替 ISO 2169：1974。

附表 10　ISO 果品及其制品标准

标准编号	标准名称
ISO 873：1980[1)]	Peaches—Guide to cold storage 桃　冷藏指南
ISO 931：1980	Green bananas—Guide to storage and transport 青香蕉　贮藏和运输指南
ISO 1134：1993[2)]	Pears—Cold storage 梨　冷藏
ISO 1212：1995[3)]	Apples—Cold storage 苹果　冷藏
ISO 1838：1993[4)]	Fresh pineapples—Storage and transport 鲜菠萝　贮藏和运输
ISO 1955：1982	Citrus fruits and derived products—Determination of essential oils content (Reference method) 柑橘类水果及其制品　挥发性精油含量的测定(参考法)
ISO 1990/1：1982	Fruits—Nomenclature—First list 水果　命名　第一集
ISO 1990/2：1985	Fruits—Nomenclature—Second list 水果　命名　第二集
ISO 2168：1974	Table grapes—Guide to cold storage 鲜食葡萄　冷藏指南
ISO 2295：1974	Avocados—Guide for storage and transport 鳄梨　冷藏指南
ISO 2826：1974	Apricots—Guide to cold storage 杏　冷藏指南
ISO 3631：1978	Citrus fruits—Guide to storage 柑橘类水果　冷藏指南
ISO 3959：1977	Green bananas—Ripening conditions 青香蕉　催熟条件
ISO 4125：1991[5)]	Dry fruits and dried fruits—Definitions and nomenclature 干果和果干　定义和术语
ISO 6477：1988	Cashew kernels—Specification 腰果仁　规格
ISO 6479：1984[6)]	Shelled sweet kernels of apricots—Specification 去壳甜杏仁　规格

续表

标准编号	标准名称
ISO 6660：1993[7)]	Mangoes—Cold storage 芒果　冷藏
ISO 6662：1983	Plums—Guide to cold storage 李　冷藏指南
ISO 6664：1983	Bilberries and blueberries—Guide to cold storage 欧洲越橘和蓝莓　冷藏指南
ISO 6665：1983	Strawberries—Guide to cold storage 草莓　冷藏指南
ISO 6755：2001[8)]	Dried sour cherries—Specification 酸樱桃干　规格
ISO 6756：1984	Decorticated stone pine nuts—Specification 去皮松籽　规格
ISO 7701：1994[9)]	Dried apples—Specification and test methods 苹果干　规格和试验方法
ISO 7702：1995[10)]	Dried pears—Specification and test methods 梨干　规格和试验方法
ISO 7703：1995[11)]	Dried peaches—Specification and test methods 桃干　规格和试验方法
ISO 7907：1987	Carob—Specification 角豆　规格
ISO 7908：1991	Dried sweet cherries—Specification 甜樱桃干　规格
ISO 7910：1991	Dried mulberries—Specification 桑葚干　规格
ISO 7911：1991	Unshelled pine nuts—Specification 带壳松籽　规格
ISO 7920：1984	Sweet cherries and sour cherries—Guide to cold storage and refrigerated transport 甜樱桃和酸樱桃　冷藏和冷藏运输指南
ISO 8682：1987	Apples—Storage in controlled atmospheres 苹果　气调贮藏
ISO 9833：1993	Melons—Cold storage and refrigerated transport 甜瓜　冷藏和冷藏运输

续表

标准编号	标准名称
ISO 16050：2003	Foodstuffs—Determination of aflatoxin B_1, and the total content of aflatoxins B_1, B_2, G_1 and G_2 in cereals, nuts and derived products—High－performance liquid chromatographic method 食品　谷物、坚果及其制品中黄曲霉毒素 B_1 以及黄曲霉毒素 B_1、B_2、G_1 和 G_2 总量的测定　高效液相色谱法
ISO 23391：2006	Dried rosehips—Specification and test methods 蔷薇果干　规格和试验方法
ISO 23393：2006	Pomegranate fruit—Specification and test methods 石榴　规格和试验方法
ISO 23394：2006	Dried oleaster—Specification and test methods 沙枣干　规格和试验方法

1)代替 R 873：1968。2)代替 ISO 1134：1980。3)代替 ISO 1212：1976。4)代替 ISO 1838：1975。5)代替 ISO 4125：1979。6)1999 年进行了更正。7)代替 ISO 6660：1980。8)代替 ISO 6755：1984。9)代替 ISO 7701：1986。10)代替 ISO 7702：1986 年、2001 年进行了更正。11)代替 ISO 7703：1986 年、2001 年进行了更正。

附表 11　111 种果品的英文通用名称及其植物学名称

果品	英文通用名称	植物学名称
扁桃	Almond	*Amygdalus communis* Linnaeus syn. *Prunus amygdalus* Batsch
腰果	Cashew nut	*Anacardium occidentale* Linnaeus
菠萝	Pineapple	*Ananas comosus* (Linnaeus) Merill
刺果番荔枝	Soursop	*Annona muricata* Linnaeus
牛心番荔枝	Custard apple; Bullock's heart	*Annona reticulata* Linnaeus
番荔枝	Sugar apple; Sweet sop	*Annona squamosa* Linnaeus
花生[1)]	Peanut; Groundnut	*Arachis hypogaea* Linnaeus
树草莓	Arbutus - berry; Tree strawberry	*Arbutus unedo* Linnaeus
面包果	Breadfruit	*Artocarpus altilis* (Parkinson) Fosberg syn. *Artocarpus communis* J. R. et G. Foster
杨桃	Carambola	*Averrhoa carambola* Linnaeus
巴西坚果	Brazil nut	*Bertholletia excelsa* Humbolt, Bonpland et Kunth
番木瓜	Papaw; Papaya	*Carica papaya* Linnaeus
刺黄果	Caranda	*Carissa carandas* Linnaeus
欧洲栗	Sweet chestnut	*Castanea sativa* P. Miller
角豆	Carob	*Ceratonia siliqua* Linnaeus
莱檬	Lime	*Citrus aurantiifolia* (Christmann) Swingle
酸橙	Bitter orange; Seville orange	*Citrus aurantium* Linnaeus
桃金娘叶橙	Myrtle leaf orange	*Citrus aurantium* Linnaeus *var. myrtifolia* Ker Gawler
柚子	Pummelo; Shaddock	*Citrus grandis* (Linnaeus) Osbeck syn. *Citrus maxima* (J. Burman) Merrill
卡塔檬	Karna	*Citrus karna* Rafinesque syn. *Citrus aurantium* Linnaeus ssp. *khatta* Bonavia ex Engler
柠檬	Lemon	*Citrus limon* (Linnaeus) N. L. Burman
枸橼	Citron	*Citrus medica* Linnaeus
四季桔	Calamondin	*Citrus mitis* Blanco syn. *Citrus madurensis* Loureiro
葡萄柚	Grapefruit	*Citrus paradisi Macfayden*
椪柑	Mandarin; Tangerine	*Citrus reticulata* Blanco
桔柚	Tangelo	*Citrus reticulata* Blanco × *Citrus paradisi* Macfayden
甜橙	Orange; Sweet orange	*Citrus sinensis* (Linnaeus) Osbeck

续表

果品	英文通用名称	植物学名称
椰子	Coconut	*Cocos nucifera* Linnaeus
欧洲山茱萸	Cornelian cherry；Cornel cherry	*Cornus mas* Linnaeus
欧洲榛	Hazelnut；Cobnut	*Corylus avellana* Linnaeus
毛榛	Filbert	*Corylus maxima* P. Miller
意大利山楂	Azaroie	*Crataegus azarolus* Linnaeus
榅桲	Quince	*Cydonia oblonga* P. Miller syn. *Cydonia vulgaris* Persoon
柿子	Persimmon	*Diospyros kaki* Linnaeus
枇杷	Loquat；Japanese medlar	*Eriobotrya japonica* (Thunberg ex. J. A. Murray) Lindley
扁樱桃	Surinam cherry；Pitanga	*Eugenia uniflora* Linnaeus
费约果	Pineapple guava；Feijoa	*Feijoa sellowiana* (O. Berg) O. Berg syn. *Acca sellowiana* (O. Berg) Burret
无花果	Fig	*Ficus carica* Linnaeus
刺篱木	Baichi	*Flacourtia indica* (N. L. Burman) Merril
圆金柑	Marumi kumquat	*Fortunella japonica* (Thunberg) Swingle
罗浮	Nagami kumquat	*Fortunella margarita* (Loureiro) Swingle
草莓	Strawberry	*Fragaria ananassa* Duchesne
麝香草莓	Musky strawberry	*Fragaria moschata* Duchesne
野草莓	Wild strawberry；Alpine strawberry	*Fragaria vesca* Linnaeus
山竹	Mangostan；Mangosteen	*Garcinia mangostana* Linnaeus
核桃	Walnut	*Juglans regia* Linnaeus
荔枝	Lychee；Litchi	*Litchi chinensis* Sonnerat
苹果	Apple	*Malus domestica* (Borkhausen) syn. connus *Malus sylvestris* P. Miller et *Malus pumila* P. Miller
芒果	Mango	*Mangifera indica* Linnaeus
欧楂	Medlar	*Mespilus germanica* Linnaeus
龟背竹	Ceriman；Monstera；Fruit salad plant	*Monstera deliciosa* Liebmann syn. *Philodendron pertusum* Kunth et Bouché
香蕉	Banana	*Musa* species
红毛丹	Rambutan	*Nephelium lappaceum* Linnaeus
油橄榄	Olive	*Olea europaea* Linnaeus

续表

果品	英文通用名称	植物学名称
仙人果	Prickly pear	*Opuntia ficus - indica* (Linnaeus) P. Miller
西番莲	Passion fruit	*Passiflora edulis* Sims
鳄梨	Avocado pear; Avocado	*Persea americana* P. Miller
海枣	Date	*Phoenix dactylifera* Linnaeus
余甘子	Otaheiti goosebery	*Phyllanthus emblica* Linnaeus
瑞士五针松	Swiss stone pine; Arolla pine	*Pinus cembra* Linnaeus
五针松	Stone pine; Umbrella pine; Pine - seed	*Pinus pinea* Linnaeus
阿月浑子	Pistachio nut	*Pistacia vera* Linnaeus
杏	Apricot	*Prunus armeniaca* Linnaeus syn. *Armeniaca vulgaris* Lamarck
樱桃李	Cherry plum; Myrobolan plum	*Prunus cerasifera* Ehrhart syn. *Prunus divaricata* Ledebour
酸樱桃	Sour cherry	*Prunus cerasus* Linnaeus syn. *Cerasus vulgaris* P. Miller
欧洲酸樱桃	Morello	*Prunus cerasus* Linnaeus var. *austera* Linnaeus
欧洲李	Plum; Prune	*Prunus domestica* Linnaeus
乌荆子李	Bullace; Damson plum	*Prunus insititia* Linnaeus syn. *Prunus domestica* Linnaeus *ssp. insititia* (Linnaeus) Schneider
桃、油桃	Peach; Nectarine	*Prunus persica* (Linnaeus) Batsch var. *persica*
中国李	Japanese plum	*Prunus salicina* Lindley syn. *Prunus triflora* Roxburgh
黑刺李	Sloe; Blackthorn	*Prunus spinosa* Linnaeus
番石榴	Guava	*Psidium guajava* Linnaeus
石榴	Pomegranate	*Punica granatum* Linnaeus
梨	Pear	*Pyrus communis* Linnaeus
欧洲醋栗	Gooseberry	*Ribes grossularia* Linnaeus syn. *Grossularia uva - crispa* (Linnaeus) P. Miller
黑穗醋栗	Blackcurrant	*Ribes nigrum* Linnaeus
红穗醋栗	Redcurrant	*Ribes rubrum* Linnaeus

续表

果品	英文通用名称	植物学名称
云莓	Cloud berry	*Rubus chamaemorus* Linnaeus
黑莓	Blackberry	*Rubus fruticosus* Linnaeus
红树莓	Raspberry	*Rubus idaeus* Linnaeus
花楸	Wild service	*Sorbus terminalis* (Linnaeus) Crantz
太平洋榅桲	Ambarella	*Spondias cytherea* Sonnerat syn. *Spondias dulcis* Forster
爪哇李	Jambolan; Java plum	*Syzygium cumini* (Linnaeus) Skeels syn. *Eugenia cumini* (Linnaeus) Druce
蒲桃	Rose apple	*Syzygium jambos* (Linnaeus) Alston syn. *Eugenia jambos* Linnaeus
蔓越橘	Cranberry	*Vaccinium macrocarpon* Aiton syn. *Oxycoccus macrocarpus* (W. Aiton) Pursh
欧洲越橘	Bilberry; Wortleberry	*Vaccinium myrtillus* Linnaeus
笃斯越橘	Bog bilberry	*Vaccinium uliginosum* Linnaeus
越橘	Red bilberry; Red whortleberry	*Vaccinium vitis - idaea* Linnaeus
欧洲葡萄	Grape	*Vitis vinifera* Linnaeus
猕猴桃	Chinese gooseberry; Kiwifruit	*Actinidia chinensis* Planchon
阿开木	Akee	*Blighia sapida* C. Koenig
白人心果	White sapote	*Casimiroa edulis* La Llave et Lexarza
星苹果	Star apple	*Chrysophyllum cainito* Linnaeus
树番茄	Tree tomato; Tamarillo	*Cyphomandra betacea* (Cavanilles) Sendtner
榴莲	Durian	*Durio zibethinus* J. A. Murray
龙眼	Longan	*Euphoria longan* (Loureiro) Steud
沙棘	Sea - buckthorn	*Hippophae rhamnoides* Linnaeus
蛋黄果	Lucuma	*Lucuma obovata* Humboldt, Bonpland et Kunth
澳洲坚果	Macadamia; Queensland nut	*Macadamia integrifolia* Maiden et Betch[2]; *Macadamia tetraphylla* L. A. S. Johnson[3]
西印度樱桃	Barbados cherry; Acerola	*Malpighia glabra* Linnaeus syn. *Malpighia punicifolia* Linnaeus
牛油果	Mammea; mamey; Mammee; Mammee apple	*Mammea americana* Linnaeus

续表

果品	英文通用名称	植物学名称
瓜栗	Giant chestnut；pachira；Guinea chestnut	*Pachira aquatica* Aublet
大果西番莲	Giant granadilla；Grenadilla；Marquesa	*Passiflora quadrangularis* Linnaeus
西印度醋栗	Lndian gooseberry；Malay gooseberry；Otaheite gooseberry	*Phyllanthus acidus* Skeels
草莓番石榴	Strawberry guava	*Psidium cattleianum* Sabine syn. *Psidium littorale* Raddi
秘鲁西红柿	Naranjilla	*Solanum quitoense* Lamarck
猪李	Golden apple；Hog plum；Jamaica plum；Yellow mombin	*Spondias mombin* Linnaeus syn. *Spondias lutea* Linnaeus
红猪李	Red mombin；Spanish plum	*Spondias purpurea* Linnaeus
酸豆	Tamarind	*Tamarindus indica* Linnaeus
伞房花越橘	Highbush – blueberry；Swamp blueberry	*Vaccinium corymbosum* Linnaeus
美洲葡萄	Labrusca grape；Fox grape；Skunk grape	*Vitis labrusca* Linnaeus

[1]在中国，花生一般不算作果品。[2]壳光滑。[3]壳粗糙。

附表 12　59 种常以干果或果干销售的果品的英文通用名称及其植物学名称

	果品	英文通用名称	植物学名称
常以干果销售的果品	阿月浑子	Pistachio nut	*Pistacia vera* L.
	澳洲坚果	Macadamia, Queensland nut	*Macadamia ternifolia* F. Mueller
	巴西坚果	Brazil nut	*Bertholletia excelsa* Humb. et Bonpl
	板栗	Chestnut, Sweet chestnut	*Castanea sativa* Miller
	扁桃	Almond	*Amygdalus communis* L. syn. *Prunus tenella* Batsch
	薄壳山核桃	Shagbark hickory	*Carya alba* (L.) Nutt
	笃褥香果	Terebinth berry	*Pistacia terebinthus* L.
	俄罗斯橄榄	Oleaster, Russian olive	*Elaeagnus angustifolia* L.
	核桃	Walnut	*Juglans regia* L.
	猴核桃		*Lecythis unsitata* L.
	猴核桃	Sapucaia nut	*Lecythis ollaria* L.
	猴核桃	Sapucaia nut, Monkeypot nut	*Lecythis lanciolata* Aublet
	猴核桃	Paradise nut	*Lecythis ternifolia* Mueller
	花生*	Peanut; Groundnut	*Arachis hypogaea* L.
	角豆	Carob	*Ceratonia siliqua* L.
	马哈利樱桃	Mahaleb cherry	*Prunus mahaleb* L. syn. *Cerasus mahaleb* Miller
	榛子	Filbert	*Corylus maxima* Miller
	美国山核桃	Pecan	*Carya illinoiensis* (Wangenh.) K. Koch
	欧洲榛	Hazelnut; Cob - nut	*Corylus avellana* L.
	霹雳果	Pili nut	*Canarium ovatum* Engelm
	苏亚栗	Souarl nut, Butternut	*Caryocar nuciferum* L.
	五针松	Pine nut	*Pinus pinea* L.
	杏	Apricot kernel	*Prunus armeniaca* L.
	腰果	Cashew nut, Bean of Malacca	*Anacardium occidentale* L.
	椰子	Coconut	*Cocos nucifera* L.
	爪哇橄榄	Java almond, Plili, Pilaway	*Canarium commune* L.
常以果干销售的果品	刺檗	Barberry	*Berberis vulgaris* L.
	野菠萝	Pandanus, Screw - pine	*Pandanus tectorius*Sol.
	草莓	Strawberry	*Fragaria ananassa* Duchesne
	红穗醋栗、白穗醋栗	Red currant, White currant	*Ribes rubrum* L. syn. *Ribes silvestre* Lam

续表

果品		英文通用名	植物学名称
常以果干销售的果品	海枣	Date	*Phoenix dactylifera* L.
	黑莓	Blackberry	*Rubus fruticosus* L.
	黑穗醋栗	Blackcurrant	*Ribes nigrum* L.
	红树莓	Raspberry	*Rubus idaeus* L.
	君迁子	Common date plum	*Diospyros lotus* L.
	梨	Pear	*Pyrus communis* L.
	荔枝	Lychee nut, Lychee, Leechee	*Litchi chinensis* Sonn.
	梅	Prune	*Prunus domestica* L. subsp. *insititia* (Bailey)
	欧洲醋栗	Gooseberry	*Ribes grossularia* L. syn. *Ribes uva - crispa* L.
	欧洲李	European plum	*Prunus domestica* L. subsp. *domestica* (Borkh)
	欧洲越橘	Bilberry	*Vaccinium myrtillus* L.
	苹果	Apple	*Malus domestica* (Borkh) syn. *Malus sylvestris* Miller et *Malus pumila* Miller
	葡萄	Grape, Raisin, Sultana, Currant	*Vitis vinifera* L.
	中国李	Japanese plum	*Prunus sallcina* Lindley
	桑葚	Mulberry	*Morus alba* L.
	山荆子		*Malus baccata* (L.) Moanch
	柿子	Persimmon	*Diospyros kaki* L.
	酸樱桃	Sour cherry	*Prunus cerasus* L.
	桃	Peach	*Prunus persica* (L.) Batsch syn. *Prunus persica* Sieb. and Zucc.
	甜樱桃	Sweet cherry	*Prunus avium* (L.) L.
	榅桲	Quince	*Cydonia oblonga* Miller
	无花果	Fig	*Ficus carica* L.
	香蕉	Banana	*Musa* species
	杏	Apricot	*Prunus armeniaca* L. syn. *Armeniaca vulgaris* Lam.
	野梨	Wild pear	*Pyrus elaeagrifolia* Pallas
	余甘子	Aonla, Otaheiti gooseberry	*Phyllanthus emblica*L.
	油桃	Peach	*Prunus persica*Sieb. and Zucc. *Var. nucipersica* Schneider syn. *Prunus persica* Sieb. and Zucc. var. *nectarine* Maxim
	枣	Common jujube	*Zizyphus vulgaris* Lam.
	中国枣	Jujube, Chinese date	*Zizyphus jujube* (Lam.) Miller

* 在中国，花生一般不算作果品。

参 考 文 献

[1] 北京农业大学. 仪器分析[M]. 北京：农业出版社，1987.

[2] 蔡跃华. 镍及其化合物对人和动物的毒性作用[J]. 食品研究与开发，2005，26(4)：192-194.

[3] 曹玉芬. 中国梨品种[M]. 北京：中国农业出版社，2014.

[4] 陈杭亭，曹淑琴，曾宪津. 电感耦合等离子体质谱方法在生物样品分析中的应用[J]. 分析化学，2001，29(5)：592-600.

[5] 陈同斌，宋波，郑袁明，等. 北京市菜地土壤和蔬菜镍含量及其健康风险[J]. 自然资源学报，2006，21(3)：349-361.

[6] 陈阳，金薇，杨永健. 电感耦合等离子体发射光谱法在国内药物分析中的应用现状[J]. 药物分析杂志，2013，33(6)：907-914.

[7] 储大可，李蓉. 分散固相萃取-液相色谱-串联质谱法同时测定果蔬中21种氨基甲酸酯类农药残留[J]. 中国卫生检验杂志，2015，25(8)：1162-1165.

[8] 丛佩华. 中国苹果品种[M]. 北京：中国农业出版社，2015.

[9] 邓勃. 应用原子吸收与原子荧光光谱分析[M]. 北京：化学工业出版社，2003.

[10] 董祥芝，安凤秋，李庆，等. Dis-SPE-HPLC-DAD检测水果中有机磷和氨基甲酸酯类农药[J]. 食品研究与开发，2015，36(12)：99-102.

[11] 甘静妮，程雪梅，莫晓君，等. 分散固相萃取/气相色谱-三重四极杆串联质谱测定蔬菜和水果中67种农药残留[J]. 分析测试学报，2016，35(12)：1528-1534.

[12] 贺普超. 葡萄学[M]. 北京：中国农业出版社，1999.

[13] 侯雪，韩梅，邱世婷，等. 改进的QuEChERS气相色谱-串联质谱法测定草莓中21种杀菌剂残留[J]. 农药学学报，2017，19(1)：46-52.

[14] 姜冬梅，王瑶，姜楠，等. 农产品及其制品中交链孢酚和交链孢酚单甲醚研究进展[J]. 食品科学，2017，38(21)：287-293.

[15] 姜楠，王瑶，姜冬梅，等. 物理方法对病原真菌及其产毒的防控作用研究进展[J]. 食品工业科技，2017，38(22)：346-352.

[16] 蒋庆科，邹品田，罗勇为，等. QuEChERS-LC-MS/MS法测定黄皮果中30种常用农药残留[J]. 广西师范大学学报(自然科学版)，2016，34(3)：109-115.

[17] 康有德. 英汉园艺学词汇[M]. 上海：上海科学技术出版社，2004.

[18] 李安，潘立刚，聂继云，等. 北方地区枣果农药残留风险评估[J]. 食品安全质量检测学报，2016，7(11)：4438-4446.

[19] 李福琴，石丽红，王飞，等. QuEChERS-液相色谱-串联质谱法同时检测土壤和柑橘中吡唑醚菌酯、甲基硫菌灵及其代谢物多菌灵的残留[J]. 色谱，2017，35(6)：620-626.

[20] 李海飞，聂继云，徐国锋，等. QuEChERS样品前处理方法联合在线GPC/GC-MS

测定水果中 15 种三唑类农药残留量方法评估[J]. 分析测试学报，2015，34(12)：1331 - 1338.

[21] 李怀玉，孙红旭，乔凤岐，等. 抗寒优质苹果新品种——短枝寒富[J]. 中国果树，1995(1)：1 - 2.

[22] 李培武，丁小霞，白艺珍，等. 农产品黄曲霉毒素风险评估研究进展[J]. 中国农业科学，2013，46(12)：2534 - 2542.

[23] 李萍萍，程景，吴学进，等. QuEChERS - 气相色谱/串联质谱法同时测定杨桃中 37 种农药残留[J]. 分析科学学报，2017，33(3)：427 - 431.

[24] 廖学亮，沈学静，刘明博，等. 台式能量色散 X 射线荧光光谱直接检测大米中的 Cd[J]. 食品科学，2014，35(24)：169 - 173.

[25] 林成谷. 土壤污染与防治[M]. 北京：中国农业出版社，1996.

[26] 刘崇怀，马小河，武岗. 中国葡萄品种[M]. 北京：中国农业出版社，2014.

[27] 刘捍中，刘凤之. 葡萄优质高效栽培[M]. 北京：金盾出版社，2001.

[28] 刘腾鹏，刘美彤，刘霁欣，等. 气相富集原子光谱分析技术研究进展[J]. 分析测试学报，2019(6)：744 - 754.

[29] 刘邻渭. 食品化学[M]. 北京：中国农业出版社，2002.

[30] 刘胜男，韩四海，权明珠，等. QuEChERS/GC - MS 法同时测定果蔬中 24 种农药残留[J]. 食品工业，2017(12)：284 - 289.

[31] 刘艳萍. 香蕉国际贸易中 4 种特殊杀菌剂的残留及风险评估研究 [D]. 北京：中国农业大学，2014.

[32] 刘英丽，毛慧佳，刘慧琳，等. 黄曲霉毒素 B_1 生物法脱毒机制及产物毒性评价[J]. 食品工业科技，2018，39(3)：324 - 329.

[33] 刘兆平，李凤琴，贾旭东. 食品中化学物风险评估原则和方法[M]. 北京：人民卫生出版社，2012.

[34] 毛雪飞. 新型原子阱光谱分析技术与食品安全应用[M]. 北京：中国农业出版社，2016.

[35] 毛雪飞，刘霁欣，王敏，等. 固体进样元素分析技术在农产品质量安全中的应用[J]. 中国农业科学，2013，16：3432 - 3443.

[36] 卢亚玲，祝文君，艾明艳，等. 固相萃取 - 气相色谱 - 质谱法测定水果中 9 种菊酯农药残留量[J]. 理化检验(化学分册)，2015，51(7)：970 - 973.

[37] 罗国光. 果树词典[M]. 北京：中国农业出版社，2007.

[38] 马琳，陈建波，赵莉，等. 固相萃取 - 超高效液相色谱 - 串联质谱法同时测定果蔬中 6 种酰胺类农药残留量[J]. 色谱，2015，33(10)：1019 - 1025.

[39] 聂继云，董雅凤. 果园重金属污染的危害与防治[J]. 中国果树，2002(2)：44 - 47.

[40] 聂继云. 果品标准化生产手册[M]. 北京：中国标准出版社，2003.

[41] 聂继云，汪景彦. 怎样提高苹果栽培效益[M]. 北京：金盾出版社，2006.

[42] 聂继云. 国际新鲜水果标准体系的结构与特点[J]. 农业质量标准，2007(1)：49 - 51.

[43] 聂继云，钱永忠，毋永龙，等. 美国果品等级标准制定与实施研究[J]. 浙江农业科

学，2007(5)：512－516.

[44] 聂继云. 果品质量安全分析技术[M]. 北京：化学工业出版社，2009.

[45] 聂继云，李静，徐国锋，等. 国际食品法典委员会果品和果品加工品标准研究[J]. 江苏农业科学，2010(2)：329－332.

[46] 聂继云，李志霞，李海飞，等. 苹果理化品质评价指标研究[J]. 中国农业科学，2012，45(14)：2895－2903.

[47] 聂继云. CAC和我国果品及其制品污染物和毒素限量标准比较[J]. 中国果树，2014(1)：81－84.

[48] 聂继云，董雅凤. 果品质量安全标准与评价指标[M]. 北京：中国农业出版社，2014.

[49] 聂继云，李志霞，刘传德，等. 苹果农药残留风险评估[J]. 中国农业科学，2014，47(18)：3655－3667.

[50] 聂继云. 苹果安全生产技术手册[M]. 北京：金盾出版社，2016.

[51] 聂继云. 果品及其制品质量安全检测・农药残留：上[M]. 北京：中国质检出版社，2017a.

[52] 聂继云. 果品及其制品质量安全检测・农药残留：下[M]. 北京：中国质检出版社，2017b.

[53] 聂继云. 农产品质量与安全・果品卷[M]. 北京：中国农业科学技术出版社，2017c.

[54] 聂继云. 我国果品标准体系存在问题及对策研究[J]. 农产品质量与安全，2017(6)：18－23.

[55] 聂继云. 果品及其制品展青霉素污染的发生、防控与检测[J]. 中国农业科学，2017，50(18)：3591－3607.

[56] 聂继云，闫震，李志霞. 果品及其制品质量安全检测・营养品质和功能成分[M]. 北京：中国质检出版社，2017.

[57] 聂继云. 我国果树上禁用、撤销或停止受理登记的农药及其原因分析[J]. 中国果树，2018(3)：105－108.

[58] 聂继云，匡立学，程杨. 果品及其制品质量安全检测・元素、添加剂和污染物[M]. 北京：中国质检出版社，2018.

[59] 聂继云，李志霞，李银萍. 果品及其制品质量安全检测・真菌毒素、致病菌和果品成分[M]. 北京：中国质检出版社，2018.

[60] 聂鲲，赵建庄. QuEChERS－气相色谱法同时测定水果中多种农药残留量[J]. 江西农业大学学报，2016，38(6)：1174－1183.

[61] 庞国芳. 农药残留高通量检测技术：第一卷，上卷[M]. 北京：中国农业出版社，2014.

[62] 彭青枝，杨冰洁，朱晓玲，等. 果蔬及其制品真菌毒素的控制研究进展[J]. 食品工业科技，2017，38(5)：380－389.

[63] 彭兴，赵志远. LC－TOF/MS无标准品定性筛查水果蔬菜中210种农药残留[J]. 分析试验室，2014，33(3)：282－291.

[64] 钱永忠，李耘. 农产品质量安全风险评估——原理、方法和应用[M]. 北京：中国标

准出版社，2007.
[65] 钱宗耀，华震宇，周晓龙，等. 顶空固相微萃取 - 气相色谱 - 质谱法测定蔬菜及水果中15种农药残留量[J]. 理化检验(化学分册)，2014，50(8)：949 - 953.
[66] 邱楠楠，董桂贤，陈达炜，等. 自组装管尖固相萃取/超高效液相色谱 - 高分辨质谱法测定水果中的15种酸性农药[J]. 分析测试学报，2017，36 (1)：31 - 36.
[67] 史文景，赵其阳，焦必宁. UPLC - ESI - MS - MS 结合 QuEChERS 同时测定柑橘中的4种真菌毒素[J]. 食品科学，2014，35(20)：170 - 174.
[68] 束怀瑞. 苹果学[M]. 北京：中国农业出版社，1999.
[69] 苏永恒，张二鹏，张榕杰. 固相萃取 - 液相色谱三重四级杆串联质谱法测定蔬菜、水果中苯并咪唑类农药残留方法研究[J]. 中国卫生检验杂志，2014，24(24)：3527 - 3529.
[70] 陶昆，张俐勤，范建奇，等. 顶空 - 固相微萃取 - 气相色谱法测定水蜜桃中有机氯农药[J]. 理化检验(化学分册)，2014，50(5)：561 - 564.
[71] 藤葳，柳琪，李倩，等. 重金属污染对农产品的危害与风险评估[M]. 北京：化学工业出版社，2010.
[72] 田世平，罗云波，王贵禧. 园艺产品采后生物学基础[M]. 北京：科学出版社，2011.
[73] 王冬群，吴华新，沈群超，等. 慈溪市水果有机磷农药残留调查及风险评估[J]. 江苏农业科学，2012，40(2)：229 - 231.
[74] 王昆，刘凤之，曹玉芬，等. 苹果种质资源描述规范和数据标准[M]. 北京：中国农业出版社，2005.
[75] 王建梅，钱宗耀，周晓龙，等. 固相微萃取 - 气相色谱法快速检测库尔勒香梨中有机磷农药残留量[J]. 江苏农业科学，2014，42(7)：294 - 296.
[76] 王力荣，朱更瑞. 桃种质资源描述规范和数据标准[M]. 北京：中国农业出版社，2005.
[77] 王刘庆，姜冬梅，王瑶，等. 果品及其制品中赭曲霉毒素 A 污染的检测、发生和控制[J]. 食品科学，2018，39(23)：289 - 298.
[78] 王刘庆，王瑶，王多，等. 坚果和干果中黄曲霉毒素的污染、检测与控制[J]. 食品安全质量检测学报，2018，9(22)：5791 - 5798.
[79] 王少敏. 梨套袋栽培配套技术问答[M]. 北京：金盾出版社，2009.
[80] 王文辉，许步前. 果品采后处理与贮运保鲜[M]. 北京：金盾出版社，2003.
[81] 王玉萍，黄昆仑，梁志宏. 微生物对赭曲霉毒素 A 的生物脱毒机理研究进展[J]. 农业生物技术学报，2017，25(2)：316 - 323.
[82] 王战辉，米铁军，沈建忠. 荧光偏振免疫分析检测粮食及其制品中的真菌毒素研究进展[J]. 中国农业科学，2012，45(23)：4862 - 4872.
[83] 韦乐华，孙婧媛，任慧文，等. 镍离子对人血管内皮细胞增殖影响的研究[J]. 广州化工，2016，44(10)：70 - 72.
[84] 魏启文，崔野韩. 中国与国际食品法典[M]. 北京：世界知识出版社，2005.
[85] 吴琼，周然. 运输振动对水果贮藏品质影响的研究进展[J]. 食品工业科技，2017，

38(11)：356－362，368.

[86] 吴燕明，张德兴，贺新红，等. 锰染毒大鼠睾丸某些生化指标和病理学的变化[J]. 毒理学杂志，2009，23(1)：63－65.

[87] 郗荣庭. 果树栽培学总论[M]. 北京：中国农业出版社，2000.

[88] 徐国锋，聂继云，李海飞，等. QuEChERS/气相色谱法测定水果中31种有机磷农药残留[J]. 分析测试学报，2016，35(8)：1021－1025.

[89] 徐宜宏，蒋施. 气相色谱－质谱法同时测定树莓中6种农药的残留[J]. 农药，2010，49(7)：510－511，518.

[90] 薛华丽，宗元元，王蒙，等. 果蔬中真菌毒素[M]. 北京：化学工业出版社，2018.

[91] 薛荣旋，黄诚，刘国平，等. QuEChERS结合气相色谱－串联质谱法测定水果中5种植物生长调节剂[J]. 中国食品卫生杂志，2017，29(5)：561－566.

[92] 叶孟亮，聂继云，徐国锋，等. 苹果中乙撑硫脲膳食摄入风险的非参数概率评估[J]. 农业工程学报，2016，32(1)：286－297.

[93] 张婷亭，王静静. 分散固相萃取－超高效液相色谱－质谱/质谱法测定干果果肉中56种农药残留[J]. 分析试验室，2016，35(3)：287－292.

[94] 张英，王金玉，毛雪飞，等. 固体进样等离子体光谱技术在食品元素分析中的应用[J]. 食品工业科技，2015，36(12)：353－357，363.

[95] 张志恒，汤涛，徐浩，等. 果蔬中氯吡脲残留的膳食摄入风险评估[J]. 中国农业科学，2012，45(10)：1982－1991.

[96] 赵宇翔. 市售蔬果中毒死蜱农药残留风险评估的研究[D]. 上海：复旦大学，2009.

[97] 郑丽静，聂继云，李明强，等. 苹果风味评价指标的筛选研究[J]. 中国农业科学，2015，48 (14)：2796－2805.

[98] 郑丽静，聂继云，闫震. 糖酸组分及其对水果风味的影响研究进展[J]. 果树学报，2015，32(2)：304－312.

[99] 郑润生，徐晖，王文丽，等. 苦杏仁中黄曲霉毒素B_1，B_2，G_1，G_2的液质联用检测分析[J]. 中国中药杂志，2013，38(20)：3534－3538.

[100] 中国－欧洲联盟农业技术中心. 联合国/欧洲经济委员会农产品质量标准[M]. 北京：中国农业科学技术出版社，2003.

[101] 中国标准研究中心标准馆. 欧共体法规目录[M]. 北京：中国标准出版社，2001.

[102] 中国柑橘学会. 中国柑橘品种[M]. 北京：中国农业出版社，2008.

[103] 中国农业百科全书总编辑委员会果树卷编辑委员会，中国农业百科全书编辑部. 中国农业百科全书·果树卷[M]. 北京：中国农业出版社，1993.

[104] 中国农业科学院农业质量标准与检测技术研究所. 农产品质量安全检测手册·果蔬及制品卷[M]. 北京：中国标准出版社，2008.

[105] 朱更瑞. 提高桃商品性栽培技术问答[M]. 北京：金盾出版社，2009.

[106] Aldjain I M, Al－Whaibi M H, Al－Showiman S S, et al. Determination of heavy metals in the fruit of date palm growing at different locations of Riyadh [J]. Saudi Journal of Biological Sciences, 2011, 18(2): 175－180.

[107] Asam S, Konitzer K, Schieberle P, et al. Stable isotope dilution assays of alternariol and

alternariol monomethyl ether in beverages [J]. Journal of Agricultural and Food Chemistry, 2009, 57(12): 5152 - 5160.

[108] Barkai - Golan R. Post - harvest diseases of fruits and vegetables, development and control [M]. Amsterdam: Elsevier, 2001.

[109] Bennett J W, Klich M. Mycotoxins [J]. Clinical Microbiology Reviews, 2003, 16(3): 497 - 516.

[110] Biale J B, Young R E. Respiration and ripening in fruits: retrospect and prospect. In: Friend J, Rhodes M J C. Recent Advances in the Biochemistry of Fruits and Vegetables [M]. London: Academic Press, 1981.

[111] Boobis A R, Ossendorp B C, Banasiak U, et al. Cumulative risk assessment of pesticide residues in food [J]. Toxicology Letters, 2008, 180(2): 137 - 150.

[112] Boon P E, Svensson K, Moussavian S, et al. Probabilistic acute dietary exposure assessments to captan and tolylfluanid using several European food consumption and pesticide concentration databases [J]. Food and Chemical Toxicology, 2009, 47(12): 2890 - 2898.

[113] Calado T, Venâncio A, Abrunhosa L. Irradiation for mold and mycotoxin control: a review [J]. Comprehensive Reviews in Food Science and Food Safety, 2014, 13 (5): 1049 - 1061.

[114] Caldas E D, Boon P E, Tressou J. Probabilistic assessment of the cumulative acute exposure to organophosphorus and carbamate insecticides in the Brazilian diet [J]. Toxicology, 2006, 222(1 - 2): 132 - 142.

[115] Campillo N, Viñas P, Aguinaga N, et al. Stir bar sorptive extraction coupled to liquid chromatography for the analysis of strobilurin fungicides in fruit samples [J]. Journal of Chromatography A, 2010, 1217(27): 4529 - 4534.

[116] Chamkasem N, Ollis L W, Harmon T, et al. Analysis of 136 pesticides in avocado using a modified QuEChERS method with LC - MS/MS and GC - MS/MS [J]. Journal of Agricultural and Food Chemistry, 2013, 61(10): 2315 - 2329.

[117] Chen C, Qian Y, Chen Q, et al. Evaluation of pesticide residues in fruits and vegetables from Xiamen, China [J]. Food Control, 2011, 22(7): 1114 - 1120.

[118] Cherfi A, Abdoun S, Gaci O. Food survey: Levels and potential health risks of chromium, lead, zinc and copper content in fruits and vegetables consumed in Algeria [J]. Food and Chemical Toxicology, 2014, 70: 48 - 53.

[119] Claeys W L, Schmit J F O, Bragard C, et al. Exposure of several Belgian consumer groups to pesticide residues through fresh fruit and vegetable consumption [J]. Food Control, 2011, 22(3 - 4): 508 - 516.

[120] Cleveland T E, Yu J, Fedorova N, et al. Potential of *Aspergillus flavus* genomics for applications in biotechnology [J]. Trends in Biotechnology, 2009, 27 (3): 151 - 157.

[121] Codex Alimentarius, WHO/FAO. Understanding the Codex Alimentarius [M]. 3rd ed. Rome, Italy, 2006.

[122] Codex Alimentarius, WHO/FAO. Fresh Fruits and Vegetables [M]. Rome, Italy, 2007.

[123] Cremers D A, Radziemski L J. Handbook of laser – induced breakdown spectroscopy [M]. New York: John Wiley & Sons, Ltd., 2006.

[124] Da Silva Sousa J, De Castro R C, De Albuquerque Andrade G, et al. Evaluation of an analytical methodology using QuEChERS and GC – SQ/MS for the investigation of the level of pesticide residues in Brazilian melons [J]. Food Chemistry, 2013, 141(3): 2675 – 2681.

[125] De Carvalho G G A, Santos D Jr, Da Silva Gomes M, et al. Influence of particle size distribution on the analysis of pellets of plant materials by laser – induced breakdown spectroscopy [J]. Spectrochimica Acta Part B: Atomic Spectroscopy, 2015, 105: 130 – 135.

[126] De Champdoré M, Bazzicalupo P, De Napoli L, et al. A new competitive fluorescence assay for the detection of patulin toxin [J]. Analytical Chemistry, 2007, 79(2): 751 – 757.

[127] Dewalque L, Charlier C, Pirard C. Estimated daily intake and cumulative risk assessment of phthalate diesters in a Belgian general population [J]. Toxicology Letters, 2014, 231(2): 161 – 168.

[128] Dickens F, Jones H E. Carcinogenic activity of a series of reactive lactones and related substances [J]. British Journal of Cancer, 1962, 4(1): 85 – 100.

[129] Fang B, Zhu X. High content of five heavy metals in four fruits: Evidence from a case study of Pujiang County, Zhejiang Province, China [J]. Food Control, 2014, 39: 62 – 67.

[130] Feng L, Liu J. Solid sampling graphite fibre felt electrothermal atomic fluorescence spectrometry with tungsten coil atomic trap for the determination of cadmium in food samples [J]. Journal of Analytical Atomic Spectrometry, 2010, 25(7): 1072 – 1078.

[131] Feng L, Liu J, Mao X, et al. An integrated quartz tube atom trap coupled with solid sampling electrothermal vapourization and its application to detect trace lead in food samples by atomic fluorescence spectrometry [J]. Journal of Analytical Atomic Spectrometry, 2016, 31: 2253 – 2260.

[132] Fernάndez – Cruz M L, Mansilla M L, Tadeo J L. Mycotoxins in fruits and their processed products: analysis, occurrence and health implications [J]. Journal of Advanced Research, 2010, 1(2): 113 – 122.

[133] Ferreira J A, Ferreira J M S, Talamini V, et al. Determination of pesticides in coconut (*Cocos nucifera* Linn.) water and pulp using modified QuEChERS and LC – MS/MS [J]. Food Chemistry, 2016, 213: 616 – 624.

[134] Golge O, Kabak B. Determination of 115 pesticide residues in oranges by high – performance liquid chromatography – triple – quadrupole mass spectrometry in combination with QuEChERS method [J]. Journal of Food Composition and Analysis, 2015, 41: 86 – 97.

[135] Grimalt S, Sancho J V, Pozo O J, et al. Quantification, confirmation and screening capability of UHPLC coupled to triple quadrupole and hybrid quadrupole time – of – flight mass spectrometry in pesticide residue analysis [J]. Journal of Mass Spectrometry, 2010, 45(4): 421 – 436.

[136] Gunduz S, Akman S. Determination of lead in rice grains by solid sampling HR – CS GFAAS [J]. Food Chemistry, 2013, 141(3): 2634 – 2638.

[137] He Z, Peng Y, Wang L, et al. Unequivocal enantiomeric identification and analysis of 10 chiral pesticides in fruit and vegetables by QuEChERS method combined with liquid chromatography - quadruple/linear ion trap mass spectrometry determination [J]. Chirality, 2015, 27(12): 958 -964.

[138] Herrman J L, Younes M. Background to the ADI/TDI/PTWI [J]. Regulatory Toxicology and Pharmacology, 1999, 30(2): S109 - S113.

[139] Ianiri G, Idnurm A, Castoria R. Transcriptomic responses of the basidiomycete yeast Sporobolomyces sp. to the mycotoxin patulin [J]. BMC Genomics, 2016, 17(1): 210.

[140] Islam M S, Ahmed M K, Al - Mamuna M H, et al. Assessment of trace metals in foodstuffs grown around the vicinity of industries in Bangladesh [J]. Journal of Food Composition and Analysis, 2015, 42: 8 - 15.

[141] Islam M S, Ahmed M K, Al - Mamun M H, et al. The concentration, source and potential human health risk of heavy metals in the commonly consumed foods in Bangladesh [J]. Ecotoxicology and Environmental Safety, 2015, 122: 462 -469.

[142] Jardim A N, Mello D C, Goes F C, et al. Pesticide residues in cashew apple, guava, kaki and peach: GC - μECD, GC - FPD and LC - MS/MS multiresidue method validation, analysis and cumulative acute risk assessment [J]. Food Chemistry, 2014, 164: 195 -204.

[143] Jensen B H, Petersen A, Christiansen S, et al. Probabilistic assessment of the cumulative dietary exposure of the population of Denmark to endocrine disrupting pesticides [J]. Food and Chemical Toxicology, 2013, 55: 113 - 120.

[144] Jeong H R, Lim S J, Cho J Y. Monitoring and risk assessment of pesticides in fresh omija (*Schizandra chinensis* Baillon) fruit and juice [J]. Food and Chemical Toxicology, 2012, 50(2): 385 -389.

[145] Kantor T. Electrothermal vaporization and laser ablation sample introduction for flame and plasma spectrometric analysis of solid and solution samples [J]. Spectrochimica Acta Part B: Atomic Spectroscopy, 2001, 56(9): 1523 - 1563.

[146] Karaoglanidis G S, Markoglou A N, Bardas G A, et al. Sensitivity of *Penicillium expansum* field isolates to tebuconazole, iprodione, fludioxonil and cyprodinil and characterization of fitness parameters and patulin production[J]. International Journal of Food Microbiology, 2011, 145(1): 195 -204.

[147] Khan K, Khan H, Lu Y, et al. Evaluation of toxicological risk of foodstuffs contaminated with heavy metals in Swat, Pakistan [J]. Ecotoxicology and Environmental Safety, 2014, 108: 224 -232.

[148] Khan K, Lu Y, Khan H, et al. Heavy metals in agricultural soils and crops and their health risks in Swat District, northern Pakistan [J]. Food and Chemical Toxicology, 2013, 58: 449 -458.

[149] Kroes R, Renwick A G, Cheeseman M, et al. Structurebased thresholds of toxicological concern (TTC): guidance for application to substances present at low levels in the diet [J].

Food and Chemical Toxicology, 2004, 42(1): 65 - 83.

[150] Kuiper - Goodman T, Scott P M. Risk assessment of the mycotoxin ochratoxin A [J]. Biomedical and Environmental Sciences, 1989, 2(3): 179 - 248.

[151] Lee H B, Patriarca A, Magan N. *Alternaria* in food: ecophysiology, mycotoxin production and toxicology [J]. Mycobiology, 2015, 43(2): 93 - 106.

[152] Lee K G, Lee S K. Monitoring and risk assessment of pesticide residues in yuza fruits (Citrus junos Sieb. ex Tanaka) and yuza tea samples produced in Korea [J]. Food Chemistry, 2012, 135(4): 2930 - 2933.

[153] Li J W, Wang Y L, Yan S, et al. Molecularly imprinted polymer solid - phase extraction for the analysis of organophosphorus pesticides in fruit samples [J]. Food Chemistry, 2016, 192: 260 - 267.

[154] Liu R, Jin Q, Huang J, et al. *In vitro* toxicity of aflatoxin B_1 and its photodegradation products in HepG2 cells [J]. Journal of Applied Toxicology, 2012, 32(4): 276 - 280.

[155] Lozowicka B. Health risk for children and adults consuming apples with pesticide residue [J]. Science of the Total Environment, 2015, 502: 184 - 198.

[156] Luo Y, Zhang M. Multimedia transport and risk assessment of organophosphate pesticides and a case study in the northern San Joaquin Valley of California [J]. Chemosphere, 2009, 75(7): 969 - 978.

[157] Malhat F, Badawy H, Barakat D, et al. Determination of etoxazole residues in fruits and vegetables by SPE clean - up and HPLC - DAD [J]. Journal of Environmental Science and Health, Part B, 2013, 48(5): 331 - 335.

[158] Man Y, Liang G, Li A, et al. Analytical methods for the determination of *Alternaria* mycotoxins [J]. Chromatographia, 2017, 80(1): 9 - 22.

[159] Mao X, Liu J, Huang Y, et al. Assessment of homogeneity and minimum sample mass for cadmium analysis in powdered certified reference materials and real rice samples by solid sampling electrothermal vaporization atomic fluorescence spectrometry [J]. Journal of Agricultural and Food Chemistry, 2013, 61(4): 848 - 853.

[160] Mao X, Zhang Y, Liu J, et al. Simultaneous trapping of Zn and Cd by a tungsten coil and its application to grain analysis using electrothermal inductively coupled plasma mass spectrometry [J]. RSC Advances, 2016, 6(54): 48699 - 48707.

[161] Marin S, Ramos A J, Canosancho G, et al. Mycotoxins: occurrence, toxicology, and exposure assessment [J]. Food and Chemical Toxicology, 2013, 60(10): 218 - 237.

[162] McCormick S. Microbial detoxification of mycotoxins [J]. Journal of Chemical Ecology, 2013, 39(7): 907 - 918.

[163] Moreno - González D, Huertas - Pérez J F, García - Campaña A M, et al. Determination of carbamates in edible vegetable oils by ultra - high performance liquid chromatography tandem mass spectrometry using a new clean - up based on zirconia for QuEChERS methodology [J]. Talanta, 2014, 128: 299 - 304.

[164] Muhammad S, Shah M T, Khan S. Health risk assessment of heavy metals and their source

apportionment in drinking water of Kohistan region, northern Pakistan [J]. Microchemical Journal, 2011, 98(2): 334 - 343.

[165] Munro J C, Ford R A, Kennepohl E, et al. Correlation of structural class with no - observed - effect levels: a proposal for establishing a threshold of corncern [J]. Food and Chemical Toxicology, 1996, 34(9): 829 - 867.

[166] Nie J, Kuang L, Li Z, et al. Assessing the concentration and potential health risk of heavy metals in China's main deciduous fruits [J]. Journal of Integrative Agriculture, 2016, 15(7): 1645 - 1655.

[167] Ochiai N, Sasamoto K, Kanda H, et al. Optimization of a multi - residue screening method for the determination of 85 pesticides in selected food matrices by stir bar sorptive extraction and thermal desorption GC - MS [J]. Journal of Separation Science, 2005, 28(9 - 10): 1083 - 1092.

[168] Pandey R, Shubhashish K, Pandey J. Dietary intake of pollutant aerosols via vegetables influenced by atmospheric deposition and wastewater irrigation [J]. Ecotoxicology and Environmental Safety, 2012, 76: 200 - 208.

[169] Pano - Farias N S, Ceballos - Magaña S G, Muñiz - Valencia R, et al. Validation and assessment of matrix effect and uncertainty of a gas chromatography coupled to mass spectrometry method for pesticides in papaya and avocado samples [J]. Journal of Food and Drug Analysis, 2017, 25(3): 501 - 509.

[170] Radwan M A, Salama A K. Market basket survey for some heavy metals in Egyptian fruits and vegetables [J]. Food and Chemical Toxicology, 2006, 44(8): 1273 - 1278.

[171] Rahman M M, Abd El - Aty A M, Kabir M H, et al. A quick and effective methodology for analyzing dinotefuran and its highly polar metabolites in plum using liquid chromatography - tandem mass spectrometry [J]. Food Chemistry, 2018, 239: 1235 - 1243.

[172] Rizzetti T M, Kemmerich M, Martins M L, et al. Optimization of a QuEChERS based method by means of central composite design for pesticide multiresidue determination in orange juice by UHPLC - MS/MS [J]. Food Chemistry, 2016, 196: 25 - 33.

[173] Robles - Molina J, Gilbert - Lopez B, Garcia - Reyes J F, et al. Multiclass determination of pesticides and priority organic pollutants in fruit - Based soft drinks by headspace solid - phase microextraction/gas chromatography tandem mass spectrometry [J]. Analytical Methods, 2011, 3(10): 2221 - 2230.

[174] Salomão B C M, Aragão G M F, Churey J J, et al. Influence of storage temperature and apple variety on patulin production by *Penicillium expansum* [J]. Journal of food protection, 2009, 72(5): 1030 - 1036.

[175] Shi X, Jin F, Huang Y, et al. Simultaneous determination of five plant growth regulators in fruits by modified quick, easy, cheap, effective, rugged, and safe (QuEChERS) extraction and liquid chromatography - tandem mass spectrometry [J]. Journal of Agricultural and Food Chemistry, 2012, 60(1): 60 - 65.

[176] Solhaug A, Eriksen G S, Holme J A. Mechanisms of action and toxicity of the mycotoxin

alternariol: a review [J]. Basic and Clinical Pharmacology and Toxicology, 2016, 119 (6): 533 -539.

[177] Souza - Silva É A, Lopez - Avila V, Pawliszyn J. Fast and robust direct immersion solid phase microextraction coupled with gas chromatography - time - of - flight mass spectrometry method employing a matrix compatible fiber for determination of triazole fungicides in fruits [J]. Journal of Chromatography A, 2013, 1313: 139 -146.

[178] Szpyrka E, Kurdziel A, Matyaszek A, et al. Evaluation of pesticide residues in fruits and vegetables from the region of south - eastern Poland [J]. Food Control, 2015, 48: 137 -142.

[179] Türkdoğan M K, Kilicel F, Kara K, et al. Heavy metals in soil, vegetables and fruits in the endemic upper gastrointestinal cancer region of Turkey [J]. Environmental Toxicology and Pharmacology, 2002, 13(3): 175 -179.

[180] Usall J, Ippolito A, Sisquella M, et al. Physical treatments to control postharvest diseases of fresh fruits and vegetables [J]. Postharvest Biology and Technology, 2016, 122: 30 -40.

[181] Wang J, Chow W, Chang J, et al. Ultrahigh - performance liquid chromatography electrospray ionization Q - Orbitrap mass spectrometry for the analysis of 451 pesticide residues in fruits and vegetables: Method development and validation [J]. Journal of Agricultural and Food Chemistry, 2014, 62(42): 10375 -10391.

[182] Wang Y, Wang L, Wu F, et al. A consensus ochratoxin A biosynthetic pathway: insights from the genome sequence of *Aspergillus ochraceus* and a comparative genomic analysis [J]. Applied and Environmental Microbiology, 2018, 84 (19).

[183] World Health Organization. Guidelines for drinking - water quality [M]. 4th ed. Malta: Gutenberg, 2011.

[184] Yan Z, Zheng L, Nie J, et al. Evaluation indices of sour flavor for apple fruit and grading standards [J]. Journal of Integrative Agriculture, 2018, 17(5): 994 -1002.

[185] Yang J, Li J, Jiang Y, et al. Natural occurrence, analysis, and prevention of mycotoxins in fruits and their processed products [J]. Critical Reviews in Food Science and Nutrition, 2014, 54(1): 64 -83.

[186] Yang X, Luo J, Duan Y, et al. Simultaneous analysis of multiple pesticide residues in minor fruits by ultrahigh - performance liquid chromatography/hybrid quadrupole time - of - fight mass spectrometry [J]. Food Chemistry, 2018, 241: 188 -198.

[187] Yang X, Zhang H, Liu Y, et al. Multiresidue method for determination of 88 pesticides in berry fruits using solid - phase extraction and gas chromatography - mass spectrometry: Determination of 88 pesticides in berries using SPE and GC - MS [J]. Food Chemistry, 2011, 127(2): 855 -865.

[188] Yaseen T, Ricelli A, Turan B, et al. Ozone for post - harvest treatment of apple fruits [J]. Phytopathologia Mediterranea, 2015, 54(1): 94 -103.

[189] Zhang K, Wong J W, Yang P, et al. Protocol for an electrospray ionization tandem mass

spectral product ion library: Development and application for identification of 240 pesticides in foods [J]. Analytical Chemistry, 2012, 84(13): 5677 - 5684.

[190] Zhang Y, Mao X, Liu J, et al. Direct determination of cadmium in foods by solid sampling electrothermal vaporization inductively coupled plasma mass spectrometry using a tungsten coil trap [J]. Spectrochimica Acta Part B: Atomic Spectroscopy, 2016, 118: 119 - 126.

[191] Zhang Y, Mao X, Wang M, et al. Direct determination of cadmium in grain by solid sampling electrothermal vaporization atomic fluorescence spectrometry with a tungsten coil trap [J]. Analytical Letters, 2015, 48: 2908 - 2920.

[192] Zhao P, Wang L, Zhou L, et al. Multi - walled carbon nanotubes as alternative reversed - dispersive solid phase extraction materials in pesticide multi - residue analysis with QuEChERS method [J]. Journal of Chromatography A, 2012, 1225: 17 - 25.

[193] Zheng N, Wang Q, Zhang X, et al. Population health risk due to dietary intake of heavy metals in the industrial area of Huludao city, China [J]. Science of the Total Environment, 2007, 387(1): 96 - 104.